Milling

Der technische Fortschritt beim Produktionsprozeß

Dr. P. Milling

Der technische Fortschritt beim Produktionsprozeß

Ein dynamisches Modell für innovative Industrieunternehmen

Betriebswirtschaftlicher Verlag Dr. Th. Gabler · Wiesbaden

ISBN-13: 978-3-409-39292-1 e-ISBN-13: 978-3-322-83859-9
DOI: 10.1007/978-3-322-83859-9

Geleitwort

Theoretische Erkenntnisse über den für Wirtschafts- und Ingenieurwissenschaftler gleichermaßen faszinierenden Technischen Fortschritt werden in unseren Tagen an vielen Stellen mit bedeutendem Aufwand gesucht. Wenn die Erfolge dieses Bemühens an der praktischen Verwertbarkeit der wissenschaftlichen Aussagen für diejenigen gemessen werden, die über technische Entwicklungen in den Unternehmen und bei den wirtschaftspolitischen Instanzen im Alltag der Praxis zu entscheiden haben, dann bleiben noch viele Wünsche offen.

Die von Peter Milling vorgelegte Monographie ist deshalb in zweifacher Hinsicht bemerkenswert: Durch Anwenden der bisher dafür nicht eingesetzten Methode System Dynamics kommt er zu neuen Einsichten in die Struktur von technischen Entwicklungen in industriellen Unternehmen, die mit dem herkömmlichen Vorgehen nicht zu gewinnen waren; insoweit sind seine Ausführungen ein bedeutsamer Beitrag zur Erweiterung der Theorie des Technischen Fortschritts. Außerdem sprechen die vorgelegten Ausführungen den Praktiker direkt an, denn sie zeigen sehr plastisch wie die Konsequenzen von unterschiedlichen Maßnahmen im Bereich der Innovationspolitik im voraus abzusehen sind. Auf diese Weise können dem Technischen Fortschritt in den Industrieunternehmen bewußt Ziel und Richtung vorgegeben werden, weil die Folgewirkungen technischer Neuerungen zu überblicken sind und in ihren vielfältigen Verflechtungen analysiert werden können.

Gert v. Kortzfleisch

Vorwort

Im Gegensatz zu Produktinnovationen, deren Einflüsse auf die Marktstellung der Unternehmen, auf ihr Wachstum und auf ihre Rentabilität zunehmend in der betriebswirtschaftlichen Literatur untersucht werden, ist der technische Fortschritt beim Produktionsprozeß bisher nur selten und dann nur am Rande abgehandelt worden. Dieser Umstand kann darin begründet sein, daß neue oder verbesserte Produkte als Elemente eines isolierten Teilsystems aufgefaßt werden können, wogegen die Betrachtung von innovativen Prozeßänderungen dazu zwingt, den gesamten Produktionsvorgang und das innovative Industrieunternehmen als ein komplexes System anzusehen. In der hier vorgelegten Studie wird deshalb der Versuch unternommen, den technischen Fortschritt beim Produktionsprozeß aus systemtheoretischer Sicht zu untersuchen, um die vielfältigen direkten und indirekten Implikationen von Prozeßinnovationen erfassen zu können.

Bei der Suche nach einem geeigneten systemanalytischen Ansatz hat sich die von Jay W. Forrester entwickelte, System Dynamics genannte, Methode anderen Verfahren überlegen erwiesen; sie gestattet, operationale Modelle von komplexen technisch-ökonomischen Systemen zu konstruieren, diese mathematisch zu formulieren und dann das Verhalten des Systems zu simulieren. Mit Hilfe der Computersimulation können so die vielfältigen Konsequenzen unternehmenspolitischer Entscheidungen sichtbar gemacht und analysiert werden.

Mein besonderer Dank gilt Professor Dr. G. v. Kortzfleisch, der diese Arbeit angeregt und gefördert hat. Während einer mehr als einjährigen Freistellung von meinen Verpflichtungen an der Universität Mannheim studierte und arbeitete ich am Massachusetts Institute of Technology (M.I.T.) in Cambridge, Mass. bei Prof. Forrester. In dieser Zeit hatte ich Gelegenheit, viele fruchtbare Diskussionen mit meinen dortigen Kollegen zu führen. An dieser Stelle sei besonders Prof. Dennis L. Meadows gedankt, dessen kritische Stellungnahmen zu ausgewählten Problemen meiner Arbeit mir wertvolle Einsichten in die Analyse komplexer Systeme gaben.

Peter Milling

Inhaltsverzeichnis

Seite

A. Zur ökonomischen Problematik des technischen Fortschritts

Technischer Fortschritt bedeutet

(1) die Schaffung neuer oder verbesserter Produkte (Produktinnovationen),
(2) den Übergang zu neuen oder verbesserten Produktionsverfahren (Prozeßinnovationen)[1].

Beide Arten des technischen Fortschritts geben dominierende Impulse für den wirtschaftlichen und gesellschaftlichen Wandel[2] und erfahren in der volks- und betriebswirtschaftlichen Literatur in immer stärkerem Maße Beachtung. Dabei werden beide Ausprägungen des Fortschritts in der wirtschaftswissenschaftlichen Literatur mit unterschiedlichen, nur teilweise durch die verschiedenen theoretischen Perspektiven von Mikro- und Makroökonomie zu erklärenden Schwerpunkten behandelt. In der Volkswirtschaftslehre ist der technische Fortschritt zu einem "Kernstück der modernen Wachstumstheorie geworden"[3]. Da diese vorwiegend den aggregierten mone-

---

1) Vgl. beispielsweise Blaug, M.: A Survey of the Theory of Process-Innovations, in: Economica, Vol. 30 (1963), S. 13; Mansfield, E.: The Economics of Technological Change, New York, N.Y. 1968, S. 10 f.; Organization for Economic Cooperation and Development (OECD): Government and Technical Innovation, Paris 1966, S. 9; Ott, A. E.: Technischer Fortschritt, in: HdSW, Bd. 10, Stuttgart-Tübingen-Göttingen 1959, S. 302; ders.: Zur ökonomischen Theorie des technischen Fortschritts, in: Verein Deutscher Ingenieure (Hrsg.): Wirtschaftliche und gesellschaftliche Auswirkungen des technischen Fortschritts, Düsseldorf 1971, S. 9 f.

2) Zu dieser allgemein anerkannten These vgl. z.B.: Barnett, H. G.: Innovation: The Basis of Cultural Change, New York-Toronto-London 1953; Bright, J. R.: Opportunity & Threat in Technological Change, in: HBR, Vol. 41 (November-December 1963), S. 76-83; Kortzfleisch, G. v.: Zur mikroökonomischen Problematik des technischen Fortschritts, in: Kortzfleisch, G. v. (Hrsg.): Die Betriebswirtschaftslehre in der zweiten industriellen Evolution, Berlin 1969, S. 323; Ogburn, W. F.: Social Change, second edition, New York, N.Y. 1953, S. 200 ff.

3) Weizsäcker, C. Ch. v.: Zur ökonomischen Theorie des technischen Fortschritts, Göttingen 1966, S. 9.

tären Output der Gesamtwirtschaft oder einzelner Sektoren betrachtet, wird die sich verändernde qualitative Zusammensetzung des Outputs aus alten und neuen Produkten nicht direkt berücksichtigt[1]. Hierbei stehen vielmehr die Konsequenzen des technischen Fortschritts beim Produktionsprozeß im Mittelpunkt des Interesses; insbesondere welche Geschwindigkeit und Richtung der technische Fortschritt aufweist und wie er sich auf die Produktivitäten der eingesetzten Faktoren auswirkt und in welchem Umfang Arbeitskräfte freigesetzt und kompensiert werden[2].

Die betriebswirtschaftliche Literatur konzentriert sich vorwiegend auf Fragen der Auswahl und der effizienten Steuerung von Forschungs- und Entwicklungsaktivitäten[3] sowie auf den Einfluß, den neue oder verbesserte Produkte auf das Wachstum und die Ertragslage der Unternehmen haben[4]. Fragen des produkttechnischen Fort-

---

1) Daß jedoch die sich verändernde Zusammensetzung des Output einen starken Wachstumstimulus darstellt, ist evident. Vgl. z.B. Abramovitz, M.: Economics of Growth, in: Haley, B.F. (ed.): A Survey of Contemporary Economics, Vol. II, Homewood, Ill. 1952, S. 145: "If the composition of output would not change, or if new products were not introduced, the desire for additional consumption and income would be weaker"; ebenso Niehans, J.: Das ökonomische Problem des technischen Fortschritts, in: Schweizerische Zeitschrift für Verwaltung und Statistik, Bd. 90 (1954), S. 152 f.

2) Vgl. dazu Seite 131 ff., insbesondere Seite 135 ff. dieser Arbeit und die dort angegebene Literatur.

3) Für einen Überblick siehe Cetron, M.J.; Martino, J.; Roepcke, L.: The Selection of R & D Program Content - Survey of Quantitative Methods, in: IEEE, Vol. EM-14 (1967), S. 4 - 14; Dean, B.V. (ed.): Operations Research in Research and Development, New York-London 1963; Yovits, M.C.; Gilford, D.M.; Wilcox, R.H.; Stovely, E. and Lerner, A.D. (eds.): Research Program Effectiveness, New York-London-Paris 1966.

4) Vgl. z.B. Albach, H.: Der Einfluß von Forschung und Entwicklung auf das Unternehmenswachstum, in: Liiketaloudelinen Aikalauskirja (The Journal of Business Economics of the Finish School of Business Administration), 1965, S. 111 - 140; Brockhoff, K.: Forschungsaufwendungen industrieller Unternehmen, in: ZfB, 34. Jg. (1964), S. 327 - 348; Hall, H. M.: Investment in Research and Development, A Statistical Study, Diss. University of Wisconsin, Ann Arbor, Mich. 1961; Heyel, C.: Industrial Research Today, in: Heyel, C. (ed.): Handbook of Industrial Research Management, New York-London 1959, S. 205 - 208; Kieser, A.: Unternehmenswachstum und Produktinnovation, Berlin 1970; Mansfield, E.: In-

schritts stehen hier eindeutig im Vordergrund; der technische Fortschritt beim Produktionsprozeß wird dagegen nahezu völlig vernachlässigt.

Die Bedeutung des technischen Fortschritts beim Produktionsprozeß für die Unternehmung zeigt jedoch u. a. eine empirische Studie von Myers und Marquis[1], in deren Verlauf 567 industrielle Innovationen untersucht wurden; davon waren 25 % Prozeßinnovationen. Bei einer Detailuntersuchung wurde sogar ein Anteil von 37 % ermittelt[2]. Diese Angaben korrespondieren mit älteren Ergebnissen von Bloom[3], nach denen durchschnittlich 25 % des Forschungs- und Entwicklungsbudgets zur Vorbereitung von Prozeßinnovationen bereitgestellt werden. Eaton berichtet, daß nur etwa 60 % des Zeitaufwandes einer Forschungs- und Entwicklungsabteilung auf die Schaffung neuer Produkte gerichtet ist[4].

Noch deutlicher geht die Bedeutung des technischen Fortschritts beim Produktionsprozeß aus einer Untersuchung von Mansfield hervor[5]. Mansfield ermittelte die 175 wichtigsten[6] Produkt- und Prozeßinno-

---

dustrial Research and Technological Innovation, An Econometric Analysis, New York, N.Y. 1968, S. 109 ff.; Strebel, H.: Die Bedeutung von Forschung und Entwicklung für das Wachstum industrieller Unternehmen, Berlin 1968; Young, R.B.: Keyes to Corporate Growth, in: HBR, Vol. 39 (November-December 1961), S. 51 - 62; Zahn, E.: Das Wachstum industrieller Unternehmen, Wiesbaden 1971.

1) Myers, S. and Marquis, D.G.: Successful Industrial Innovations, National Science Foundation, NSF 69-17, Washington, D.C. 1969.

2) Marquis, D.G.: The Anatomy of Sucessful Innovations, in: Innovation, Nr. 7 (1969), S. 36.

3) Bloom, G.F.: Union Wage Pressure and Technological Discovery, in: AER, Vol. 41 (1951), S. 607; siehe aber auch Keezer, der bei einer anderen Untersuchung nur einen Anteil von 11 % des Forschungs- und Entwicklungsbudgets für Verfahrensneuerung bereitgestellt fand. Keezer, D.M.: The Outlook for Expenditures on Research and Development During the Next Decade, in: AER, PaP, Vol. 50 (1960), S. 365.

4) Eaton, W.W.: Is Your Scientific Research Program Properly Balanced?, in: MR, Vol. 41 (1952), S. 670.

5) Vgl. Mansfield, E.: Industrial Research and Technological Innovation, a.a.O., S. 109 ff.

6) Als Kriterium für die Bedeutung der Innovationen wurden bei Produktinnovationen die kumulierten Umsätze dieser Produkte und bei Prozeßinnovationen die kumulierten Kosteneinsparungen verwendet.

vationen in der Zeit zwischen 1919 und 1958 in ausgewählten Industriezweigen. Dabei ergab sich in der Eisen- und Stahlindustrie ein Verhältnis zwischen Prozeßinnovationen und Produktinnovationen von etwa 1 : 0, 6 und in der Erdölindustrie ein Verhältnis von 1 : 1, 2; in der Kohleindustrie stellten alle ermittelten Neuerungen - teilweise bedingt durch das Produktionssortiment - ausschließlich technische Fortschritte beim Produktionsprozeß dar.

Der technische Fortschritt beim Produktionsprozeß tangiert alle Bereiche der Unternehmung. Seine Implikationen sind vielschichtig und bedeutsam. So ist auch der Forschungs- und Entwicklungsprozeß zur Vorbereitung von Prozeßneuerungen kostspielig und risikoreich. Die Nutzung der erzielten Ergebnisse verlangt umfangreiche Investitionen. Die intellektuellen Anforderungen an Gruppen von Arbeitskräften verändern sich, da das Schwergewicht weg von ausführenden, hin zu vorbereitenden und überwachenden Tätigkeiten verlagert wird. Die ökonomische Lebensdauer maschineller Anlagen verkürzt sich mit zunehmender Geschwindigkeit des technischen Fortschritts. Resultierend aus diesen interdependenten Entwicklungen steigt der Anteil der fixen Kosten an den Gesamtkosten und macht die Unternehmung empfindlicher gegenüber Nachfrageschwankungen.

Demgegenüber stellt der technische Fortschritt beim Produktionsprozeß die einzige Möglichkeit dar, die Faktorproduktivitäten langfristig zu erhöhen und beeinflußt dadurch entscheidend Kosten, Preise und die Konkurrenzfähigkeit der Unternehmung[1)].

In der vorliegenden Arbeit sollen Probleme des technischen Fortschritts beim Produktionsprozeß und seine mikroökonomischen Implikationen untersucht werden. Dabei wird unter anderem auch geprüft, ob und wie weit die Untersuchungen in der volkswirtschaftlichen Literatur für betriebswirtschaftliche Fragen relevant sind und genutzt werden können.

Die vielfältigen außerökonomischen Faktoren und Konsequenzen des technischen Fortschritts, soziologischer, kultureller, psychologischer, physiologischer, etc. Art werden nicht berücksichtigt.

Die Beschränkung auf den technischen Fortschritt beim Produktionsprozeß, bei Ausklammerung von Produktinnovationen, kann nicht absolut sein. Ein technischer Fortschritt kann auf einer Stufe des gesamtwirtschaftlichen Produktionsprozesses eine Produktinnovation

---

1) Vgl. auch Kluge, M.: Innovationsprobleme aus unternehmerischer Sicht, in: Ifo-Institut für Wirtschaftsforschung (Hrsg.): Innovation in der Wirtschaft, München 1970, S. 238 ff.

sein (etwa die Entwicklung einer neuen Maschine), während derselbe Fortschritt für eine Unternehmung auf einer höheren, dem Endverbraucher näheren Stufe, einen neuen Produktionsfaktor darstellt und somit ein technischer Fortschritt beim Produktionsprozeß ist[1]. Noch wichtiger ist, daß beide Ausprägungen des technischen Fortschritts in einem engen gegenseitigen Abhängigkeitsverhältnis stehen, denn "the introduction of a cost-reducing process is sometimes accompanied by a change of the product-mix, while new products frequently require the development of new equipment"[2]. Produktinnovationen und Prozeßinnovationen können so, sich gegenseitig beeinflussend und vorwärts treibend, zu neuen technischen Fortschritten führen.

---

1) Diesem Problem kann durch entsprechende Definition entgangen werden, wenn Produktinnovationen auf die Schaffung neuer Konsumgüter bzw. neuer Konsumgüterqualitäten beschränkt werden, da sie sonst auch die Prozeßinnovationen umfassen würden. Vgl. Ott, A. E.: Zur ökonomischen Theorie des technischen Fortschritts, a.a.O., S. 9.

2) Blaug, M.: A Survey of the Theory of Process-Innovations, a.a.O., S. 13; siehe auch Kortzfleisch, G. v.: Mikroökonomische Quantifizierung technischer Fortschritte, in: Ifo-Institut für Wirtschaftsforschung (Hrsg.): Innovation in der Wirtschaft, München 1970, S. 184 und 202; Kieser, A.: Innovationen, in: Grochla, E. (Hrsg.): HWO, Stuttgart 1969, Sp. 743; Lehnert, P. R.: Zur wirtschaftlichen Problematik des technischen Fortschritts, Nürnberg 1934, S. 43 f.

I. Begriff und Messung des technischen Fortschritts beim Produktionsprozeß

Der technische Fortschritt beim Produktionsprozeß bezeichnet den Übergang zu neuen oder verbesserten Produktionsfaktoren, sowie zu neuen oder verbesserten Produktionsverfahren, die eine Senkung der durchschnittlichen Stückkosten erlauben. Durch den technischen Fortschritt wird die in der Unternehmung realisierte Produktionsfunktion, die ein formalisierter Ausdruck für die technischen Grundlagen des Produktionsprozesses ist[1], durch eine neue Produktionsfunktion ersetzt.

Bezeichnet q die mengenmäßige Ausbringung eines Gutes und z_1, z_2, ... z_m die Einsatzmengen der Produktionsfaktoren Z_1, Z_2, ... Z_m, so kann der Produktionsprozeß beim Stand der Technik τ_0 durch die Produktionsfunktion

$$\tau_0 : q = f_0 (z_1, z_2, \dots z_m) \qquad (1)$$

beschrieben werden. Die Zuordnungsvorschrift "f_0" besagt dabei, wie die unabhängigen Variablen z_1, z_2, ... z_m zu kombinieren sind, um das gewünschte Prozeßergebnis q zu erzielen. Die Produktionsfunktion ist für einen spezifischen Stand der Technik definiert , wobei unter Technik allgemein "a utilized method of production"[3] verstanden wird. Die Implementierung des technischen Fortschritts verändert den Stand der Technik, und es gilt dann eine Produktionsfunktion auf dem höheren technischen Niveau τ_1

$$\tau_1 : q = f_1 (z_1, z_2, \dots z_n), \qquad (2)$$

---

1) Vgl. Schneider, E.: Arbeitszeit und Produktion, in: Archiv für mathematische Wirtschafts- und Sozialforschung, Bd. 1 (1935), S. 24.

2) Vgl. Brown, M.: On the Theory and Measurement of Technological Change, Cambridge, England 1968, S. 12; Carlson, S.: A Study on the Pure Theory of Production, New York, N.Y. 1956, S. 14.

3) Mansfield, E.: The Economics of Technological Change, a.a.O., S. 11.

die es erlaubt, den gleichen Output q_o durch einen in toto verringerten Einsatz von Produktionsfaktoren oder mit dem gleichen Input, einen erhöhten Output q_1 zu erzielen[1)2)].

Graphisch läßt sich dieser Übergang von einer Produktionsfunktion auf eine andere nur in Sonderfällen veranschaulichen, da eine solche Darstellung mit m + 1 bzw. mit n + 1 Variablen im Extremfall die Verwendung eines (m + n + 1)-dimensionalen Raumes erfordern würde. Bei Verringerung des Einsatzes nur eines Produktionsfaktors oder einer -faktorgruppe z, und bei Konstanz aller übrigen Produktionsfaktoren (Produktionsfaktorgruppen) ergibt sich der in Abbild 1 dargestellte Fall. Durch die Realisierung des technischen Fortschritts hat sich die Effizienz des Produktionsprozesses erhöht, da sich der Quotient Faktorertrag zu Faktoreinsatz (d. i. die durchschnittliche Faktorproduktivität) des variierenden Faktors vergrößert hat. Das bedeutet bei konstanten und positiven[3)] Faktorpreisen auch zwangsläufig eine Senkung der durchschnittlichen Stückkosten.

Zu unterscheiden ist der technische Fortschritt von effizienteren Produktionsmittelkombinationen bei gegebenem Stand der Technik (τ = const.), also bei unveränderter Produktionsfunktion. "Daß z.B. organisatorische Verbesserungen im Vollzug der Leistungserstellung, Standort- und Betriebsgrößenoptimierung angewandte Metho-

---

1) Vgl. z.B. Krelle, W.: Verteilungstheorie, Tübingen 1962, S. 242; Ott, A.E.: Technischer Fortschritt, a.a.O., S. 303; ders.: Produktionsfunktion, technischer Fortschritt und Wirtschaftswachstum, in: Schneider, E. (Hrsg.): Einkommensverteilung und technischer Fortschritt, SchrVSocpol, Berlin 1959, S. 168 ff.; Reuss, G.: Produktivitätsanalyse, Tübingen 1960, S. 133.

2) "Ändern sich die Produktionsbedingungen eines Betriebes häufig ..., dann läßt sich auch sagen: Der Produktionsprozeß wird durch eine Abfolge von Produktionsfunktionen gekennzeichnet". Gutenberg, E.: Grundlagen der Betriebswirtschaftslehre, Bd. I: Die Produktion, 13. Auflage, Berlin-Heidelberg-New York 1967, S. 291. Diese Auffassung der Produktionsfunktion unterschiedet sich von der, in der volkswirtschaftlichen Literatur teilweise verwendeten, bei der sämtliche bekannten Produktionsalternativen in einer einzigen Produktionsfunktion abgebildet werden. Vgl. dazu Niehans, J.: Das ökonomische Problem des technischen Fortschritts, a.a.O., S. 148 f.; Stigler, G.J.: The Theory of Price, second edition, New York, N.Y. 1953, S. 106.

3) Negative Faktorpreise könnten auftreten, wenn der Einsatz bestimmter Produktionsfaktoren, z.B. ungelernter Arbeiter, subventioniert wird.

den der Unternehmensforschung oder Typisierung oder dergleichen keine technischen Fortschritte sind, ist evident"[1]. Bei der verbesserten räumlichen Anordnung von Maschinen beispielsweise, die es erlaubt, mit den gegebenen Produktionsfaktoren ein erhöhtes Pro-

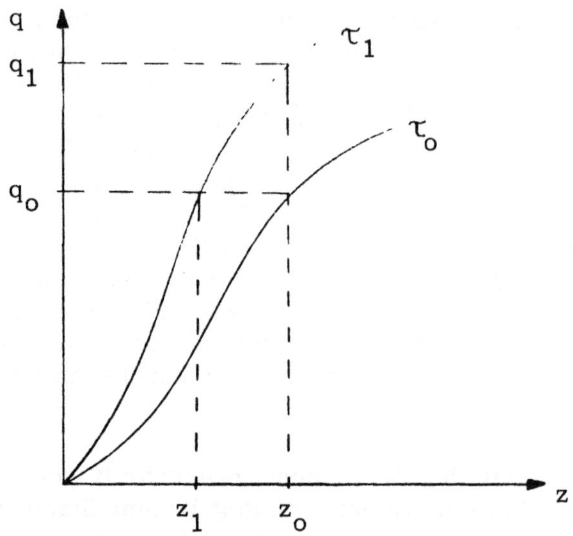

Abb. 1: Der technische Fortschritt als Übergang zu einer neuen Produktionsfunktion[2].

duktionsergebnis zu erzielen, bleibt das technische Niveau des Produktionsprozesses unverändert, die vorhandenen Produktionsmittel werden nur effizienter kombiniert. Dieser Vorgang, der als Rationa-

---

1) Kortzfleisch, G. v.: Zur mikroökonomischen Problematik des technischen Fortschritts, a.a.O., S. 336.

2) Bei den in Abbild 1 dargestellten Beziehungen wurde eine substitutionale Produktionsfunktion unterstellt. Für eine streng limitationale Produktionsfunktion ergäbe sich - bei sonst gleicher Notation - anstelle Abbild 1 das nebenstehende Abbild 1'. Dabei ist unterstellt, daß die übrigen (nicht variierten) Produktionsfaktoren in dem zur Produktion von q_o benötigten Umfang bereitgestellt sind. Der Winkel α_o bzw. α_1 wird durch den Produktionskoeffizienten des Faktors z bestimmt.

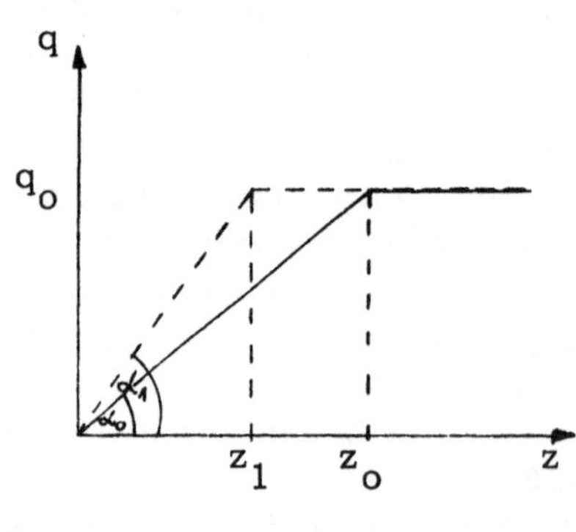

Abb. 1'

lisierung zu bezeichnen wäre[1], hat mit technischem Fortschritt nichts zu tun. In Abbild 1 entspricht dem eine Bewegung entlang der den Stand der Technik τ_0 repräsentierenden Funktion, etwa von z_1 nach z_0[2].

Bei gleichzeitiger Variabilität aller Produktionsfaktoren wird eine algebraische Behandlung des technischen Fortschritts erschwert und eine graphische Darstellung unmöglich. Aus diesem Grunde sollen die Produktionsfaktoren in die üblichen Aggregate Kapital (K) und Arbeit (A) zusammengefaßt werden. Das erlaubt auch eine vereinfachte Handhabung jener Fälle des technischen Fortschritts, bei denen ein mikroökonomischer Produktionsfaktor durch einen anderen alternativ substituiert wird, denn bei den Aggregaten K und A ist eine solche Alternativsubstitution in praxi ausgeschlossen[3]. Die Produktionsfunktion kann dann geschrieben werden als

$$Q(t) = F \left[K(t), A(t); \tau(t) \right], \qquad (3)$$

wobei $\tau(t)$ als Parameter in der Funktion das jeweilige technische Niveau des Produktionsprozesses definiert.

Diese Funktion (3) ist jedoch keine rein technische Beziehung mehr, wie es im (disaggregierten) Mikrobereich der Fall ist und wirft einige Interpretationsprobleme auf[4]. Durch die Aggregation werden die de facto heterogenen Produktionsfaktoren homogenisiert[5], um sie unter die globalen Begriffe Kapital und Arbeit subsumieren zu können. Eine mengenmäßige Definition der Aggregate ist nicht mehr

---

1) Vgl. anders Schätzle, G.: Technischer Fortschritt und Produktionsfunktion, in: Moxter, A.; Schneider, D.; Wittmann, W. (Hrsg.): Produktionstheorie und Produktionsplanung, Köln und Opladen 1966, S. 56.

2) Vgl. ebenso Ott, A. E.: Technischer Fortschritt, a.a.O., S. 303.

3) Alternative Substitution würde bedeuten, daß die Isoquanten in Abbild 2 die Koordinatenachsen schneiden und die Ausbringung ohne jeglichen oder sogar mit negativem Einsatz von K oder A möglich wäre. Dieser Fall ist ökonomisch irrelevant.

4) Vgl. Schneider, E.: Produktionstheorie, in: HdSW, Bd. 8, Stuttgart-Tübingen-Göttingen 1964, S. 607; Walter, H.: Der technische Fortschritt in der neueren ökonomischen Theorie, Versuch einer Systematik, Berlin 1969, S. 22 ff.

5) Zu den Möglichkeiten, diese Homogenitätsunterstellung der Produktionsfaktoren teilweise wieder aufzuheben, vgl. S. 42 ff., wo für jede Klasse qualitativ verschiedener Produktionsfaktoren eine eigene Produktionsfunktion verwendet wird.

möglich, da die heterogenen Elemente nicht direkt zusammenfaßbar sind. Diesem Dilemma muß durch wertmäßige Dimensionierung entgangen werden, was aber im strengen maßtheoretischen Sinne keine Messung mehr ist, sondern Bewertung. Der damit verbundene Informationsverlust ist jedoch in diesem Zusammenhang nicht von Bedeutung.

Durch die Aggregation der Produktionsfaktoren kann die Auswirkung des technischen Fortschritts auf die jeweils realisierte Produktionsfunktion allgemein dargestellt werden (vgl. Abbild 2).

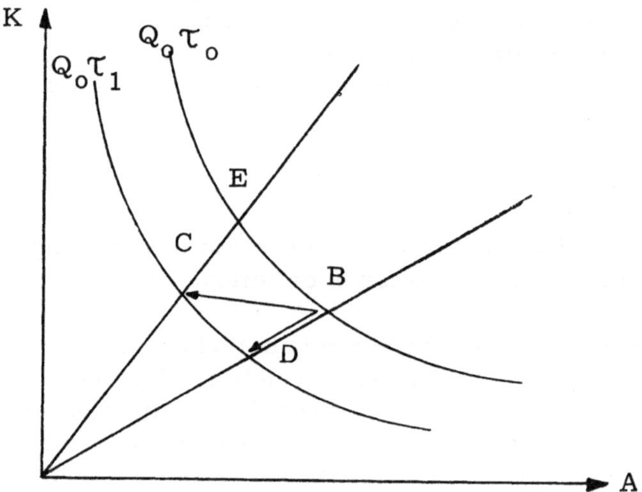

Abb. 2: Die Wirkung des technischen Fortschritts in einem Zwei-Faktoren-Modell[1].

Der Übergang von der Isoquante τ_o zu der Isoquante τ_1 stellt technischen Fortschritt dar, wobei der Schritt von B nach D die Kapitalintensität $\frac{K}{A}$ unverändert läßt, der Schritt von B nach C hingegen die Kapitalintensität verändert. Die Bewegung entlang der Isoquante τ_o ist reine Substitution und kein technischer Fortschritt.

Abbild 2 unterschiedet sich von der statischen Isoquantendarstellung, wie sie üblicherweise in der Produktionstheorie verwendet wird. Dort ist die (K, A)-Ebene von einer unendlichen Anzahl von Isoquanten

---

1) Analog den Ausführungen in Fußnote (2) auf S. 18 wären bei einer limitationalen Produktionsfunktion die hyperbelförmigen Isoquanten in Abbild 2 durch rechtwinklige zu ersetzen.

überdeckt, die Projektionen verschiedener Outputwerte auf die (K, A)-Ebene bei konstantem Stand der Technik darstellen. In Abbild 2 hingegen repräsentieren die Isoquanten den gleichen Outputwert, beziehen sich aber auf verschieden effiziente Produktionsprozesse zu verschiedenen Zeitpunkten. Je höher das technische Niveau eines Produktionsprozesses ist, desto näher liegt die ihn darstellende Isoquante dem Ursprung des Koordinatenkreuzes.

Der technische Fortschritt, als die Veränderung des technischen Standes der Unternehmung im Zeitablauf $\frac{d\tau}{dt}$, ist nicht direkt meßbar. Was gemessen werden kann, sind Veränderungen technischer und ökonomischer Größen, die durch den Einfluß des technischen Fortschritts bewirkt werden[1]. Als Indikator für seinen Umfang muß deshalb - an Stelle der direkten Messung - eine indirekte Messung treten. Da der technische Fortschritt beim Produktionsprozeß ex definitione zu einer Senkung der Stückkosten führt, soll diese Veränderung der Stückkosten als Maß für den technischen Fortschritt dienen[2]. Bei gegebener Ausbringung Q sind die durchschnittlichen Stückkosten c der Unternehmung in Abhängigkeit vom technischen Stand, gegeben durch

$$c(\tau) = \frac{C(\tau)}{Q} = \frac{K(\tau) \cdot r(\tau) + A(\tau) \cdot w(\tau)}{Q}, \qquad (4)$$

1) Vgl. Below, F.: Zur statistischen Messung des technischen Fortschritts in der industriellen Produktion, Schmollers Jahrbuch für Gesetzgebung, Verwaltung und Volkswirtschaft, 70. Jg. (1950/I), S. 73 ff., besonders S. 75: "Quantitativ ist der technische Fortschritt nicht unmittelbar, sondern nur an den Auswirkungen zu messen"; Fleck, F.H.: Untersuchungen zur ökonomischen Theorie vom technischen Fortschritt, Freiburg, Schweiz 1957, S. 19 ff.; Hilhorst, J.G.M.: Monopolistic Competition, Technical Progress and Income Distribution, Rotterdam 1965, S. 39; Krelle, W.: Beeinflußbarkeit und Grenzen des Wirtschaftswachstums, in: König, H. (Hrsg.): Wachstum und Entwicklung der Wirtschaft, Köln-Berlin 1968, S. 321 ff.; Krieghoff, H.: Technischer Fortschritt und Produktivitätssteigerung, Berlin 1958, S. 71 ff.; Niehans, J.: Das ökonomische Problem des technischen Fortschritts, a.a.O., S. 151; Walter, H.: Automation und technischer Fortschritt, Diss., Köln 1962, S. 123.

2) Die auch als Maßgrößen für den technischen Fortschritt verwendeten Totalproduktivitätsindices sind diesem Ansatz äquivalent, da die Totalproduktivität der reziproke Wert der durchschnittlichen Stückkosten ist. Vgl. Ott, A.E.: Technischer Fortschritt, a.a.O., S. 307 f.

wobei r den gewogenen durchschnittlichen Kapitalkostensatz (Zinsen, Abschreibungen, Wartung) und w den gewogenen durchschnittlichen Lohnsatz bedeutet. Um die Wirkungen des technischen Fortschritts unverzerrt untersuchen zu können, müssen autonome Faktorpreisvariationen ausgeschlossen werden. Dabei sollen unter autonomen solche Faktorpreisvariationen verstanden werden, die nicht unmittelbar durch die Realisierung des technischen Fortschritts induziert wurden, z.B. Erhöhung des allgemeinen Lohnniveaus, des Zinsniveaus etc. Da der technische Fortschritt den mengenmäßigen und den qualitativen Einsatz von Kapital und/oder Arbeit verändert, kann sich z.B. auch der durchschnittliche Lohnsatz - etwa durch Einsatz besser geschulter Arbeiter - erhöhen. Diese Variationen müssen bei der Kostenveränderung berücksichtigt werden, denn sie wurden ursächlich durch die Implementierung des technischen Fortschritts bewirkt.

Die durch den technischen Fortschritt bedingte Veränderung der Stückkosten ergibt sich durch Differentiation von (4) als[1)]

$$\frac{dc}{d\tau} = \left(\frac{\partial c}{\partial K} \frac{dK}{d\tau} + \frac{\partial c}{\partial r} \frac{dr}{d\tau} + \frac{\partial c}{\partial A} \frac{dA}{d\tau} + \frac{\partial c}{\partial w} \frac{dw}{d\tau} \right) \frac{1}{Q} \tag{5}$$

Aufgelöst ist die Veränderung von c für einen diskreten technischen Fortschritt $\frac{dc}{d\tau} \Delta\tau$

$$dc = (r \cdot dK + K \cdot dr + w \cdot dA + A \cdot dw) \cdot \frac{1}{Q}, \tag{6}$$

wobei dc negativ sein muß, damit technischer Fortschritt vorliegt. Ein positiver Wert von dc würde bedeuten, daß der "technische Fortschritt" einen ökonomischen Rückschritt darstellt, was ex definitione ausgeschlossen ist, da der Tatbestand des technischen Fortschritts in ökonomischen, d.h. in wertmäßigen Kategorien definiert ist[2)].

---

1) Vgl. Ott, A.E.: Technischer Fortschritt, a.a.O., S. 308 ff. Ott läßt allerdings bei seiner Ableitung der Kosteneinsparung keine fortschrittsinduzierten Faktorpreisvariationen zu.

2) Diese Aussage ist nur bei strenger Beschränkung auf den technischen Fortschritt beim Produktionsprozeß allgemein gültig. Wenn eine neue Maschine zwar mit höheren Stückksoten arbeitet, das bearbeitete Produkt jedoch qualitativ besser, z.B. präziser wird, und sich der Wert des Produktes damit erhöht, dann kann auch im Falle dc $>$ 0 technischer Fortschritt vorliegen, jedoch beim Pro-

Aus dieser wertmäßigen Dimensionierung folgt, daß das allgemeine Preisniveau die Implementierung technischer Fortschritte beeinflussen kann. Sind autonome Faktorpreisveränderungen zugelassen, so kann die Verschiebung der Relation Kapitalkostensatz zu Lohnkostensatz technische Fortschritte profitabel werden lassen, deren Realisierung bei konstantem Preisgefüge nicht sinnvoll gewesen wäre. Dies ist bei all denjenigen technischen Fortschritten der Fall, bei denen die Isoquanten sich im kostenrelevanten Bereich schneiden (vgl. Abbild 3).

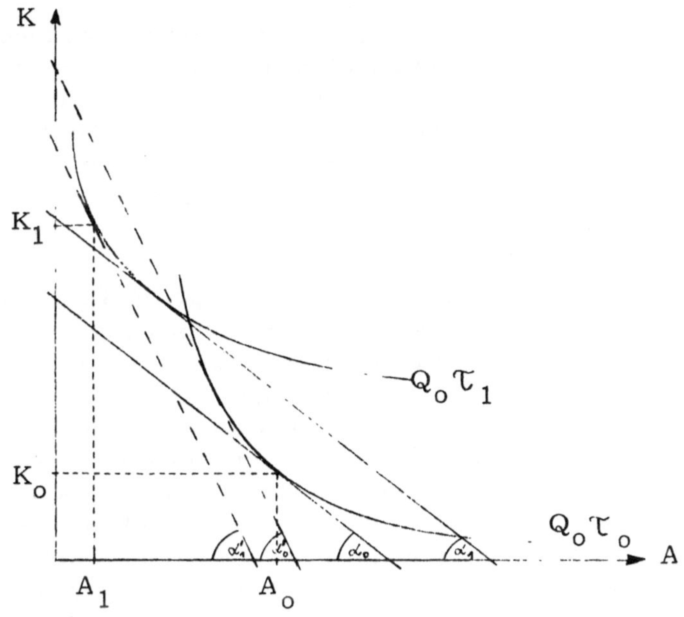

Abb. 3: Faktorpreis-induzierter technischer Fortschritt.

Der Übergang vom Stand der Technik τ_o zu τ_1 ist nur dann sinnvoll, wenn sich das Faktorpreisverhältnis tan $\alpha = \frac{w_o}{r_o}$ zu tan $\alpha' = \frac{w_1}{r_1}$ verändert, da dann die Isokostenlinie der Technik τ_1 beim Tangentialpunkt näher dem Ursprung liegt als bei τ_o. Eine Veränderung des Preisgefüges kann demnach in bestimmten Fällen darüber entscheiden, ob ein technischer Fortschritt vorliegt oder nicht[1].

---

dukt ansetzend. Zur Einbeziehung beider Arten des technischen Fortschritts in eine Maßzahl s. Kortzfleisch, G. v.: Zur mikroökonomischen Problematik des technischen Fortschritts, a.a.O., S. 332 ff.

1) Vgl. Kortzfleisch, G. v.: Zur mikroökonomischen Problematik des technischen Fortschritts, a.a.O., S. 331; Ott, A.E.: Technischer Fortschritt, a.a.O., S. 310.

II. Phasen des technischen Fortschritts

Der technische Fortschritt ist ein dynamischer Prozeß, der in mehrere Phasen - charakterisiert durch das Begriffs-Tripel Invention, Innovation und Imitation - aufgegliedert werden kann.

Klar zu unterscheiden ist zwischen der Erweiterung des technischen Wissens einerseits und der tatsächlichen ökonomischen Anwendung dieses Wissens andererseits[1]. Eine Erfindung (Invention) ist "a prescription for a p r o d u c i b l e product or o p e r a b l e process so new as not to have been 'obvious to one skilled in the art' at the time the idea was put forward"[2]. Die Invention erhöht den Stand des tech-

---

1) Dieser Unterscheidung entsprechen die Begriffe Technologie und Technik. Vgl. Schweitzer, P. R.: Usher and Schumpeter on Invention, Innovation and Technological Change: Comment, in: QJE, Vol. 75 (1961), S. 153: "A distinction has to be made between the general level of technology, on the one hand, and the technique used in producing a given output in a given establishment on the other hand". Anstelle der Begriffe "Stand der Technologie" oder "Stand des technischen Wissens" wird im mikroökonomischen Bereich auch der Terminus "technischer Horizont der Unternehmung" verwendet. Vgl. dazu Debreu, G.: Numerical Representation of Technological Change, in: Metroeconomica, Vol. 6 (1954), S. 45 ff.; Krieghoff, H.: a. a. O., S. 21 f. Im folgenden werden alle drei Termini synonym benutzt und dem Begriff der (angewandten) Technik gegenübergestellt.
Zur Gegenüberstellung von Technologie und Technik vgl. auch Mansfield, E.: The Economics of Technological Change, a. a. O., S. 10 f.: "Technology is society's pool of knowledge regarding the industrial arts. It consists of knowledge used by industry regarding the principles of physical and social phenomena (such as properties of fluids and the laws of motion), knowledge regarding the application of these principles to production (such as the application of genetic theory to the breeding of new plants), and the knowledge regarding the day-to-day operations of production (such as the rules of thumb of the craftsman) ... A technique is a utilized method of production". Siehe auch die inhaltlich identische Definition von Schmookler, J.: Invention and Economic Growth, Cambridge, Mass. 1966, S. 1 f.

2) Schmookler, J.: Inventions and Economic Growth, a. a. O., S. 6. (Hervorhebung nicht im Original).

nischen Wissens und stellt somit technologischen Fortschritt dar[1]. Der Stand der angewandten Produktionstechnik bleibt dadurch jedoch unverändert. Erst mit der wirtschaftlichen Anwendung geht der potentielle technische Fortschritt, den jede Invention darstellt, in (realisierten) technischen Fortschritt über[2]. "The first enterprise to make a given technical change is an innovator. Its action is innovation"[3]. Oder in anderen Worten "when an invention is introduced commercially as a new or improved product or process, it becomes an innovation"[4]. Die Invention ist also ein wissenschaftlich-technologischer Tatbestand, während die Innovation ein ökonomisches Faktum ist[5].

---

1) "Invention will be used as a general term for activities which expand the level of technical knowledge". Nordhaus, W. D.: An Economy Theory of Technological Change, in: AER, PaP, Vol. 59 (1969), S. 18.

2) Vgl. Kortzfleisch, G. v.: Zur mikroökonomischen Problematik des technischen Fortschritts, a. a. O., S. 329: "Dabei ist eine Erfindung als bisher nicht bekannte Art des Anwendens naturwissenschaftlicher Erkenntnisse zunächst nur ein Beitrag zur Mehrung des technischen Wissens und somit ein technologischer Fortschritt. Ein technischer Fortschritt ist demnach dann ein verwerteter technologischer Fortschritt, wenn das mit einer Erfindung geschaffene Mehr an technischem Wissen zu technischem Können erweitert und danach angewendet wird". Ott, A. E.: Technischer Fortschritt, a. a. O., S. 302; Salter, W. E. G.: Productivity and Technical Change, second edition, Cambridge, Engl. 1966, S. 63; Schmookler, J.: Inventions and Economic Growth, a. a. O., S. 2: "When an enterprise produces a good or service or uses a method or input that is new to it, it makes a technical change". (Statt der Sperrungen im Original kursiv.)

3) Schmookler, J.: Inventions and Economic Growth, a. a. O., S. 2.

4) Maclaurin, R. W.: The Sequence from Invention to Innovation and its Relation to Economic Growth, in: QJE, Vol. 67 (1953), S. 105. (Im Original statt der Sperrung kursiv.) Vgl. auch Mensch, G.: Zur Dynamik des technischen Fortschritts, in: ZfB, 41. Jg. (1971), S. 305 f.

5) Vgl. Fourastié, J.: Die große Hoffnung des zwanzigsten Jahrhunderts, zweite Auflage, Köln 1969, S. 38; Keirstead, S.: The Theory of Economic Change, Toronto 1948, S. 133 und Schumpeter, auf den diese scharfe Trennung zwischen Invention und Innovation zurückgeht. Schumpeter, J. A.: Theorie der wirtschaftlichen Entwicklung, zweite, neu bearbeitete Auflage, München und Leipzig 1926, S. 100 ff.; ders.: Business Cycles, A Theoretical, Historical and Statistical Analysis of the Capitalist Process, first edition,

Zu unterscheiden ist ferner zwischen der erstmaligen Anwendung neuen technischen Wissens (originäre Innovation, Neuerung) und der darauf folgenden Diffussion dieser Neuerung (adaptierte Innovation, Imitation, Nachahmung)[1]. Eine Innovation im engeren Sinne (originäre Innovation) liegt vor, wenn die Anwendung des technischen Wissens sowohl für die Unternehmung als auch für die gesamte Volkswirtschaft neu ist. Bei der Imitation hingegen geschieht die Anwendung des neuen technischen Wissens zwar zum ersten Male in der Unternehmung, jedoch nicht erstmalig in der Volkswirtschaft[2].

Diese Trennung von Innovation und Imitation wird in der makroökonomischen Literatur betont, wo die Imitation teilweise nicht als technischer Fortschritt bezeichnet wird, um Doppelzählungen ein und derselben Innovation bei verschiedenen Unternehmen zu vermeiden. Aus dem Blickwinkel der Unternehmung sind jedoch sowohl die Innovation als auch die Imitation - insbesondere bei Konzentrierung auf den technischen Fortschritt beim Produktionsprozeß - von etwa gleicher ökonomischer Bedeutung und in ihrer Problemstruktur nahezu äquivalent[3]. Daher wird der Begriff der Innovation hier weit gefaßt. Er bezeichnet allgemein die Realisierung eines technischen Fortschritts und umfaßt sowohl die originäre Innovation als auch die Imitation. Hierfür sprechen vor allem zwei Gründe:

(1) Die Pioniergewinne, die durch die erste Verwendung neuen technischen Wissens realisiert werden können, sind bei Prozeßinnovationen wesentlich geringer als bei Produktinnovationen, wo die Unternehmung, die als erste auf den Markt kommt, eine bedeutende Verbesserung der Ertragslage durch die Mitnahme von Pioniergewinnen erzielen kann[4].

(2) "Even the imitation of previously tried techniques almost always involves a 'creative response'"[5], so daß rein passives Rezipieren nicht möglich ist.

---

sixth impression, New York and London 1939 (2 Volumes), S. 84 ff. Schumpeter's Begriff der Innovation als Durchsetzung neuer Kombinationen ist allerdings weiter als der hier benutzte Begriff.

1) Vgl. z. B. Schmookler, J.: Inventions and Economic Growth, a.a.O., S. 2: "Another enterprise making the same technical change later is presumably an i m i t a t o r and its action, i m i t a t i o n". (Im Original statt der Sperrung kursiv.)

2) Vgl. Myers, S. and Marquis, D.G.: a.a.O., S. 3.

3) Vgl. Myers, S. and Marquis, D.G.: a.a.O., Vgl. ebenda, S. 3.

4) Vgl. dazu vor allem Schumpeter, J.A.: Theorie der wirtschaftlichen Entwicklung, a.a.O.

5) Blaug, M.: a.a.O., S. 13.

"There are aubstantial 'learning costs' for any firm ... Knowledge cannot be costlessly and timelessly transferred among firms"[1]. Daraus ergibt sich das empirisch belegte Faktum, daß die Kosten für Imitationen nahezu die gleichen sind wie für Innovationen[2].

Einen Überblick über die Phasen des technischen Fortschritts gibt Abbild 4[3].

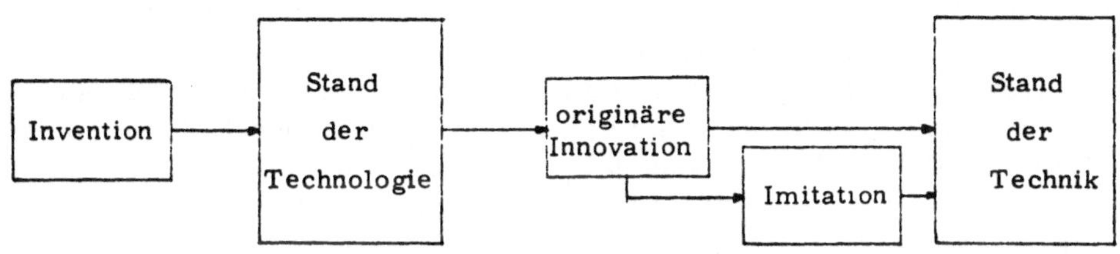

Abb. 4: Die Phasen des technischen Fortschritts[4].

1) Phillips, A.: Patents, Potential Competition and Technical Progress, in: AER, PaP, Vol. 56 (1966), S. 304.
2) Vgl. Myers, S. and Marquis, D.G.: a.a.O., S. 6 ff. und S. 60; Marquis, D.G.: a.a.O., S. 36.
3) Formal läßt sich der Inhalt von Abbild 4 wie folgt darstellen. Der technische Horizont der Unternehmung zur Zeit t (T_t) kann als Menge aller zur Zeit t bekannten technologisch möglichen Produktionsalternativen aufgefaßt werden. Erhöht sich im Zeitablauf die Menge dieser möglichen Alternativen ($T_t \subset T_{t+1}$), so liegt technologischer Fortschritt vor. Die jeweils angewandte Produktionstechnik ist ein Element dieser Menge T_t ($\tau_o \varepsilon T_t$). Technischer Fortschritt ist dann gegeben, wenn der Übergang zu einer neuen, auf höherem technischen Niveau liegenden Produktionstechnik ($\tau_o < \tau_1$) eine Senkung der durchschnittlichen Stückkosten ($dc < o$) erlaubt. Vgl. ähnlich Debreu, G.: a.a.O.; Wittmann, W.: Grundzüge einer axiomatischen Produktionstheorie, in: Moxter, A.; Schneider, D.; Wittmann, W. (Hrsg.): Produktionstheorie und Produktionsplanung, Köln und Opladen 1966, S. 16 ff.; ders.: Produktionstheorie, Berlin-Heidelberg-New York 1968, S. 2 ff.
4) Schumpeter's Definition des technischen Fortschritts als "the setting up of a new production function" ist somit eine Definition des technologischen Fortschritts. Technischer Fortschritt müßte als "the application of a new production function" bezeichnet werden.

In Abbild 4 sind vor der Invention die neuen, wissenschaftlichen Entdeckungen (scientific discoveries) einzuordnen. Jedoch besteht zwischen Entdeckungen und Erfindungen kein unmittelbarer kausaler Zusammenhang, wie die Untersuchung einer Vielzahl von bedeutenden Inventionen zeigte[1]. Rechts vom Stand der Technik ist das Ansatzfeld der betriebswirtschaftlichen Rationalisierung, die sich bemüht, bei gegebenem Stand der Technik, die effizientesten Produktionsmittelkombinationen zu realisieren[2].

Trotz der klaren Trennung zwischen Invention, Innovation und Imitation, bzw. zwischen technologischem und technischem Fortschritt, darf nicht übersehen werden, daß es sich hierbei um verschiedene Aspekte eines zusammengehörigen Prozesses handelt. "Since new technological knowledge is usually produced for use, technological progress is associated with innovation as thought to deed ... Technical change is the ultimate purpose of technological change"[3].

Siehe Schumpeter, J. A.: Business Cycles, a. a. O., S. 88. Diese Kritik an Schumpeter's Definition wurde schon von Schätzle, G.: Technischer Fortschritt und Produktionsfunktion, a. a. O., S. 55 ff. geäußert.
Für Ziele, Hauptaktivitäten und Objekte in den einzelnen Phasen siehe Kortzfleisch, G. v.: Zur mikroökonomischen Problematik des technischen Fortschritts, a. a. O., S. 335 ff.

1) Siehe hierzu Jewkes, J.; Sawers, D.; Stillermann, R.: The Sources of Invention, second revised and enlarged edition, New York, N. Y. 1969. Vgl. auch Ogburn, W. F.: The Pattern of Social Change, in: Proceedings of the 14th International Congress of Sociology, Vol. III, 1951, S. 334; Usher, A. P.: A History of Mechanical Invention, second edition, New York-London 1954.

2) Vgl. Kortzfleisch, G. v.: Zur mikroökonomischen Problematik des technischen Fortschritts, a. a. O., S. 335 f.

3) Schmookler, J.: a. a. O., S. 2. Vgl. auch Geschka, H.: Forschung und Entwicklung als Gegenstand betrieblicher Entscheidungen, Meisenheim am Glan 1970, S. 31 ff.; Lüscher, E.: Fünf Thesen zum Thema "Naturwissenschaftliche Erkenntnis und Freiheit", in: IBMN, 19. Jg. (1969), S. 739.

III. Modelle des technischen Fortschritts

Um die ökonomische Relevanz des abstrakten Phänomens "technischer Fortschritt" analysieren zu können, wurde eine Vielzahl von Modellen entwickelt[1]. Diese, fast ausschließlich makroökonomisch orientierten Modelle, können in drei Typen unterteilt werden:

(1) Modelle zur Klassifizierung der Fortschrittswirkungen. Hierbei steht die Frage im Mittelpunkt, in welche Richtung der technische Fortschritt die Effizienz der Produktionsfaktoren verändert.

(2) Modelle zur Messung der Fortschrittsbedeutung. Hier geht es vor allem um die Beantwortung der Frage, welche Bedeutung dem technischen Fortschritt im Prozeß des wirtschaftlichen Wachstums und der Veränderung der Faktorproduktivitäten zukommt und wie er in das ökonomische System "eingeschleust" wird.

(3) Modelle zur Bestimmung der Fortschrittsdeterminanten. Diese Modelle beschäftigen sich damit, wie technischer Fortschritt entsteht und welche Faktoren seine Richtung und seine Geschwindigkeit bestimmen.

Dieser Typologie der Modelle[2] sind Begriffspaare, die das Forschungsbemühen kennzeichnen, zuzuordnen. Die klassifikatorischen

---

1) Eine Zusammenstellung der bedeutendsten Modelle des technischen Fortschritts findet sich bei Rosenberg, N. (ed.): The Economics of Technological Change, Harmondsworth, Engl. 1971; Stiglitz, J. E. and Uzawa, H. (eds.): Readings in the Modern Theory of Economic Growth, Cambridge, Mass. 1969. Eine kritisch Würdigung der einzelnen Ansätze geben Hahn, F. H. and Matthews, R. C. O.: The Theory of Economic Growth: A Survey, in: EJ, Vol. 74 (1964), S. 825 - 853 und Walter, H.: Der technische Fortschritt in der neueren ökonomischen Theorie, a. a. O.

2) Die Reihenfolge dieser Dreiteilung entspricht etwa der historischen Entwicklung. Die anhaltende Diskussion der Klassifikation begann mit Hicks, J. R.: The Theory of Wages, London 1932. Die ersten expliziten Bemühungen zur Messung des technischen Fortschritts datierten von Mitte der fünfziger Jahre, angeregt durch die Arbeit von Solow, R. M.: Technical Change and the Aggregate Production Function, in: REcSt, Vol. 39 (1957), S. 312 - 320. Die Untersuchungen der Einflußgrößen des technischen Fortschritts begannen Anfang der sechziger Jahre.

Modelle befassen sich mit der Frage, wann der technische Fortschritt neutrale bzw. nicht-neutrale Auswirkungen hat. Bei dem zweiten Typus handelt es sich um Modelle mit gebundenem (embodied) bzw. ungebundenem (disembodied) Fortschritt. Modelle des Typus (3) sind charakterisiert durch die Begriffe autonomer und induzierter technischer Fortschritt[1]. Diese Modelle sollen auf ihren betriebswirtschaftlich relevanten Gehalt geprüft werden, wobei zu untersuchen ist, inwieweit sie einen Beitrag zur Klärung der mikroökonomischen Probleme des technischen Fortschritts beim Produktionsprozeß leisten können.

1. Modelle zur Klassifizierung der Fortschrittswirkungen

Die meisten Modelle zur Klassifizierung der Wirkungen des technischen Fortschritts bedienen sich als Einteilungskriterien der Kapitalintensität, der partiellen Faktorproduktivitäten und der Grenzrate der Substitution zwischen den Produktionsfaktoren[2]. Je nachdem, welches Kriterium im Vordergrund steht, ergeben sich verschiedene Definitionen des neutralen und nicht-neutralen technischen Fortschritts.

Hicks geht bei seiner Klassifikation von einer gegebenen und als konstant vorausgesetzten Kapitalintensität $\frac{K}{A}$ aus und teilt den technischen Fortschritt danach ein, wie er die Grenzrate der Substitution zwischen den Produktionsfaktoren Kapital und Arbeit

$$\frac{\partial Q}{\partial A} : \frac{\partial Q}{\partial K} = \frac{dK}{dA}$$

verändert[3]. Dem entsprechend, "we can classify inventions according as their initial effects are to increase, leave unchanged, or

1) Diese Begriffspaare schließen sich nicht gegenseitig aus. Es ist beispielsweise die Kombination nicht-neutraler, gebundener, induzierter technischer Fortschritt möglich.

2) Eine Ausnahme macht z. B. Lange, der bei seiner Einteilung von der Veränderung der Grenzkosten ausgeht. Siehe Lange, O.: A Note on Innovations, in: REcSt, Vol. 25 (1943), S. 19 - 25 und die Darstellung bei Ott, A. E.: Technischer Fortschritt, a. a. O., S. 306 f.

3) In der Literatur werden zwei formal verschiedene, jedoch inhaltlich übereinstimmende Definitionen der Grenzrate der Substitution verwendet. Sie unterscheiden sich darin, ob der substituierende oder der substituierte Faktor im Zähler des Quotienten steht. Entsprechend wird die Grenzrate der Substitution einmal durch den Tangens an der negativen Richtung der Abszisse oder

diminish the ratio of the marginal product of capital to that of labour. We may call these inventions 'labour-saving', 'neutral', and 'capital-saving' respectively"[1].

Graphisch lassen sich diese Typen des technischen Fortschritts mit Hilfe von Isoquantendiagrammen darstellen (Abbild 5. 1 - 5. 3)[2].

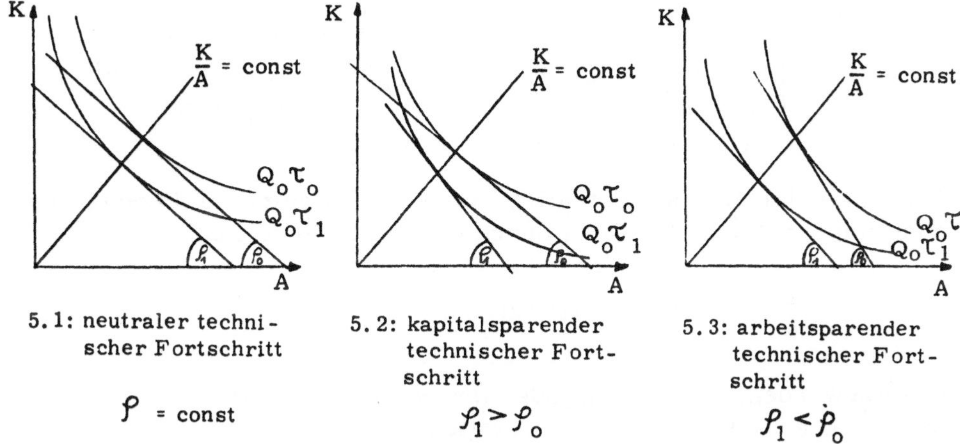

Abb. 5: Typen des technischen Fortschritts nach Hicks.

Im Falle des neutralen technischen Fortschritts bleibt die Grenzrate der Substitution konstant (vgl. Abbild 5. 1).

$$\tan \rho_0 = \left(\frac{dK}{dA}\right)_{\tau_0} = \tan \rho_1 = \left(\frac{dK}{dA}\right)_{\tau_1} \qquad (7)$$

---

an der negativen Richtung der Ordinate gemessen. Zur ersten Definition vgl. z. B. Gutenberg, E.: Grundlagen der Betriebswirtschaftslehre, Bd. I, a. a. O., S. 302 ff., zur zweiten Definition z. B. Allen, R. G. D.: Macro-Economic Theory, New York, N. Y. 1968, S. 42 und Schneider, E.: Einführung in die Wirtschaftstheorie, II. Teil, 10. verbesserte Auflage, Tübingen 1965, S. 172 ff. Im folgenden wird die Definition Gutenberg's verwendet.

1) Hicks, J. R.: a. a. O., S. 121. Es ist zu beachten, daß Hicks von dem Quotienten $\frac{\partial Q}{\partial K} : \frac{\partial Q}{\partial A}$ ausgeht, während hier die reziproke Formulierung gewählt wurde.

2) Für eine Darstellung mit Hilfe der Produktionsfunktion siehe Hahn, F. H. and Matthews, R. C. O., S. 825 f.

Bei kapitalsparendem Fortschritt (Abbild 5. 2) steigt und bei arbeitsparendem technischen Fortschritt (Abbild 5. 3) sinkt die Grenzrate der Substitution[1]. Zusammengefaßt lassen sich die Veränderungen der Grenzrate der Substitution - verursacht durch die Implementierung des technischen Fortschritts - wie folgt darstellen[2]:

$$\left[\frac{\partial\left(\frac{dK}{dA}\right)}{\partial \tau}\right]_{\frac{K}{A} = const} \gtreqless 0 \Longleftrightarrow \text{Hicks}\begin{cases}\text{kapitalsparend}\\ \text{neutral}\\ \text{arbeitssparend}\end{cases} \qquad (8)$$

Im Falle der Hicks-Neutralität kann die allgemeine Produktionsfunktion $Q = F\left[K, A; \tau(t)\right]$ durch die speziellere Funktion

$$Q = \tau(t)\, F(K, A) \qquad (9)$$

ersetzt werden, wobei $\tau(t)$ jede anwachsende Funktion der Zeit sein kann[3]. Die Darstellung (9) verdeutlicht die "symmetrische" Wirkung des Hicks-neutralen technischen Fortschritts in bezug auf die Kapital- und Arbeitsproduktivität, da die Effizienz beider Produktionsfaktoren in den gleichen Proportionen erhöht wird.

Ausgangspunkt der Hicks-Klassifikation ist die Unterstellung einer konstanten Kapitalintensität - eine Unterstellung, die über weite Perioden der wirtschaftlichen Entwicklung nicht der Realität entspricht. Diesem Faktum trägt Harrod bei seiner Klassifikation der Fortschrittswirkungen Rechnung[4]. Der technische Fortschritt ist neutral im Harrod-Sinne, wenn er bei konstanter Grenzproduktivität des Kapitals den Kapitalkoeffizienten unverändert läßt. Analog ist der Fortschritt arbeitsparend (= kapitalverwendend), wenn bei konstanter

---

1) Da im makroökonomischen Gleichgewicht die Grenzproduktivitäten auch gleich den Faktorkosten sind,

$$\frac{dK}{dA} = \frac{\frac{\partial Q}{\partial A}}{\frac{\partial Q}{\partial K}} = \frac{w}{r},$$

erhöht sich beim kapitalsparenden technischen Fortschritt der Lohnsatz relativ zum Kapitalkostensatz und vice versa.

2) Vgl. Stiglitz, J.E. und Uzawa, H. (eds.): a.a.O., S. 121.

3) Vgl. Hahn, F.H. and Matthews, R.C.O., a.a.O., S. 826.

4) Vgl. Harrod, R.F.: Towards a Dynamic Economics, London-New York 1948.

Grenzproduktivität des Kapitals der Kapitalkoeffizient steigt und kapitalsparend (= arbeitsverwendend), wenn der Kapitalkoeffizient sinkt[1].

Wie bei Hicks, kann auch die Harrod-Klassifikation der Fortschrittswirkung mit Hilfe von Isoquantendiagrammen dargestellt werden (Abbild 6.1 - 6.3).

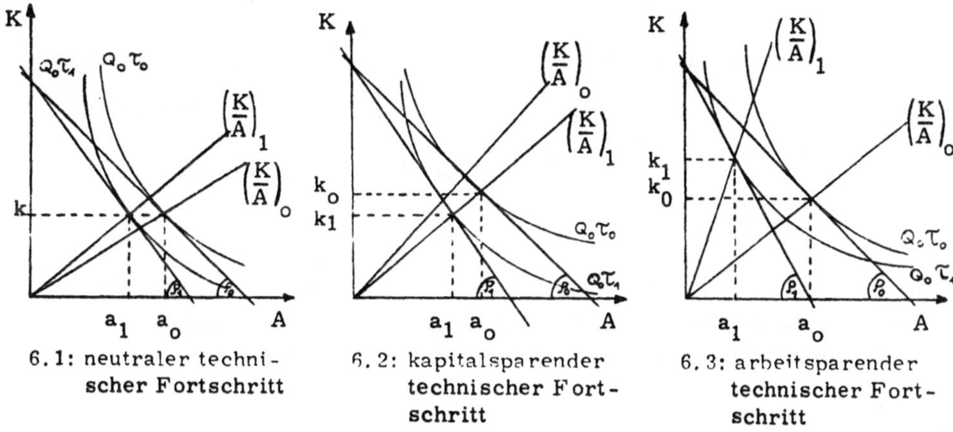

6.1: neutraler technischer Fortschritt

6.2: kapitalsparender technischer Fortschritt

6.3: arbeitsparender technischer Fortschritt

Abb. 6: Typen des technischen Fortschritts nach Harrod.

Die Tangenten an die Isoquanten gehen alle von demselben Schnittpunkt mit der Ordinate aus, da dieser Punkt im Gleichgewicht der Grenzproduktivität des Kapitals (= Profitquote) entspricht[2], was der definitorische Ausgangspunkt der Harrod-Klassifikation ist.

Aus Abbild 6.1 geht hervor, daß der neutrale Fortschritt bei unverändertem Kapitalkoeffizienten die durchschnittliche Arbeitsproduktivität und die Kapitalintensität erhöht. Der kapitalsparende technische Fortschritt (Abbild 6.2) senkt den Kapitalkoeffizienten und die Kapitalintensität; je nach Form und Lage der Isoquante wird die Arbeitsproduktivität erhöht, gesenkt oder bleibt unverändert. Der arbeitsparende Fortschritt (Abbild 6.3) erhöht den Kapitalkoeffizienten bei gleichzeitiger Senkung des Arbeitskoeffizienten. Dadurch wird die Kapitalintensität erhöht. Daraus ergibt sich die "asymmetrische" Wirkung des Harrod-neutralen Fortschritts, der die Faktorproduktivitäten nicht in den gleichen Proportionen erhöht, sondern einen arbeitsproduktivität-erhöhenden (labour-augmenting) Ef-

1) Vgl. Harrod, R.F.: a.a.O., S. 26 f.
2) Vgl. Walter, H.: Der technische Fortschritt in der neueren ökonomischen Theorie, a.a.O., S. 82 ff.

fekt hat[1]. Im Falle der Harrod-Neutralität kann die allgemeine Produktionsfunktion durch die speziellere Funktion

$$Q = F\left[K, \quad \tau(t)\, A\right] \tag{10}$$

ersetzt werden, bei der der technische Fortschritt ausschließlich den Arbeitseinsatz verändert[2][3].

Analog Gleichung (8) läßt sich die Harrod-Klassifikation darstellen

$$\left[\frac{\partial\left(\frac{K}{A}\right)}{\partial\tau}\right]_{\frac{\partial Q}{\partial K} = \text{const.}} \gtreqless 0 \iff \text{Harrod} \begin{cases} \text{arbeitsparend} \\ \text{neutral} \\ \text{kapitalsparend} \end{cases} \tag{11}$$

Das genaue Spiegelbild der Einteilung von Harrod ist die von Solow[4], bei der nur Kapital und Arbeit jeweils zu vertauschen sind. Die Produktionsfunktion im Solow-neutralen Fall ist dann

$$Q = F\left[\tau(t)\, K, A\right] \quad . \tag{12}$$

Der neutrale technische Fortschritt wirkt hier kapitalproduktivitätserhöhend (capital-augmenting) bei konstanter Arbeitsproduktivität. Für die nicht neutralen Fälle gilt mutatis mutandis das gleiche wie bei der Harrod-Klassifikation.

---

1) Diese Definition ist weitgehend realitätskonform, da sie einen langfristig konstanten Zinssatz (= Grenzproduktivität des Kapitals) bei ständig steigendem Lohnsatz und steigender Kapitalintensität postuliert.

2) Vgl. Hahn, F.H. and Matthews, R.C.O.: a.a.O., S. 827 f. Für den Fall, daß mehr Produktionsfaktoren als die Aggregate Kapital und Arbeit in der Produktionsfunktion berücksichtigt sind, muß der Term $\tau(t)$ allen Faktoren, die nicht Kapitalinput sind, zugeordnet werden.

3) Für eine Diskussion der Zusammenhänge zwischen den Klassifikationen von Hicks und Harrod siehe Robinson, J.: The Classification of Inventions, in: RES, Vol. 5 (1938), S. 139 - 142.

4) Solow, R.M.: Capital Theory and the Rate of Return, Amsterdam 1963. Die Solow-Klassifikation des technischen Fortschritts ist besonders in den Modellen mit kapitalgebundenem technischen Fortschritt von Bedeutung, bei denen die qualitative Verbesserung des Kapitalstocks durch den technischen Fortschritt Ausgangspunkt der Überlegungen ist.

Alle drei dargestellten Klassifikationsschemata gehen von der Grenzproduktivität der Produktionsfaktoren aus, unterstellen also vollständige Substitutionalität zwischen den einzelnen Faktoren. Da jedoch "die industriellen Produktionsverfahren in der Regel durch limitationale Produktionsfunktionen gekennzeichnet sind"[1], sind diese Ansätze für mikroökonomische Betrachtungen des technischen Fortschritts kaum operational. Hinzu kommt, daß diese Klassifikationen die Fortschrittswirkungen als gegeben ansehen und nichts darüber aussagen, wie diese Wirkungen zustande kommen. Eine mikroökonomisch relevante Einteilung des technischen Fortschritts muß die mögliche Limitationalität zwischen Produktionsfaktoren berücksichtigen und sich an der Frage orientieren, wie die durch den technischen Fortschritt bewirkte Kostenersparnis zustande kommt. Diesen Anforderungen versucht Ott in seiner Klassifikation zu genügen[2][3].

Ott geht von einer Gesamtkostenfunktion von der Form

$$C = K \cdot r + A \cdot w \tag{13}$$

aus, in der die Faktorpreise r und w als konstant angesehen werden. Fortschrittsinduzierte Faktorpreisvariationen werden also nicht berücksichtigt. Bei der Realisierung des technischen Fortschritts von τ_0 auf τ_1 verändern sich - bei konstanter Produktmenge - die Inputmengen von Kapital und/oder Arbeit. Die Veränderung im Stand der Produktionstechnik verursacht eine Veränderung der Gesamtkosten, die sich als das totale Differential von C nach K und A ergibt:

---

1) Ehrlicher, W.: Finanzwissenschaft, in: Ehrlicher, W.; Esenwein-Rothe, J.; Jürgensen, H.; Rose, K. (Hrsg.): Kompendium der Volkswirtschaftslehre, Bd. II, Göttingen 1968, S. 403. Siehe auch Gutenberg, E.: Grundlagen der Betriebswirtschaftslehre, Bd. I, a.a.O., S. 306 ff.

2) Vgl. Ott, A.E.: Technischer Fortschritt, a.a.O., S. 307 ff.; ders.: Produktionsfunktion, technischer Fortschritt und Wirtschaftswachstum, a.a.O., S. 170 ff.; ders.: Technischer Fortschritt in einem stationären Zwei-Sektoren-Modell, in: IBMN, 18. Jg. (1968), S. 402 - 410.

3) Die Forderung nach Limitationalität der Produktionsfaktoren gilt bei Ott nur ex post. Ex ante erlaubt auch Ott Substitutionalität. Der Produktionsprozeß wird dann durch eine Abfolge von limitationalen Produktionsfunktionen gekennzeichnet. Zu den Begriffen ex ante - ex post siehe Johansen, L.: Substitution versus Fixed Production Coefficients in the Theory of Economic Growth: A Synthesis, in: Econometrica, Vol. 27 (1959), S. 157 - 176.

$$dC = r \cdot dK + w \cdot dA. \tag{14}$$

Ex definitione muß dC negativ sein, damit technischer Fortschritt vorliegt. Die relativen Veränderungen von K und A beim Übergang auf die neue Produktionsfunktion sind die Kriterien, nach denen Ott die Wirkungen des Fortschritts klassifiziert. Verringern sich K und A in den gleichen Proportionen, so bleibt der Quotient aus beiden, die Kapitalintensität, konstant. Diesen Fall bezeichnet Ott als neutralen technischen Fortschritt. Erhöht sich die Kapitalintensität, liegt arbeitsparender, verringert sich die Kapitalintensität, liegt kapitalsparender technischer Fortschritt vor (Abbild 7).

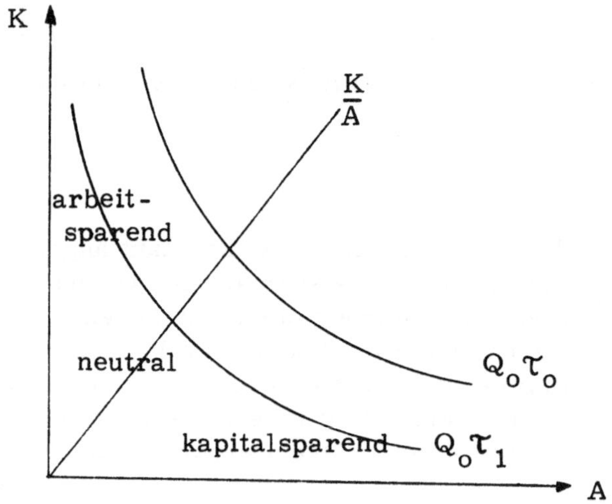

Abb. 7: Typen des technischen Fortschritts nach Ott.[1]

Die Ott-Klassifikation kann somit geschrieben werden als

$$\left[\frac{\partial\left(\frac{K}{A}\right)}{\partial \tau}\right]_{dC<o} \gtreqless 0 \iff \text{Ott} \begin{cases} \text{arbeitsparend} \\ \text{neutral} \\ \text{Kapitalsparend} \end{cases} \tag{15}$$

1) Nach Ott, A. E.: Technischer Fortschritt, a. a. O., S. 310. Die Q,τ -Linien müssen ex post nicht notwendigerweise stetig und differenzierbar sein.

Die beiden nicht-neutralen Fälle unterteilt Ott noch jeweils dreifach und erhält damit insgesamt sieben mögliche Arten des technischen Fortschritts[1].

Dieser Ansatz, ausgehend von der Veränderung der durchschnittlichen Stückkosten, ist aus mikroökonomischer Perspektive die sinnvollste Vorgehensweise, da die realisierbare Senkung der Stückkosten als die betriebswirtschaftlich relevanteste Wirkung des technischen Fortschritts beim Produktionsprozeß anzusehen ist, wenn von Veränderungen der Produktqualität abgesehen wird. Volkswirtschaftliche Auswirkungen, wie sie bei den Klassifikationen von Hicks, Harrod und Solow mit den Veränderungen des Lohn- und Zinssatzes und damit der Lohn- und Profitquote im Mittelpunkt stehen, sind auf der Ebene der Unternehmung von sekundärer Bedeutung[2].

Kritisch anzumerken zu allen diesen Klassifikationsschemata ist, daß es rein definitorische Systeme sind, die - aufgrund des tautologischen Charakters von Definitionen - die bezeichneten Phänomene nicht erklären, sondern nur beschreiben. Keine Aussagen werden gemacht über das Phänomen "technischer Fortschritt" selbst, der als ein exogener Faktor akzeptiert wird. Warum die Fortschrittswirkungen neutral oder nicht-neutral sind, wird in diesen Modellen nicht erklärt. Hinzu kommt, daß die Frage nach der Bedeutung, die dem technischen Fortschritt im Wirtschaftsprozeß zukommt, durch die Klassifikationen nicht beantwortet wird[3]. Diese Modelle können daher nur der Ordnung der Faktoren und der Operationalisierung der Begriffe für weitere, auf ihnen aufbauende Untersuchungen dienen.

---

1) Eine ausführliche Ableitung der Wirkungen des technischen Fortschritts, die in die Ott-Klassifikation einmündet, wird auf Seite 164 dieser Arbeit gegeben.

2) Für eine Darstellung der Zusammenhänge der einzelnen Klassifikationsschemata siehe Walter, H.: Der technische Fortschritt in der neueren ökonomischen Theorie, a.a.O., S. 79 ff. und S. 96 ff. und Ihlau, T. und Rall, L.: Die Messung des technischen Fortschritts, Tübingen 1970, die zeigen, daß die hier nicht wiedergegebene Klassifikation von Lowe, A.: Structural Analysis of Real Capital Formation, in: The Universities-National Bureau Committee for Economic Research (NBER) (ed.): Capital Formation and Economic Growth, Princeton 1955, S. 622 ff., in dem Ansatz von Ott enthalten ist.

3) Diese hier geäußerte Kritik bezieht sich ausschließlich auf die Klassifikationsmodelle selbst. Sie waren bei keinem der Autoren Selbstzweck, sondern dienten als Grundlage für weitere Forschungen.

2. Modelle zur Messung der Fortschrittsbedeutung

Die Entwicklung von Modellen zur Messung des technischen Fortschritts begann, nachdem die Pionierarbeiten von Schmookler[1] und Abramovitz[2] zeigten, daß der überwiegende Teil des wirtschaftlichen Wachstums nicht durch den vermehrten Einsatz qualitativ unveränderter Produktionsfaktoren, sondern durch andere, im Modellansatz nicht erklärte Faktoren verursacht wurde. Die Faktoren, zuerst schlicht als Residuum bezeichnet, wurden später unter dem Sammelbegriff technischer Fortschritt subsumiert. Diesen Anteil des technischen Fortschritts am gesamtwirtschaftlichen Wachstum galt es zu bestimmen. Die Messung geschah entweder auf der Basis von Produktionsfunktionen oder mit Produktivitätsindices, wobei im letzteren Fall in der Regel Totalproduktivitätsindices[3] von der Form

$$P_T = \frac{Q}{K \cdot r + A \cdot w} \tag{16}$$

verwendet wurden. Die Totalproduktivität hat gegenüber Partialproduktivitäten den Vorteil, daß "the effects of factor substitution cancel out in the total productivity indexes"[4]. Das relative Wachstum des Outputs in dem Zeitintervall t, t+1 wird bestimmt durch

$$\frac{Q_{t+1}}{Q_t} = P_{T,t} \left(\frac{K_{t+1}}{K_t} r_t + \frac{A_{t+1}}{A_t} w_t \right) , \tag{17}$$

wobei P_T die gestiegene Effizienz des Produktionsprozesses ausdrückt. Der Produktivitätsindex P_T

---

1) Schmookler, J.: The Changing Efficiency of the American Economy, 1869 - 1938, in: REcSt, Vol. 34 (1952), S. 214 - 231.

2) Abramovitz, M.: Resource and Output Trends in the United States since 1870, in: AER, PaP, Vol. 46 (1956), S. 5 - 23.

3) Vgl. ebenda; Kendrick, J.: Productivity Trends: Capital and Labor, in: REcSt, Vol. 39 (1956), S. 248 - 257; ders.: Productivity Trends in the U.S., Princeton, N.J. 1961.

4) Kendrick, J.: Productivity Trends in the U.S., a.a.O., S. 9. Für eine Übersicht über die einzelnen Verfahren der Produktivitätsanalyse siehe Reuss, G.: Produktivitätsanalyse, a.a.O.

$$P_{T,t} = \frac{Q_{t+1}}{Q_t} \; \frac{1}{\frac{K_{t+1}}{K_t} r_t + \frac{A_{t+1}}{A_t} w_t} \qquad (18)$$

ist dann ein Maß für die ökonomische Relevanz des technischen Fortschritts in der jeweiligen Periode[1]. Da gezeigt werden kann, daß auch dieser Art von Messung des technischen Fortschritts implizit eine Produktionsfunktion zugrunde liegt[2], erübrigt sich eine gesonderte Diskussion.

Die Modelle, die sich explizit einer Produktionsfunktion bedienen, können hinsichtlich der Art, wie der technische Fortschritt in die Wirtschaft "eingeschleust" wird, unterschieden werden in

(1) Modelle mit ungebundenem (disembodied) und

(2) Modelle mit gebundenem (embodied)

technischen Fortschritt.

Das bekannteste Modell mit ungebundenem technischen Fortschritt wurde von Solow publiziert[3]. Er ging bei der Analyse des Beitrages, den der technische Fortschritt zum gesamtwirtschaftlichen Wachstum leistet, von einer aggregierten, linear homogenen Produktionsfunktion vom Typ

$$Q(t) = \tau(t) \, F \left[K(t), \; A(t) \right] \qquad (19)$$

---

1) Vgl. Lave, L. B.: Technological Change: Its Conception and Measurement, Englewood Cliffs, N.J. 1966, S. 7 ff. Für eine Analyse der Implikationen dieses Ansatzes siehe u.a. Domar, E.D.: On the Measurement of Technological Change, in: EJ, Vol. 71 (1961), S. 709 - 729.

2) Vgl. dazu Ihlau, T. und Rall, L.: a.a.O., S. 57 ff.; Solow, R.M. Investment and Technical Progress, in: Arrow, K.J.; Karlin, S. and Suppes, P. (eds.): Mathematical Methods in the Social Sciences, Stanford, Calif. 1959, S. 89.

3) Solow, R. M.: Technical Change and the Aggregate Production Function, a.a.O.; vgl. auch die ähnlichen Modelle von Aukrust, O.: Investment and Economic Growth, in: PMR, Vol. 16 (1959), S. 35 - 53; Niitamo, O.: Development of Productivity in Finish Industry, 1925 - 1952, in: PMR, Vol. 15 (1958), S. 30 - 41; Valvanis-Vail, S.: An Econometric Model of Growth, U.S.A. 1869 - 1953, in: AER, PaP, Vol. 45 (1955), S. 208 - 221.

aus, d.h. er unterstellte Hicks-neutralen technischen Fortschritt[1]. Solow faßt den Begriff des technischen Fortschritts sehr weit. Er versteht darunter "any kind of shift in the production function. Thus slowdowns, speedups, improvements in the education of the labor force, and all sorts of things will appear as 'technical change'"[2].

Das jeweilige Niveau der Produktionstechnik drückt der Effizienzparameter $\tau(t)$ aus, der allein von der Zeit abhängig ist und durch $\tau(t) = \tau_o e^{\lambda t}$ approximiert wird. Dabei steht τ_o für den Stand der Technik in der Basisperiode t = 0. Der technische Fortschritt

$$\frac{d\tau}{dt} = \lambda \tau_o e^{\lambda t} = \lambda \tau(t) \qquad (20)$$

ist somit eine konstante Wachstumsrate λ des Effizienzparameters. Eingesetzt in (19) lautet die Produktionsfunktion

$$Q(t) = \tau_o e^{\lambda t} F\left[K(t), A(t)\right] . \qquad (21)$$

In der von Solow angewandten komparativ-statischen Analyse ergibt sich der numerische Wert von λ als das Residuum des nicht durch die Veränderung von Kapital- und Arbeitsinput erklärten Wachstums während eines Zeitintervalls

$$\lambda = \frac{\Delta\tau}{\tau} = \frac{\Delta Q}{Q} - s_K \frac{\Delta K}{K} - s_A \frac{\Delta A}{A} , \qquad (22)$$

wobei $s_K = \left(\frac{\partial Q}{\partial K}\right)\left(\frac{K}{Q}\right)$ und $s_A = \left(\frac{\partial Q}{\partial A}\right)\left(\frac{A}{Q}\right)$ die relativen Anteile von Kapital und Arbeit an der Ausbringung bedeuten.

---

1) Für eine Untersuchung anderer Typen des technischen Fortschritts siehe Beckmann, M.J. and Sato, R.: Neutral Inventions and Production Functions, in: RES, Vol. 35 (1968), S. 57 - 67; dieselben: Aggregate Production Functions and Types of Technical Progress; A Statistical Analysis, in: AER, Vol. 59 (1969), S. 88 - 101.

2) Solow, R.M.: Technical Progress and the Aggregate Production Function, a.a.O., S. 312. (Statt der Sperrung im Original kursiv.)

Bei einer Anwendung dieses Modells auf Daten der Vereinigten Staaten für die Jahre 1909 bis 1949 ergab sich ein Residuum von über 80 %, d.h. der vermehrte Faktoreinsatz trug nur zu etwa 20 % dem Wachstum bei, der Rest wurde durch technischen Fortschritt verursacht. Die Rate des technischen Fortschritts, d.i. die Verschiebung der Produktionsfunktion, betrug im Durchschnitt der 40 Jahre $\lambda = 1,5$ % pro Jahr[1].

Die Kritik an dieser Art der Messung ist evident. Die eigentlich interessierende Größe - der Einfluß des technischen Fortschritts - wird nur als das im Ansatz nicht erklärte Residuum erfaßt. Technischer Fortschritt ist ein Sammelbegriff, der alle output-erhöhenden Effekte, die nicht auf vermehrten Faktoreinsatz zurückgeführt werden können, abdeckt. Eine so weite Begriffsfassung hat nur bedingten Erklärungswert, insbesondere dann, wenn der Wert des Residuums mehr als das Vierfache der erklärten Outputveränderung ist. "Technischer Fortschritt" in dem so definierten Sinne ist mehr "a measure of our ignorance"[2] als eine Erklärungsgröße.

Aus Gleichung (21) folgt, daß der technische Fortschritt allein eine Funktion der Zeit ist. Keinerlei Anstrengungen müssen unternommen werden, um technischen Fortschritt zu erzeugen. Das nötige technische Wissen fällt "like manna from heaven"[3]. Die Implementierung dieses Wissens erfolgt ohne jegliche ökonomische Aktivität. Selbst für unveränderte Werte des Arbeitspotentials und des Kapitalstocks wächst die Ausbringung exponentiell mit der Rate λ. Die Einführung der Trendkomponenten $e^{\lambda t}$ in die Produktionsfunktion gibt keinerlei Erklärung über Ursachen und Entstehung des Fortschritts. Aus der Unterstellung, der technische Fortschritt sei Hicks-neutral, folgt ferner, daß die Faktorproduktivitäten von Kapital und Arbeit in den gleichen Proportionen ansteigen. Diese Annahme ist insbesondere für den Produktionsfaktor Kapital kritisch, postuliert sie doch, der technische Fortschritt würde die Effizienz alter und neuer Anlagen gleichermaßen erhöhen. Der letzte Stand des Fortschritts ist nicht nur in Maschinen neuester Bauart inkorporiert, sondern auch automatisch in allen vorhandenen Anlagen. Diese unrealistische Unterstellung der nachträglichen automatischen Ver-

---

1) Solow, R. M.: Technical Change and the Aggregate Production Function, a.a.O., S. 316. Für eine Diskussion der Aussagekraft dieser Ergebnisse siehe z.B. Domar, E.D.: On the Measurement of Technological Change, a.a.O.

2) Abramovitz, M.: a.a.O., S. 11. Vgl. auch Solow, R.M.: Investment and Technical Progress, a.a.O., S. 90.

3) Vgl. Hahn, F.H. and Matthews, R.C.O.: a.a.O., S. 836; Allen, R.G.D.: Macro-Economic Theory, a.a.O., S. 254.

formbarkeit ("malleability") aller existierender Kapitalgüter wird in den Modellen mit gebundenem technischen Fortschritt aufgehoben. Bei ihnen ist der jeweils letzte Stand der Technik nur in den Maschinen neuester Bauart "gebunden".

Ausgehend von den Schwächen der Modelle mit ungebundenem technischen Fortschritt entwickelte Solow ein Modell, bei dem die Realisierung des technischen Fortschritts an die Bruttoinvestitionen gebunden ist[1]. Die Kapitalbildung ist das "Vehikel", über das der technische Fortschritt in die Wirtschaft eingeschleust wird. Der letzte Stand der Technik ist nur in den Anlagen inkorporiert, die in der jeweilig letzten Periode erstellt werden. Alle alten Anlagen bleiben vom technischen Fortschritt unberührt.

Da Maschinen verschiedener Perioden qualitativ differieren und diese Unterschiede für die Aussagefähigkeit des Modells wesentlich sind, können sie nicht zu einem homogenen Kapitalstock aggregiert werden. Für jeden Maschinenjahrgang wird damit eine eigene Produktionsfunktion nötig. Die Anzahl der Maschinen des Jahrganges (vin-

---

1) Siehe Solow, R. M.: Investment and Technical Progress, a. a. O. Nach der Arbeit Solow's wurde eine Vielzahl von Beiträgen zu diesem Problemkreis publiziert, so z. B. Denison, E. F.: The Unimportance of the Embodied Question, in: AER, Vol. 54 (1964), S. 90 - 94; Green, H. A. J.: Embodied Progress, Investment and Growth, in: AER, Vol. 56 (1966), S. 138 - 151; Inada, K.: Economic Growth under Neutral Technical Progress, in: Econometrica, Vol. 32 (1964), S. 318 - 327; Jorgensen, D. W.: The Embodiment Hypothesis, in: JPE, Vol. 74 (1964), S. 1 - 17; Kemp, M. C. and Thanh, P. C.: On a Class of Growth Models, in: Econometrica, Vol. 32 (1966), S. 257 - 282; Mansfield, E.: Industrial Research and Technological Innovation, a. a. O., S. 65 ff.; Nelson, R.: Aggregate Production Functions and Medium Range Growth Projections, in: AER, Vol. 54 (1964), S. 575 - 606; Phelps, E. S.: The New View of Investment: A Neoclassical Analysis, in: QJE, Vol. 76 (1962), S. 548 - 567; siehe auch den Kommentar zu dem Phelps-Artikel von Matthews, R. C. O.: "The New View of Investment": Comment, in: QJE, Vol. 78 (1964), S. 164 - 172 und die Erwiderung hierauf von Phelps, E. S. and Yaari, M. E.: Reply, in: QJE, Vol. 78 (1964), S. 172 - 175; Salter, W. E. G.: a. a. O.; Solow, R. M.; Tobin, J.; Yaari, M. E. and Weizsäcker, C. Ch. v.: Neoclassical Growth with Fixed Factor Proportions, in: RES, Vol. 33 (1966), S. 79 - 116; Stiglitz, J. E.: Allocation of Heterogenous Capital Goods in a Two Sector Model of Economic Growth, in: IER, Vol. 10 (1969), S. 373 - 390; Uzawa, H.: A Note on Professor Solow's Model of Technical Progress, in: ESQ, Vol. 14 (1964), S. 63 - 68.

tage) v - d.h. die zur Zeit v produziert wurden - und die zur Zeit t ($t \geqq v$) noch in Verwendung sind, ergibt sich bei Unterstellung einer Verschleißrate δ aus

$$K_v(t) = K_v(v)\; e^{-\delta(t-v)} \; . \qquad (23)$$

Bezeichnet $A_v(t)$ die Anzahl der Arbeiter, die diese Maschinen bedienen, dann ist der Output $Q_v(t)$, der zur Zeit t mit den Anlagen des Jahrgangs v hergestellt wird,

$$Q_v(t) = \tau_o\; e^{\lambda v}\; A_v(t)^{\alpha}\; K_v(t)^{1-\alpha} \; . \qquad (24)$$

Der technische Fortschritt wird auch hier als (exogene) Exponentialfunktion angesehen, wobei jedoch im Exponenten das jeweilige Baujahr der Anlagen und nicht die Zeitvariable t steht.

Der totale Output zur Zeit t, Q(t), der mit dem gesamten zur Verfügung stehenden Kapitalstock aller Jahrgänge produziert wird, ist

$$Q(t) = \int_{-\infty}^{t} Q_v(t)\; dv \; . \qquad (25)$$

Der im Modell mit ungebundenem technischen Fortschritt verwendete homogene Kapitalstock wird hier durch eine effizienzgewogene Kapitalgröße ersetzt, wobei die Gewichtung von der Rate des technischen Fortschritts λ, der Verschleißrate δ und der Produktionselastizität α abhängt.

Basierend auf der Produktionsfunktion (24) schätzte Solow, nach einigen Umformungen, die Rate des technischen Fortschritts für die Vereinigten Staaten in den Jahren 1919 - 1953. Er erhielt dabei mit λ = 2,5 % pro Jahr einen bedeutend höheren Wert als in dem Modell mit ungebundenem Fortschritt, wo λ = 1,5 % war. Dieses Ergebnis war zu erwarten, da der technische Fortschritt nun nicht mehr die Produktivität des gesamten Kapitalstocks erhöht, sondern nur noch die des jeweils letzten Jahrganges. Um einen gleichen gegebenen Produktivitätsanstieg zu erzeugen, muß daher die Rate des technischen Fortschritts zwangsläufig steigen[1)].

---

1) Vgl. Solow, R.M.: Investment and Technical Progress, a.a.O., S. 95.

Diese um 66, 6 % differierenden Resultate verdeutlichen die Problematik der Modelle zur Messung des technischen Fortschritts. Obwohl die "gebundenen" Modelle verglichen mit den "ungebundenen" realitätskonformer sind, ist ihr empirischer Gehalt noch relativ gering[1]. Die Hauptkritik an diesen Modellen liegt darin, daß "the vintage approach does not as such involve necessarily any departure from the assumption that technical progress takes place at an externally given rate. The difference from the orthodox approach is merely that now the manna of technical progress falls only on the latest machines"[2][3]. Der exponentielle Fortschrittstrend bleibt weiterhin exogen determiniert. Die Ursachen und die Einflußgrößen, die zu dieser spezifischen Rate des technischen Fortschritts führen, werden durch das Modell nicht erklärt. Spezifische Folgeprobleme des technischen Fortschritts, etwa sein Einfluß auf die wirtschaftliche Obsolenz der Kapitalgüter oder auf die Freisetzung und Kompensation von Arbeitskräften, finden keine Beachtung.

Neben den Modellen mit kapitalgebundenem technischen Fortschritt wurden im Rahmen der Bildungsökonomik Untersuchungen angestellt, wie sich die Effizienz der menschlichen Arbeitsleistung durch "investment in human capital" entwickelt[4]. Dadurch wird der Einfluß des technischen Fortschritts auf das Wirtschaftswachstum geringer, da auch die bessere Qualifikation des Produktionsfaktors Arbeit die Produktivität erhöht. Jedoch stehen technischer Fortschritt und gestiegene Qualifikation der Arbeitskräfte in einem engen gegenseitigen Abhängigkeitsverhältnis: die Implementierung des technischen Fortschritts setzt besser geschulte Arbeitskräfte voraus und "investment in human capital" trägt zur Schaffung neuen technischen Wissens entscheidend bei.

---

1) Denison, E. F.: a. a. O., vertritt jedoch die Auffassung, daß die Trennung gebundener-ungebundener technischer Fortschritt empirisch irrelevant ist. Diese Frage kann jedoch bei dem gegenwärtigen Stand der empirischen Forschung nicht als geklärt angesehen werden.

2) Hahn, F. H. and Matthews, R. C. O.: a. a. O., S. 837 f.

3) Eine Untersuchung, in der beide Arten von Modellansätzen kombiniert werden, findet sich bei Phelps, E. S.: The New View of Investment: A Neoclassical Analysis, a. a. O.

4) Vgl. z. B. Becker, G. S.: Investment in Human Capital: A Theoretical Analysis, in: JPE, Supplement, Vol. 70 (1962), S. 9 - 49; ders.: Human Capital. A Theoretical and Empirical Analysis with Special Reference to Education, Princeton 1964; Eckaus, R. S.: Economic Criteria for Education and Training, in: REcSt, Vol. 46 (1964), S. 181 - 190; Walter, H.: Der technische Fortschritt in der neueren ökonomischen Theorie, a. a. O., S. 156 ff.

3. Modelle zur Erklärung der Fortschrittsdeterminanten

In den bisher dargestellten Modellen wurde der technische Fortschritt als autonome Größe betrachtet, die exogen in die Modelle einfließt. Er war "ohne Zutun des Menschen ähnlich wie Sonne und Regen einfach vorhanden"[1]. Eine solche exogene Behandlung des Fortschritts wäre nur dann im Rahmen von ökonomischen Modellen sinnvoll, wenn er ausschließlich von irgendwelchen außer-ökonomischen Faktoren abhinge. Da jedoch die Investitionstätigkeit, die Gewinnerwartungen und andere ökonomische Variable die Entstehung, Geschwindigkeit und Richtung des technischen Fortschritts maßgeblich beeinflussen und ihrerseits wieder von ihm beeinflußt werden, ist eine solche Vorgehensweise nicht befriedigend.

Die Ansätze zur Erklärung, warum der technische Fortschritt neutral oder nicht-neutral ist, sind - genau wie die Untersuchungen der Determinanten der Entstehung und der Geschwindigkeit des Fortschritts - in einem sehr frühen Stadium und können keine allgemein anerkannten Erklärungen liefern. Diese Ansätze können in zwei große Klassen von Modellen aufgeteilt werden, in

(1) Modelle mit faktorpreis-induziertem und

(2) Modelle mit investitions-induziertem

technischen Fortschritt.

Die erste Klasse von Modellen beschäftigt sich mit der Frage, ob und wie Faktorpreisrelationen die Fortschrittsrichtung bestimmen[2]. In den Modellen zur Messung des technischen Fortschritts wurde er - in der jeweiligen Definition - als neutral vorausgesetzt. In all den Fällen, wo er in der Realität nicht-neutral war, ergaben sich zwangsläufig Messungsfehler. Die Modelle mit faktorpreis-induziertem technischen Fortschritt suchen die Gründe, warum bei bestimmten Parameterkonstellationen der Fortschritt in eine nicht-neutrale Richtung verzerrt (biased) wird. Fellner untersucht dabei in seinen Arbeiten, ob die relativen Faktoreinsparungen durch den Fortschritt

---

1) Krelle, W.: Investition und Wachstum, in: Jahrbücher für Nationalökonomie und Statistik, Bd. 176 (1964), S. 17.

2) Zu dieser Klasse von Modellen gehören auch die Untersuchungen, ob bei spezifischen Faktorpreisrelationen die Implementierung eines technischen Fortschritts ökonomisch sinnvoll ist oder nicht. Vgl. dazu S. 23 dieser Arbeit.

von Marktmechanismen bei vollkommenen und unvollkommenen Märkten und durch Lohnpreiserwartungen gesteuert werden[1]. Von einer etwas anderen Fragestellung gehen Kennedy, v. Weizsäcker und Samuelson aus, die ex ante eine völlige Wahlfreiheit zwischen den verschiedenen Ausprägungen des Fortschritts postulieren[2]. Zu untersuchen ist, welche dieser Alternativen gewählt werden sollte. Die einzelnen Alternativen werden in einer Transformationskurve, der sog. "innovation possibility function" (auch: Kennedy-Weizsäcker Linie) dargestellt. Die Auswahl der geeignetsten Alternative ist dann ein Optimierungsproblem, bei dem die zu realisierende Faktorersparnis zu maximieren ist[3].

Auch diese Modelle behandeln den technischen Fortschritt als autonom; sie beschäftigen sich nur damit, in welche Richtung das vom Himmel fallende neue technische Wissen geleitet werden soll, damit die Faktorersparnisse maximal sind. Die zweite Klasse von Modellen - Modelle mit investitions-induziertem technischen Fort-

---

1) Vgl. Fellner, W.: Appraisal of the Labor-Saving and Capital-Saving Character of Innovations, in: Lutz, F. A. and Hague, D. C. (eds.): The Theory of Capital, London-New York, reprinted 1968, S. 58 - 72; ders.: Two Propositions in the Theory of Induced Innovations, in: EJ, Vol. 71 (1961), S. 305 - 308; ders.: Does the Market Direct the Relative Factor-Saving Effects of Technological Progress?, in: National Bureau of Economic Research (NBER) (ed.): The Rate and Direction of Inventive Activity, Princeton 1962, S. 171 - 188; siehe auch den daran anschließenden Kommentar von E. Mansfield.

2) Vgl. Kennedy, Ch.: Induced Bias in Innovation and the Theory of Distribution, in: EJ, Vol. 74 (1964), S. 541 - 547; Samuelson, P. A.: A Theory of Induced Innovation Along Kennedy-Weizsäcker Lines, in: REcSt, Vol. 47 (1965), S. 343 - 356; Kennedy, Ch.: Samuelson on Induced Innovation, in: REcSt, Vol. 48 (1966), S. 442 - 444 und die Erwiderung hierauf: Samuelson, P. A.: Rejoinder: Agreements, Disagreements, Doubts and the Case of Harrod-Neutral Technical Change, in: REcSt, Vol. 48 (1966), S. 444 - 448; Weizsäcker, C. Ch. v.: Tentative Notes on a Two-Sector Model with Induced Technical Progress, in: RES, Vol. 33 (1966), S. 245 - 251; Dandrakis, E.K. and Phelps, E.S.: A Model of Induced Invention, Growth, and Distribution, in: EJ, Vol. 76 (1966), S. 832 - 840; Fellner, W. Technological Progress and Recent Growth Theories, in: AER, Vol. 57 (1967), S. 1 - 73. Nordhaus, W. D.: Invention, Growth and Welfare. A Theoretical Treatment of Technological Change, Cambridge, Mass. 1969, S. 93 ff.

3) Eine ausführliche Abhandlung dieses Ansatzes findet sich auf S. 158 ff. dieser Arbeit.

schritt - treten an die Kernfrage heran, "wovon die Existenz des Fortschritts schlechthin (ökonomisch) abhängt"[1].

"The sources of technical progress are threefold: 'learning by doing', autonomous technological change, and research and innovative activity"[2].

Die Modelle, die den technischen Fortschritt als einen Lernprozeß verstehen, basieren auf der Hypothese, daß die Verbesserungen in der technischen Ausstattung des Produktionsapparates nicht automatisch im Zeitablauf anfallen, sondern durch Erfahrung im Umgang mit nicht effizienten Konstruktionen erarbeitet werden. Das bedeutendste, auf diesem Lernprozeß aufbauende Modell wurde von Arrow[3] entwickelt. Es ist das am stärksten mikroökonomisch untermauerte Modell der Fortschrittsdeterminanten[4]. Arrow - auf dem vintage-Ansatz aufbauend - geht davon aus, daß die Arbeitsproduktivität eines Produktionsarbeiters umso höher ist, je neueren Datums die von ihm bediente Maschine ist, da durch Erfahrung immer sinnvollere und effizientere Konstruktionen möglich werden. Unter Verwendung eines funktionalen Zusammenhanges, der bei der Untersuchung von Lernkurven im Flugzeugbau ermittelt wurde, bestimmt Arrow, den benötigten Arbeitseinsatz pro Ausbringungseinheit (Arbeitskoeffizient) a für die Maschinen des Jahrgangs v durch

---

1) Walter, H.: Der technische Fortschritt in der neueren ökonomischen Theorie, a.a.O., S. 177.

2) Slitor, R.E.: The Tax Treatment of Research and Innovative Investment, in: AER, Vol. 56 (1966), S. 217.

3) Arrow, K.J.: The Economic Implications of Learning by Doing, in: REcSt, Vol. 29 (1962), S. 155 - 173; siehe auch Levhari, D.: Further Implications of Learning by Doing, in: RES, Vol. 33 (1966), S. 31 - 38; ders.: Extensions of Learning by Doing, in: RES, Vol. 33 (1966), S. 117 - 133; Fellner, W.: Specific Implications of Learning by Doing, in: JET, Vol. 1 (1969), S. 119 - 140.

4) Vgl. Hirsch, W.Z.: Firm Progress Ratios, in: Econometrica, Vol. 24 (1956), S. 136 - 143 (S. 136: "The more often a manufacturing operation is performed, the more efficiently it is performed with respect to direct labor requirements". Dieser Lerneffekt führte im Flugzeugbau bei einer Verdopplung der Ausbringung nur zu einem Mehreinsatz von Produktionsarbeitern von 80 %). Siehe auch Baloff, N.: The Learning Curve - Some Controversial Issues, in: JIE, Vol. 14 (1966), S. 275 - 282; Hartley, K.: The Learning Curve and Its Application to the Aircraft Industry, in: JIE, Vol. 13 (1965), S. 122 - 128; Lapping, L.: Learning and World War II Production Functions, in: REcSt, Vol. 47 (1965), S. 81 - 86; Lundberg, E.: Produktivitet och räntabilitet, Stockholm 1961.

$$a_V(t) = c \left[\int_{-\infty}^{v} I(t)\, dv \right]^{-n} \qquad c>0;\ 0<n<1 \qquad (26)$$

wobei I(t) für die Bruttoinvestitionen des Jahres t steht. Mit steigendem Wert der kumulierten Bruttoinvestitionen sinkt dadurch der Arbeitskoeffizient (steigt die Arbeitsproduktivität) bei der Bedienung der Maschinen neuester Bauart. Ältere Maschinen bleiben - gemäß dem vintage-Ansatz - vom technischen Fortschritt unberührt.

Einen ähnlichen Ansatz wie Arrow wählte Kaldor, der allerdings den Lerneffekt von der relativen Veränderung der Bruttoinvestitionen pro Arbeiter abhängig macht und nicht von den kumulierten Bruttoinvestitionen[1]. Kaldor begründet dies damit, daß "the use of more capital per worker ... inevitably entails the introduction of superior techniques which require 'inventiveness' of some kind"[2]. Den funktionalen Zusammenhang zwischen der Veränderung der Arbeitsproduktivität derjenigen Arbeiter, die die neuesten Maschinen bedienen $\frac{da}{a}\frac{1}{dt}$ und der Rate der Veränderung der Bruttoinvestitionen pro Arbeiter $\frac{di}{i}\frac{1}{dt}$ bezeichnet Kaldor als "Technical Progress Function" (Abbild 8).

Die abnehmenden Steigungsraten der "Technical Progress Function" erklären sich aus dem Konzept Kaldor's, der eine im Zeitablauf konstante Rate des technologischen Fortschritts unterstellt. Bei konstanter Investitionsrate pro Arbeiter $\left(\frac{di}{i}\frac{1}{dt} = 0\right)$ erhöht sich die Arbeitsproduktivität entsprechend dem Ordinatenabschnitt. Bei anwachsenden relativen Investitionen kann ein erhöhter Teil des technologischen Fortschritts in technischen Fortschritt überführt werden, jedoch mit abnehmenden Grenzerträgen, da der vorhandene Stand des technischen Wissens immer intensiver genutzt werden muß.

---

1) Vgl. Kaldor, N.: A Model of Economic Growth, in: EJ, Vol. 67 (1957), S. 591 - 624; ders.: Capital Accumulation and Economic Growth, in: Lutz, F.A. and Hague, D.C. (eds.): The Theory of Capital, London-New York 1961, S. 177 - 222; Kaldor, N. and Mirless, J.A.: A New Model of Economic Growth, in: REcSt, Vol. 29 (1962), S. 174 - 192. Die erste Version der "Technical Progress Function" basierte nicht auf dem Vintage-Ansatz.
Die Integrierbarkeit der "Technical Progress Function" in eine Produktionsfunktion untersuchte Black, J.: The Technical Progress Function and the Production Function, in: Economica, Vol. 29 (1962), S. 166 - 170.

2) Kaldor, N.: A Model of Economic Growth, a.a.O., S. 595.

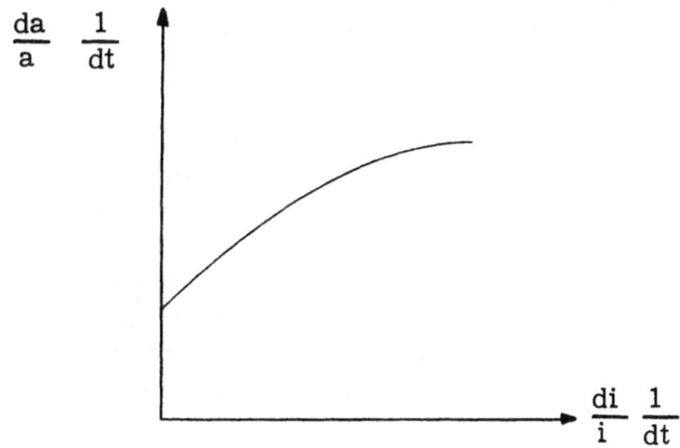

Abb. 8: "Technical Progress Function" (nach Kaldor)

Aus dem Blickwinkel der Unternehmung ist die Unterstellung einer konstanten Rate des technologischen Fortschritts unhaltbar[1]. Zeigt der technologische Fortschritt schon für eine gesamte Volkswirtschaft starke Schwankungen im Zeitablauf[2], so gilt dies besonders für eine einzelne Unternehmung. Die Großzahl der Ereignisse, die es erlaubt, divergierende Entwicklungstendenzen teilweise gegenseitig zu kompensieren, ist hier nicht gegeben. Abgesehen von dieser Unterstellung kann das Modell von Kaldor, wie auch das von Arrow, im Hinblick auf die Beantwortung der Frage nach den Determinanten des technischen Fortschritts nicht befriedigen[3]. Zwar sind die "Technical Progress Function" bzw. die Lernfunktion nach Gleichung (26) Ansätze zur Erklärung, wie der technische Fortschritt in dem Wirtschaftssystem ökonomisch virulent wird; zwar fällt jetzt nicht mehr der technische Fortschritt wie Manna vom Himmel, dafür jedoch die Inventionen, die die Voraussetzung des technischen Fortschritts sind. Das Erklärungsproblem wird nur um eine Phase im Gesamtprozeß des technischen Fortschritts verschoben. Zu klä-

1) Kritisiert wurde Kaldor auch wegen der Schwierigkeiten bei der empirischen Bestimmung der Rate des technologischen Fortschritts; siehe Blaug, M.: a.a.O., S. 31: "No one has yet managed to measure the state of knowledge, much less the rate of change of technological knowledge ... The concept of a given rate of change of knowledge is almost metaphysical ... Kaldor's ... model throws no new light on the dynamics of technical progress". Jedoch zeigte Schmookler, daß die Messung des technologischen Fortschritts zumindest annäherungsweise möglich ist.
2) Vgl. Schmookler, J.: Invention and Economic Growth, a.a.O.
3) Diese Frage stand allerdings weder bei Arrow noch bei Kaldor im Zentrum der Untersuchung.

ren bleibt, was die Rate des technologischen Fortschritts determiniert, woher die Inventionen kommen, die in den neuen Maschinen genutzt werden.

Die Modelle, die Entstehung und Geschwindigkeit des technologischen und des technischen Fortschritts explizit von der Allokation von Ressourcen für Forschung und Entwicklung abhängig machen, verwenden eine Produktionsfunktion für technisches Wissen[1]. Diese Funktion hat in der Regel als Argumente den erreichten Stand des technischen Wissens T(t) und die im Forschungs- und Entwicklungsbereich tätigen Arbeitskräfte R(t) und investierten finanziellen Mittel M(t)

$$\frac{dT}{dt} = F \left[T(t),\ R(t),\ M(t) \right] . \tag{27}$$

Es wird unterstellt, daß der geschaffene technologische Fortschritt unmittelbar und automatisch in technischen Fortschritt verwandelt wird, daß also gilt $\frac{dT}{dt} = \frac{d\tau}{dt}$ [2]. Bei Harrod-neutralem Fortschritt gilt dann eine Produktionsfunktion[3]

$$Q(t) = F \left\{ \tau(t) \left[A(t) - R(t) \right],\ \left[K(t) - M(t) \right] \right\} . \tag{28}$$

Diese Funktion unterscheidet sich von der in Solow's Modell mit ungebundenem technischen Fortschritt vor allem darin, daß der zur Produktion verfügbare Arbeits- und Kapitalinput um die in Forschung

---

1) Vgl. Nordhaus, W. D.: An Economic Theory of Technological Change, in: AER, PaP, Vol. 49 (1969), S. 18 - 28; Phelps, E. S.: Models of Technical Progress and the Golden Rule of Research, in: RES, Vol. 33 (1966), S. 133 - 145. Siehe auch die Arbeiten von Arrow, K. J.: Classificatory Notes on the Production and Transmission of Technological Knowledge, in: AER, PaP, Vol. 49 (1969), S. 29 - 35; Atkinson, A. and Stiglitz, J. E.: A 'New View' of Technical Change, in: EJ, Vol. 79 (1969), S. 573 - 578; Nordhaus, W. D.: The Optimal Rate and Direction of Technical Change, in: Shell, K. (ed.): Essays on the Theory of Optimal Economic Growth, Cambridge, Mass. 1967, S. 53 - 66; Uzawa, H.: Optimal Technical Changes in an Aggregative Model of Economic Growth, in: IER, Vol. 6 (1965), S. 12 - 31.

2) Es handelt sich also um ein Modell mit ungebundenem technischen Fortschritt.

3) Vgl. ähnlich Phelps, E. S.: Models of Technical Progress and the Golden Rule of Research, a. a. O., S. 133 ff.

und Entwicklung eingesetzten Ressourcen verringert ist. Der technologische bzw. der technische Fortschritt muß durch ökonomische Aktivitäten geschaffen werden. Zwischen der Produktion neuen technischen Wissens und der anderer Güter ist bei der Allokation der Ressourcen ein Kompromiß zu finden.

Die Forschungs- und Entwicklungstätigkeit wird als Investition - nämlich als Investition in Technologie - verstanden und es wird untersucht, wie diese Investition die Erreichung eines gleichgewichtigen Wachstumpfades beeinflußt. Da diese Fragestellung mikroökonomisch nicht unmittelbar relevant ist, ist der betriebswirtschaftliche Gehalt dieser Modelle - zumindest beim gegenwärtigen Entwicklungsstand - gering. Die allgemeine chronologische Entwicklung der Modelle des technischen Fortschritts - angefangen von den Klassifikationen über die Messung bis zu den Determinanten - zeigt jedoch die Richtung der weiteren Forschungsbemühungen, hin zu einer Allgemeinen Theorie des technischen Fortschritts, zu der im Moment allenfalls die Grundlagen gelegt sind.

B. Ein komplexes, dynamisches Modell des technischen Fortschritts beim Produktionsprozeß

Die diskutierten Modelle des technischen Fortschritts können zur Erklärung seiner betriebswirtschaftlichen Problematik nur bedingt herangezogen werden. Dies ist vor allem auf zwei Gründe zurückzuführen. Die Modelle sind makroökonomisch orientiert und untersuchen Fragenkomplexe, die mikroökonomisch nur von sekundärer Bedeutung sind. Die Veränderungen der Lohn- und Profitquote, die Bedingungen für die Erreichung eines gleichgewichtigen Wachstumspfades etc. sind für die Unternehmung Rahmenbedingungen, nicht aber ihre Aktionsvariablen. Außerdem sind die Modelle - ihrer spezifischen Problemstellung gemäß - stark aggregiert. Aus der Perspektive der Unternehmung, die die Rate und die Richtung des technischen Fortschritts ihren Vorstellungen entsprechend zu beeinflussen und die Implikationen dieser Aktionen zu analysieren sucht, sind wesentliche Elemente nicht erfaßt. Nicht berücksichtigt sind auch die vielfältigen Interdependenzen zwischen dem technischen Fortschritt beim Produktionsprozeß und den dadurch ermöglichten oder erzwungenen Veränderungen der Produktqualität und vice versa. Es soll daher im folgenden versucht werden, ein mikroökonomisch orientiertes Modell des technischen Fortschritts beim Produktionsprozeß zu entwickeln, mit dessen Hilfe betriebswirtschaftliche Aspekte erklärt und Zusammenhänge zwischen den Fortschrittskonsequenzen erkannt werden können. Hierbei erscheinen insbesondere die folgenden Problemkreise von Bedeutung, deren Erklärung und Analyse mit Hilfe des vorgeschlagenen Modells versucht werden soll:

(1) Wie entsteht technischer Fortschritt und wie wird er in das Unternehmen "eingeschleust"?
(2) Welche Faktoren beeinflussen seine Richtung und seine Geschwindigkeit?
(3) Wie beeinflußt der Fortschritt den Produktionsprozeß der Unternehmung und welche Konsequenzen hat er für die eingesetzten Produktionsfaktoren?
(4) Wie beeinflußt er die Höhe und die Struktur der Kosten und die Wettbewerbsfähigkeit der Unternehmung?

Zwischen diesen Problemkomplexen bestehen vielfältige Interdependenzen, so daß die isolierte Betrachtung einzelner Aspekte nicht sinnvoll ist. Vielmehr müssen diese Fragestellungen integrativ in einem

Modell abgebildet und behandelt werden. Ein solches Modell wird, bedingt durch die Komplexität der Probleme, ebenfalls relativ komplex und umfangreich sein. Dem muß bei der Auswahl des geeigneten methodischen Ansatzes Rechnung getragen werden.

I. Die Methodologie

1. Kriterien zur Auswahl der verwendeten Methode

Die Auswahl der geeigneten Methode hängt hauptsächlich von zwei Faktoren ab (Abbild 9):

(1) von den Charakteristika des zu untersuchenden Phänomens;

(2) von dem Ziel der Untersuchung.

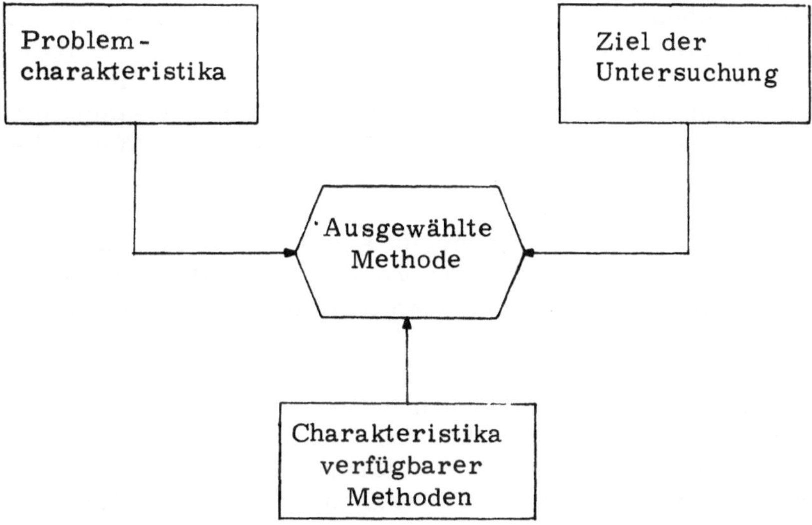

Abb. 9: Kriterien für die Auswahl der Untersuchungsmethode[1].

Bei der Untersuchung des technischen Fortschritts sind vier methodisch relevante Aspekte zu berücksichtigen.

(1) Die Dynamik. Der technische Fortschritt ist ein dynamisches Phänomen, dessen ökonomische Problematik bei statischer Betrachtungsweise verloren geht.

---

1) Nach Hamilton, H. R.; Goldstone, S. E.; Milliman, J. W.; Pugh, A. L. III; Roberts, E. B.; Zellner, A.: Systems Simulation for Regional Analysis, An Application to River-Basin Planning, Cambridge, Mass. 1969, S. 89.

(2) Die Vielzahl der Variablen. Die Konsequenzen des Fortschritts einerseits und dessen Stimuli andererseits tangieren eine große Zahl von ökonomischen Variablen. Selbst bei Beschränkung auf die wesentlichen Aspekte muß die Methode in der Lage sein, umfangreiche Modelle zu behandeln.

(3) Die Nicht-Linearität. Die Variablen sind nicht ausschließlich durch Addition und Subtraktion, sondern vielfach durch nicht-lineare Operatoren verknüpft. Die Verwendung von linearen oder loglinearen Funktionen kann somit die Realität nicht hinreichend genau abbilden.

(4) Die Interdependenzen der Variablen. Zwischen den Variablen bestehen vielfältige Interdependenzen (Rückkopplungsbeziehungen), deren Erfassung methodisch möglich sein muß. Solche Interdependenzen können ein dynamisches Verhalten verursachen, das nur durch die Untersuchung des kompletten Systems analysiert werden kann. Eine Beschränkung auf die Analyse isolierter Elemente erlaubt es nicht, das Problem in seiner Gesamtheit zu studieren, da verhaltensrelevante synergistische Effekte[1] eliminiert werden.

Aus der Zielsetzung des Modells ergibt sich als weitere Anforderung an die Methode, daß sie - um das Modell einer rationalen Analyse zugängig zu machen - computerorientiert, d.h. programmier- und rechenbar sein muß.

Diesen Anforderungen entsprechen die holistischen Methoden der Systemanalyse. Der systemtheoretische Ansatz ist auf das Erkennen von Zusammenhängen zwischen vielfältigen Ursache-Wirkungsbeziehungen gerichtet und deshalb für das Erfassen von komplexen Vorgängen in der Unternehmung besonders geeignet. Der Systemansatz wirkt der unzweckmäßig isolierenden Betrachtungsweise entgegen und kann zur Aufdeckung unbekannter Zusammenhänge führen. Dadurch wird vor allem die Erklärung dynamischer Vorgänge erleichtert[2].

Unter den Methoden der Systemanalyse erscheint am geeignetsten das von Jay W. Forrester entwickelte Verfahren, das unter dem Na-

1) Für den Begriff der synergistischen Effekte siehe Ansoff, H.I.: Managementstrategie, München 1966, S. 97 ff.

2) Vgl. Meffert, H.: Systemtheorie in betriebswirtschaftlicher Sicht, in: Schenk, K.-E. (Hrsg.): Systemanalyse in den Wirtschafts- und Sozialwissenschaften, Berlin 1971, S. 178; Ulrich, H.: Die Unternehmung als produktives soziales System, 2., überarbeitete Auflage, Bern-Stuttgart 1970, S. 41 ff.

men Industrial Dynamics bekannt wurde und später, dem breiten Feld der Anwendungsmöglichkeiten Rechnung tragend, in System Dynamics umbenannt wurde[1]. Die Operationalität dieses computer-orientierten Verfahrens wurde bei der Behandlung von Problemen, die die gleichen methodischen Charakteristika aufweisen, unter Beweis gestellt.

2. Grundlagen von System Dynamics

System Dynamics ist - in Forrester's Worten - "the investigation of the information-feedback character of systems and the use of models for the design of improved organizational form and guiding policy"[2]. System Dynamics "is a body of theory dealing with feedback dynamics. It is an identifiable set of principles governing interactions within systems. It is a view of the nature of structure of purposeful systems[3]. Forrester versteht dabei unter einem System "a grouping of parts that operate together for a common purpose"[4].

---

1) Die Anwendung von System Dynamics zur Analyse der mikroökonomischen Probleme des technischen Fortschritts wurde vorgeschlagen von Kortzfleisch, G. v.: Zur mikroökonomischen Problematik des technischen Fortschritts, a. a. O., S. 344: "Die Komplexität und Dynamik der mikroökonomischen Probleme des technischen Fortschritts und deren Auswirkungen auf sämtliche Funktionsbereiche der Unternehmen bewältigt mit befriedigenden Resultaten eigentlich nur das von Jay W. Forrester entwickelte Verfahren zur Analyse des Verhaltens komplexer Systeme".

2) Forrester, J. W.: Industrial Dynamics, Cambridge, Mass. 1961, S. 13.

3) Forrester, J. W.: Industrial Dynamics - After the First Decade, in: MS, Vol. 14 (1968), S. 401.

4) Forrester, J. W.: Principles of Systems, second preliminary edition, Cambridge, Mass. 1969, S. 1-1. Im Gegensatz zu Forrester verzichten viele Autoren auf das Kriterium der Zielgerichtetheit bei ihrer Systemdefinition, so z. B. Beer, S.: Kybernetik und Management, dritte erweiterte Auflage, Frankfurt a. M. 1967, S. 21, der als System "irgendeine zusammenhängende Ansammlung von Elementen, die auf dynamische Weise miteinander in Beziehung stehen" bezeichnet; Bertalanffy, L. v.: General System Theory, New York, N. Y. 1968, S. 38 (Systeme sind "sets of elements standing in interaction"); Flechtner, H. J.: Grundbegriffe der Kybernetik, Stuttgart 1966, S. 208 ff.; Johnson, R. A.; Kast, F. E.; Rosenzweig, J. E.: The Theory and Management of Systems, New York, N. Y. 1963; dieselben: Systems Theory and Management,

System Dynamics basiert auf vier Forschungsbereichen, die etwa seit 1940 - zum Teil unter dem Einfluß militärischer Systemforschung - wesentliche Impulse erhalten haben. Dies sind[1]:

(1) die Theorie der Informations-Feedback-Systeme[2], die die wichtigste Grundlage von System Dynamics darstellt;

(2) die formalisierte Entscheidungstheorie;

(3) die Simulationstechnik zur Behandlung komplexer, analytisch nicht lösbarer Gleichungssysteme;

(4) der Digitalcomputer, der eine unerläßliche Voraussetzung für die Simulation umfangreicher Modelle ist[3].

Diese Bereiche sind das Fundament von System Dynamics. Darauf postuliert Forrester zwei Axiome, die den modelltheoretischen Ansatz von System Dynamics charakterisieren.

---

in: MS, Vol. 10 (1964), S. 367 ("A system is 'an organized or complex whole; an assemblage or combination of things or parts forming a complex or unitary whole' "); Ulrich, H.: Die Unternehmung als produktives soziales System, a.a.O., S. 105 ff.

1) Vgl. Forrester, J.W.: Industrial Dynamics, a.a.O., S. 14 ff.

2) "An information-feedback system exists whenever the environment leads to a decision that results in action which affects the environment and thereby influences future decisions. This is a definition that encompasses every conscious and subconscious decision made by people. It also includes those mechanical decisions made by devices called servomechanisms". Forrester, J.W.: Industrial Dynamics, a.a.O., S. 14 f.

3) Die Möglichkeiten, die die Verbesserung der Computertechnik für die Simulation eröffnet, veranschaulicht Mertens, P.: Simulation, Stuttgart 1969, S. 92: "Bei vielen analytischen Lösungen, z.B. solchen der Warteschlangentheorie oder der kombinatorischen Programmierung, bedeutet ... ein mittelgroßer Fortschritt der EDV-Technik keine nennenswerte Erweiterung des Lösungsbereiches. Eine Verdreifachung der Internspeicherkapazität, verbunden mit einer Steigerung der Rechengeschwindigkeit um den Faktor 20, wird sich z.B. bei einem Simulationsmodell mit 10 Stunden Laufzeit auf der alten Maschine dahin auswirken, daß es künftig in einer halben Stunde läuft. Die Auswirkung des gleichen technischen Fortschrittes auf ein Modell zur exakten Lösung eines Reihenfolgeproblems könnte z.B. die sein, daß man statt bisher 20 zu ordnenden Elementen 24 beherrscht."

Axiom I: Unterschiedliche reale Phänomene, die formal isomorphe oder homomorphe Strukturen aufweisen, können durch allgemeine homologe Systemgesetze beschrieben werden[1].

Dieses Axiom erleichtert den Aufbau von System Dynamics Modellen erheblich, denn "once the dynamics of a structure are known, that understanding is transferable to any situation that is properly described by the same structure"[2]. Axiom I ist nicht spezifisch für die System Dynamics Methode allein, sondern unterliegt der gesamten Allgemeinen Systemtheorie, in deren Bezugsrahmen das Forrester-Verfahren einzuordnen ist[3].

Axiom II: Alle Entscheidungen werden im Rahmen von Informations-Feedbacksystemen getroffen[4].

---

1) Vgl. Forrester, J. W.: Industrial Dynamics - A Response to Ansoff and Slevin, in: MS, Vol. 14 (1968), S. 606 f.

2) Ebenda, S. 607.

3) Vgl. ebenda, S. 607: "I would indeed assert that industrial dynamics is a general theory of systems and would like to have it compared against any other body of knowledge which asserts that it is a general theory of systems. In doing so, however, we should be careful about any claims for originality ... Industrial Dynamics is a clerification of many ideas that run through cybernetics, servomechanisms theory, psychology, and economics".
Zum Ansatz der Allgemeinen Systemtheorie vgl. z. B. Bertalanffy, L. v.: General System Theory, a. a. O., S. 62 f.: "Certain laws of nature can be arrived at not only on the basis of experience but also in a purely formal way ... such laws are 'a priori' independent from their physical, chemical, biological, etc., interpretation ... this shows the existence of a general system theory which deals with formal characteristics of systems, concrete facts appearing as the special applications by defining variables and parameters"; (statt der Sperrung im Original kursiv); Boulding, K. E.: General Systems Theory - The Skeleton of Science, in: MS, Vol. 1/2 (1955/56), S. 197 ff.; Fuchs, H.: Systemtheorie, in: Grochla, E. (Hrsg.): HWO, Stuttgart 1969, Sp. 1618 f.; Miller, J. G.: Towards a General Theory for the Behavioral Sciences, in: AP, Vol. 10 (1955), S. 513 ff.

4) Vgl. Forrester, J. W.: Principles of Systems, a. a. O., S. 4-4: "Every decision is made within a feedback loop".; ders.: Industrial Dynamics - After the First Decade, a. a. O., S. 408: "The feedback loop is seen as the basic structural element of systems. It is the context within which every decision is made. Every decision is responsive to the existing condition of the system and influences that condition". Ders.: Industrial Dynamics - A Re-

Der Begriff der Entscheidung ist dabei weit gefaßt. Er umschließt alle bewußten und unbewußten Entscheidungen, automatisierte Wahlakte von Servomechanismen oder biologischer Prozesse ebenso wie komplexe politische Entscheidungen.

Ein Feedback-Loop[1] ist ein in sich geschlossener Prozeß kausaler Beziehungen zwischen Variablen. Abbild 10 zeigt einen einfachen Informations-Feedback-Loop, bei dem eine durch eine Entscheidung ausgelöste Aktion den Zustand des Systems verändert. Die Information über den veränderten Systemstatus beeinflußt zukünftige Entscheidungen. Solche Rückkopplungsbeziehungen können, da es sich um dynamische Prozesse handelt, nur in dynamischen Modellen abgebildet werden. Diese Dynamik wird in Abbild 11 verdeutlicht, das zusätzlich zwischen dem Agieren und Reagieren eines Subsystems (etwa einer Unternehmung) und den Aktionen bzw. Reaktionen eines anderen Subsystems (etwa der Unternehmenskonkurrenz) unterscheidet und deren Einfluß auf die Entscheidungssituation verdeutlicht.

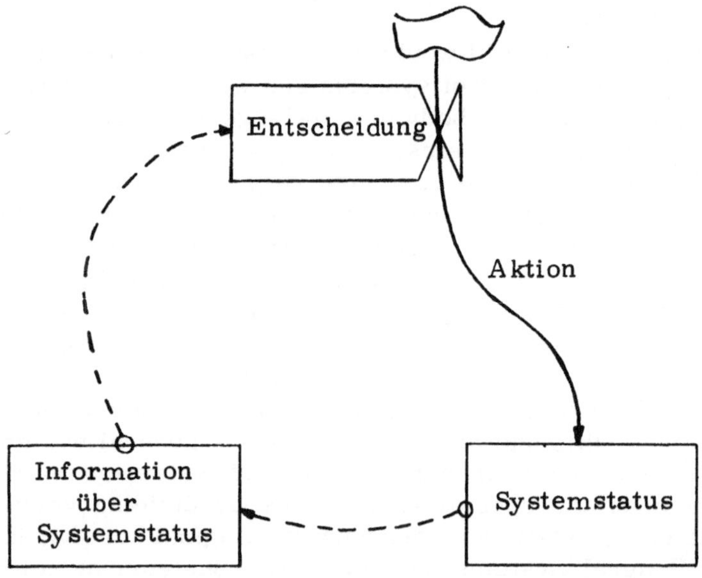

Abb. 10: Einfacher Informations-Feedback-Loop[2].

---

sponse to Ansoff and Slevin, a. a. O., S. 610: "A decision is taken for the purpose of influencing the state of a system. It is the state of the system which provides the succeeding information inputs to the same decision point."

1) Wir gebrauchen im folgenden die Termini Feedback Loop, Rückkopplungsschleife und Regelkreis als Synonyma.

2) Nach Forrester, J. W.: Principles of Systems, a. a. O., S. 4 - 3.

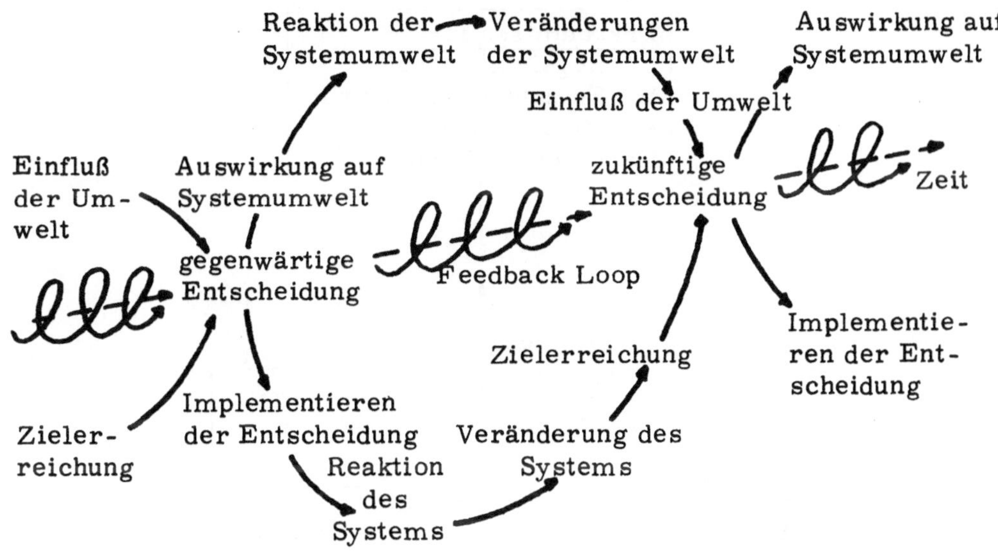

Abb. 11: Ein Paradigma des Feedback-Charakters von Entscheidungen[1].

Axiom II über den Regelkreischarakter von Entscheidungsprozessen definiert den Platz von System Dynamics im Rahmen der Allgemeinen Systemtheorie[2]. Der kybernetische Ansatz befaßt sich mit einer speziellen Klasse von Systemen, nämlich mit der Struktur und dem Verhalten dynamischer selbstregulierender Systeme[3].

Die Kombination der Axiome I und II, aufbauend auf dem Potential vorwiegend ingenieurwissenschaftlicher Erkenntnisse, charakterisiert die Methode des System Dynamics (vgl. Abbild 12).

Aus Abbild 12 geht hervor, daß System Dynamics mehr ist als ein bestimmtes Simulationsverfahren. "Simulation ist merely the technique, used because mathematical analytical solutions are impos-

---

1) Nach Ericson, R. F.: The Impact of Cybernetic Information Technology on Management Value Systems, in: MS, Vol. 16 (1969), S. B-52.

2) Vgl. Bertalanffy, L. v.: General System Theory, a. a. O., S. 19 ff., bes. S. 21 ff.

3) Vgl. Flechtner, H. J.: Grundbegriffe der Kybernetik, a. a. O., S.10; Klaus, G.: Wörterbuch der Kybernetik, Bd. I, Frankfurt a. M. 1969, S. 324 ff.; Meffert, H.: Systemtheorie aus betriebswirtschaftlicher Sicht, a. a. O., S. 177.

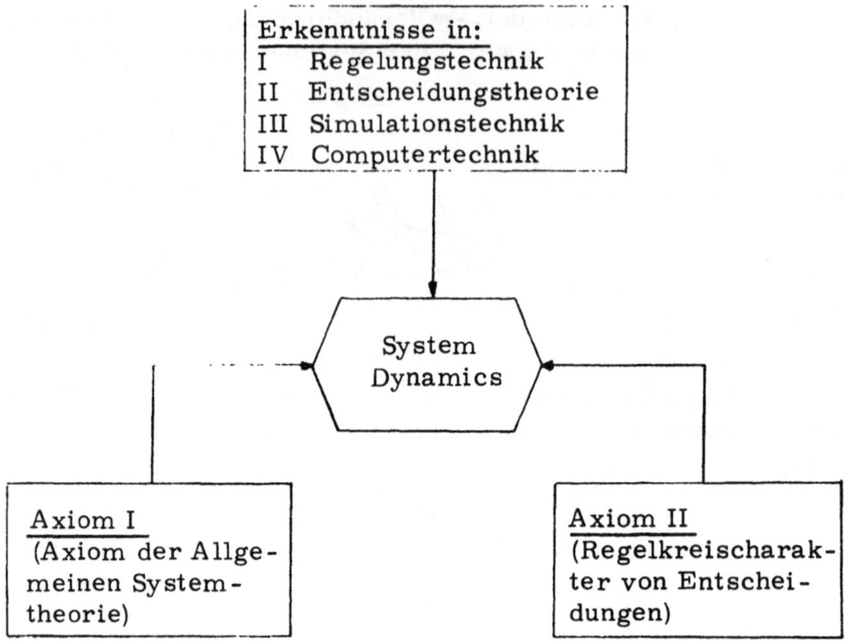

Abb. 12: Grundlagen von System Dynamics.

sible, for exposing the nature of system models"[1]. System Dynamics ist wesentlich umfassender, es ist "a philosophy of structure in Systems"[2][3].

Durch diesen allgemeingültigen Ansatz ist System Dynamics - wie die Allgemeine Systemtheorie - nicht erfahrungsobjektgebunden. Die Methode kann auf alle dynamischen Phänomene angewandt werden, deren Verhalten durch Regelkreise maßgeblich beeinflußt wird[4].

---

1) Forrester, J.W.: Industrial Dynamics - After the First Decade, a.a.O., S. 401.
2) Ebenda, S. 406.
3) System Dynamics wird häufig fälschlicherweise mit der speziell für die Simulation der Modelle entwickelten Computersprache DYNAMO (einer Wortbildung aus DYNAmic MOdels) gleichgesetzt. Wenn statt DYNAMO eine andere Simulationssprache (GPSS, GASP, SIMULA) oder auch eine Universalsprache (FORTRAN, PL/1) verwendet wird, erhöht sich zwar der Programmieraufwand, die spezifischen Eigenschaften von System Dynamics bleiben aber erhalten. Zum DYNAMO-Compiler siehe Pugh, A. L. III: DYNAMO II User's Manual, Cambridge, Mass. 1970.
4) Einen Uberblick über den neuesten Stand der Arbeiten auf dem Gebiet des System Dynamics gibt der jährlich von der System Dyna-

3. Die Struktur von System Dynamics Modellen

Das dynamische Verhalten eines Systems wird durch seine Struktur bestimmt[1]. Allgemein gültige Verhaltensaussagen müssen daher auf einer Strukturtheorie basieren. Eine Struktur ist eine Ordnung von Teilen; sie besteht aus den wechselseitigen Beziehungen zwischen einer Menge von Elementen[2]. Im Rahmen von System Dynamics wird die Struktur als eine vierstufige Hierarchie gesehen, deren einzelne Ebenen sind:[3]

A. Die geschlossene Systemgrenze
  I. Der Feedbackloop als die zentrale Systemkomponente
    1. Die Statusvariablen des Systems
    2. Die Flußvariablen (Entscheidungsvariablen) des Systems

---

mics Group am M. I. T. herausgegebene System Dynamics Newsletter. Anwendungen des Verfahrens auf industrielle Lagerhaltungs- und Marketingprobleme finden sich in Forrester, J. W.: Industrial Dynamics, a. a. O.; Stadtsanierungsfragen werden behandelt von demselben in: Urban Dynamics, Cambridge, Mass. 1969; Bevölkerungswachstum und Okologie in Forrester, J. W.: World Dynamics, Cambridge, Mass. 1971. Siehe ferner Hamilton, H. R. et al.: a. a. O.; Meadows, D. L.: The Dynamics of Commodity Production Cycles, Cambridge, Mass. 1970; Nord, O. C.: Growth of a New Product: Effects of Capacity-Acquisition Policies, Cambridge, Mass. 1963; Packer, D. W.: Resource Acquisition in Corporate Growth, Cambridge, Mass. 1964; Roberts, E. B.: The Dynamics of Research and Development, New York, N. Y. 1964; Swanson, C. V.: Resource Control in Growth Dynamics, unpublished Ph. D. dissertation, SSM, Cambridge, Mass. 1969; Zahn, E.: Das Wachstum industrieller Unternehmen, Wiesbaden 1971.

1) Vgl. Forrester, J. W.: Industrial Dynamics - After the First Decade, a. a. O., S. 406.

2) Vgl. z. B. Beer, S.: Kybernetik und Management, a. a. O., S. 27; Bertalanffy, L. v.: General System Theory, a. a. O., S. 27; Kast, F. E. and Rosenzweig, J. E.: Organization and Management. A Systems Approach, New York u. a. 1970, S. 170 f.; Klaus, G.: Wörterbuch der Kybernetik, Bd. II, a. a. O., S. 625 ff.; Kosiol, E.: Organisation der Unternehmung, Wiesbaden 1962, S. 19.

3) Vgl. Forrester, J. W.: Industrial Dynamics - After the First Decade, a. a. O., S. 406 ff.; ders.: Principles of Systems, a. a. O., S. 4-1 ff.

a) Das Ziel
b) Die beobachtete Zielerreichung
c) Die Zielabweichung
d) Die daraus resultierende Aktion

Auf der obersten Ebene der Hierarchie befaßt sich System Dynamics mit geschlossenen Systemen, d.h., das interessierende Verhalten wird durch die Interaktionen der Komponenten innerhalb der Systemgrenze erzeugt[1]. Das Konzept des geschlossenen Systems ist jedoch relativ zu sehen. "It does not mean that one believes that nothing crosses the boundary in the actual system between the part inside the boundary and that outside. Instead it means that what crosses the boundary is not essential in creating the causes and symptoms of the particular behavior being explored"[2]. Die Frage, welche Elemente mit welchem Detail in ein Modell aufgenommen werden sollen, hängt allein von dem jeweiligen Zweck dieses Modells ab. Grund-

---

1) Forrester's Begriff des geschlossenen Systems unterscheidet sich diametral von dem in der Allgemeinen Systemtheorie verwendeten. Dort werden Systeme als "geschlossen" bezeichnet, wenn über die Systemgrenze hinweg kein Energie- und/oder Informationsaustausch erfolgt, während offene Systeme Energie bzw. Information absorbieren und emittieren. Ein geschlossenes System in diesem Sinne ist immer ein totes System, das keinerlei dynamisches Verhalten aus sich selbst heraus entwickeln kann. Forrester's geschlossene Systeme sind in der Terminologie der Allgemeinen Systemtheorie stets offene Systeme, da nur sie eine durch Regelkreise kontrollierte Eigendynamik haben können. Forrester's offene Systeme hingegen sind gekennzeichnet "by outputs that respond to inputs but where the outputs are isolated from and have no influence on the inputs. An open system is not aware of its own performance. In an open system, past action does not control future action". (Principles of Systems, S. 1-5). Diese Definition Forrester's resultiert aus der Betonung des Feedbackcharakters von Systemen. Vgl. z.B. Ashby, W.R.: Introduction to Cybernetics, third impression, New York, N.Y. 1958, S. 40; Bertalanffy, L.v.: The Theory of Open Systems in Physics and Biology, in: Science, Vol. 111 (1950), S. 23 - 29; ders.: General System Theory, a.a.O., S. 39 ff.; Katz, D. and Kahn, R.L.: The Social Psychology of Organizations, New York, N.Y. 1966, S. 14 ff.; Johnson, R.A.; Kast, F.E.; Rosenzweig, J.E.: The Theory and Management of Systems, a.a.O., S. 9; Kremyanskiy, V.J.: Certain Pecularities of Organisms as a "System" from the Point of View of Physics, Cybernetics, and Biology, in: General Systems, Vol. 5 (1960), S. 221 - 230.

2) Forrester, J.W.: Industrial Dynamics - After the First Decade, a.a.O., S. 406.

sätzlich kann gesagt werden, daß für eine gegebene Zielsetzung dasjenige Modell das geeignetste ist, das den höchsten vernünftigen Aggregationsgrad aufweist. Alle Modellelemente, die für die Generierung des zu studierenden Modellverhaltens ohne Bedeutung sind, sind aus dem Modell auszuschließen. Das einfachere, weniger Variable enthaltende Modell ist dem größeren, komplizierteren vorzuziehen, da so die Interaktionen und Interdependenzen der Modellelemente deutlicher werden und kritische Variable klarer erkannt und analysiert werden können. Bei der Konzipierung eines Modells muß also immer die Frage im Vordergrund stehen: "where is the boundary, that encompasses the smallest number of components, within which the dynamic behavior under study is generated?"[1] Welche Elemente in das Modell mit einzubeziehen sind, ist generell einfach zu entscheiden, kann im konkreten Einzelfall jedoch äußerst problematisch werden. Variable, die ex ante als essentiell erscheinen, können sich später als für das untersuchte Modellverhalten unbedeutend erweisen. Umgekehrt können zuerst vernachlässigbar erscheinende Komponenten bei der Analyse des Modells als kritische Modellvariable erkannt werden, deren Nichtbeachtung möglicherweise zu falschen Schlüssen führen würde[2].

---

1) Forrester, J.W.: Principles of Systems, a.a.O., S. 4-2. Auch an anderer Stelle hat Forrester diesen Zusammenhang mit großer Klarheit betont: "Given a purpose one should then define the boundary which encloses the smallest permissible number of components. One asks not if a component is merely present in the system. Instead, one asks if the behavior of interest will disappear or be improperly represented if the component is omitted. If the component can be omitted without defeating the purpose of the system study, the component should be excluded and the boundary thereby made smaller. An essential basis for identifying and organizing a system structure is to have a sharply and properly definded purpose". Forrester, J.W.: Market Growth as Influended by Capital Investment, in: IMR, Vol. 9 (1968), S. 84. Vgl. auch Cyert, R.M.: A Description and Evaluation of Some Firm Simulations, in: Proceedings of the IBM Scientific Computing Symposium on Simulation Models and Gaming, IBM, White Plains, N.Y. 1966, S. 16 f.; Deutsch, K.W.: The Evaluation of Models, abgedruckt in: Schoderbeck, P.P. (ed.): Management Systems, New York-London-Sydney 1967, S. 339; McKenney, J.L.: Critique of Verification of Computer Simulation Models, in: MS, Vol. 14 (1967), S. B-102 - B-103; Langhoff, P.: The Setting: Some Non-metric Observations, in: Langhoff, P. (ed.): Models, Measurement and Marketing, third printing, Englewood Cliffs, N.J. 1965, S. 12 f.

2) Vgl. hierzu auch die Ausführungen von Ackoff, R.L.: Management Misinformation Systems, in: MS, Vol. 14 (1967), S. B-149 f.

Nach der Entscheidung, ob ein Element in das Modell aufgenommen wird, ist die nächste Überlegung, ob dieses Element exogen oder endogen berücksichtigt werden soll. Entscheidungskriterien hierbei sind die Rückkopplungsbeziehungen des Elements. Ist die Variable Bestandteil eines bedeutenden Feedback Loops, muß sie endogen im Modell behandelt werden; ist dies nicht der Fall, genügt in der Regel eine exogene Berücksichtigung[1][2].

Innerhalb der geschlossenen Systemgrenze bilden die Feedback Loops die wichtigsten Strukturelemente des Systems. Die Regelkreise, verstanden als in sich geschlossene Ursache-Wirkung-Ursache Beziehungen, sind bei komplexen Systemen untereinander vermascht. Die Verknüpfungen, sowohl der Variablen innerhalb der Loops als auch der Loops untereinander, sind in der Regel nicht-linear, so daß komplexe Systeme als nicht-lineare, multi-Loop Feedback Systeme charakterisiert werden können.

Zwei Arten von Feedback Loops sind hinsichtlich ihrer Polarität zu unterscheiden:

(1) positive Feedback Loops
(2) negative Feedback Loops.

Bei negativer Rückkopplung (Gegenkopplung) agiert das System so, daß Abweichungen zwischen Istzustand (Regelgröße) und Sollzustand (Führungsgröße) reduziert werden. Ist der Wert der Regelgröße zu groß, agiert das System in negativer Richtung, um ihn zu verringern; ist der Wert der Regelgröße zu klein, versucht das System diesen Wert zu erhöhen[3].

Bei positiven Rückkopplungsschleifen (Mitkopplung) hingegen führt die Veränderung des Systemstatus in eine Richtung zu Aktionen, die immer weitere Veränderungen in die gleiche Richtung verursachen. Sie unterliegen regenerativen Prozessen, bei denen die Bewegungen in eine Richtung den Loop durchlaufen und dabei verstärkt werden.

---

1) Vgl. die Ausführungen von Hamilton, H. R. et al.: a. a. O., S. 102.
2) Diese Vorgehensweise entspricht auch der Forderung Terreberry's, die reaktive Umwelt durch kybernetische Prozesse und die zufallsbedingten Umwelteinflüsse durch stochastische Prozesse abzubilden. Vgl. Terreberry, S.: The Evolution of Organizational Environment, in: ASQ, Vol. 12 (1968), S. 610.
3) Zur Terminologie siehe Deutscher Normenausschuß: Regelungstechnik und Steuerungstechnik, DIN 19226, Berlin und Köln 1968.

Negative Feedback Loops sind zielsuchend und versuchen, ein System auf ein dynamisches Gleichgewicht hinzubewegen, während positive Feedbackloops Wachstums- und Schrumpfungsprozesse verursachen[1)].

Ein Verbund von Regelkreisen findet sich in jedem System. Jeder Regelkreis besitzt eine Substruktur. Diese wird in der nächsten Ebene der Strukturhierarchie betrachtet. Zwei Arten von Elementen sind nötig, aber auch ausreichend, um die Struktur der Feedback Loops darzustellen[2)]:

(1) Zustandsgrößen zur Darstellung des Systemstatus (Levels);

(2) Flußgrößen zur Darstellung der Veränderung des Systemstatus (Rates).

Die Zustandsgrößen beschreiben den Status eines Systems zu einem bestimmten Zeitpunkt. Sie sind die Akkumulationen aller vorangegangenen Veränderungen des Systems; mathematisch handelt es sich bei ihnen um Integrationen. Die Flußvariablen verändern den Wert der Zustandsgrößen; sie sind die Integranten. Der Wert einer Zustandsgröße L zur Zeit t (L(t)) ergibt sich aus

$$L(t) = L(0) + \int_{to}^{t} (F_t^{zu} - F_t^{ab})\, dt, \qquad (29)$$

wobei L(0) für den Anfangswert der Zustandsgröße zur Zeit $t = t_o$ und F_t^{zu} und F_t^{ab} für die Zu- und Abgangsgrößen (Flußgrößen) zur Zeit t stehen, also die Steigung (Veränderung pro Zeiteinheit) der Zustandsgröße repräsentieren[3)].

1) Für Beispiele positiver und negativer Rückkopplungsschleifen siehe S. 75 ff.

2) Vgl. Derusso, P. M.; Roy, R. J.; Close, Ch. M.: State Variables for Engineers, New York-London-Sydney 1965, S. 325 ff.; Forrester, J. W.: Principles of Systems, a. a. O., S. 4-5 ff.

3) Da die in DYNAMO programmierten System Dynamics Modelle auf einem Digitalcomputer simuliert werden, werden die Integralgleichungen durch Differenzengleichungen erster Ordnung approximiert

$$L_t = L_{t-1} + \Delta t\, (F_{t,t-1}^{zu} - F_{t,t-1}^{ab}).$$

Das System simultaner Differential- bzw. Integralgleichungen wird somit in eine System nicht-simultaner, sequentiell lösbarer Differenzengleichungen überführt.
Zur Simulation von ökonomischen Feedback Systemen auf Analogcomputern siehe Tustin, A.: The Mechanism of Economic Systems, Cambridge, Mass. 1953.

Die Anzahl solcher Akkumulationen ergibt den Ordnungsgrad eines Systems, der als approximative Kennziffer für dessen Komplexität gilt.

Da die Zustandsgrößen die Integrale über die Flußgrößen sind, ist eine weitere Aufgliederung nur bei den Flußgrößen sinnvoll. Die Flußgrößen repräsentieren Verhaltensregeln; sie bestimmen, wie Informationen in Aktionen transformiert werden. Sie sind automatisierte Entscheidungen, die nach, in sogenannten "policies" vorgegebenen Regeln, bestimmte Aktionen auslösen[1]. Die Flußvariablen werden in vier Komponenten zerlegt. Eine Entscheidung wird im

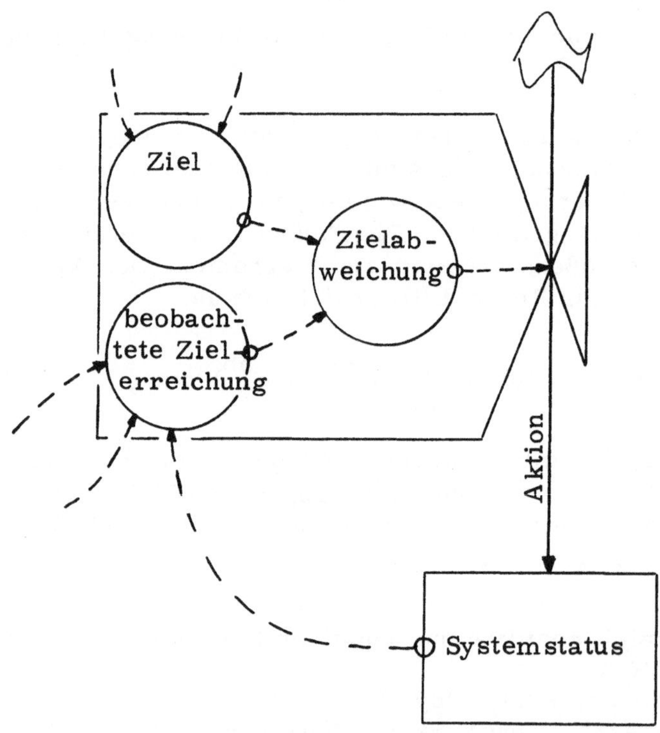

Abb. 13: Die Substruktur der Flußvariablen[2].

---

1) Zu dieser Unterscheidung zwischen "decision" und policy" vgl. Forrester, J.W.: Common Foundations Underlying Engineering and Management, in: IEEE Spectrum 1964, S. 67 f.: "Policy should be sharply distinguished from decisions ... Policies are those rules by which the input information streams are converted into decision to control activity. The decisions are the continuously generated results of applying the policy to the input data flows".

2) Nach Forrester, J.W.: Industrial Dynamics, a.a.O., S. 95.

Hinblick auf ein Ziel getroffen, auf das sich das System hinbewegen soll. Zwischen dem Ziel und der beobachteten Zielerreichung, die von der tatsächlich realisierten abweichen kann, besteht eine Diskrepanz. Daraus resultiert eine Aktion, um Ziel und Zielerreichung aneinander anzupassen[1].

Abbild 13 zeigt diese Substruktur der Flußvariablen, die - explizit oder implizit - jeder Entscheidungsfindung zugrundeliegt.

Dieser vierstufigen Strukturhierarchie analog ist die Vorgehensweise beim Aufbau von System Dynamics Modellen. Das Konstruieren eines Modells ist ein Prozeß, dessen einzelne Phasen mehrmals iterativ durchlaufen werden. Die erste Modellkonzeption mit dem Festlegen der Systemgrenzen und der wesentlichen Feedback Loops führt häufig - besonders bei komplexen, ex ante schlecht-strukturierten Problemen - nicht auf Anhieb zu befriedigenden Resultaten. Sie muß solange revidiert werden, bis das Modell die in der Realität beobachteten Verhaltensweisen hinreichend genau generieren kann[2].

---

1) Bei positiven Regelkreisen ist der Terminus "Ziel" umzudeuten; vgl. dazu Forrester, J.W.: Principles of Systems, a.a.O., S. 4 - 16.

2) Siehe dazu die Ausführungen unter C I dieser Arbeit.

II. Die Grundlagen des Modells

Der technische Fortschritt wird hier als Prozeß gesehen, dessen dynamisches Verhalten durch die ihm inhärente Feedbackstruktur grundlegend bestimmt wird. Ein Modell des technischen Fortschritts beim Produktionsprozeß muß daher diese Feedbackstruktur berücksichtigen und in der Lage sein, aus den Interaktionen positiver und negativer Rückkopplungsschleifen die Dynamik des technischen Fortschritts zu erklären.

Bevor die Gleichungen dieses Modells diskutiert werden, soll zunächst auf die wesentlichen, dem Modell zugrundeliegenden Annahmen und Hypothesen, eingegangen werden. Dabei ist zu klären,

(1) in welchem Bezugsrahmen die Probleme des technischen Fortschritts untersucht werden sollen,

(2) welche Komponenten in die Betrachtung miteinbezogen werden und

(3) welches die wichtigsten Feedback Loops zwischen den Elementen sind.

1. Der Bezugsrahmen des Modells

Gegenstand der Untersuchung sind die Generierung, die Implementierung und die Konsequenzen des technischen Fortschritts beim Produktionsprozeß in einer Industrieunternehmung. Da sich die Unternehmensstrukturen in verschiedenen Industriezweigen in einzelnen Aspekten unterscheiden, ist es nicht sinnvoll, ein Modell zu konstruieren, das alle möglichen Ausprägungen von Unternehmensstrukturen als Sonderfälle ex ante umfaßt. Es ist vielmehr geboten, soweit zu abstrahieren, daß nur die wesentlichen Charakteristika, die allen Industrieunternehmen eigen sind, in dem Modell erfaßt sind; branchenspezifische Merkmale sind nur soweit zu berücksichtigen, wie sie zur Erklärung des untersuchten Fragenkomplexes nötig sind. Das Modell soll einen solchen Grad von Allgemeingültigkeit haben, daß spezielle Charakteristika eines Industriezweiges mit relativ geringem Aufwand nachträglich eingefügt werden können.

Als Modellfall soll der Untersuchung eine hypothetische Unternehmung mit Auftragsfertigung zugrundeliegen. Bei diesem Unternehmenstypus spielt der prozeßtechnische Fortschritt eine besonders bedeutende Rolle, da solche Unternehmen nicht von sich aus Produktinnovationen anbieten können, sondern das Know-How ihres Produktionsprozesses einsetzen, um spezifische Kundenaufträge zu erfüllen. Diese Unternehmen vermieten quasi ihr technisches Wissen und den technischen Stand ihres Produktionsapparates an die Auftraggeber. Das Unternehmen erhält seine Aufträge dadurch, daß es für den potentiellen Auftraggeber Lösungsvorschläge für dessen Probleme erarbeitet und Preisangebote vorlegt[1]. Ein technisch hochentwickelter Produktionsapparat ist unerläßliche Voraussetzung für die Auftragserteilung, da die Unternehmen mit Auftragsfertigung primär durch die Qualität des zu erstellenden Produktes, den dafür verlangten Preis und die Lieferfrist konkurrieren - Faktoren also, die durch den technischen Fortschritt beim Produktionsprozeß entscheidend beeinflußt werden.

Die enge Vermaschung zwischen Forschung, Produktion und Absatz, wie sie bei Auftragsfertigung typisch ist, veranschaulicht Abbild 14.1, während Abbild 14.2 den Fall darstellt, wie er etwa für die Fertigung eines homogenen Massengutes charakteristisch ist.

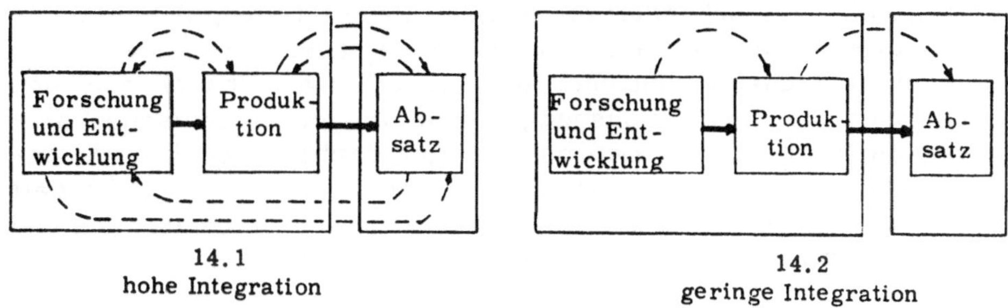

Abb. 14: Stufen der Integration betrieblicher Funktionsbereiche[2].

Typische Beispiele für Unternehmen mit Auftragsfertigung sind der Großwerkzeugbau, der Groß- und Spezialmaschinenbau und z. T. auch die Werftindustrie.

1) Vgl. Jacob, H.: Zur optimalen Planung des Produktionsprogramms bei Einzelfertigung, in: ZfB, 41. Jg. (1971), S. 497.

2) In Anlehnung an Ansoff, H. I. und Stewart, J. M.: Strategies for a Technology-Based Business, in: HBR, Vol. 45 (November-December 1967), S. 75. Die durchgezogenen Pfeile zeigen den Produktfluß an, und die gestrichelten Linien stellen die Richtung der Einflußnahme der verschiedenen Funktionsbereiche aufeinander dar.

2. Die Sektoren des Modells

Das Modell der mikroökonomischen Implikationen des technischen Fortschritts beim Produktionsprozeß soll nicht alle möglichen Aspekte des Fortschritts abbilden, sondern nur jene, die für seine Erklärung als wesentlich anzusehen sind. Bereiche der Unternehmung, die vom Fortschritt nur unwesentlich tangiert werden, sind nicht explizit berücksichtigt[1]. Aus diesen Überlegungen ergeben sich die Systemgrenzen des Modells, das in fünf Sektoren aufgegliedert ist[2].

Der technische Stand der Unternehmung bildet den ersten Sektor des Modells. Er beinhaltet die Entscheidungen über die Bereitstellung von finanziellen Mitteln zur Akquisition neuen technischen Wissens und über dessen Anwendung. Beide Entscheidungen werden maßgeblich beeinflußt von der erwarteten Veränderung des technischen Standes der Konkurrenz, die durch ein einfaches Verfahren des "technological forecasting" vorausgeschätzt wird.

Der Kapitalsektor behandelt die mit der Bereitstellung des Produktionsfaktors Kapital anfallenden Probleme. Hier interessieren vor allem die Entscheidungen über die Aufstellung, Finanzierung und Verwendung des Investitionsbudgets und wie der technische Fortschritt die ökonomische Lebensdauer und damit die qualitative Zusammensetzung des Kapitalstocks beeinflußt. Außerdem behandelt werden die Veränderung der Kapitalstruktur der Unternehmung und die durch den Einsatz von Kapital anfallenden Kapitalkosten.

Der Arbeitssektor erfaßt die Einflüsse des technischen Fortschritts auf den Produktionsfaktor Arbeit. Der technische Fortschritt führt

---

1) Vgl. dazu auch Dagum, C.: On Methods and Purposes in Econometric Model Building, in: ZfN, 28. Bd. (1968), S. 381 f.: "Models should sum up and abstract the permanent and outstanding characteristics of the phenomena under consideration and conceptually systemized, in order to obtain a reasonably complete and consistent body of facts". Holt, Ch. C.: Validation and Application of Macro-economic Models Using Computer Simulation, in: Duesenberry, J. S.; Fromm, G.; Klein, L. R.; Kuh, E. (eds.): The Brookings Quarterly Econometric Model of the United States, Chicago-Amsterdam 1965, S. 641: "It is all too easy to become lost in a maze of complexity rather than to gain useful insights".

2) Die Aufteilung des Modells in verschiedene Sektoren ("building-block approach") erlaubt das isolierte Testen einzelner Moduln und vereinfacht die nachträgliche Modellmodifikation.

häufig zu einer Steigerung der Arbeitsproduktivität, wodurch, bei gleichbleibender Ausbringung, ex definitione Arbeitskräfte freigesetzt werden. Außerdem können sich die Anforderungen an die Arbeitskräfte erhöhen, was durch Trainingsprogramme kompensiert werden muß. Der technische Fortschritt verschiebt die Relationen zwischen ausführenden und vorbereitenden bzw. überwachenden Tätigkeiten und führt zu Veränderungen der Kostenstruktur durch Anwachsen des Gemeinkostenanteils.

Der Produktionssektor gliedert sich in drei Subsektoren. Der erste beschreibt die in der Unternehmung verwendete Produktionsfunktion und deren Veränderung durch den technischen Fortschritt. Die relativen Faktorpreise in Verbindung mit den möglichen Faktoreinsparungen bestimmen über einen Quasi-Optimierungs-Algorithmus die Richtung des zukünftigen Fortschritts. Der zweite Subsektor behandelt den Produktionsprozeß mit der Entscheidung über gewünschte Kapazitätserweiterungen, während im dritten Subsektor die bei der Produktion anfallenden Kosten ermittelt werden.

Im Absatzsektor trifft das Unternehmen auf seine Konkurrenten, wobei die Konkurrenzsituation durch die Qualität der Erzeugnisse, deren Preis und die Lieferfrist bestimmt wird[1]. Das Zusammenwirken dieser Faktoren entscheidet über die Auftragsvergabe und damit über die Beschäftigungssituation der Unternehmung. Die mit dem Absatz der Erzeugnisse vereinnahmten finanziellen Mittel fließen zum Teil zurück in die einzelnen Sektoren, um die Finanzierung der wirtschaftlichen Aktivitäten der Unternehmung zu gewährleisten.

Nicht explizit in separaten Sektoren, sehr wohl aber implizit erfaßt sind die Einflüsse von den Finanz-, Investitionsgüter- und Arbeitskräftemärkten. Diese Vorgehensweise resultiert aus der Unterstellung, daß die Unternehmung im Vergleich zur Volkswirtschaft so klein ist, daß ihre individuelle ökonomische Aktivität keinen bedeutenden Einfluß auf Angebot und Nachfrage auf diesen Märkten ausübt.

Die Interaktionen der fünf Sektoren, die das Modell bilden und ihr Verhältnis zu dem sie umgebenden Metasystem zeigt Abbild 15. Die bei der Unternehmung eingehenden Bestellungen (BESTELL) hängen ab von der Nachfrage und von dem relativen technischen Stand der Unternehmung (RTS), von dem relativen Stückpreis (RPREIS) - relativ jeweils in bezug auf die Konkurrenten - und von der Lieferfrist (LIEFER). Die dadurch bestimmte Ausbringung (OUTPUT) fließt von der Unternehmung in den Absatzmarkt.

---

1) Werbung wird in dem Modell nicht berücksichtigt, da der technische Fortschritt weder unmittelbar die Effizienz der Werbung beeinflußt noch von ihr beeinflußt wird.

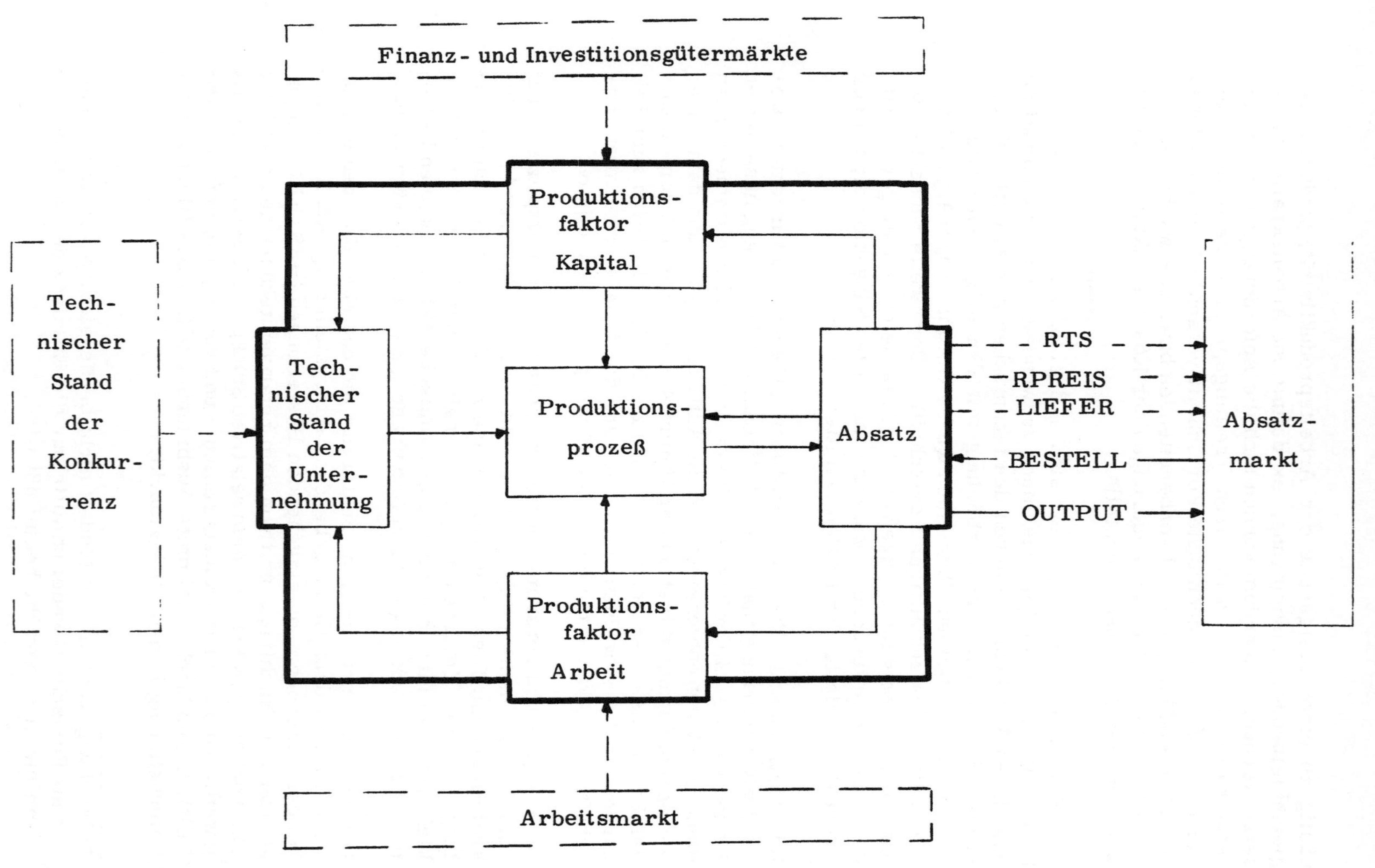

Abb. 15: Die Grobstruktur des Modells.

Das hier dargestellte Modell enthält keinen eigenen Konkurrenzsektor. Diese Handhabung ist nicht unproblematisch, erscheint aber aus Gründen der Übersichtlichkeit des Modells unumgänglich. Würde ein Sektor eingefügt, der das Aggregat "Konkurrenz" enthält, würden sich die im Modell zu berücksichtigenden Komponenten und Relationen in etwa verdreifachen, da die gleiche Modellstruktur nur mit verschiedenen Parametern für Unternehmen und Konkurrenz gilt und die Interaktionen zwischen den beiden Subsystemen zu berücksichtigen wären. Dies würde - obwohl modelltechnisch ohne Schwierigkeiten durchführbar - die Komplexität des Modells erheblich erhöhen und die Einsicht in kausale Zusammenhänge erschweren. Das Verhalten der Konkurrenz wird deshalb in das Modell exogen eingegeben und die Reaktionen der Unternehmung darauf getestet. Dies erlaubt die gleichen Einsichten mit einem klareren und besser verständlichen Modell und ist konform mit den Zielsetzungen der Untersuchung.

3. Die Loopstruktur

Mit der Darstellung der Feedback Loops werden - da sie die zentralen Komponenten des Systems und zugleich auch die primären Determinanten des Modellverhaltens sind - im folgenden die wichtigsten kausalen Beziehungen des Modells beschrieben. Es geht hierbei nicht um eine eingehende Begründung der darin implizierten Hypothesen; vielmehr soll eine Übersicht über die Zusammenhänge in dem komplexen Modell gegeben werden. Die ausführliche Begründung der hier aufgestellten Hypothesen erfolgt in Verbindung mit der Diskussion der Modellgleichungen[1].

Eine der Determinanten des Absatzes ist der technische Stand der Unternehmung. Je höher der technische Stand ist, desto größer wird ceteris paribus der Absatz. Ein bestimmter Prozentsatz der durch den Absatz der Produkte der Unternehmung zufließenden finanziellen Mittel wird für Forschung und Entwicklung innerhalb und außerhalb der Unternehmung ausgegeben, deren Ergebnisse das technische Wissen erhöhen. Die Nutzung dieses neuen Wissens verbessert den technischen Stand der Unternehmung und schließt den in Abbild 16 dargestellten Regelkreis mit positiver Rückkopplung.

Aus den Umsatzerlösen stehen finanzielle Mittel zur Verfügung, die zur Finanzierung von Investitionen für neue, technischen Fortschritt inkorporierende Maschinen verwendet werden können. Steigende Umsatzerlöse erlauben sowohl eine Erhöhung der Rate des technologischen als auch des technischen Fortschritts.

---

1) Siehe dazu den folgenden Abschnitt III dieses Kapitels.

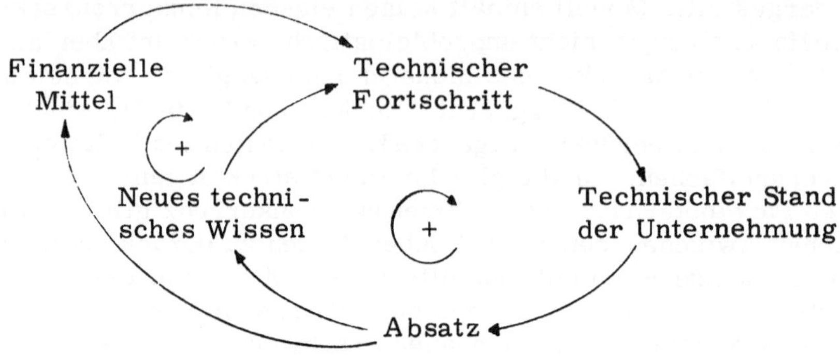

Abb. 16: Loop I, Technischer Stand der Unternehmung[1].

Als bedeutendste Determinante der Geschwindigkeit des technischen Fortschritts wird der technische Stand der Unternehmung relativ zu der Situation der Konkurrenz angesehen. Verschlechtert sich der relative technische Stand, werden mehr Mittel zur Akquisition technologischen Fortschritts und zu dessen Implementierung bereitgestellt. Da zwischen dem Beginn eines Forschungs- und Entwicklungsprojektes und dessen ökonomischer Nutzung eine lange Zeitspanne liegt, sind kurzfristige Reaktionen auf unerwartete technische Fortschritte der Konkurrenz kaum möglich. Das frühzeitige Erkennen technologischer Möglichkeiten ist daher von großer Bedeutung. Der erwartete relative technische Stand der Unternehmung wird durch ein einfaches Verfahren des "technological forecasting" vorausgeschätzt. Daraus wird die gewünschte Rate des technischen Fort-

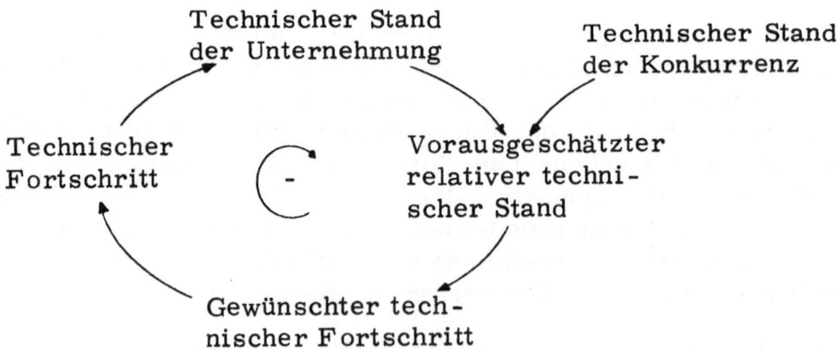

Abb. 17: Loop II, Geschwindigkeit des technischen Fortschritts.

1) Das (+)-Zeichen in dem Regelkreis besagt, daß es sich um einen Loop mit positiver Rückkopplung handelt. Analog wird ein Loop mit negativer Rückkopplung durch ein (-)-Zeichen gekennzeichent.

schritts abgeleitet, die den relativen technischen Stand der Unternehmung gewährleisten soll, den die Unternehmensleitung als Ziel vorgibt. Diese Zusammenhänge verdeutlicht Loop II, Abbild 17.

Loop II ist negativ, d. h. er versucht den relativen technischen Stand dem von der Unternehmenspolitik vorgegebenen Sollwert anzugleichen. Es kann nicht Ziel einer rationalen Unternehmenspolitik sein, den technischen Vorsprung zu maximieren. Je weiter sich der technische Stand einer Unternehmung von dem der Konkurrenz fortentwickelt, desto risikoreicher und teurer wird jeder weitere Fortschritt. Der Grenzertrag der in Forschung und Entwicklung investierten Mittel nimmt um so mehr ab, je näher die Unternehmung den jeweiligen Grenzen der wissenschaftlichen Erkenntnis kommt, da mehr Geld für Grundlagenforschung aufzuwenden ist und die Erfolgswahrscheinlichkeit eines Projektes absinkt. Die Möglichkeit zu imitieren wird geringer, der Anteil der Innovationen an der Gesamtveränderung des technischen Standes damit größer. Dadurch entwickelt sich der technische Stand der Produktionstechnik bei Unternehmung und Konkurrenz relativ gleichförmig (vgl. Abbild 18).

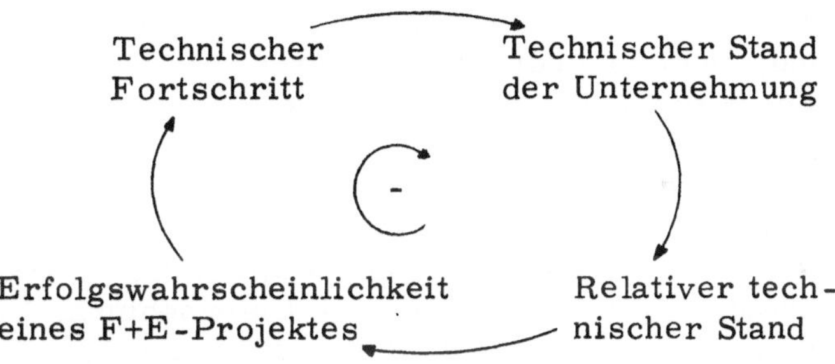

Abb. 18: Loop III, Erfolgswahrscheinlichkeit eines F+E-Projektes.

Der technische Stand der Unternehmung und damit die Funktionalität und Qualität der Produkte ist nur eine Determinante der Marktposition. Einen mindest genauso wichtigen Einfluß üben die Preise der Güter aus. Preis und technischer Stand stehen in einem engen Feedbackverhältnis. Der technische Fortschritt beim Produktionsprozeß ist langfristig die einzige Möglichkeit, die Arbeits- und/oder die Kapitalproduktivität zu erhöhen und damit die durchschnittlichen Stückkosten zu senken. Dies gibt den Spielraum für Preissenkungen, die die Marktposition der Unternehmung verbessern und - bei entsprechender Elastizität der Nachfrage in bezug auf den Preis - den Umsatz steigern. Dadurch stehen vermehrte Mittel für Forschung und Entwicklung zur Verfügung, wodurch die Voraussetzungen für weitere Erhöhungen des technischen Standes gegeben werden (vgl. Abbild 19).

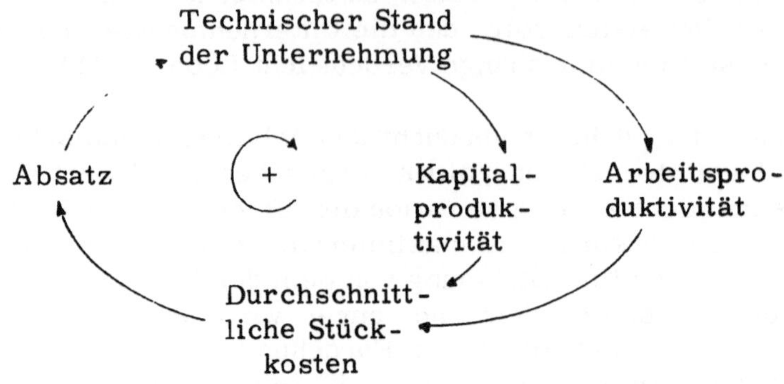

Abb. 19: Loop IV, Kapital- und Arbeitsproduktivität.

Bei konstantem Marktpreis würden die reduzierten Stückkosten die Realisierung einer erhöhten Gewinnspanne erlauben, wodurch vermehrt Eigenkapital zur Verfügung stünde, was die Bereitschaft zur Investition in technischen Fortschritt positiv beeinflussen könnte.

Die Richtung des technischen Fortschritts, d.h. ob der Fortschritt arbeitssparend, neutral oder kapitalsparend ist, wird im Produktionssektor des Modells bestimmt. Diese Richtung hängt maßgeblich von der Kostenstruktur der Unternehmung ab. Bei lohnintensiven Unternehmen führt eine bestimmte prozentuelle Verringerung der Lohnkosten zu einer größeren Reduzierung der Stückkosten als eine gleiche prozentuelle Verringerung der Kapitalkosten. Das gleiche gilt mutatis mutandis für kapitalintensive Unternehmen. Der relativ komplizierte Prozeß der Ermittlung der optimalen, d. i. der maximal stückkostenreduzierenden Richtung des technischen Fortschritts, kann vereinfachend wie in Loop V, Abbild 20, dargestellt werden.

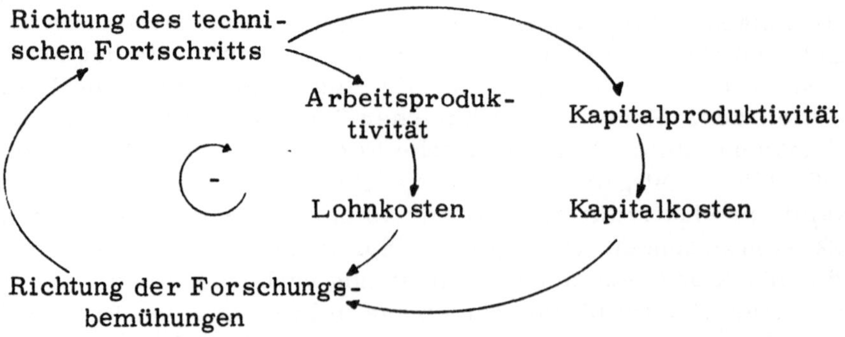

Abb. 20: Loop V, Richtung des technischen Fortschritts.

Wird unterstellt, daß aufgenommenes Fremdkapital in dem gleichen Maße zurückbezahlt wird wie die damit errichteten Anlagen abgeschrieben werden, dann stehen für die Finanzierung aus Abschreibungen nur die mit Eigenmitteln finanzierten Kapitalgüter zur Verfügung. Je höher der Fremdkapitalanteil am Gesamtkapital ist, in desto geringerem Umfang können die Abschreibungen zur Reinvestition genutzt werden und desto mehr Fremdkapital muß erneut aufgenommen werden. Diese Zusammenhänge sind in den zwei gekoppelten Feedback Loops in Abbild 21 wiedergegeben.

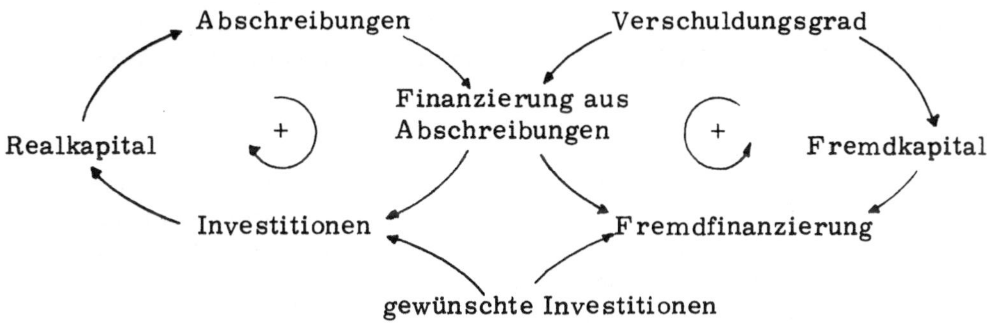

Abb. 21: Loop VI und VII, Finanzierung aus Abschreibungen.

Zwei weitere Rückkopplungsschleifen sind im Kapitalsektor des Modells inkorporiert. Sie basieren auf der Hypothese, daß die Fremdkapitalzinsen von der Eigenkapitalrendite und vom Verschuldungsgrad abhängen[1]. Je geringer die Spanne zwischen Eigenkapitalrendite und Fremdkapitalzinsen ist, desto geringer ist auch die Bereitschaft der Unternehmung, sich neu zu verschulden. Dadurch sinkt bei Rückzahlung fälliger Verbindlichkeiten der Verschuldungsgrad und verbessert die Kapitalstruktur der Unternehmung. Dieser negative Regelkreis ist mit einem positiven gekoppelt. Mit steigenden Fremdkapitalzinsen steigen ceteris paribus auch die Kapitalkosten, was zu einer Erhöhung der Stückkosten führt. Steigende Stückkosten implizieren entweder - bei konstanten Preisen - niedrigere Gewinne oder verschlechtern bei Preiserhöhungen die Marktposition der Unternehmung; bei rückläufigem Absatz führt dies ebenfalls zu einer Verringerung des Bruttogewinns. Dadurch reduzieren sich die zur Innenfinanzierung verfügbaren Mittel, was bei gegebenem Investitionsprogramm den Zwang zur Neuverschuldung erhöht (vgl. Abbild 22).

---

1) Der Einfluß, den die sog. Modigliani-Miller-Hypothese auf die Wirksamkeit dieser Rückkopplungsschleifen ausübt, ist auf S. 129 f. diskutiert.

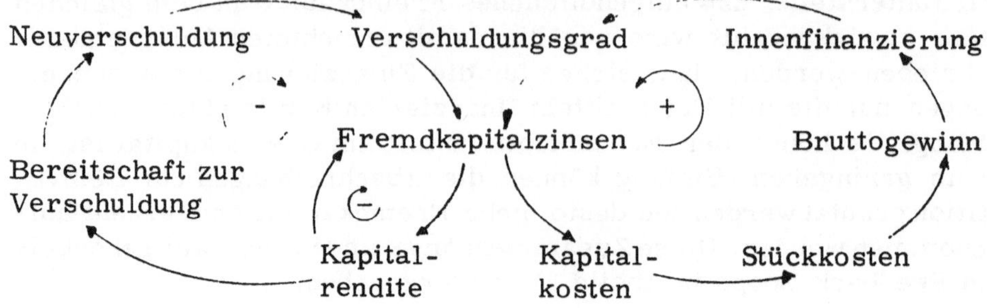

Abb. 22: Loop VIII und IX, Verschuldungsgrad und Innenfinanzierung.

Welcher dieser beiden Loops dominierend ist, hängt von den "gains"[1] entlang der Loops ab und kann nicht allgemein bestimmt werden. Für geringe Werte des Verschuldungsgrades wird der positive Loop dominieren, während für höhere Werte die Bereitschaft zur Verschuldung überproportional sinkt und der "gain" des negativen Loops überwiegt.

Die Rate des technischen Fortschritts, das ist die Geschwindigkeit, mit der sich der technische Stand der Unternehmung verändert, beeinflußt die wirtschaftliche Nutzungsdauer der Maschinen und maschinellen Anlagen. Je höher die Rate des technischen Fortschritts ist, desto schneller veralten Kapitalgüter. Die daraus resultierende kürzere ökonomische Nutzungsdauer ist in höheren Abschreibungssätzen zu berücksichtigen, was ceteris paribus zu höheren Stückkosten führt. Dadurch verschlechtert sich jedoch die Wettbewerbsfä-

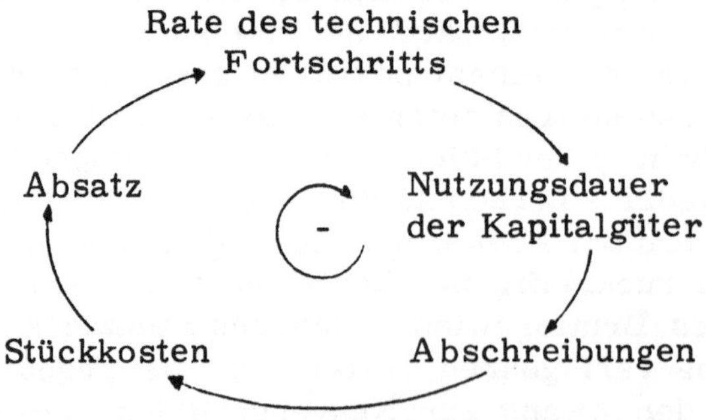

Abb. 23: Loop X, Nutzungsdauer der Kapitalgüter.

1) Der "gain" ist ein Maß für die Stärke eines Loops. Er ist definiert als Quotient der Amplituden von Input- und Outputvariablen in einem System.

higkeit der Unternehmung, und weniger Mittel stehen in den folgenden Perioden für Forschung und Entwicklung und zu Investitionszwecken zur Verfügung, was zu einem Absinken der zukünftigen Rate des technischen Fortschritts führt (Abbild 23).

Die Durchlaufzeit der Produkte durch den Produktionsprozeß hängt primär von zwei Faktoren ab: von der Dauer der einzelnen Bearbeitungsoperationen und von der Möglichkeit, verschiedene Bauteile des Gesamterzeugnisses parallel zu bearbeiten. Beide Komponenten der Durchlaufzeit werden maßgeblich vom technischen Stand der Unternehmung beeinflußt, da dieser sowohl die Arbeitsproduktivität als auch die Struktur des Prozeßablaufes verändert. Kürzere Durchlaufzeiten führen, da das in unfertigen Produkten gebundene Vermögen schneller umgeschlagen wird, zu niedrigeren Kapitalkosten pro Stück und damit auch zu niedrigeren Stückkosten. Daraus resultiert ein erhöhter Absatz, wodurch vermehrt Mittel zur Vorbereitung und Implementierung technischen Fortschritts zur Verfügung stehen, so daß der Produktionsprozeß noch effizienter gestaltet werden kann (Abbild 24).

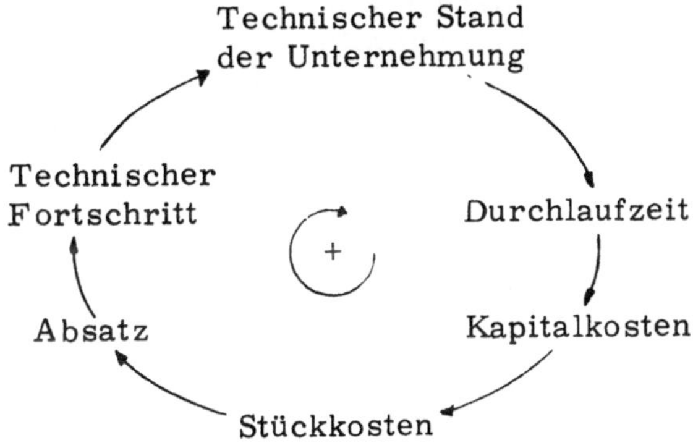

Abb. 24: Loop XI, Kapitalkosten.

Der Einfluß des technischen Fortschritts auf den Produktionsfaktor Arbeit schlägt sich in zwei Loops nieder. Der technische Fortschritt erhöht die Anforderungen an verschiedene Gruppen von Produktionsarbeitern. Dem muß durch ein Weiterbildungsprogramm Rechnung getragen werden. Die zur Weiterbildung freigestellten Arbeiter sind durch andere Kräfte zu ersetzen, eventuell fallen noch Kosten für Ausbilder etc. an. Dadurch erhöhen sich die Personalkosten und damit ceteris paribus auch die Stückkosten. Bei einer Überwälzung der Kostensteigerung auf die Kunden verschlechtert sich die Absatzposition der Unternehmung mit den, in Verbindung mit Loop IV, diskutierten Konsequenzen für die Möglichkeiten zur Realisierung weiterer technischer Fortschritte (vgl. Abbild 25).

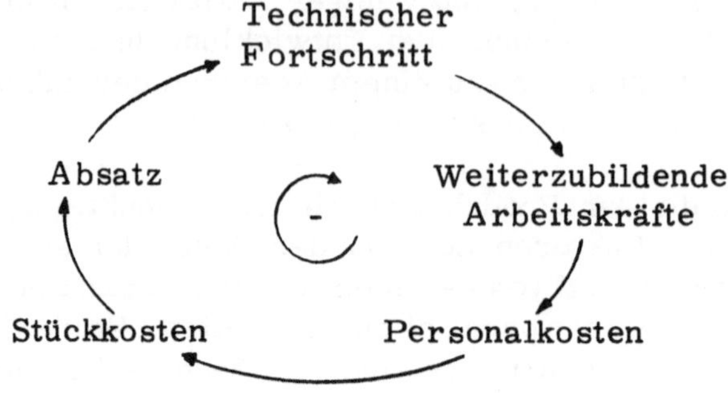

Abb. 25: Loop XII, Personalweiterbildung.

Der technische Fortschritt beim Produktionsprozeß führt häufig - aufgrund des ihn begleitenden Mechanisierungseffektes - zu einer Verlagerung von ausführenden, operativen Tätigkeiten zu planenden und überwachenden Tätigkeiten. Dadurch kann sich die Kostenstruktur der Unternehmung verändern, denn einer Reduktion der Einzelkosten stehen vermehrte Gemeinkosten gegenüber. Dies wird insbesondere bei arbeitssparendem technischen Fortschritt (im Sinne von Ott) der Fall sein, da sich hier die Kapitalintensität erhöht. Steigende Gemeinkosten bedeuten steigende Stückkosten, was wiederum den Absatz der Unternehmung negativ beeinflußt (vgl. Abbild 26). Der Ein-

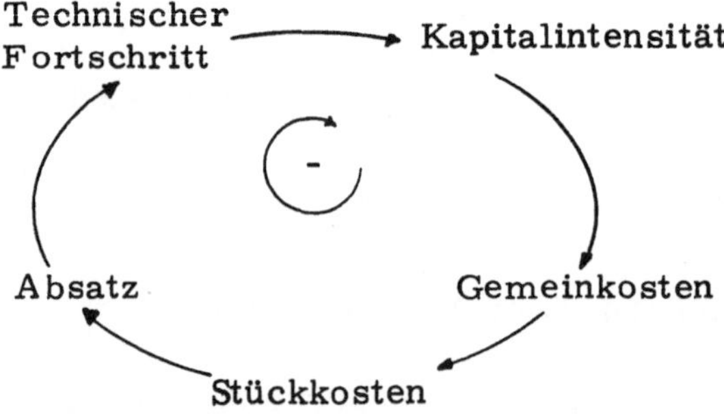

Abb. 26: Loop XIII, Gemeinkosten.

fluß dieses Loops wird stets durch die Verringerung der Einzelkosten überkompensiert, da sonst ex definitione kein technischer Fortschritt vorliegen würde. Jedoch schwächt er die unmittelbar stückkostenreduzierenden Wirkungen des Fortschritts ab.

Die Stückkosten werden auch wesentlich vom Beschäftigungsgrad bestimmt, da bei rückläufiger Kapazitätsauslastung die Anzahl der Erzeugnisse, auf die die fixen Kosten zu verteilen sind, abnimmt. Der arbeitssparende technische Fortschritt hat dadurch einen negativen Nebeneffekt, da er den Anteil der fixen Kosten an den Gesamtkosten erhöht und die Unternehmung anfälliger gegenüber Nachfrageschwankungen macht. Den Zusammenhang zwischen Kapazitätsauslastung, Stückkosten und Auftragseingang veranschaulicht Abbild 27, wobei

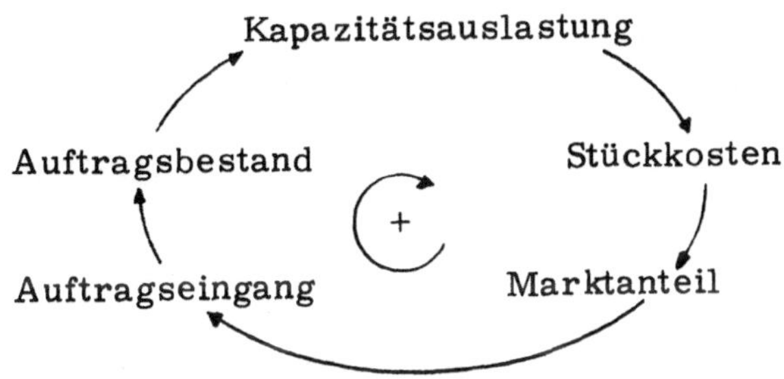

Abb. 27: Loop XIV, Kapazitätsauslastung.

eine Kostenrechnung nach dem Vollkostenprinzip, wie in Unternehmen mit Auftragsfertigung üblich, unterstellt ist. Sinkende Kapazitätsauslastung erhöht die Stückkosten, wodurch sich bei Vollkostenkalkulation auch die Preise erhöhen. Die daraus resultierende Verringerung des Marktanteils führt zu verringertem Auftragseingang und zu weiterem Absinken der Kapazitätsauslastung.

Neben dem technischen Stand der Unternehmung und den Stückkosten bzw. dem Stückpreis wird als weitere Determinante der Marktposition der Unternehmung die Lieferfrist angesehen. Mit wachsendem Marktanteil und steigendem Auftragseingang erhöht sich bei konstanter Produktionskapazität der Auftragsbestand, was zu längeren Lieferfristen führt. Diese verringern den weiteren Auftragseingang. Mit diesem negativen Regelkreis verbunden ist ein weiterer negativer Loop, der die Anpassung der Produktionskapazität an den jeweiligen Auftragsbestand kontrolliert. Die Entscheidung über Investitionen oder Desinvestitionen hängt von dem aktuellen und von dem als wünschenswert angesehenen Bestand an Aufträgen ab. Diese beiden Regelkreise zeigt Abbild 28.

Diese hier nur grob skizzierten Hypothesen sollen im folgenden spezifiert und dann mit Hilfe der Computersimulation auf ihre gegenseitige Verträglichkeit, ihre Plausibilität und ihren Erklärungsgehalt getestet werden.

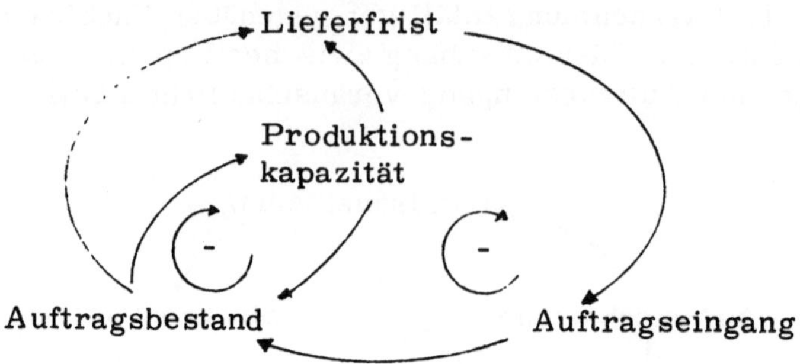

Abb. 28: Loop XV und XVI, Lieferfrist und Kapazitätserweiterung.

III. Die Gleichungen des Modells

Die Gleichungen des Modells sind in DYNAMO, einer eigens für System Dynamics entwickelten Computersprache, geschrieben. DYNAMO ist eine kontinuierliche Simulationssprache mit fixierten Zeitinkrementen, deren Verwendung bei allen aggregierten Simulationsmodellen möglich ist[1]. Auch bei der Untersuchung der mikroökonomischen Implikationen des technischen Fortschritts beim Produktionsprozeß ist diese kontinuierliche Betrachtungsweise zweckmäßig. Selbst bedeutende technische Fortschritte wie z. B. der Computer, der Transistor oder die numerisch gesteuerten Werkzeugmaschinen waren keine diskreten Ereignisse. Ihre Entwicklung vollzog sich in einem mehrstufigen Prozeß, bei dem zwischen Konzipierung und ökonomischer Relevanz vielfältige Aktivitäten erforderlich waren[2].

In stärkerem Maße als diese "major technical breakthroughs" beeinflussen die vielen kleinen "nuts-and-bolts"-Innovationen die Unternehmung[3]. "Modest as it is such an innovation is absolutely essential for the average firm's survival. So long as your competitors

1) Eine Einführung in die Programmierung mit DYNAMO gibt Pugh, A. L. III.: DYNAMO II User's Manual, a. a. O.
Für die Verwendung kontinuierlicher Simulationsverfahren bei der Analyse diskreter Ereignisse siehe Forrester, J. W.: Industrial Dynamics, a. a. O., S. 64 - 66.

2) Vgl. Carter, A.: The Economics of Technological Change, in: ScienAm, Vol. 214 (1966), S. 30; Knight, K. E.: A Study of Technological Innovation - The Evolution of Digital Computers, unpublished Ph. D. dissertation, Carnegie Institute of Technology, Pittsburg, Pa. 1963; Barr, J. L. and Knight, K. E.: Technological Change and Learning in the Computer Industry, in: MS, Vol. 14 (1968), S. 664; Sherwin, Ch. W. and Isenson, R. S.: Project Hindsight, in: Science, Vol. 156 (1967), S. 1571 - 1577; Isenson, R. S.: Technological Forecasting Lessons from Project Hindsight, in: Bright, J. R. (ed.): Technological Forecasting for Industry and Government, Englewood Cliffs, N. J. 1968, S. 51 ff.

3) Für diese beiden Typen von technischen Fortschritten sind auch die Termini "major" und "improvement" Inventionen bzw. Innovationen geläufig. Vgl. etwa Mansfield, E.: The Economics of Technological Change, a. a. O., S. 100 ff.

do, so must you"[1]. Daraus resultiert ein ständiger Strom marginaler technischer Fortschritte, der dadurch begünstigt wird, daß bei der überwiegenden Anzahl der industriellen Unternehmen die Kapitalmittel nicht in einigen wenigen Großmaschinen gebunden sind. Die Implementierung technischer Fortschritte ist kontinuierlich im Rahmen der stetigen Anlagenerneuerung möglich und erfordert nicht das sporadische Ersetzen eines signifikanten Teils des Anlagevermögens. Dadurch wird die Inventions- und insbesondere die Innovationstätigkeit für viele industrielle Unternehmen zu einer permanenten betrieblichen Aktivität, deren Ergebnisse den technischen Stand der Unternehmen kontinuierlich verändern[2].

1. Technischer Stand der Unternehmung

a) Akquisition und Implementierung technischen Fortschritts

Die Komponenten des Subsektors "Akquisition und Implementierung technischen Fortschritts" und ihre Beziehungen zu anderen Sektoren des Modells zeigt Abbild 29[3]. Das Diagramm verdeutlicht den mehrstufigen Prozeßcharakter des technischen Fortschritts mit seinen Phasen Invention (potentieller technischer Fortschritt) und Innovation bzw. Imitation.

---

1) Marquis, D. G.: a. a. O., S. 30. Dieses Ergebnis, das aus einer empirischen Untersuchung stammt, faßt Marquis zu einer These zusammen: "Small, incremental innovations contribute significantly to commercial success", ebenda, S. 33 (im Original kursiv); vgl. auch Myers, S.: Industrial Innovations and the Utilization of Research Output, in: Proceedings of the 20th National Conference on the Administration of Research, Denver, Colo. 1967, S. 138.

2) Vgl. Geschka, H.: a. a. O., S. 27; Kluge, M.: a. a. O., S. 242.

3) Die zur Darstellung der Struktur von Systemen Dynamics Modellen verwendeten Standardsymbole repräsentieren

a) Variable und Parameter

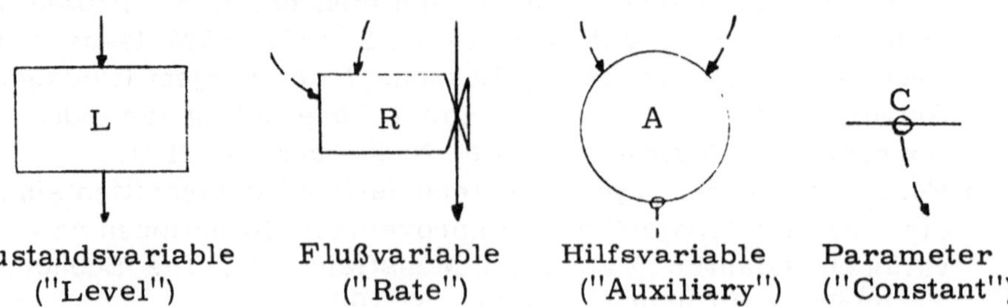

Der Bestand an potentiellen technischen Fortschritt ist die Akkumulation aller der Unternehmung zur Nutzung zur Verfügung stehenden technologischen Fortschritte, abzüglich der Inventionen, die schon

---

b) Ströme

Information

Material

Aufträge

finanzielle Mittel

Personal

Anlagen

c) Informationentnahme

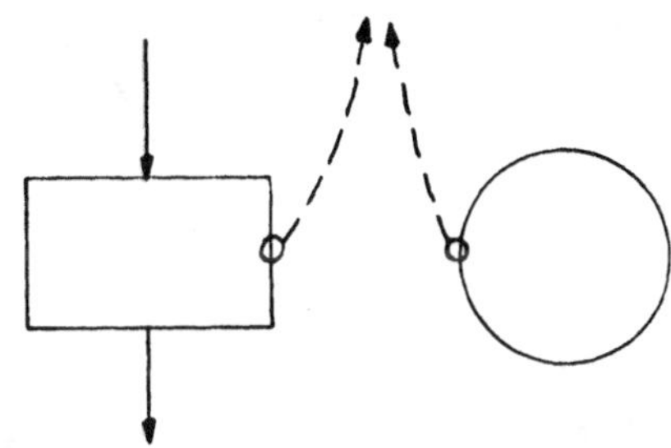

Einfluß auf andere Bereiche des Diagramms (die Zahl hinter dem Komma gibt die Gleichungsnummer der jeweiligen Variablen an).

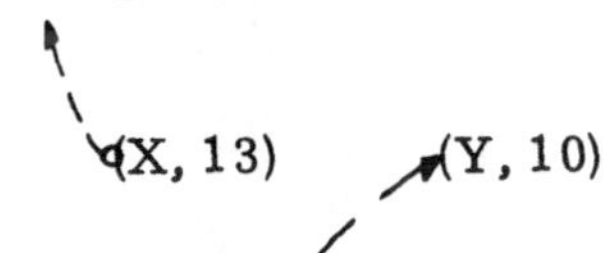

d) Zustandsvariable außerhalb der Systemgrenzen

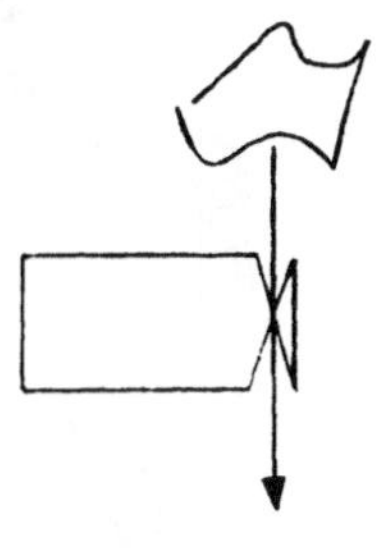

Zufluß aus externen Bereichen ("Sources")

Abfluß in externe Bereiche ("Sinks")

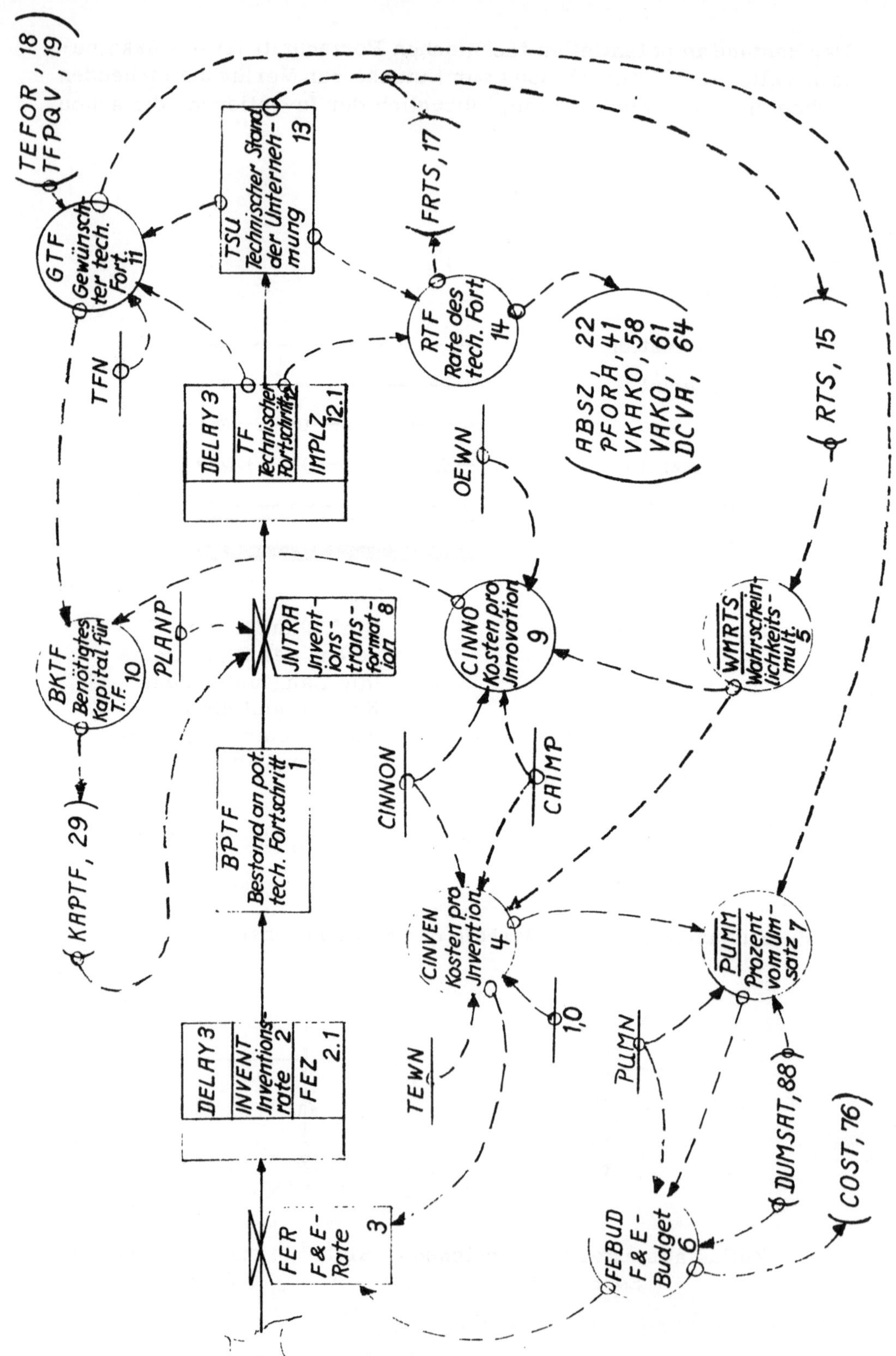

Abb. 29: Akquisition und Implementierung technischen Fortschritts.

ökonomisch genutzt werden, d.h. in realisierten technischen Fortschritt umgewandelt wurden[1)2)].

```
BPTF.K=BPTF.K+(DT)(INVENT.JK-INTRA.JK)                 1, L
BPTF=7.5                                              1.1, N
    BPTF   - BESTAND POT.TECH.FORTSCHRITT (EINHEITEN)
    DT     - LOESUNGSINTERVALL (MONATE)
    INVENT - INVENTIONSRATE (EINHEITEN/MONAT)
    INTRA  - INVENTION-TRANSFORMAT.(EINHEITEN/MONAT)
```

Der Bestand an potentiellem technischen Fortschritt BPTF ist in willkürlichen Technologieeinheiten gemessen, wobei unterstellt ist, daß alle Einheiten von gleicher technologischer und ökonomischer Bedeutung sind[3)].

BPTF wird durch technologischen Fortschritt, der seinerseits wieder ein dynamischer, verzögerter Prozeß ist, erhöht. Es muß da-

---

1) Die Buchstaben, die durch einen Punkt von dem übrigen Variablennamen abgetrennt sind, sind die Zeitindices der Variablen, die sich nach jeder Zeitperiode DT um ein Zeitintervall verschieben (vgl. das nebenstehende Abbild). Für Einzelheiten siehe Pugh, A. L. III: DYNAMO II User's Manual, a. a. O., S. 4 f.

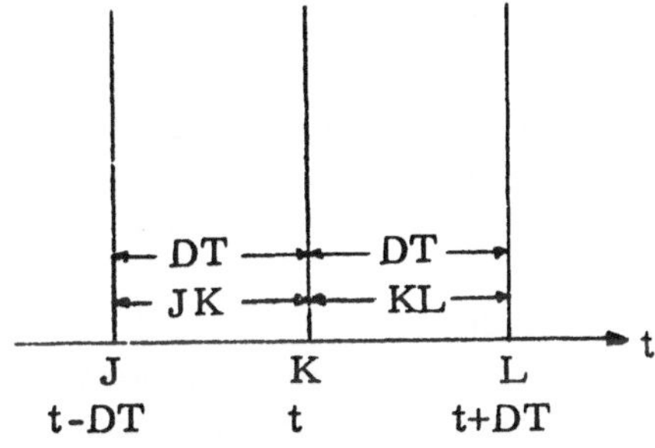

Die Zahl rechts von der Gleichung gibt die durchlaufende Nummer der Gleichung an. Der daran angeschlossene Buchstabe definiert den Typ der Gleichung, hier also L = Level (Zustandsgleichung) und N = Initial Condition (Anfangswert der Zustandsgleichung). Anschließend an die Gleichung folgen die Definitionen und Dimensionen der Variablen und Parameter. Da das DYNAMO DOCUMENTOR-Programm nur Namen von maximal zwanzig Zeichen Länge zuläßt, sind teilweise Abkürzungen oder Aufspaltung in zwei Wörter nötig.
Eine Zusammenstellung aller Modellgleichungen und eine alphabetische Auflistung der Variablen und Parameter ist im Anhang dieser Arbeit wiedergegeben.

2) Die Art der Numerierung unterscheidet die DYNAMO-Gleichungen von den übrigen Gleichungen in dieser Arbeit, da die Numerierung nicht in Klammern gesetzt ist und stets noch von einem Buchstaben zur Bezeichnung des Gleichungstyps begleitet ist.

3) Vgl. ähnlich Sherwin, Ch. W. and Isenson, R. S.: a. a. O., S. 1574.

her unterschieden werden zwischen den Inventionen, die das Endergebnis dieses Prozesses sind und den Projekten, die sich noch in Bearbeitung befinden.

Die Zeitspanne, die zwischen der Inangriffnahme eines Forschungsprojektes und der ökonomischen Nutzung der Ergebnisse verstreicht, hängt hauptsächlich davon ab, welche Art von technischen Fortschritten betrachtet wird. Für "major breakthroughs" ist diese Zeitspanne wesentlich länger als für marginale technische Fortschritte. Für die erste Klasse ermittelte Enos Mittelwerte von 11 und 13, 6 Jahren mit Standardabweichungen von 5 bzw. 16 Jahren[1)]. Andere Quellen nennen Mittelwerte von 14 Jahren[2)] und zwischen vier bis sechs Jahren[3)]. Da die kleinen "nuts- and bolts"-Innovationen um ein Vielfaches häufiger auftreten als die bahnbrechenden Fortschritte, erscheint ein gewogener Mittelwert von fünf Jahren als eine realitätskonforme Annahme für die Dauer des Gesamtprozesses eines technischen Fortschritts[4)]. Wird unterstellt, daß die Innovationsphase, etwa die Beschaffung bzw. die Anfertigung der neuen maschinellen Anlagen, durchschnittlich 12 Monate dauert, so verbleiben 48 Monate für die Durchführung der Forschungs- und Entwicklungsaktivi-

---

1) Enos, J. L.: Invention and Innovation in the Petroleum Refining Industry, in: Nelson, R. R. (ed.): The Rate and Direction of Inventive Activity: Economic and Social Factors, Princeton, N. J. 1962, S. 304 ff.

2) National Comission on Technology, Automation, and Economic Progress: Technology and the American Economy, Report, Washington, D. C. 1966, S. 4. Diese breit angelegte Untersuchung des Einflusses des technischen Fortschritts auf die U. S. amerikanische Wirtschaft besteht aus dem Report und sechs Appendixbänden. Eine Zusammenfassung der Ergebnisse findet sich in Bowen, H. R. and Mangum, G. L.: Automation and Economic Progress, Englewood Cliffs, N. J. 1966. Ins deutsche übertragen wurde der Report von Pöhl, K. O.: Wirtschaftliche und soziale Aspekte des technischen Fortschritts in den USA, Göttingen 1967. Eine Analyse der für die BRD relevanten Ergebnisse dieser Studie wurde durchgeführt vom Ifo-Institut für Wirtschaftsforschung: Technischer Fortschritt in den USA, Berlin-München 1971.

3) Jewkes, J.; Sawers, D.; Stillermann, R.: a. a. O., S. 198 f. und S. 209.

4) Vgl. Mansfield, E.; Rapoport, J.; Schnee, J.; Wagner, S.; Hamburger, M.: Research and Innovation in the Modern Corporation, New York, N. Y. 1971, S. 18 ff.; Myers, S. and Marquis, D. G.: a. a. O., S. 12 - 18; Utterback, J. M.: The Process of Innovation: A Study of the Origination and Development of Ideas for New Scientivic Instruments, SSM Working Paper Nr. 462 - 70, S. 5.

täten. Die Invention steht also der Unternehmung mit einer Verzögerung von 48 Monaten nach Anlauf des Forschungs- und Entwicklungsprojektes zur Verfügung[1].

```
INVENT.KL=DELAY3(FER.JK,FEZ)                              2, R
FEZ=48                                                    2.1, C
     INVENT - INVENTIONSRATE (EINHEITEN/MONAT)
     DELAY3 - DYNAMO-MAKRO (VERZOEGERUNGS-FUNKTION)
     FER    - FORSCH.-U.ENTWICKL.RATE (EINHEITEN/MONAT)
     FEZ    - FORSCHUNGS-UND ENTWICKLUNGSZEIT (MONATE)
```

Der Term INVENT umfaßt neben den Ergebnissen der unternehmenseigenen Forschungs- und Entwicklungsaktivität sowohl Resultate von Aufträgen, die an externe Forschungsinstitute vergeben wurden, als auch die von der Unternehmung erworbenen Lizenzen zur Imitation an anderer Stelle realisierter technischer Fortschritte. Im letzteren Falle sind die Ergebnisse anderer Unternehmungen den speziellen betrieblichen Gegebenheiten anzupassen. Dieser Prozeß des Vertrautwerdens mit externen Inventionen ist - wie empirische Untersuchungen zeigten - mit erheblichen Zeit- und Kostenaufwand verbunden[2], so daß eine Aggregation aller den Bestand an potentiellem technischen Fortschritt erhöhenden Größen in eine Variable möglich ist[3].

---

1) Für das dynamische Verhalten von Verzögerungen ("delays") siehe Forrester, J. W.: Industrial Dynamics, a. a. O., S. 89 ff. und ders.: Principles of Systems, a. a. O., S. 8 - 23.
Die in Gleichung 2 verwendete DYNAMO-Makrofunktion DELAY3 repräsentiert ein Verzögerungsglied dritter Ordnung ("third order exponential delay").

2) Die dafür verantwortlichen Ursachen werden in einem Teil der amerikanischen Literatur als NIH-Faktor bezeichnet. Siehe Roberts, E. B.: The Dynamics of Research and Development, a. a. O., S. 38: " 'Inside' developments avoid an improtant influence that delays use of know-how outside the firm's own activities - the 'NIH-factor', meaning 'not invented here' ". Gründe, die den NIH-Faktor bestimmen, wurden in mehreren Fallstudien untersucht von Clagett, R. P.: Receptivity to Innovation-Overcoming N. I. H., SSM M. S. Thesis, Cambridge, Mass. 1967. Vgl. auch Blaug, M.: a. a. O., S. 13; Myers, A. and Marquis, D. G.: a. a. O., S. 22: "It is interesting to note that innovations by adoption were about as costly to introduce as original innovations". Phillips, A.: a. a. O., S. 304.

3) Diese Vereinfachung basiert auf der intensiven Analyse eines hier nicht wiedergegebenen Partialmodells, das die eventuell unterschiedlichen Verhaltensweisen eines disaggregierten Modells aufzeigen sollte. Es ist zu betonen, daß sich diese Aussage nur auf die Zielsetzung des hier diskutierten Modells bezieht und nicht allgemein gültig ist. (Fortsetzung s. n. Seite)

Die Frage, wie die Forschungs- und Entwicklungszeit sich im Zeitablauf verändert hat, ist umstritten. Die meisten Untersuchungen deuten auf eine Verkürzung hin, jedoch wird dabei häufig ein Zeitraum von mindestens einhundert Jahren zugrundegelegt[1]. Da die Simulation des hier vorgeschlagenen Modells sich auf eine Zeitspanne von 240 Monaten beschränkt, wird die Forschungs- und Entwicklungszeit während eines Simulationslaufes als konstant angesehen.

Die Anzahl der Forschungs- und Entwicklungsprojekte, die von der Unternehmung in Angriff genommen bzw. in Auftrag gegeben werden, hängt ab von den dafür zur Verfügung stehenden finanziellen Mitteln, hier allgemein als Forschungs- und Entwicklungsbudget FEBUD bezeichnet, und den durchschnittlichen Kosten, die bei der Erstellung einer Invention anfallen.

```
FER.KL=FEBUD.K/CINVEN.K                                    3, R
    FER     - FORSCH.-U.ENTWICKL.RATE (EINHEITEN/MONAT)
    FEBUD   - F+E BUDGET (DM/MONAT)
    CINVEN  - INVENTIONSKOSTEN (DM/EINHEIT)
```

Die einzelnen Variablen dieser, in ihrer Struktur einfachen Produktionsfunktion für neues technisches Wissen sind relativ komplexe Ausdrücke. Die Inventionskosten CINVEN[2] werden bestimmt von

---

Zu dieser Vorgehensweise bei der Vereinfachung komplexer Modelle vgl. auch Holt, Ch. C.: Validation and Application of Macroeconomic Models Using Computer Simulation, a. a. O., S. 641: "By sensitivity studies of the simulation model a great deal can be learned about simplifications that can be made without critically affecting the behavior of the system"; Meissner, W.: Zur Methodologie der Simulation, in: ZgesStw, Bd. 126 (1970), S. 396; Orcutt, G. H.: Simulation of Economic Systems, in: AER, Vol. 50 (1960), S. 900 ff.

1) Vgl. Enos, J. L.: Invention and Innovation in the Petroleum Refining Industry, a. a. O., S. 304 ff.; Report of the National Commission on Technology, Automation, and Economic Progress, Vol. 1, a. a. O., S. 3 f. Während diese beiden Studien eine Abnahme des Forschungs- und Entwicklungszeitraumes ermitteln, vertritt Drucker die These, daß sich dieser Zeitraum zumindest in den letzten Jahren wieder verlängert hat. Vgl. Drucker, P. F.: The Age of Discontinuity, New York, N. Y. 1968, S. 46.

2) Aus mnemotechnischen Gründen werden Variablennamen, die Kostengrößen bezeichnen, mit C abgekürzt, damit sie von Namen für Kapitalgrößen, die mit K abgekürzt werden, besser unterschieden werden können.

von den Gesamtkosten einer erfolgreichen Innovation, worin die Kosten für die dabei zu Grunde liegende Invention enthalten sind, von dem Anteil, der davon für die Invention selbst anfällt und von der Wahrscheinlichkeit, daß die Forschungs- und Entwicklungstätigkeiten zu positiven Ergebnissen führen[1].

```
CINVEN.K=(CINNON)(1-CAIMP)/(TEWN*WMRTS.K)                    4, A
CINNON=8E5                                                   4.1, C
CAIMP=.8                                                     4.2, C
TEWN=.7                                                      4.3, C
    CINVEN - INVENTIONSKOSTEN (DM/EINHEIT)
    CINNON - INNOVATIONSKOSTEN NORMAL (DM/EINHEIT)
    CAIMP  - KOSTENANTEIL FUER IMPLEMENTIERUNG (DL)
    TEWN   - TECHNOLOG. ERFOLGSWAHRSCHEIN.NORMAL (DL)
    WMRTS  - WAHRSCH.MULTIPLIK.VON REL.TECH.STAND (DL)
```

Die durchschnittlichen Gesamtkosten einer Innovation wurden aus der erwähnten Untersuchung von Myers und Marquis abgeleitet, die auf der Basis von 567 erfolgreichen industriellen Innovationen in 121 Unternehmen aus 5 Industriezweigen die folgende Kostenverteilung ermittelten[2].

Klasse	Kosten pro Innovation (DM/Einheit) c_i	Intraklassenmittelwert (DM/Einheit) $\bar{c}_i$	Häufigkeit absolut x_i	Häufigkeit relativ f_i
1	< 62 500	50 000	187	0, 33
2	62 500 bis unter 250 000	150 000	180	0, 32
3	250 000 bis unter 2 500 000	1 400 000	132	0, 23
4	≥ 2 500 000	3 500 000	68	0, 12
			567	1, 00

Der Graph dieser Kostenverteilung hat approximativ die in Abbild 30 dargestellte Form.

1) Die Abkürzung "DL" hinter den Definitionen der Variablen und Parameter steht für "dimensionslos".

2) Myers, S. and Marquis, D. G.: a. a. O., S. 22. Die Autoren geben keinen Mittelwert innerhalb der vier Klassen, so daß diese Werte geschätzt wurden. Die in Dollar angegebenen Werte wurden auf der Basis 1 US $ = 2, 50 DM umgerechnet.

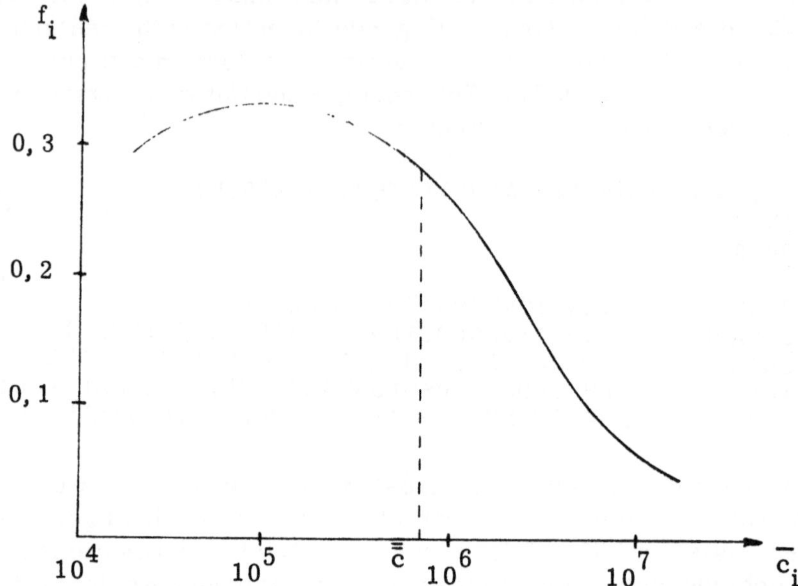

Abb. 30: Empirische Kostenverteilung für 567 industrielle Innovationen.

Das gewogene arithmetische Mittel aller Innovationskosten ergibt

$$\text{CINNON} = \bar{\bar{c}} = \sum_{i=1}^{4} \bar{c}_i f_i \approx 800\,000 \text{ DM/Einheit.}$$

Mansfield ermittelte bei einer Untersuchung von fünfundsiebzig Produktinnovationen in der pharmazeutischen Industrie Entwicklungskosten von durchschnittlich etwa 550 000,-- DM pro Innovation[1]. Da diese Kosten nur die reinen Entwicklungsausgaben beinhalten, liegen beide Ergebnisse in etwa der gleichen Größenordnung.

CINNON wird während eines Simulationslaufes konstant gehalten, da - bei konstanten Lohn- und Betriebsmittelpreisen - kein genügender empirischer Hinweis für tendenziell steigende Innovationskosten gefunden werden konnte[2].

---

1) Mansfield, E. et al.: Research and Innovation in the Modern Corporation, a.a.O., S. 64 ff.

2) Für eine Diskussion steigender oder konstanter Kosten siehe Jewkes, J.; Sawers, D.; Stillermann, R.: a.a.O., S. 155 - 162 und S. 198 ff.
Die wachsende Diskrepanz zwischen Forschungs- und Entwicklungsausgaben und Innovationen, die gegenwärtig in den USA zu beobachten ist und die die Hypothese steigender Innovationskosten

CINNON enthält alle Kosten, die im Gesamtprozeß des technischen Fortschritts anfallen; Forschungs- und Entwicklungskosten ebenso wie die Kosten für die Implementierung des neuen technischen Wissens. Zur Feststellung der Inventionskosten ist CINNON daher in die Kosten des technologischen und die des technischen Fortschritts aufzuspalten. Die typische theoretische Verteilung der Kosten auf die einzelnen Phasen des technischen Fortschritts zeigt Abbild 31.1[1], dem in Abbild 31. 2 eine empirisch ermittelte Kostenverteilung gegenübergestellt ist[2].

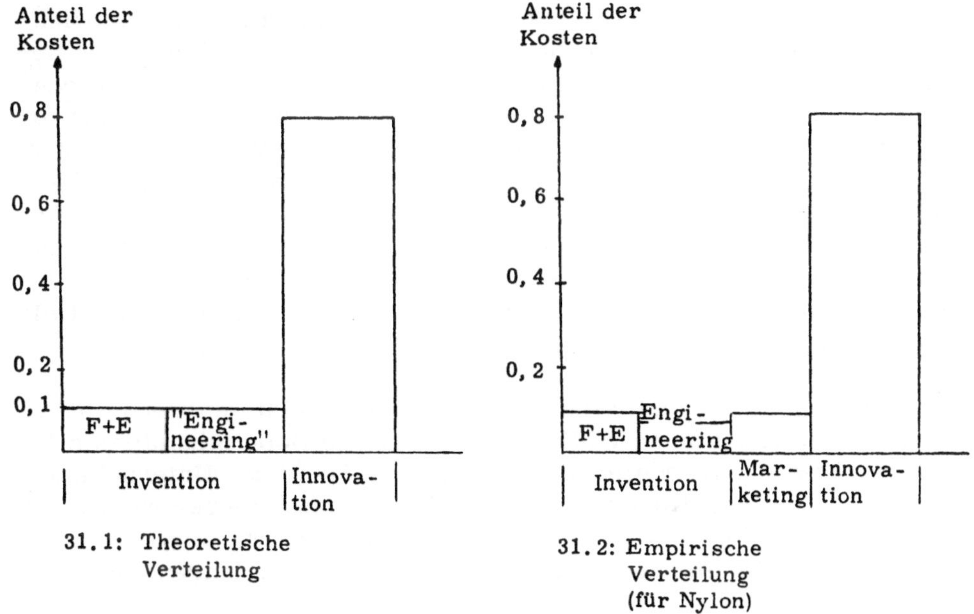

Abb. 31: Theoretische und empirische Verteilung der Kosten auf die Phasen des technischen Fortschritts.

---

unterstützen könnte, ist jedoch wahrscheinlich auf andere Ursachen zurückzuführen. Vgl. dazu Thurow, L. C.: Research, Technical Progress, and Economic Growth, in: TR, Vol. 73 (1971), S. 44 - 52.

1) In Anlehnung an U.S. Department of Commerce: Technological Innovation: Its Environment and Management, Washington, D. C. 1967, S. 9. Die dort dargestellte Kostenverteilung bezieht sich auf Produktinnovationen und enthält auch Marketingaufwendungen, die hier weggelassen sind, da sie für Prozeßinnovationen relativ geringe Bedeutung haben.
2) In Anlehnung an Mueller, W. F.: A Case Study of Product Discovery and Innovation Costs, in: SEcJ, Vol. 24 (1957), S. 80 - 86. Nylon

Beide Verteilungen weisen die gleichen Charakteristika auf. Der Anteil der Kosten, der auf die Implementierung des technischen Fortschritts fällt, ist in beiden Fällen 80 % der Gesamtkosten, so daß für die Inventionsphase etwa 20 % verbleiben[1]. Dies ist in Gleichung 4 in dem Term 1-CAIMP berücksichtigt.

Myers und Marquis untersuchten nur erfolgreiche Innovationen, so daß solche Fälle, die technologische oder ökonomische Mißerfolge waren, in den Kosten nicht erfaßt sind.

Auf der Grundlage von 144 industriellen Forschungs- und Entwicklungsprojekten ermittelte Meadows die Wahrscheinlichkeiten für deren erfolgreichen Abschluß[2]. Er unterscheidet dabei zwischen technologischem Erfolg, d.h. das Projekt resultierte in einem technologischen Fortschritt, und zwischen ökonomischem Erfolg, bei dem der technologische Fortschritt auch in technischen Fortschritt übergeht. Dabei ergab sich eine durchschnittliche technologische Erfolgswahrscheinlichkeit TEWN von 0, 7, d.h. etwa 70 % aller begonnenen Forschungs- und Entwicklungsprojekte führten zu einer Invention. Dieses Ergebnis stimmt mit Untersuchungen von Mansfield überein[3].

Der Wahrscheinlichkeitsmultiplikator vom relativen technischen Stand der Unternehmung WMRTS ist die vierte Determinante der Inventionskosten. Je weiter der technische Stand der Unternehmung sich von dem der Konkurrenz fortbewegt, desto teurer wird jeder weitere technologische und technische Fortschritt. Die Unternehmung muß mehr eigene Grundlagenforschung durchführen, denn sie

---

selbst ist zweifellos eine Produktinnovation, jedoch waren für die Herstellung vielfältige Prozeßinnovationen nötig, so daß diese Daten auch für den technischen Fortschritt beim Produktionsprozeß herangezogen werden können.

1) Die in den einzelnen Phasen benötigte Zeit verhält sich umgekehrt proportional zu den Kosten. Die Inventionsphase betrug bei Nylon mehr als 8 Jahre, die Implementationsphase weniger als 2 Jahre. Daraus ergbit sich ein Zeitverhältnis von 4 : 1 im Vergleich zu dem Verhältnis 1 : 4 bei den Kosten.
2) Meadows, D. L.: Estimate Accuracy and Project Selection Models in Industrial Research, in: IMR, Vol. 9 (1968), S. 108 f. Detailliertere statistische Daten finden sich bei Meadows, D. L.: Data Appendix: Accuracy of Technical Estimates in Industrial Research Planning, SSM Working Paper Nr. 301-67.
3) Mansfield, E. et al.: Research and Innovation in the Modern Corporation, a.a.O., S. 33 ff.

ist den gegenwärtigen Grenzen der wissenschaftlichen Erkenntnis näher gerückt und kann ihre Forschung und Entwicklung nur noch in geringerem Umfange auf gesichertes Wissen basieren. Dies soll in Abbild 32 verdeutlicht werden[1]. Je weiter die Unternehmung sich nach rechts bewegt, desto weniger technologisches Wissen ist verfügbar; Art und Umfang auftretender Probleme sind schwerer zu übersehen und abzuschätzen[2]. Dies führt zu einem Absinken der Er-

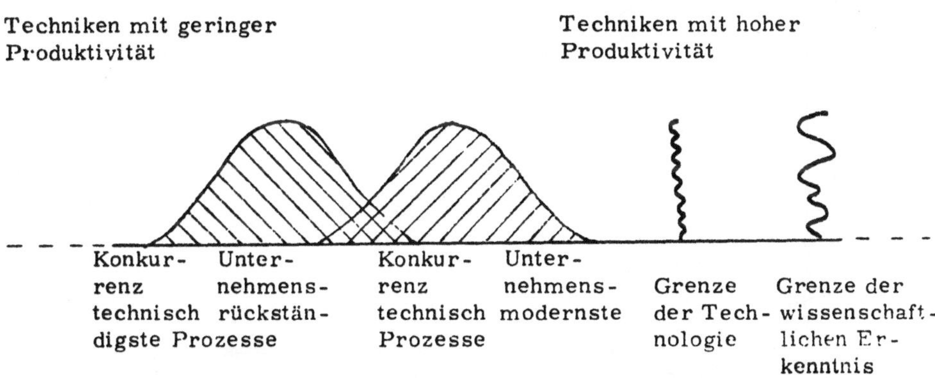

Abb. 32: Technischer Fortschritt als Bewegung entlang eines Produktivitätsspektrums.

folgswahrscheinlichkeit eines Projektes und erhöht damit die durchschnittlichen Inventionskosten. Der folgende funktionale Zusammenhang zwischen der Veränderung der Erfolgswahrscheinlichkeit und dem relativen technischen Stand ist unterstellt:

```
WMRTS.K=TABLE(WMRTST,RTS.K,.9,1.3,.05)                    5, A
WMRTST=1.2/1.05/1/.95/.9/.825/.75/.675/.6                 5.1, T
    WMRTS  - WAHRSCH.MULTIPLIK.VON REL.TECH.STAND (DL)
    TABLE  - DYNAMO-MAKRO (TABELLENFUNKTION)
    WMRTST - TABELLE FUER WMRTS
    RTS    - RELATIVER TECHNISCHER STAND (DL)
```

1) In Anlehnung an Thurow, L. C.: Research, Technical Progress and Economic Growth, a.a.O., S. 49. Das Konzept der Verteilung zwischen rückständigen und modernen Techniken wurde im Detail zuerst entwickelt und empirisch nachgewiesen von Salter, W.E.G.: a.a.O., S. 13 ff.

2) Vgl. ähnlich Utterback, J.M.: a.a.O., S. 3.

Den Graph der Tabellenfunktion[1]) 5 zeigt Abbild 33.

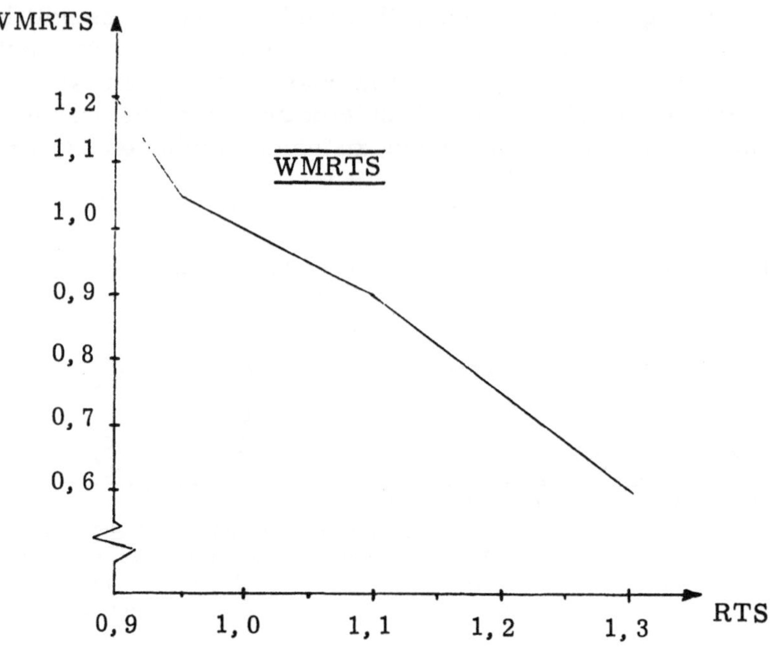

Abb. 33: Graph von WMRTS.

Bei Absinken des relativen technischen Standes der Unternehmung unter den Wert 1 wird WMRTS größer als 1, d.h. die Erfolgswahrscheinlichkeit steigt bis zu den Maximalwert TEWN * WMRTS = 0,7 * 1,2 = 0,84. Dadurch sinken die durchschnittlichen Inventionskosten. Bei RTS < 1 kann die Unternehmung verstärkt Lizenzen kaufen und vermehrt imitieren, so daß das in originären Innovationen inhärente Risiko gemildert wird, da die technische Praktikabilität schon anderweitig demonstriert wurde.

---

1) Die Tabellenfunktionen TABLE und TABHL sind DYNAMO-Makros, die zur Eingabe von vorwiegend nicht-linearen funktionellen Zusammenhängen dienen. In Gleichung 5 ist die Tabelle für Werte von RTS zwischen 0,9 und 1,3 mit einer Schrittweite von 0,05 definiert (siehe die nebenstehende Tabelle). Zwischen den Schrittweiten wird linear interpoliert. Bei Überschreiten des definierten Bereiches von RTS wird der jeweils letzte Wert der abhängigen Variablen (das ist 1,2 bzw. 0,6) beibehalten.

RTS	WMRTS
0,90	1,20
0,95	1,05
1,00	1,00
1,05	0,95
1,10	0,90
1,15	0,825
1,20	0,75
1,25	0,675
1,30	0,60

Die zweite Variable, die in der Produktionsfunktion für neues technisches Wissen explizit berücksichtigt wird, ist das Forschungs- und Entwicklungsbudget FEBUD. Unter FEBUD werden alle Mittel subsumiert, die zum Erwerb potentiellen technischen Fortschritts bereitgestellt werden. Es enthält das eigentliche Forschungs- und Entwicklungsbudget für unternehmensinterne und -externe Projekte sowie Mittel zum Erwerb von Lizenzen, kurz: für alle solche Aktivitäten, die den Bestand an potentiellem technischen Fortschritt erhöhen. Es ist unterstellt, daß jeweils ein bestimmter Prozentsatz des Umsatzes für FEBUD verwendet wird.

```
FEBUD.K=(DUMSAT.K)(PUMN)(PUMM.K)                               6, A
PUMN=.025                                                      6.1, C
    FEBUD  - F+E BUDGET (DM/MONAT)
    DUMSAT - DURCHSCHNITTLICHER UMSATZ (DM/MONAT)
    PUMN   - PROZENT VOM UMSATZ NORMAL (DL)
    PUMM   - PROZENT VOM UMSATZ MULTIPLIKATOR (DL)
```

Die Bereitstellung von 2, 5 % des Umsatzes für Forschungs- und Entwicklungsausgaben wird als "normal" angesehen. Jedoch kann dieser Prozentsatz durch einen Multiplikator modifiziert werden, sobald die Konkurrenzsituation oder geschäftspolitische Entscheidungen dies für angebracht erscheinen lassen[1]. Dieser Multiplikator hängt

```
PUMM.K=TABLE(PUMMT,GTF.K*CINVEN.K/(PUMN*DUMSAT.K)       7, A
  ,0,4,1)
PUMMT=.75/1/2.5/3.5/4                                   7.1, T
    PUMM   - PROZENT VOM UMSATZ MULTIPLIKATOR (DL)
    TABLE  - DYNAMO-MAKRO (TABELLENFUNKTION)
    PUMMT  - TABELLE FUER PUMM
    GTF    - GEWUENSCHTER TECH.FORT.(EINHEITEN/MONAT)
    CINVEN - INVENTIONSKOSTEN (DM/EINHEIT)
    PUMN   - PROZENT VOM UMSATZ NORMAL (DL)
    DUMSAT - DURCHSCHNITTLICHER UMSATZ (DM/MONAT)
```

1) Der Satz von 2, 5 % mag recht gering erscheinen, da ein Teil der industriellen Unternehmen wesentlich mehr für Forschung und Entwicklung aufwenden. Jedoch, diese 2, 5 % beziehen sich auf Aufwendungen für die Vorbereitung von Prozeßinnovationen und nicht von Produktinnovationen. Für solche Unternehmungen ist der Satz von 2, 5 % relativ hoch. Für ausführliche Daten siehe National Science Foundation: Basic Research, Applied Research and Development in Industry, Washington, D. C. 1964, und Jewkes, J.; Sawers, D.; Stillermann, R.: a. a. O., S. 219 f. Eine Untersuchung welche Faktoren neben dem Umsatz das Forschungs- und Entwicklungsbudget beeinflussen, findet sich u. a. bei Schanz, G.: Kri-

ab von dem gewünschten technischen Fortschritt, den durchschnittlichen Inventionskosten und von den Mitteln, die im Normalfall für Forschung und Entwicklung aufgewendet würden.

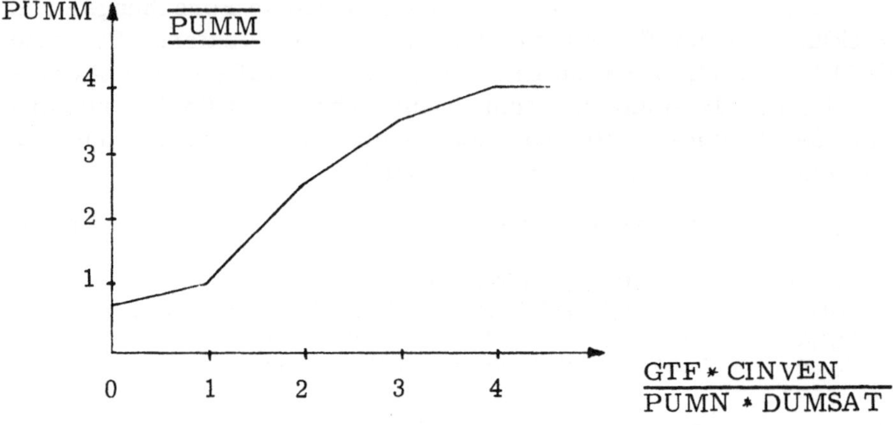

Abb. 34: Graph von PUMM.

Der Graph von PUMM ist S-förmig und erreicht einen Maximalwert von 4, d.h. 10 % des Umsatzes ist das Höchste, was zur Akquisition potentiellen technischen Fortschritts bereitgestellt wird. Nimmt die unabhängige Variable Werte von kleiner als eins an, dann wird auch PUMM kleiner als eins. Dies verhindert, daß Forschungs- und Entwicklungsprojekte durchgeführt werden, deren ökonomische Nutzung nicht gesichert ist und die nur den Bestand an potentiellem technischen Fortschritt aufblähen würden.

"Da technische Fortschritte, insbesondere deren Anlaufen, also Innovationen, durchweg mit Investitionen verbunden sind"[1], können nur solche Inventionen in Innovationen transformiert, d.h. ökono-

---

terien zur Bestimmung des Forschungsbudgets in Unternehmungen der Industriegruppe Elektrotechnik - eine empirische Untersuchung, in: ZfbF, 24. Jg. (1972), S. 81 - 90.

1) Kortzfleisch, G. v.: Mikroökonomische Quantifizierung technischer Fortschritte, a.a.O., S. 181; vgl. auch Fisher, F.M.: Embodied Technical Change and the Existence of an Aggregate Capital Stock, in: RES, Vol. 32 (1965), S. 263 - 288; Helmstädter, E.: Die Innovation als Element wirtschaftlicher Expansion, in: Ifo-Institut für Wirtschaftsforschung (Hrsg.): Innovation in der Wirtschaft, München 1970, S. 24: Solow, R.M.: Technical Progress, Capital Formation and Economic Growth, in: AER, PaP, Vol. 52 (1962), S. 76 f.; ders.: Substitutions and Fixed Proportions in the

misch virulent werden, für die das benötigte Kapital zur Verfügung steht. Der Umfang des technischen Fortschritts wird somit einmal durch die pro Innovation anfallenden Kosten und zum anderen durch die zur Verfügung stehenden finanziellen Mittel bestimmt. Eine weitere Voraussetzung ist, daß neues technisches Wissen vorhanden ist, das in technischen Fortschritt überführt werden kann. Der kleinere Wert dieser beiden Voraussetzungen limitiert den möglichen Umfang des technischen Fortschritts.

```
INTRA.KL=MIN(KAPTF.K/CINNO.K,BPTF.K/PLANP)                8, R
INTRA=.3                                                  8.1, N
PLANP=1                                                   8.2, C
    INTRA  - INVENTION-TRANSFORMAT.(EINHEITEN/MONAT)
    MIN    - DYNAMO-MAKRO (MINIMUMFUNKTION)
    KAPTF  - KAPITAL FUER TECH.FORTSCHRITT (DM/MONAT)
    CINNO  - KOSTEN PRO INNOVATION (DM/EINHEIT)
    BPTF   - BESTAND POT.TECH.FORTSCHRITT (EINHEITEN)
    PLANP  - PLANUNGSPERIODE (MONATE)
```

Die Gleichung der Kosten pro Innovation CINNO ist in ihrer Struktur der Gleichung der Inventionskosten, die in der erwähnten Studie von Myers und Marquis[1] Teil der Innovationskosten waren, äquivalent.

```
CINNO.K=(CAIMP)(CINNON)/(OEWN*WMRTS.K)                    9, A
OEWN=.8                                                   9.1, C
    CINNO  - KOSTEN PRO INNOVATION (DM/EINHEIT)
    CAIMP  - KOSTENANTEIL FUER IMPLEMENTIERUNG (DL)
    CINNON - INNOVATIONSKOSTEN NORMAL (DM/EINHEIT)
    OEWN   - OEKONOMISCHE ERFOLGSWAHRSCHEIN.NORMAL (DL)
    WMRTS  - WAHRSCH.MULTIPLIK.VON REL.TECH.STAND (DL)
```

CINNO umfaßt alle Kosten, die im Zusammenhang mit der Akquisition bzw. mit der Herstellung der gewünschten Anlagen, mit ihrer Installation und ihrer Ausprobe anfallen.

Die ökonomische Erfolgswahrscheinlichkeit OEWN wird in Übereinstimmung mit den Ergebnissen der Untersuchung von Meadows mit 0,8 angesetzt[2]. Sie definiert die Wahrscheinlichkeit, mit der ein

---

Theory of Capital, in: RES, Vol. 24 (1962), S. 207 - 218; siehe auch die weitere in Verbindung mit der Diskussion der Modelle mit kapitalgebundenem technischen Fortschritt angegebene Literatur.

1) Myers, S. and Marquis, D. G.: a. a. O.

2) Meadows, D. L.: Estimate Accuracy and Project Selection Models in Industrial Research, a. a. O., S. 109. Meadows gibt die Wahrscheinlichkeit dafür, daß ein begonnenes Projekt ein kommerzieller Erfolg wird. Bei OEWN handelt es sich hingegen um die be-

technologisch erfolgreiches Forschungsprojekt auch ökonomisch ein Erfolg, d.h. ein technischer Fortschritt wird. Die verbleibenden 20 % sind ökonomische Mißerfolge, bei denen der technologische Fortschritt nicht die in ihn gesetzten ökonomischen Erwartungen erfüllen konnte. Es wird angenommen, daß die dabei fehlgeleiteten Investitionen im Rahmen von Sonderabschreibungen abgesetzt werden.

Die normale ökonomische Erfolgswahrscheinlichkeit wird - wie bei CINVEN - durch den Wahrscheinlichkeitsmultiplikator WMRTS in Abhängigkeit vom relativen technischen Stand der Unternehmung modifiziert.

Aus den Kosten pro Innovation und dem gewünschten technischen Fortschritt GTF ergibt sich das benötigte Kapital für technischen Fortschritt BKTF.

```
BKTF.K=(CINNO.K)(GTF.K)                                    10, A
    BKTF   - BENOETIGTES KAPITAL FUER TF (DM/MONAT)
    CINNO  - KOSTEN PRO INNOVATION (DM/EINHEIT)
    GTF    - GEWUENSCHTER TECH.FORT.(EINHEITEN/MONAT)
```

Ob BKTF in vollem Umfang zur Verfügung gestellt wird, hängt von der finanziellen Situation der Unternehmung und von ihren Markteinschätzungen ab.

Der gewünschte technische Fortschritt GTF ist die angestrebte Wachstumsrate des technischen Standes der Unternehmung. Diese Wachstumsrate wird vom Verhalten der Konkurrenz und von der Innovationspolitik der Unternehmung bestimmt.

```
GTF.K=(TFN)(TSU.K+IMPLZ*TF.JK)(TFPQV.K)(TEFOR.K)      11, A
TFN=.003                                              11.1, C
    GTF    - GEWUENSCHTER TECH.FORT.(EINHEITEN/MONAT)
    TFN    - TECHNISCHER FORTSCHRITT NORMAL (1/MONAT)
    TSU    - TECHNISCHER STAND UNTERNEHMUNG (EINHEITEN)
    IMPLZ  - IMPLEMENTIERUNGSZEIT (MONATE)
    TF     - TECHNISCHER FORTSCHRITT (EINHEITEN/MONAT)
    TFPQV  - TF VON PREIS-QUALITAETS VERHAELTNIS (DL)
    TEFOR  - TECHNOLOGICAL FORECASTING REAKTION (DL)
```

---

dingte Wahrscheinlichkeit dafür, daß ein bereits technologisch erfolgreiches Projekt auch kommerziell erfolgreich wird. Die Gesamtwahrscheinlichkeit, daß ein Projekt sowohl technologisch als auch ökonomisch erfolgreich ist, ergibt sich aus TEWN * OEWN = 0,56. Dieser Wert korrespondiert mit Ergebnissen von Mansfield, E.: Industrial Research and Development, in: AER, PaP, Vol. 59 (1969), S. 67 - 71 und Booz, Allen and Hamilton, Inc.: Management of New Products, New York, N.Y. 1960, wonach Unternehmungen in der Regel nur solche Projekte in Angriff nehmen, die eine Erfolgswahrscheinlichkeit von mehr als 50 % haben.

Der Term TFN zeigt die erwartete langfristige Wachstumsrate des technischen Standes der Unternehmung. Es ist die Rate, mit der die Unternehmung innovieren will, wenn keine Aktivitäten der Konkurrenten abweichende Aktionen induzieren. Sie errechnet sich auf der Basis des bereits erreichten technischen Standes TSU und der sich noch im Implementierungsstadium befindenden technischen Fortschritte.

Solow ermittelte eine durchschnittliche Rate des kapitalgebundenen technischen Fortschritts von 2, 5 % bzw. 3, 0 % pro Jahr für die Zeit zwischen 1919 bis 1953[1]. Für die Jahre 1946 - 1962 erhielt Mansfield in der verarbeitenden Industrie einen Durchschnittswert von etwa 3, 8 % pro Jahr[2][3]. Da das letztgenannte Ergebnis sich nur auf die industrielle Produktion bezieht und die zu Grunde liegenden Zeitreihen näher an die Gegenwart heranreichen, soll dieser Wert hier verwendet werden. Die Parameter in dem Modell beziehen sich auf Monate und nicht auf Jahre, so daß einem Wert von 3, 8 % pro Jahr eine Wachstumsrate von etwa 0, 3 % pro Monat entspricht, d. h. TFN = 0, 003. Dieser Wert von TFN ist eine globale Vorausschätzung der zukünftigen Entwicklung des technischen Standes der Unternehmung und der Konkurrenz und impliziert, daß bei dieser Wachstumsrate sich das technische Niveau innerhalb von etwa 240 Monaten verdoppeln wird.

TFN wird durch zwei Multiplikatoren modifiziert: durch die Reaktion auf zu erwartende technologische Entwicklungen der Konkurren-

---

1) Solow, R. M.: Investment and Technical Progress, a. a. O., S. 95 und S. 98.

2) Mansfield, E.: Industrial Research and Technological Innovation a. a. O., S. 65 ff.; ders.: The Economics of Technological Change, a. a. O., S. 30 ff.

3) Diese Wachstumsraten sind wesentlich geringer als der wissenschaftliche Erkenntnisfortschritt, der von de Sola Price auf 7 % pro Jahr geschätzt wird (siehe Price, D. J. de S.: The Scientific Foundations of Science Policy, in: Nature, Vol. 206 (1965), S. 233 - 238). Jedoch nur ein Teil des wissenschaftlichen Fortschritts ist auch technologischer Fortschritt und wiederum nur ein Teil davon wird auch zum technischen Fortschritt transformiert. Hinzu kommt, daß sich die Diskrepanz zwischen angewandter Technik und den Grenzen des technologischen Wissens und der wissenschaftlichen Erkenntnis (vgl. Abbild 32) vergrößern kann. Die Kürzungen der staatlichen Forschungsförderung in den USA wurden mit diesem Argument gerechtfertigt. Siehe dazu Thurow, L. C.: Research, Technical Progress, and Economic Growth, a. a. O., S. 44 - 52.

ten (TEFOR) und durch Veränderungen des Preisqualitätsverhältnisses der Konkurrenzprodukte (TFPQV). Keinen Einfluß auf GTF übt der Bestand an potentiellem technischen Fortschritt aus. Bei Untersuchungen ergab sich, daß im Durchschnitt mehr als 80 % aller technischer Fortschritte nicht durch die technologischen Möglichkeiten, sondern durch das Erkennen von Marktbedürfnissen initiiert wurden[1]. Aus diesem Grunde werden nur bedarfsstimulierte technische Fortschritte explizit behandelt.

Zwischen der Entscheidung, einen technischen Fortschritt zu implementieren und der tatsächlichen ökonomischen Effektivität des Fortschritts liegt der Zeitraum der Implementierung. Die neuen, technischen Fortschritt inkorporierenden maschinellen Anlagen müssen beschafft bzw. hergestellt werden. Der Produktionsprozeß muß gegebenenfalls umgestellt und die Arbeiter in ihre neuen Tätigkeiten eingewiesen werden. Dies führt zu einer Verzögerung im Prozeß des technischen Fortschritts, die modelltechnisch durch einen "third-order-delay" erfaßt wird.

```
TF.KL=DELAY3(INTRA.JK,IMPLZ)                             12, R
IMPLZ=12                                                 12.1, C
    TF     - TECHNISCHER FORTSCHRITT (EINHEITEN/MONAT)
    DELAY3 - DYNAMO-MAKRO (VERZOEGERUNGS-FUNKTION)
    INTRA  - INVENTION-TRANSFORMAT.(EINHEITEN/MONAT)
    IMPLZ  - IMPLEMENTIERUNGSZEIT (MONATE)
```

Die Implementierungszeit IMPLZ wird mit 12 Monaten angesetzt, was ein Schätzwert für die durchschnittliche Liefer- bzw. Herstellzeit neuer Anlagen ist.

Der technische Stand der Unternehmung TSU ist die Akkumulation aller Innovationen - originär oder adaptiert -, die in der Unternehmung implementiert wurden.

```
TSU.K=TSU.J+(DT)(TF.JK)                                  13, L
TSU=TSUN                                                 13.1, N
TSUN=100                                                 13.2, C
    TSU    - TECHNISCHER STAND UNTERNEHMUNG (EINHEITEN)
    DT     - LOESUNGSINTERVALL (MONATE)
    TF     - TECHNISCHER FORTSCHRITT (EINHEITEN/MONAT)
    TSUN   - TSU ANFANGSWERT (EINHEITEN)
```

1) Vgl. Baker, N.R.; Siegmann, J.; Rubenstein, A.H.: The Effects of Perceived Needs and Means on the Generation of Ideas for Industrial Research and Development Projects, in: IEEE, Vol. EM-14 (1967), S. 156 - 163. Myers, A. and Marquis, D.G.: a.a.O., S. 30 ff.; Sherwin, C. and Isenson, R.S.: a.a.O., S. 1573 f.; Utterback, J.M.: a.a.O., S. 3 f.

Der technische Stand der Unternehmung TSU wird durch den technischen Fortschritt erhöht; ein Abbau des technischen Standes im Zeitablauf findet nicht statt. Jede implementierte Innovation verbleibt in dieser Zustandsgröße. Jedoch, sobald die Unternehmung aufhört zu innovieren, während ihre Konkurrenten damit fortfahren, sinkt der relative Wert des technischen Standes der Unternehmung. In einem dynamischen System bedeutet absoluter Stillstand relativen Rückschritt.

Der Anfangswert von TSU wird mit 100 willkürlichen Einheiten angesetzt. Ein direktes kardinales Messen des technischen Fortschritts und damit auch des technischen Standes ist schwierig, wenn nicht unmöglich. Da außerdem die ökonomische Relevanz eines technischen Fortschritts besser durch die relative als durch die absolute Veränderung des technischen Standes ausgedrückt wird[1], wird neben dem technischen Fortschritt auch die Rate des technischen Fortschritts - verstanden als relative Veränderung des technischen Standes - errechnet.

```
RTF.K=TF.JK/TSU.K                                14, A
    RTF    - RATE D.TECHNISCHEN FORTSCHRITTS (1/MONAT)
    TF     - TECHNISCHER FORTSCHRITT (EINHEITEN/MONAT)
    TSU    - TECHNISCHER STAND UNTERNEHMUNG (EINHEITEN)
```

Die Rate des technischen Fortschritts RTF ist die zentrale Einflußgröße für die durch den technischen Fortschritt induzierten Veränderungen in der Unternehmung und wirkt auf alle übrigen Sektoren des Modells.

b) Relativer technischer Stand und "technological forecasting"

In dem Subsektor "relativer technischer Stand und 'technological forecasting'" wird das technische Niveau der Unternehmung relativ zu ihren Konkurrenten und die daraus resultierenden Entscheidungsregeln betrachtet. Technological Forecasting wird hier nicht im üblichen Sinne verstanden, sondern konkurrenzbezogen. Es dient der

---

1) Die Erfindung und Verwendung der Dampfmaschine beispielsweise hatte zu ihrer Zeit einen wesentlich stärkeren Einfluß auf die Veränderung der Produktion als es heutzutage die Nutzung von Laser oder numerisch gesteuerten Werkzeugmaschinen hat, die vielleicht - absolut gesehen - größere technische Fortschritte darstellen. Jedoch war bei der Erfindung der Dampfmaschine der allgemeine technische Stand wesentlich niedriger und dadurch ihr absoluter Einfluß um ein Vielfaches höher als im Falle von Laser und numerisch gesteuerten Werkzeugmaschinen.

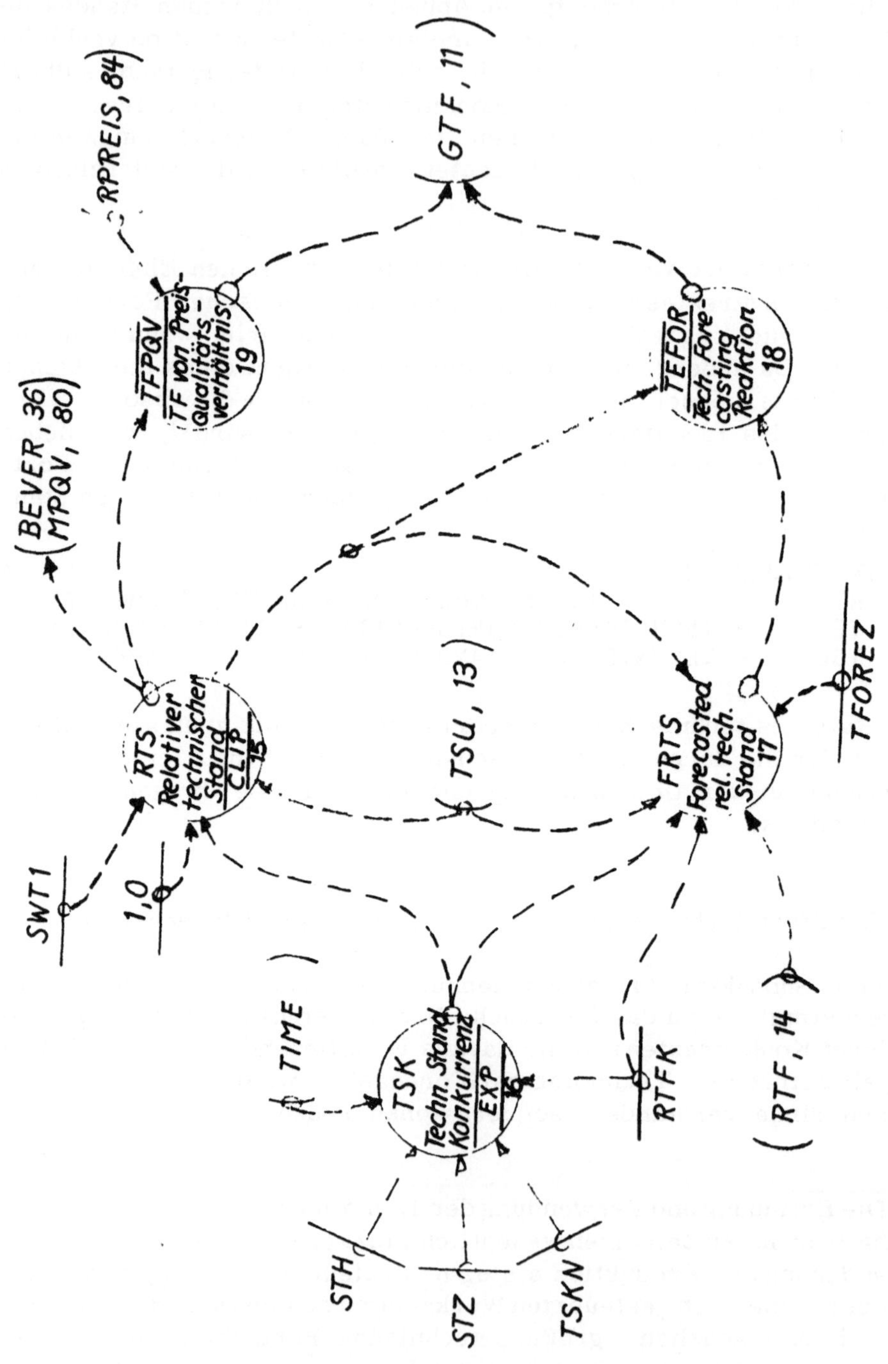

Abb. 35: Relativer technischer Stand und technological forecasting.

Vorausschau, welche Technologien die Konkurrenten in der Zukunft einsetzen werden und wie dadurch der zukünftige relative technische Stand der Unternehmung beeinflußt wird. Einen Überblick über die Elemente dieses Subsektors gibt Abbild 35.

Einfacher als ein kardinales Messen des technischen Standes der Unternehmung ist dessen ordinales Quantifizieren. Die Konkurrenzsituation der Unternehmung wird daher durch Quotienten bestimmt. Eine dieser Determinanten ist der relative technische Stand der Unternehmung.

```
RTS.K=CLIP(TSU.K/TSK.K,1,SWT1,1)                          15, A
SWT1=1                                                    15.1, C
     RTS     - RELATIVER TECHNISCHER STAND (DL)
     CLIP    - DYNAMO MAKROFUNKTION
     TSU     - TECHNISCHER STAND UNTERNEHMUNG (EINHEITEN)
     TSK     - TECHNISCHER STAND KONKURRENZ (EINHEITEN)
     SWT1    - SCHALTER1 (DL)
```

RTS ist in einer CLIP-Funktion[1] definiert, die es ermöglicht, den Einfluß der Konkurrenten beim Test bestimmter Strategien auszuschalten und so deren Konsequenzen auf die Unternehmung zu analysieren, ohne daß über den Markt verzerrende Kräfte wirksam werden. Diese Vorgehensweise entspricht der ceteris-paribus-Prämisse, und die daraus abgeleiteten Folgerungen sind mit denselben Vorbehalten zu sehen.

Die Veränderung des technischen Standes der Konkurrenz wird als exogene Variable behandelt[2]. Entsprechend der erwarteten Rate des

```
TSK.K=(TSKN+STEP(STH,STZ))*EXP(RTFK*TIME.K)               16, A
TSKN=TSUN                                                 16.1, N
RTFK=.003                                                 16.2, C
STH=0                                                     16.3, C
STZ=0                                                     16.4, C
     TSK     - TECHNISCHER STAND KONKURRENZ (EINHEITEN)
     TSKN    - TSK ANFANGSWERT (EINHEITEN)
     STEP    - DYNAMO-MAKRO
     STH     - STEP-HOEHE (EINHEITEN)
     STZ     - STEP-ZEITPUNKT (MONAT)
     EXP     - EXPONENTIALFUNKTION ZUR BASIS E=2,718...
     RTFK    - RATE D.TECH.FORT.KONKURRENZ (1/MONAT)
     TIME    - ZEIT IM SIMULATIONSLAUF (MONATE)
     TSUN    - TSU ANFANGSWERT (EINHEITEN)
```

---

1) CLIP ist ein DYNAMO-Makro mit der Bedeutung

$$\text{Wert} = \begin{Bmatrix} \text{TSU/TSK} & \text{für SWT1} \geq 1 \\ 1 & \text{für SWT1} < 1 \end{Bmatrix}$$

2) Vgl. Forrester, J.W.: Industrial Dynamics, a.a.O., S. 437-440.

technischen Fortschritts der Konkurrenz - ausgedrückt in RTFK = 0,003 - wächst das technische Niveau der Konkurrenz exponentiell mit 0,3 % pro Monat.

Die STEP-Funktion und die Variation der Wachstumsrate des technischen Standes der Konkurrenz erlauben es, die Reaktion von Unternehmung und Markt auf unerwartete technische Durchbrüche zu testen.

Da zwischen dem Erkennen einer technischen Entwicklung bei der Konkurrenz und der Marktreife der daraus resultierenden Reaktionen der Unternehmung lange Zeit verstreicht, müssen die zukünftigen technologischen Möglichkeiten abgeschätzt werden. Dazu wird ein modifiziertes Extrapolationsverfahren angewendet, das den erwarteten relativen Stand der Unternehmung bestimmt[1].

Der technische Stand von Unternehmung und Konkurrenz wird über einen Zeitraum von 60 Monaten in die Zukunft projiziert und in einem Quotienten miteinander in Beziehung gesetzt.

```
FRTS.K=(TSU.K+RTF.K*TSU.K*TFOREZ)/(TSK.K+RTFK*        17, A
  TSK.K*TFOREZ)
TFOREZ=60                                             17.1, C
    FRTS   - FORECASTED RELAT.TECHNISCHER STAND (DL)
    TSU    - TECHNISCHER STAND UNTERNEHMUNG (EINHEITEN)
    RTF    - RATE D.TECHNISCHEN FORTSCHRITTS (1/MONAT)
    TFOREZ - TECHNOLOGICAL FORECASTING ZEIT (MONATE)
    TSK    - TECHNISCHER STAND KONKURRENZ (EINHEITEN)
    RTFK   - RATE D.TECH.FORT.KONKURRENZ (1/MONAT)
```

Die Technological-Forecasting-Zeit TFOREZ von 60 Monaten wurde gewählt, da dies der Zeitraum ist, der zwischen der Initiierung eines neuen Forschungsprojektes und dessen Implementierung verstreicht (FEZ + IMPLZ = 60 Monate).

Die aus der Vorausschätzung der technischen Entwicklung resultierenden Aktionen sind in dem Multiplikator TEFOR erfaßt, der eine der Determinanten der gewünschten Rate des technischen Fortschritts (Gleichung 11) ist. Verschlechtert sich der erwartete relative Stand, muß die Unternehmung mehr Mittel für Forschung und Entwicklung und zur Implementierung potentieller technischer Fortschritte bereitstellen, bis der gegenwärtige Wert von RTS und/oder der zukünftige Wert den Zielsetzungen der Unternehmenspolitik entprechen.

1) Für die Verwendung von System Dynamics Modellen selbst zum technological forecasting siehe Roberts, E.B.: Exploratory and Normative Technological Forecasting: A Critical Appraisal, SSM Working Paper Nr. 378-69.

```
TEFOR.K=TABLE(TEFORT,MIN(RTS.K,FRTS.K),.8,1.4,.1)    18, A
TEFORT=2/1.45/1/1/.95/.8/.6                           18.1, T
     TEFOR  - TECHNOLOGICAL FORECASTING REAKTION (DL)
     TABLE  - DYNAMO-MAKRO (TABELLENFUNKTION)
     TEFORT - TABELLE FUER TEFOR
     MIN    - DYNAMO-MAKRO (MINIMUMFUNKTION)
     RTS    - RELATIVER TECHNISCHER STAND (DL)
     FRTS   - FORECASTED RELAT.TECHNISCHER STAND (DL)
```

Bei dem Wert von MIN (RTS, FRTS) = 1 ist auch der Multiplikator gleich 1, da sich dann der relative technische Stand von Unternehmung und Konkurrenz langfristig gleichförmig entwickelt. Steigt der relative Stand deutlich über 1, verringert sich die Rate des gewünschten Fortschritts, da jede weitere Innovation teurer und risikoreicher

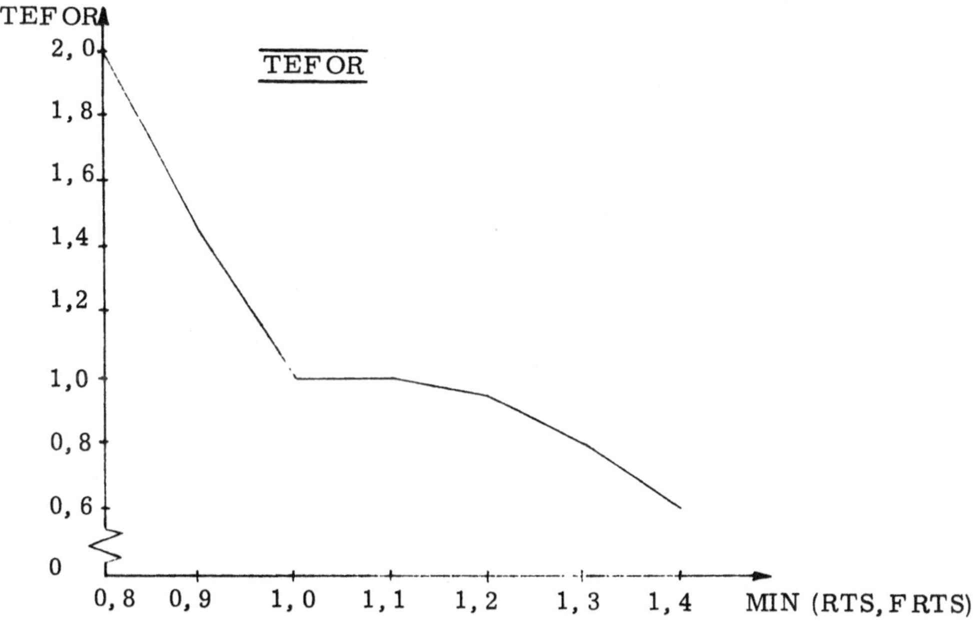

Abb. 36: Graph von TEFOR.

wird (vgl. Gleichungen 4, 5 und 9). Hinzu kommt, daß eine Unternehmung, die einen technischen Vorsprung gegenüber ihren Konkurrenten hat, weitere Innovationen strenger selektieren und das "Timing" der Implementierung besser bestimmen kann, ohne kurzfristig drängenden Marktzwängen gehorchen zu müssen[1].

1) Siehe dazu Pathak, S. K.: System Analysis of the Process of Implementing an Innovation, SSM M. S. Thesis 1968, S. 4 ff.

Neben den Ergebnissen der technologischen Vorausschau bestimmt auch das Preisverhältnis zwischen Unternehmens- und Konkurrenzprodukten die Rate des technischen Fortschritts. Es ist nicht Ziel der Unternehmenspolitik, den technisch hochstehendsten Produktionsprozeß mit der daraus resultierenden Güte der Produkte und zugleich auch die billigsten Produkte anzubieten. Zwischen diesen beiden Vorgaben besteht ein Zielkonflikt. Der Preis der Produkte muß in Verbindung mit der angebotenen Qualität gesehen werden. Aus dem Verhältnis des relativen Produktpreises zu dem relativen technischen Stand ergibt sich der Multiplikator, der die gewünschte Rate des technischen Fortschritts modifiziert.

```
TFPQV.K=TABHL(TFPQVT,RPREIS.K/RTS.K,.9,1.4,.1)          19, A
TFPQVT=1/1/1.15/1.4/1.475/1.5                           19.1, T
    TFPQV  - TF VON PREIS-QUALITAETS VERHAELTNIS (DL)
    TABHL  - DYNAMO-MAKRO (TABELLENFUNKTION)
    TFPQVT - TABELLE FUER TFPQV
    RPREIS - RELATIVER STUECKPREIS (DL)
    RTS    - RELATIVER TECHNISCHER STAND (DL)
```

Den Graph von TFPQV zeigt Abbild 37.

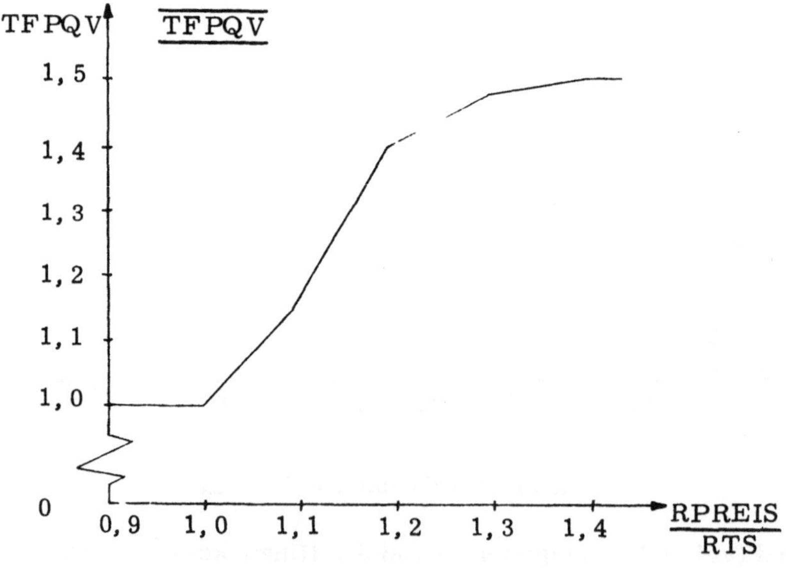

Abb. 37: Graph von TFPQV.

Der Multiplikator TFPQV wird größer als 1, wenn auch die unabhängige Variable größer als 1 ist, d.h. wenn der Preis der Produkte der Unternehmung höher ist als er unter Berücksichtigung der Produktqualität sein sollte. Nach Überschreiten dieses Wertes steigt TFPQV zuerst progressiv, dann degressiv an, um beim Wert 1,5 sein Maximum zu erreichen. Die abnehmende Steigung erklärt sich daraus, daß die Unternehmung nicht unbegrenzt Ressourcen für die Implementierung technischer Fortschritte bereitstellen kann.

Das Verhalten der Konkurrenz auf dem Gebiet des technischen Fortschritts, erfaßt in den Größen TEFOR und TFPQV, zwingt die Unternehmung zur Realisierung immer neuer technischer Fortschritte und treibt die technische Entwicklung voran[1].

2. Kapitalsektor

Der Kapitalsektor befaßt sich mit den Problemen, die durch die Bereitstellung des Produktionsfaktors Kapital auftreten. Er ist in zwei Subsektoren aufgegliedert. Der erste beschreibt die Variablen, die Investition und Abschreibung beeinflussen und die Allokation der finanziellen Mittel zwischen mehreren Investitionsalternativen bestimmen. Der zweite Subsektor erfaßt die Art der Finanzierung der Investitionen, die Zusammensetzung des Kapitalstocks aus Fremd- und Eigenkapital und die Kosten, die durch Bereitstellung des Kapitals anfallen.

Es werden nur solche Aspekte behandelt, die im Hinblick auf die spezifische Zielsetzung des Modells relevant sind. Allgemein kapitaltheoretische Probleme finden keine Berücksichtigung.

a) Kapital, Investition und Abschreibung

Die Elemente des Subsektors, ihre Beziehungen untereinander und zu den anderen Sektoren des Modells zeigt Abbild 38.

Kapital - hier in der Bedeutung "Realkapital" verstanden - bezeichnet das in Maschinen und maschinellen Anlagen gebundene Anlagevermögen der Unternehmung. Es ist in einer Größe aggregiert und nicht, wie in den vintage-Modellen, in verschiedene Baujahre unterteilt. Die sich durch den technischen Fortschritt verändernde Effizienz des Kapitalstocks wird durch die Veränderung des Kapitalkoeffizienten berücksichtigt.

Der Bestand an Kapital wird durch Investitionen erhöht und durch Abschreibungen auf den Kapitalstock verringert.

---

1) Vgl. Marquis, D. G.: The Anatomy of Successful Innovations, a.a.O., S. 30.

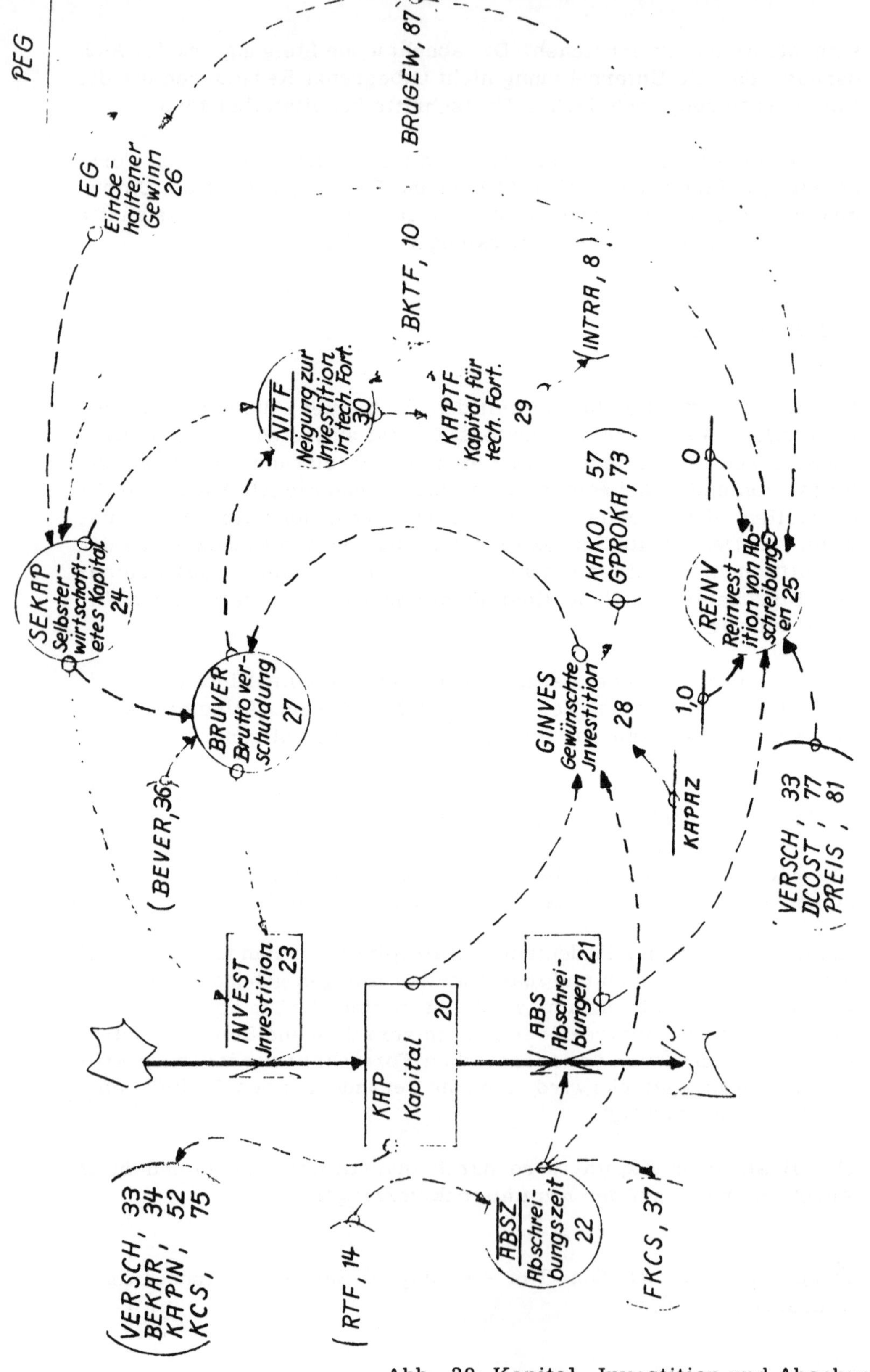

Abb. 38: Kapital, Investition und Abschreibung.

```
KAP.K=KAP.J+(DT)(INVEST.JK-ABS.JK)                       20, L
KAP=KAPN                                                 20.1, N
KAPN=2.5E7                                               20.2, C
    KAP    - KAPITAL (DM)
    DT     - LOESUNGSINTERVALL (MONATE)
    INVEST - INVESTITION (DM/MONAT)
    ABS    - ABSCHREIBUNGEN (DM/MONAT)
    KAPN   - KAPITAL ANFANGSWERT (DM)
```

Ein Anfangswert des Kapitalstocks von 25 Millionen DM ist unterstellt. Kapital KAP wird in konstanten (deflationierten) Geldeinheiten gemessen. Sein Wert ist nicht notwendigerweise identisch mit dem Buchwert der Anlagen, wie er im Jahresabschluß ausgewiesen wird, da dieser durch Abschreibungsvorschriften, "window dressing", etc. verzerrt sein kann. Der monetäre Gegenwert des Kapitals entspricht dem Wert, den die Unternehmung selbst ihrem Anlagevermögen beimißt und dessen Abnutzung durch die kalkulatorischen Abschreibungen erfaßt wird.

Der Kapitalstock wird geometrisch-degressiv abgeschrieben, was in System-Dynamics-Notation einem "first order exponential delay" entspricht[1]. Mathematisch ergibt sich der Abschreibungsbetrag pro Periode aus dem Quotienten des gegenwärtigen Wertes des Kapitalstocks und der erwarteten Nutzungsperiode des Kapitals.

```
ABS.KL=KAP.K/ABSZ.K                                      21, R
    ABS    - ABSCHREIBUNGEN (DM/MONAT)
    KAP    - KAPITAL (DM)
    ABSZ   - ABSCHREIBUNGSZEIT (MONATE)
```

Die ökonomische Nutzungsdauer[2] einer Maschine oder maschinellen Anlage wird durch zwei Komponenten limitiert:

---

1) Diese Abschreibungsmethode wird auch in Modellen mit gebundenem technischen Fortschritt verwendet. Vgl. etwa Frisch, H.: Gebundener technischer Fortschritt und wirtschaftliches Wachstum, Berlin 1968, S. 84 ff.

2) Die Verwendung der geometrisch-degressiven Abschreibung ist nicht ganz realitätskonform, da der Gebrauchswert der Anlagen in der Regel nicht exponentiell wie in Abbild 39. 1, sondern wie in Abbild 39. 2 dargestellt, sinkt.
Um diese unterschiedliche Entwicklung von Gebrauchswert und monetärem Wert zu erfassen, müßte mit zwei Kapitalbegriffen gearbeitet werden. Die hier gewählte Formulierung mit nur einem Kapitalbegriff beeinflußt das Modellverhalten jedoch nur unwesentlich und entspricht dem Aggregationsgrad des gesamten Modells.

(1) Verschleiß. Dies bezieht sich auf den physischen Prozeß der Abnutzung. Die durch den Verschleiß begrenzte Lebensdauer wird als physische oder naturale Lebensdauer bezeichnet.

(2) Obsolenz. Sie bezeichnet die Verringerung des ökonomischen Nutzens einer Maschine durch die Entwicklung neuer oder verbesserter Anlagen und Produktionsverfahren. Die Zeitspanne, die verläuft, bevor eine neuere Maschine die alte ökonomisch untauglich werden läßt, heißt technologische Lebensdauer.

Die ökonomische Nutzungsdauer einer Maschine ist kürzer oder höchstens gleich der physischen und/oder der technologischen Lebensdauer. Wenn keine technologischen Neuheiten verfügbar sind, die in neuen Anlagen inkorporiert werden können, besteht für die Unternehmung keine Veranlassung, vorhandene Maschinen zu ersetzen, solange sie noch technisch intakt sind. In diesem Falle ist das technologische Leben unendlich und die ökonomische Lebensdauer wird durch physischen Verschleiß limitiert. Jedoch, wenn neue oder verbesserte Maschinen oder Verfahren verwendet werden könnten, d.h. wenn der Stand der Technologie sich veränderte und gewinnbringend genutzt werden kann, dann wird die ökonomische Lebensdauer der Maschinen durch Obsolenz begrenzt. Je größer die Geschwindigkeit des technischen Fortschritts ist, desto schneller müssen die vorhandenen Anlagen abgeschrieben werden und die freigesetzten Mittel wieder zur Reinvestition zur Verfügung stehen. Die ökonomische Lebensdauer der maschinellen Anlagen ist somit eine Funktion der Rate des technischen Fortschritts[1].

Abbildung zur obigen Fußnote 2).

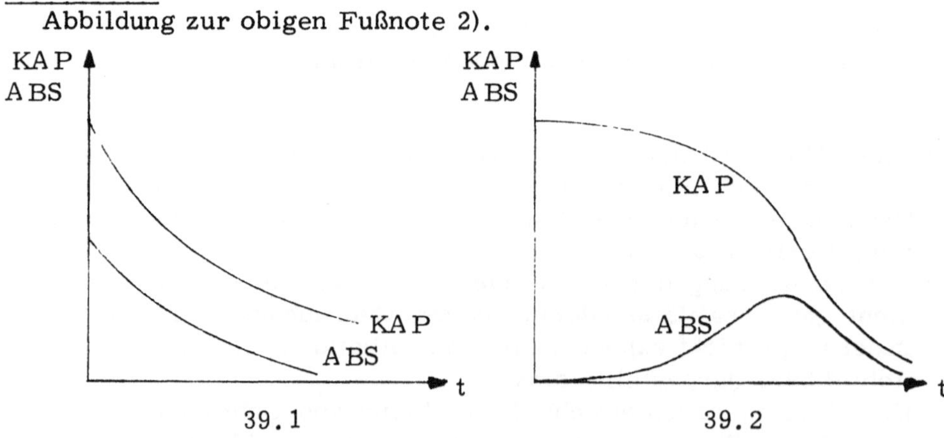

Abb. 39: Entwicklungsformen des Gebrauchswertes maschineller Anlagen.

1) Vgl. Blaug, M.: a.a.O., S. 31; Fleck, F.H.: a.a.O., S. 136; Kaldor, N. and Mirrlees, J.A.: A New Model of Economic Growth,

Es ist ein Charakteristikum exponentiellen Wachstums, daß die Dopplungszeit einer exponentiell wachsenden Variablen mit zunehmender Wachstumsrate abnimmt[1]. Dies impliziert, daß kleine Wachstumsraten eine absolut stärkere Auswirkung haben als größere. Daraus folgt, daß mit steigender Rate des technischen Fortschritts, d. h. mit schnellerem Veralten der maschinellen Anlagen, deren ökonomische Lebensdauer abnimmt. Aber der absolute Einfluß relativ geringer Wachstumsraten des technischen Standes ist größer als der höherer Raten, und die Abschreibungszeit reagiert mit größeren absoluten Wertveränderungen auf kleine Wachstumsraten als auf größere.

---

a. a. O., S. 178; Massell, B. F.: Capital Formation and Technological Change in United States Manufacturing, in: REcSt, Vol. 42 (1960), S. 188; Noll, W.: Volkswirtschaftliche Auswirkungen eines kostensparenden technischen Fortschritts, Berlin 1967, S. 30; Riha, L.: Wissenschaftlich-technischer Fortschritt und ökonomischer Nutzen, Berlin 1967, S. 158 ff.; Rudin, H.: Kapitalentwertung und Kapitalverluste als Folge technischer Fortschritte und wirtschaftlicher Integration, Winterthur 1958, S. 207; Schreiber, W.: Ansätze zu einer Theorie der Abschreibungen, in: ZfB, 39. Jg. (1969), Ergänzungsheft 1, S. 2; Schumpeter, J. A.: Kapitalismus, Sozialismus und Demokratie, Bern 1946, S. 134 ff., der den technischen Fortschritt als Prozeß schöpferischer Zerstörung bezeichnet, der die Wirtschaftsstruktur unaufhörlich von innen heraus revolutioniert.

1) Die Dopplungszeit ist definiert durch $e^{it} = 2$, wobei e die Basis der natürlichen Logarithmen (e = 2, 718 ...) und i die Wachstumsrate ist. Aufgelöst nach t ergibt sich t = (ln 2)/i. Die Dopplungszeit nimmt für wachsende Werte von i ab. Für i = 0 (kein Wachstum) ist die Dopplungszeit unendlich, für $i \longrightarrow \infty$ konvertiert t asymptotisch gegen 0.

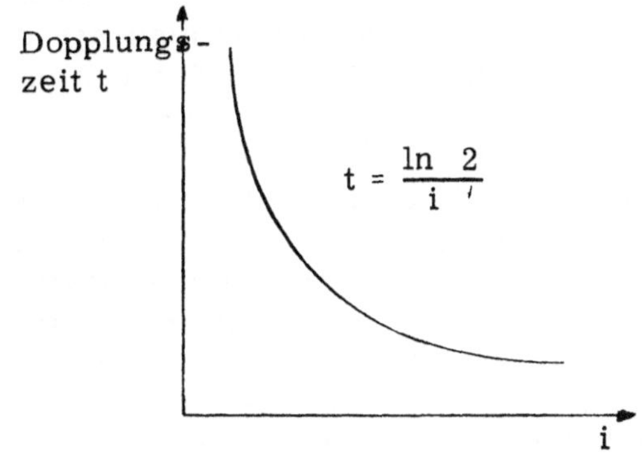

i [% pro Periode]	t [Perioden]
0, 1	693
0, 5	139
1, 0	69
2, 0	35
4, 0	17
10, 0	7

Wenn die Abschreibungsperiode allein durch die technologische Lebensdauer bestimmt wäre, würde sie für eine Wachstumsrate des technischen Standes von Null (kein technischer Fortschritt) gegen unendlich gehen. In diesem Fall wird jedoch die ökonomische Lebensdauer durch Verschleiß, d.h. durch den physischen Prozeß der Abnutzung limitiert. Graphisch können diese Zusammenhänge wie in Abbild 40 dargestellt werden.

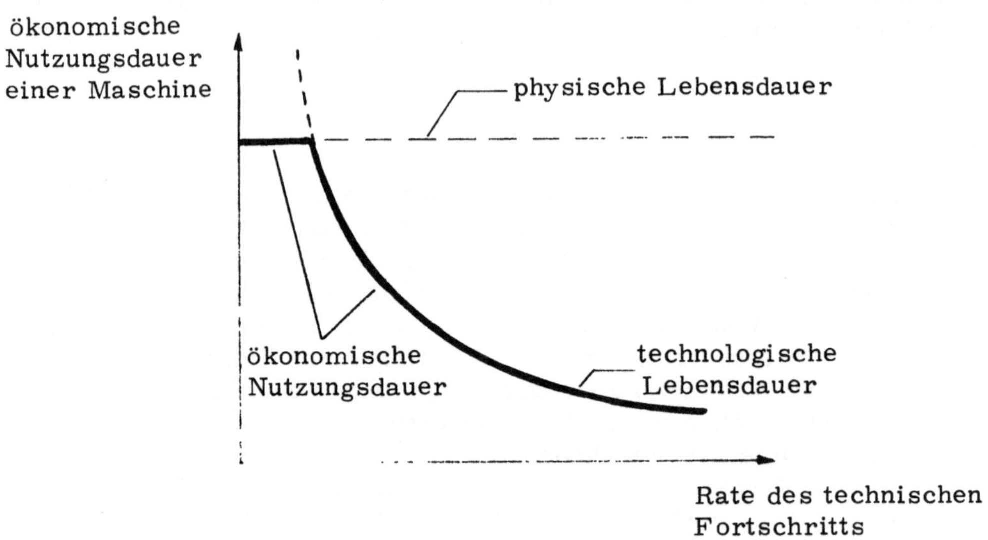

Abb. 40: Die ökonomische Nutzungsdauer einer Maschine als Funktion des technischen Fortschritts.

Die physische Lebensdauer einer Maschine wird vom technischen Fortschritt nicht beeinflußt und bleibt somit für alle Werte der unabhängigen Veränderlichen konstant. Das technologische Leben variiert mit der Rate des technischen Fortschritts. Für kleine Werte der Rate des technischen Fortschritts - eine Wachstumsrate des technischen Standes von beispielsweise 0, 5 % pro Jahr, führt zu einer Verdopplung des technischen Standes nach 139 Jahren - bestimmt die physische Lebensdauer die Dauer der ökonomischen Nutzung der Maschinen und maschinellen Anlagen. Für größere Wachstumsraten - eine Rate von 4 % pro Jahr z. B. verursacht eine Verdopplung nach 17 Jahren - verringert die technologische Lebensdauer die mögliche Zeit der ökonomischen Nutzung. In Abbild 40 repräsentiert die stark ausgezogene Linie, die die jeweils kleineren Ordinatenwerte der Kurven des physischen und technologischen Lebens darstellt, den Zeitraum, während dessen die Anlagen abzuschreiben sind.

Bei der Unterstellung einer physischen Lebensdauer von 20 Jahren ergibt sich der folgende Zusammenhang zwischen Abschreibungszeit ABSZ (= ökonomische Nutzungsdauer) und der Rate des technischen Fortschritts.

```
ABSZ.K=TABLE(ABSZT,RTF.K,0,6E-3,.5E-3)                   22, A
ABSZT=240/220/160/115/90/70/60/52/47/42/39/36/36         22.1, T
     ABSZ    - ABSCHREIBUNGSZEIT (MONATE)
     TABLE   - DYNAMO-MAKRO (TABELLENFUNKTION)
     ABSZT   - TABELLE FUER ABSZ
     RTF     - RATE D.TECHNISCHEN FORTSCHRITTS (1/MONAT)
```

Für hohe Werte der Rate des technischen Fortschritts erreicht der Abschreibungszeitraum seinen Minimalwert von 36 Monaten. Zwar gibt Mansfield[1)] unter Bezugnahme auf eine Studie des McGraw-Hill Economics Department zum Teil erwartete Amortisationszeiten von Forschungs- und Entwicklungsprojekten von weniger als drei Jahren an, jedoch beziehen sich diese Angaben nur auf diese Projekte selbst. ABSZ hingegen gibt die Abschreibungszeit des gesamten Kapitalstocks an und umfaßt neue Anlagen mit sich schnell veränderten Techniken ebenso wie ausgereifte und in bezug auf Obsolenz relativ wert-

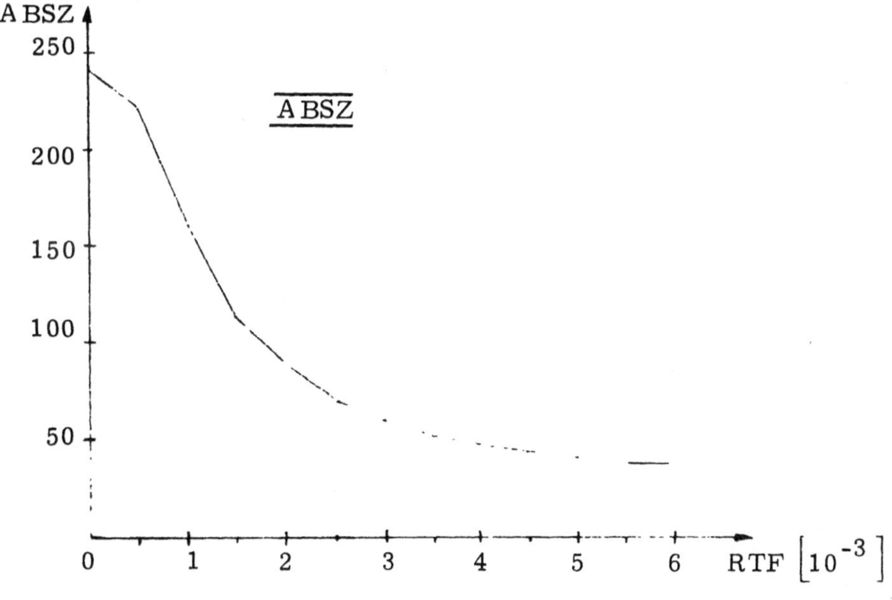

Abb. 41: Graph von ABSZ.

1) Mansfield, E. et al.: Research and Innovation in the Modern Corporation, a.a.O., S. 7 f.

beständige Maschinen[1]. ABSZ ist ein Durchschnittswert aus kürzeren und längeren Abschreibungszeiträumen heterogener maschineller Anlagen.

Hohe Abschreibungssätze belasten die Kosten, insbesondere kapitalintensiver Unternehmen, erheblich, reduzieren die Bereitschaft zur schnelleren Anlagenersetzung und verzögern dadurch die Geschwindigkeit des technischen Fortschritts.

Die Finanzierung der Investitionen kann grundsätzlich auf zwei Arten erfolgen, einmal durch die über den Umsatz der Unternehmung wieder zufließenden Abschreibungen und durch das Einbehalten erwirtschafteter Gewinne (Innenfinanzierung), zum anderen durch die Aufnahme von Fremdkapital oder durch zusätzliche Einlagen der Unternehmenseigner (Außenfinanzierung) (vgl. Abbild 42).

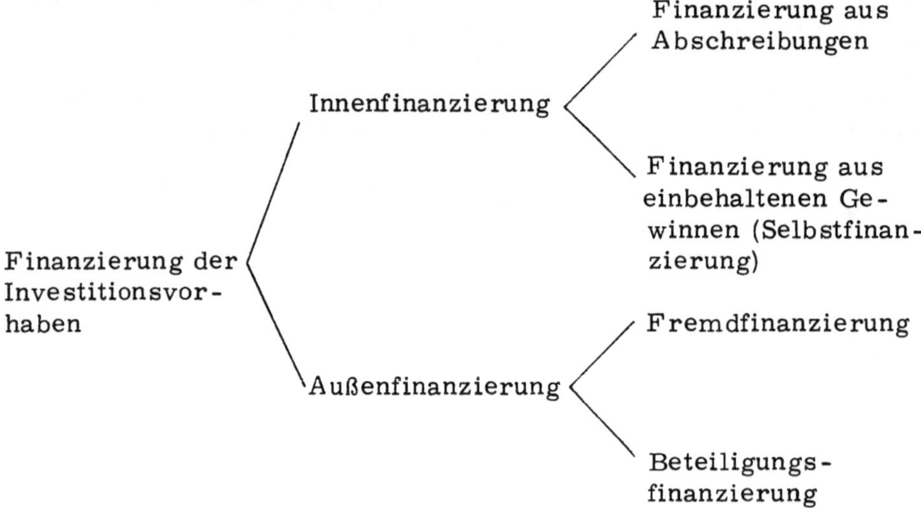

Abb. 42: Formen der Finanzierung[2].

Die Zuführung von Eigenkapital durch die Eigentümer (Beteiligungsfinanzierung) wird nicht explizit berücksichtigt, da keine enge Feedbackverbindung zwischen ihr und dem technischen Fortschritt be-

1) In Zeiten extremen volkswirtschaftlichen Liquiditätsmangels können Amortisationsperioden von 24 Monaten oder sogar weniger von der Unternehmensleitung gefordert werden. Diese extrem kurzen Abschreibungsperioden werden jedoch aus monetären Gründen angesetzt, um die Liquidität zu gewährleisten und nicht, um sich an den schnell verändernden technischen Stand anpassen zu können.

2) Diese Aufteilung der möglichen Formen der Kapitalbeschaffung findet sich bei Wöhe, G.: Einführung in die Allgemeine Betriebswirtschaftslehre, 6. Auflage, Berlin und Frankfurt a. M. 1965, S. 316 ff.

steht[1]. Auch nicht berücksichtigt ist die Finanzierung des Anlagevermögens durch kurzfristiges Fremdkapital, da hierbei erwartet wird, daß die kurzfristig fälligen Verbindlichkeiten permanent revolvieren und so de facto langfristig werden.

Es ist unterstellt, daß die Finanz- und Investitionspolitik der Unternehmung die Aufrechterhaltung der Liquidität gewährleistet.

Die Investitionen einer Periode werden finanziert aus dem in der Unternehmung selbst erwirtschafteten Kapital und der eingegangenen Bruttoverschuldung.

```
INVEST.KL=SEKAP.K+BRUVER.K                                   23, R
    INVEST - INVESTITION (DM/MONAT)
    SEKAP  - SELBSTERWIRTSCHAFTET KAPITAL (DM/MONAT)
    BRUVER - BRUTTOVERSCHULDUNG (DM/MONAT)
```

Die Investition INVEST umfaßt die aktivierungsfähigen Großreparaturen der Maschinen und maschinellen Anlagen, während kleinere Reparaturen und Unterhaltungsaufwendungen nicht enthalten sind.

INVEST erhöht direkt (unverzögert) den Kapitalstock. Die Liefer- bzw. Herstellungszeiten der Anlagen werden nicht explizit berücksichtigt. Die Begründung für diese Vorgehensweise ist:

(1) durch die langen Verhandlungs-, Konstruktions- und Planungszeiten bei Unternehmen mit Auftragsfertigung ist relativ klar zu erkennen, welche Kapazitäten bei Vergabe der Aufträge an die Produktion benötigt werden. Dadurch kann die Investitionsverzögerung vernachlässigt werden[2].

(2) Zwar vergeht nach Aufstellen der Anlagen noch einige Zeit, bevor Anlaufschwierigkeiten behoben sind und mit voller Kapazität und Produktivität gefahren werden kann. Dies ist jedoch schon in der Implementierungszeit IMPLZ bei der Erhöhung des technischen Standes der Unternehmung und der Rate des technischen Fortschritts erfaßt und bedarf dadurch nicht einer weiteren Berücksichtigung in einer Investitionsverzögerung.

---

1) Exogen kann die Beteiligungsfinanzierung leicht durch Verändern der Anfangswerte des Gesamtkapitals und des Fremdkapitals erfaßt werden.

2) Anders ist die Situation beim Produktionsfaktor Arbeit. Eingestellte Arbeiter, die sich noch in einer Ausbildung befinden, beziehen Lohn, während für bestellte aber nicht gelieferte Anlagen keine Abschreibungen und nur zum Teil Zinskosten anfallen.

Das selbsterwirtschaftete Kapital SEKAP setzt sich gemäß Abbild 42 aus der Reinvestition von Abschreibungen und aus dem einbehaltenen Gewinn zusammen.

```
SEKAP.K=REINV.K+EG.K                                   24, A
    SEKAP  - SELBSTERWIRTSCHAFTET KAPITAL (DM/MONAT)
    REINV  - REINVESTITION VON ABSCHREIBUNG (DM/MONAT)
    EG     - EINBEHALTENER GEWINN (DM/MONAT)
```

Der Teil der Abschreibungen, der reinvestiert werden kann, REINV, wird durch zwei Faktoren bestimmt.

(1) Abschreibungen können nur reinvestiert werden, wenn sie auch tatsächlich verdient wurden. Dies ist immer - da eine Vollkostenkalkulation verwendet wird - der Fall, wenn die Unternehmung keinen Betriebsverlust erleidet. Arbeitet die Unternehmung jedoch mit Verlust, d.h. ist der durchschnittliche Stückpreis geringer als die durchschnittlichen Stückkosten, dann ist nur ein Teil der Abschreibungen verdient. Nur dieser Teil, der durch den Quotienten Stückpreis/Stückkosten bestimmt wird, steht zur Disposition bereit; der Rest ist verloren[1].

(2) Die verdienten Abschreibungen sind nur dann disponibel, wenn die abgeschriebenen Anlagen nicht mit Fremdkapital finanziert waren, das zur Rückzahlung fällig ist. Es wird vereinfachend unterstellt, daß die Verbindlichkeiten der Unternehmung in dem Umfang fällig werden, wie die damit finanzierte Investition abgeschrieben wird. Die Gesamtlaufzeit des Fremdkapitals ist gleich der Abschreibungszeit der Investition, und die gewährten Kredite werden kontinuierlich zurückgezahlt.

Die Reinvestition von Abschreibungen wird bestimmt durch die anfallenden Abschreibungen, durch den Verschuldungsgrad der Unternehmung und durch einen Term, der sicherstellt, daß nur der verdiente Teil der Abschreibungen reinvestiert werden kann.

```
REINV.K=(ABS.JK)(1-VERSCH.K)*CLIP(1,PREIS.K/           25, A
  DCOST.K,BRUGEW.K,0)
    REINV  - REINVESTITION VON ABSCHREIBUNG (DM/MONAT)
    ABS    - ABSCHREIBUNGEN (DM/MONAT)
    VERSCH - VERSCHULDUNGSGRAD (DL)
    CLIP   - DYNAMO MAKROFUNKTION
    PREIS  - PREIS PRO STUECK (DM/STUECK)
    DCOST  - DURCHSCHNITTS-STUECKKOSTEN (DM/STUECK)
    BRUGEW - BRUTTOGEWINN (DM/MONAT)
```

---

1) Die Möglichkeit des Verlustvortrages in zukünftige Perioden wird in dem Modell vernachlässigt.

Die zweite Variable, die den Umfang des selbsterwirtschafteten Kapitals beeinflußt, ist der einbehaltene Gewinn EG, der als Prozentsatz des erwirtschafteten Bruttogewinns ermittelt wird. Da der Bruttogewinn als Gewinn vor Steuern definiert ist[1], müssen die Steuersätze bei der Bestimmung dieses Prozentsatzes berücksichtigt werden. Wenn die Unternehmung etwa 60 % ihres Gewinns ausschüttet und auf den einbehaltenen Gewinn über 50 % Steuern abzuführen hat, dann verbleiben ca. 15 % des Gesamtgewinns zur Dotierung der Rücklagen.

```
EG.K=(PEG)(BRUGEW.K)                                  26, A
PEG=.15                                               26.1, C
     EG     - EINBEHALTENER GEWINN (DM/MONAT)
     PEG    - PROZENT EINBEHALTENER GEWINN (DL)
     BRUGEW - BRUTTOGEWINN (DM/MONAT)
```

Die Investitionen werden mit selbsterwirtschaftetem Kapital und mit Fremdkapital finanziert. Die Verschuldung gleicht die Differenz zwischen dem durch Innenfinanzierung bereitgestellten Kapital und den gesamten zur Durchführung der Investitionen benötigten finanziellen Mitteln aus.

Die Unternehmung kann soviel Kredit aufnehmen, wie sie will; es existieren keine quantitativen Kreditrestriktionen. Die Fremdkapitalkosten jedoch hängen von der Bonität der Unternehmung ab. Bei sich verschlechternder Bonität steigen die Fremdkapitalkosten, und ceteris paribus sinkt die Bereitschaft der Unternehmung zur weiteren Verschuldung.

```
BRUVER.K=(GINVES.K-SEKAP.K)(BEVER.K)                  27, A
     BRUVER - BRUTTOVERSCHULDUNG (DM/MONAT)
     GINVES - GEWUENSCHTE INVESTITION (DM/MONAT)
     SEKAP  - SELBSTERWIRTSCHAFTET KAPITAL (DM/MONAT)
     BEVER  - BEREITSCHAFT ZUR VERSCHULDUNG (DL)
```

Die Hauptbestimmungsgröße der Bruttoverschuldung ist der Umfang der gewünschten Investitionsvorhaben. Diese werden durch zwei Größen bestimmt: durch die gewünschte maschinelle Kapazität zur Zeit t+1 und durch das zu diesem Zeitpunkt tatsächlich verfügbare Realkapital.

Der gewünschte Bestand an Kapital ist eine Funktion der gewünschten Produktionskapazität, des Kapitalkoeffizienten und der Kapital-

---

1) Der Bruttogewinn ist Umsatzerlöse abzüglich der Kosten der Leistungserstellung. Für eine exakte Definition siehe Gleichungen 86 f. des Modells.

```
GINVES.K=(KAP.K/ABSZ.K)+((GPROKA.K)(KAKO.K)-KAP.K)/  28, A
  KAPAZ
KAPAZ=6                                                28.1, C
    GINVES - GEWUENSCHTE INVESTITION (DM/MONAT)
    KAP    - KAPITAL (DM)
    ABSZ   - ABSCHREIBUNGSZEIT (MONATE)
    GPROKA - GEWUENSCHTE KAPAZITAET (STUECK/MONAT)
    KAKO   - KAPITALKOEFFIZIENT (DM-MONAT/STUECK)
    KAPAZ  - KAPITAL-ANPASSUNGSZEIT (MONATE)
```

anpassungszeit KAPAZ. Das Produkt (GPROKA) (KAKO) ergibt die Kapitalausstattung, die benötigt wird, um die geplante Stückzahl zu erstellen. Dieses Produkt wird mit dem vorhandenen Maschinenbestand verglichen und die daraus resultierende Differenz wird - um kurzfristige Bedarfsschwankungen auszuschalten - über einen Zeitraum von sechs Monaten geglättet.

Die zweite Komponente von GINVES ergibt sich aus dem in der Periode t, t+1 zu erwartenden Anlagenverschleiß KAP/ABSZ.

Diese Entscheidungsregel zur Bestimmung von GINVES ist nachfrageorientiert und basiert auf kurzfristigen Absatzerwartungen. Würden stärkere kurzfristige Nachfrageschwankungen den Absatz der Unternehmung nachhaltig beeinflussen, müßte die Kapazitätsanpassungszeit KAPAZ verlängert und die Investitionsplanung damit über einen größeren Zeitraum hinweg geglättet werden.

Ein Teil der Investitionen der Unternehmung dient zur Implementierung technischen Fortschritts, d.h. es werden Maschinen und maschinelle Anlagen angeschafft und/oder hergestellt, deren Technik bis dahin in der Unternehmung noch nicht verwendet wurde und die eine Senkung der Stückkosten erlauben. Da nur ein Teil der Investitionen den technischen Stand der Unternehmung erhöht, unterscheidet sich der hier gewählte Ansatz von den reinen vintage-Modellen, bei denen die gesamten Bruttoinvestitionen als "Vehikel" für die Implementierung technischer Fortschritte dienten. Bei Ersatz- und Erweiterungsinvestitionen, bei denen die neuen Anlagen technisch identisch mit bereits vorhandenen sind, liegt kein technischer Fortschritt vor, da die Produktionsfunktion der Unternehmung unverändert bleibt. Da dieser Typus von Investitionen auch in technisch hochstehenden Unternehmen gegeben ist, kann nur ein Teil der Investitionen technischen Fortschritt inkorporieren und damit die Produktionsfunktion verändern.

Der Betrag des Kapitals, der zur Implementierung technischen Fortschritts zur Verfügung gestellt wird, ist durch zwei Faktoren bestimmt:

(1) durch das benötigte Kapital für technischen Fortschritt, das im

Sektor "Technischer Stand der Unternehmung" abgeleitet wird (vgl. Gleichung 10);

(2) durch die Neigung der Unternehmung, das Risiko und die Unsicherheit einzugehen, die in jeder Innovation und Imitation liegen.

```
KAPTF.K=(BKTF.K)(NITF.K)                                   29, A
     KAPTF  - KAPITAL FUER TECH.FORTSCHRITT (DM/MONAT)
     BKTF   - BENOETIGTES KAPITAL FUER TF (DM/MONAT)
     NITF   - NEIGUNG ZUR INVESTITION IN TECH.FORT. (DL)
```

BKTF ist die Plangröße, deren Verwirklichung aus technischen und/oder absatzwirtschaftlichen Gründen wünschenswert ist. Die Entscheidung, ob dieser Forderung entsprochen werden kann, wird jedoch durch überwiegend finanzwirtschaftliche Überlegungen bestimmt. Dies wird in dem Multiplikator "Neigung zur Investition in technischen Fortschritt" NITF erfaßt, wobei der folgende Zusammenhang zwischen dem Umfang des Investitionsbudgets und NITF angenommen wird:

```
NITF.K=TABHL(NITFT,(SEKAP.K+BRUVER.K)/BKTF.K,0,2,1/    30, A
  3)
NITFT=0/.3/.55/.75/.9/1/1                              30.1, T
     NITF   - NEIGUNG ZUR INVESTITION IN TECH.FORT. (DL)
     TABHL  - DYNAMO-MAKRO (TABELLENFUNKTION)
     NITFT  - TABELLE FUER NITF
     SEKAP  - SELBSTERWIRTSCHAFTET·KAPITAL (DM/MONAT)
     BRUVER - BRUTTOVERSCHULDUNG (DM/MONAT)
     BKTF   - BENOETIGTES KAPITAL FUER TF (DM/MONAT)
```

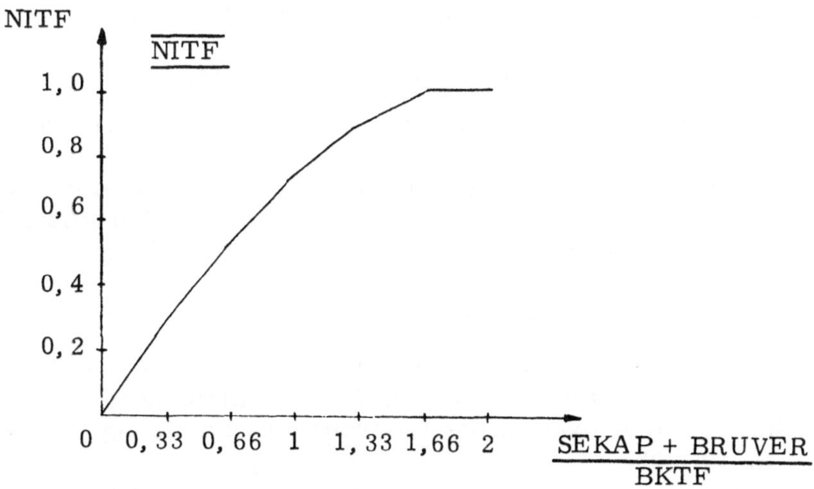

Abb. 43: Graph von NITF.

Ist das benötigte Kapital für technischen Fortschritt größer als das gesamte Investitionsbudget (SEKAP + BRUVER), kann nur ein Teil von BKTF befriedigt werden. Dies impliziert, daß die Unternehmung keine neuen Maschinen und maschinellen Anlagen erwirbt, wenn deren Auslastung nicht gesichert erscheint. Die Akquisition neuer, technischen Fortschritt inkorporierender Anlagen wird nicht nur des Fortschritts wegen durchgeführt, da die daraus resultierenden Überkapazitäten die Kosten der Unternehmung belasten und die durch den technischen Fortschritt möglichen Kosteneinsparungen erheblich kompensieren, eventuell sogar überkompensieren würden. Jedoch wird unter diesen Umständen ein großer Teil des vorgesehenen Investitionsbudgets zur Erhöhung des technischen Standes der Unternehmung verwendet; andere Investitionen werden auf das geringstmögliche Maß reduziert. Die Unternehmung zieht es vor, einen hochmodernen Maschinenpark in eventuell provisorischen Fabrikhallen aufzubauen, anstatt weitläufige, aber per se unproduktive Gebäude oder ähnliches zu errichten und damit anderweitig dringend benötigte Finanzmittel zu binden[1].

Ist das verfügbare Investitionsbudget größer als oder gleich 5/3 des Wertes von BKTF, wird das angeforderte Kapital für technischen Fortschritt voll befriedigt (NITF = 1).

b) Kapitalstruktur und Kapitalkosten

Die Unternehmung hat grundsätzlich zwei, langfristig in einem engen, gegenseitigen Abhängigkeitsverhältnis stehende Primärziele:

(1) einen befriedigenden Gewinn zu erwirtschaften;

(2) eine gesunde Finanzsituation zu erhalten bzw. zu erreichen.

Der jeweilige Zielerreichungsgrad bestimmt die Bonität der Unternehmung und damit die Fremdkapitalkosten. Die Modellstruktur, aus der diese Fremdkapitalkosten abgeleitet werden, zeigt Abbild 44.

---

1) Vgl. dazu das Scenario für das Wachstum einer neuen, technisch hochstehenden Unternehmung, in: U. S. Department of Commerce: Technological Innovation: Its Environment and Management, a. a. O., S. 19 - 23.
Eine hohe Beschäftigtenzahl pro Quadratmeter Fabrikfläche ist auch bei Forrester das Kriterium für moderne, sich schnell entwickelnde Unternehmen. Siehe Forrester, J. W.: Urban Dynamics, a. a. O., S. 37.

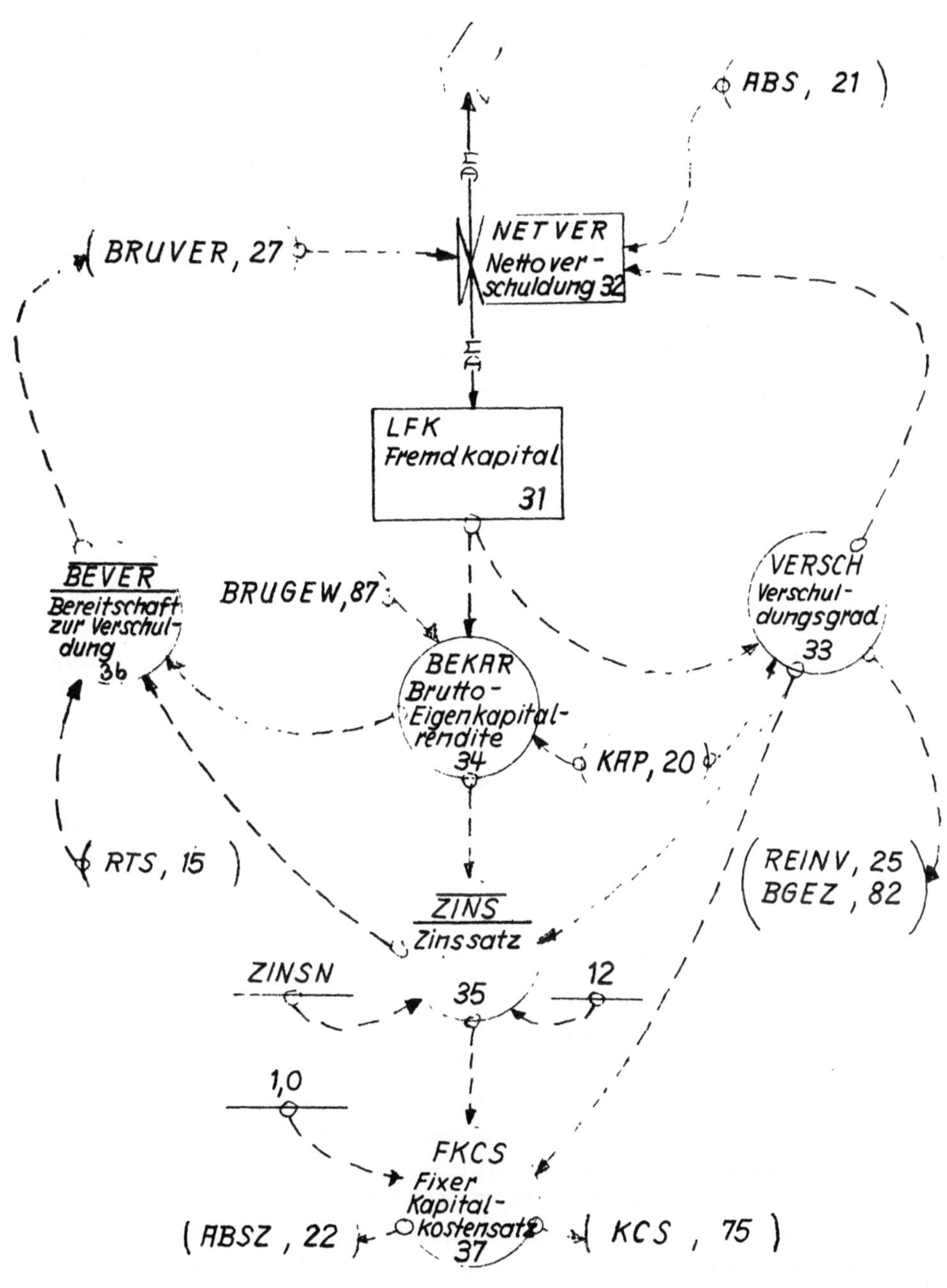

Abb. 44: Kapitalstruktur und Kapitalkosten.

Die Implementierung des technischen Fortschritts ist an die Investition von Kapital gebunden. Eine Beschleunigung der Rate des technischen Fortschritts erfordert schnellere Reinvestition und damit kürzere Abschreibungsperioden. Da diese Perioden jedoch nicht unbegrenzt verkürzt werden können und der gesamte Kapitalbedarf nicht immer vollständig durch Innenfinanzierung bereitgestellt werden kann, muß das zusätzlich benötigte Kapital durch Außenfinanzierung beschafft werden. Dadurch verändert sich die Kapitalstruktur der Unternehmung.

Das von der Unternehmung aufgenommene Fremdkapital[1] ergibt sich aus dem Wert der jeweiligen Vorperiode und der in der abgelaufenen Periode eingetretenen Veränderungen.

```
LFK.K=LFK.J+(DT)(NETVER.JK)                              31, L
LFK=.33*KAP                                              31.1, N
    LFK    - LANGFRISTIGES FREMDKAPITAL (DM)
    DT     - LOESUNGSINTERVALL (MONATE)
    NETVER - NETTOVERSCHULDUNG (DM/MONAT)
    KAP    - KAPITAL (DM)
```

Als Ausgangswert für den Bestand an Fremdkapital LFK ist angenommen, daß 33 % des Gesamtkapitals fremdfinanziert sind, daß also Eigenkapital und LFK im Verhältnis 2 : 1 zueinander stehen.

Der Bestand an Fremdkapital wird durch die Rückzahlung von Verbindlichkeiten verringert und durch Neuaufnahme erhöht. Der Nettoeffekt dieser beiden gegenläufigen Bewegungen ergibt die Nettoverschuldung pro Periode.

```
NETVER.KL=BRUVER.K-(VERSCH.K)(ABS.JK)                    32, R
    NETVER - NETTOVERSCHULDUNG (DM/MONAT)
    BRUVER - BRUTTOVERSCHULDUNG (DM/MONAT)
    VERSCH - VERSCHULDUNGSGRAD (DL)
    ABS    - ABSCHREIBUNGEN (DM/MONAT)
```

Da das aufgenommene Fremdkapital in dem Umfang zurückgezahlt wird, wie die damit finanzierten Anlagen abgeschrieben werden, werden in jeder Periode Verbindlichkeiten in der Höhe VERSCH * ABS fällig. Die Nettoverschuldung NETVER kann größer, kleiner oder gleich Null sein. Für Werte NETVER < 0 zahlt die Unternehmung mehr Verbindlichkeiten zurück als sie neu aufnimmt und verringert damit ihre Kreditfinanzierung.

---

1) Da unterstellt wurde, daß das Anlagevermögen mit längerfristigem Fremdkapital finanziert wird und, daß der technische Fortschritt keinen Einfluß auf das Umlaufvermögen ausübt, ist eine explizite Betrachtung der kurz- und mittelfristigen Verbindlichkeiten nicht nötig.

Der Verschuldungsgrad der Unternehmung, als eine der wesentlichen Determinanten ihrer Bonität, ist der Quotient aus dem aufgenommenen Fremdkapital und dem gesamten investierten Kapital.

```
VERSCH.K=LFK.K/KAP.K                                     33, A
    VERSCH - VERSCHULDUNGSGRAD (DL)
    LFK    - LANGFRISTIGES FREMDKAPITAL (DM)
    KAP    - KAPITAL (DM)
```

Neben dem Verschuldungsgrad ist die erwirtschaftete Eigenkapitalrendite die zweite Einflußgröße, die die Fremdkapitalzinsen und die Investitionsentscheidungen der Unternehmung bestimmt. Selbst bei völlig gesunder Kapitalstruktur, die kein besonderes Risiko für die Kreditgeber darstellt, werden die Fremdkapitalzinsen hoch sein, wenn die Unternehmung keine befriedigende Verzinsung des eingesetzten Kapitals gewährleisten kann.

Die Brutto-Eigenkapitalrendite der Unternehmung errechnet sich aus dem erzielten Bruttogewinn und der Differenz zwischen dem Gesamtkapital KAP und dem Fremdkapital.

```
BEKAR.K=BRUGEW.K/(KAP.K-LFK.K)                           34, A
    BEKAR  - BRUTTO-EIGENKAPITALRENDITE (1/MONAT)
    BRUGEW - BRUTTOGEWINN (DM/MONAT)
    KAP    - KAPITAL (DM)
    LFK    - LANGFRISTIGES FREMDKAPITAL (DM)
```

Da der Bruttogewinn BRUGEW monatlich errechnet wird, ergeben sich auch für die Kapitalrendite Verzinsungswerte pro Monat. Der Fremdkapitalzinssatz ist eine Funktion der Brutto-Eigenkapitalrendite und des Verschuldungsgrades der Unternehmung. Dabei ist der monatsbezogene Wert von BEKAR mit 12 multipliziert, um die durchschnittliche Rendite pro Jahr zu erhalten.

```
ZINS.K=TABLE(ZINST,12*BEKAR.K/VERSCH.K,.2,1.1,.1)       35, A
  (ZINSN)
ZINST=.022/.015/.0115/.0095/.008/.007/.0065/.00625/     35.1, T
  .006/.006
ZINSN=1                                                  35.2, C
    ZINS   - ZINSSATZ (1/MONAT)
    TABLE  - DYNAMO-MAKRO (TABELLENFUNKTION)
    ZINST  - TABELLE FUER ZINS
    BEKAR  - BRUTTO-EIGENKAPITALRENDITE (1/MONAT)
    VERSCH - VERSCHULDUNGSGRAD (DL)
    ZINSN  - ZINSNIVEAU (DL)
```

Die Zusammenfassung von BEKAR und VERSCH in einen Quotienten erlaubt die Berücksichtigung ihrer gegenseitigen Kompensationsmöglichkeit. Hohe Kapitalrenditen kompensieren hohe Werte des

Verschuldungsgrades und vice versa. Eine Brutto-Eigenkapitalrendite von 20 - 25 % pro Jahr wird als branchenüblich angesehen[1]. Bei einem Verschuldungsgrad von 0, 3 ergibt sich damit ein Wert des Quotienten von 0, 66 - 0, 83 und daraus ein Fremdkapitalzins von 0, 625 - 0, 75 % pro Monat, was - auf das Jahr bezogen - Sätzen von etwa 7, 5 - 9 % entspricht.

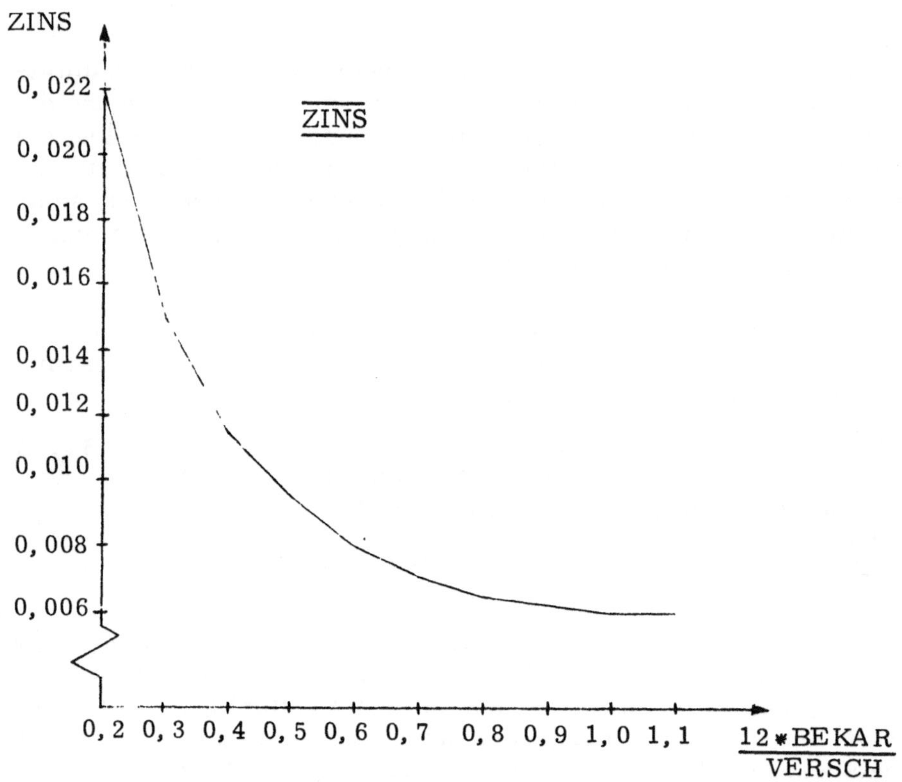

Abb. 45: Graph von ZINS.

1) Da bei der Berechnung von BEKAR das Umlaufvermögen und dessen Finanzierung nicht berücksichtigt ist, kann der Wert von BEKAR nur nach entsprechenden Modifikationen mit realen Kapitalrenditen verglichen werden. Stehen Anlagevermögen und Umlaufvermögen etwa im Verhältnis 1 : 1 zueinander und verdoppelt sich dadurch der Nenner von Gleichung 34, so muß BEKAR doppelt so groß sein wie empirische Werte. Dies ist für Werte von BEKAR von 20 - 25 % pro Jahr der Fall, wie eine Auflistung der Eigenkapitalrenditen führender amerikanischer Unternehmen zeigt, die für die verarbeitende Industrie einen Mittelwert zwischen 12, 5 - 13 % pro Jahr angibt. Siehe Anthony, R. N.: Management Accounting, fourth edition, Homewood, Ill. 1970, S. 296.

Bei ausgezeichneter Gewinnsituation und risikoloser Kapitalstruktur sinkt der Zins auf 0, 6 % pro Monat (d. i. ungefähr 7, 5 % pro Jahr)[1]. Für kleine Werte des Quotienten steigen die Fremdkapitalzinsen nahezu prohibitiv an und beschränken weitere Kreditaufnahmen.

Ob der Verschuldungsgrad Einfluß auf die Kapitalkosten ausübt, ist umstritten. Modigliani und Miller vertreten die Hypothese, daß "the average cost of capital to any firm is completely independent of its capital structure"[2]. Es ist nicht beabsichtigt (und nicht Ziel dieses Modells), diese These zu diskutieren[3]. In der Analyse des Modells können die Parameter der Tabellenfunktion entsprechend der Modigliani-Miller-Hypothese verändert und etwaige Konsequenzen untersucht werden.

Auch bei Gültigkeit der Modigliani-Miller-Hypothese beeinflußt die Eigenkapitalrendite die Fremdkapitalzinsen, da Unternehmen mit verschiedenen Kapitalrenditen auch verschiedenen Risikoklassen angehören[4] und daher verschiedene Kreditkonditionen erhalten.

Als Entscheidungskriterium, ob eine geplante Investition durch die Aufnahme von Fremdkapital in dem beabsichtigten Umfang durchgeführt wird oder nicht, dient ein Vergleich der Brutto-Eigenkapitalrendite und der Fremdkapitalzinsen. Ist der Quotient BEKAR/ZINS größer als eins, dann leistet das aufgenommene Fremdkapital einen positiven Beitrag zum Gewinn der Unternehmung, und jede weitere Investition ist a priori profitabel. Für BEKAR/ZINS < 1 kostet das Fremdkapital mehr als es Ertrag erwirtschaftet, und weitere Kreditaufnahme ist unter diesem Gesichtspunkt nicht sinnvoll. Der Quotient BEKAR/ZINS wird noch mit dem relativen technischen Stand der Unternehmung RTS gewichtet. Ist RTS < 1, dann ist die Unter-

---

1) Dieser Zinssatz würde in der U. S. -amerikanischen Wirtschaft der "prime rate" entsprechen.

2) Modigliani, F. and Miller, M. H.: The Cost of Capital, Corporation Finance and the Theory of Investment, in: AER, Vol. 48 (1958), S. 268 f. (Im Original kursiv).

3) Für eine Diskussion der Modigliani-Miller-Hypothese siehe z. B.: Heinz, A. J. and Sprenkle, C. M.: A Comment on the Modigliani-Miller Cost of Capital Thesis, in: AER, Vol. 59 (1969), S. 590 - 592; Modigliani, F. and Miller, M. H.: Reply to Heinz and Sprenkle, in: AER, Vol. 59 (1969), S. 592 - 595; Stiglitz, J. E.: A Re-Examination of the Modigliani-Miller Theorem, in: AER, Vol. 59 (1969), S. 784 - 793; Drukarczyk, J.: Bemerkungen zu den Theoremen von Modigliani-Miller, in: ZfbF, 22. Jg. (1970), S. 528 - 544.

4) Vgl. Modigliani, F. and Miller, M. H.: The Cost of Capital, Corporation Finance and the Theory of Investment, a. a. O., S. 266.

nehmung aus Wettbewerbsgründen gezwungen, ihren Produktionsapparat zu modernisieren - notfalls auch mit Fremdkapital, das kurzfristig keinen positiven Beitrag zum Betriebsergebnis liefert. Ist RTS deutlich größer als eins, hat dies eine negative Auswirkung auf die Bereitschaft zur Verschuldung, da die Unternehmung nicht gewillt ist, technisch und wirtschaftlich risikoreiche Investitionen mit Fremdkapital zu finanzieren. Um das Risiko zu erfassen, das jeder Investition inhärent ist, wird Fremdkapital erst dann aufgenommen, wenn die erwartete Eigenkapitalrendite höher ist, als die Fremdkapitalkosten zuzüglich einem Risikozuschlag.

```
BEVER.K=TABHL(BEVERT,BEKAR.K/(ZINS.K*RTS.K),1.3,2,  36, A
  .1)
BEVERT=0/.05/.15/.35/.7/.9/1/1                       36.1, T
    BEVER  - BEREITSCHAFT ZUR VERSCHULDUNG (DL)
    TABHL  - DYNAMO-MAKRO (TABELLENFUNKTION)
    BEVERT - TABELLE FUER BEVER
    BEKAR  - BRUTTO-EIGENKAPITALRENDITE (1/MONAT)
    ZINS   - ZINSSATZ (1/MONAT)
    RTS    - RELATIVER TECHNISCHER STAND (DL)
```

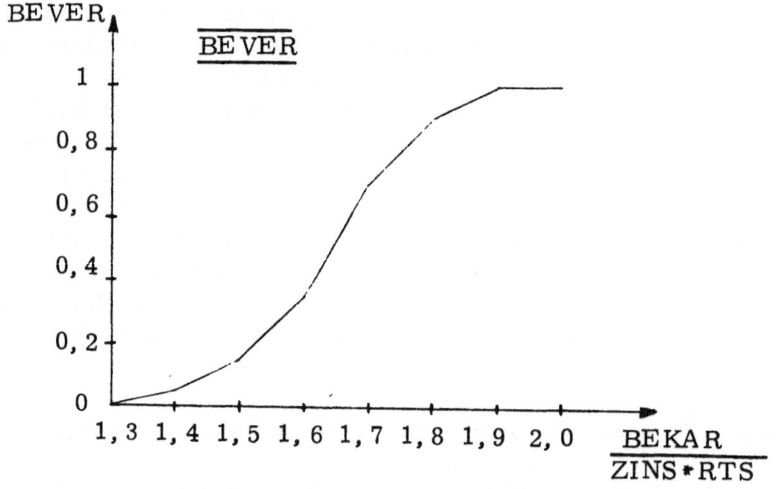

Abb. 46: Graph von BEVER.

Für BEKAR/ZINS $\geq 1,9$ erreicht BEVER einen Wert von eins. Mit den Krediten wird mit hoher Wahrscheinlichkeit mehr verdient als sie kosten, und die weitere Verschuldung steigert die Eigenkapitalrendite[1]. Jedoch wird BEVER nicht größer als eins; auch ein gün-

1) Dieser als "leverage" bekannte Effekt wirkt auch in negativer Richtung: ist die Gesamtkapitalrentabilität kleiner als der Zinssatz, wird die Eigenkapitalverzinsung mit anwachsendem Verschuldungsgrad noch geringer.

stiges Verhältnis von Eigenkapitalrendite zu Fremdkapitalzinsen führt nicht zu einer über den Rahmen des geplanten Investitionsbudgets hinausgehenden Kreditaufnahme.

BEKAR ist ein Durchschnittswert aller betrieblicher Investitionen. Selbst für geringe BEKAR-Werte wird es einige Investitionsprojekte geben, deren Durchführung auch bei hohen Zinskosten attraktiv ist. Deshalb sinkt BEVER nicht sogleich gegen null ab, sondern hat einen S-förmigen Verlauf. BEVER reagiert sehr schnell auf Veränderungen der unabhängigen Veränderlichen, da auch ZINS selbst von der Eigenkapitalrendite BEKAR abhängt. Für sinkende Werte von BEKAR wird der Quotient kleiner, da der Zähler kleiner und der Nenner größer wird.

Diese diskutierten Variablen definieren den fixen Kapitalkostensatz. Dieser Kapitalkostensatz setzt sich zusammen aus dem Zinssatz, der für das aufgenommene Fremdkapital zu entrichten ist und dem Abschreibungssatz des Anlagevermögens.

```
FKCS.K=(ZINS.K)(VERSCH.K)+(1/ABSZ.K)                    37, A
    FKCS   - FIXER KAPITALKOSTENSATZ (1/MONAT)
    ZINS   - ZINSSATZ (1/MONAT)
    VERSCH - VERSCHULDUNGSGRAD (DL)
    ABSZ   - ABSCHREIBUNGSZEIT (MONATE)
```

Da die Kapitalkosten durch Multiplikation des Kostensatzes mit dem gesamten Kapital ermittelt werden, die Zinsen aber nur für das Fremdkapital zu bezahlen sind, wird ZINS durch den Verschuldungsgrad modifiziert.

Eigenkapitalzinsen werden nicht als Kapitalkosten angesehen, obwohl eine marktgerechte Verzinsung als Kostenbestandteil betrachtet werden könnte. Sie werden hier ausschließlich in dem Gewinnaufschlag auf die Vollkosten berücksichtigt.

3. Arbeitssektor

Der Arbeitssektor behandelt den zweiten Produktionsfaktor, Arbeit. Er beschreibt die Entscheidungsregeln, nach denen Arbeitskräfte eingestellt werden, vorhandene Arbeitskräfte auf eigene Initiative oder durch Entlassung aus der Unternehmung ausscheiden und wie der technische Fortschritt die Anforderungen an die Arbeitskräfte verändert und Trainingsprogramme erforderlich macht. In einem zweiten Subsektor werden die Lohnkosten abgeleitet und die Gemeinkosten der Unternehmung sowie deren Beeinflussung durch den technischen Fortschritt ermittelt.

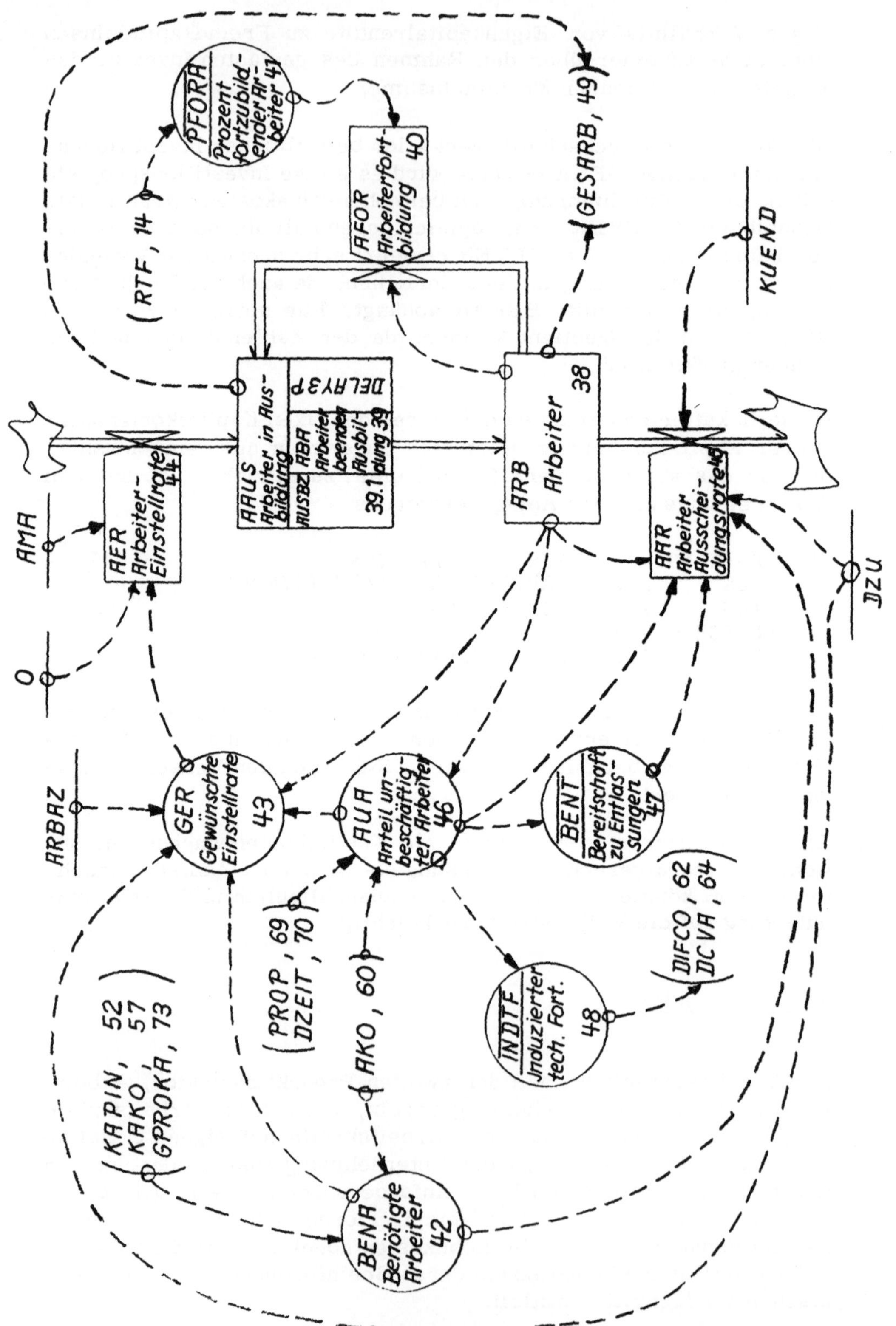

Abb. 47: Einstellung, Ausbildung und Ausscheiden von Arbeitern.

a) Einstellung, Ausbildung und Ausscheiden von Arbeitern

Die Elemente dieses Subsektors und deren Vermaschung mit anderen Bereichen des Modells zeigt Abbild 47.

Zwei Gruppen von Arbeitern werden unterschieden, Arbeiter in der Aus- oder Weiterbildung und Produktionsarbeiter. Innerhalb dieser beiden Gruppen wird Homogenität unterstellt. Beschäftigte, die weder in der Ausbildung stehen noch direkt an der Produktion beteiligt sind, werden in den Gemeinkosten der Unternehmung erfaßt.

Da alle neu eingestellten Arbeitskräfte zur Vorbereitung auf ihre Aufgaben eine Ausbildung durchlaufen, wird der Bestand an verfügbaren Produktionsarbeitern durch die Zahl der Arbeiter erhöht, die ihre Ausbildung beenden (ABA); er wird durch die Arbeiter verringert, die zur Weiterbildung zeitweilig freigestellt werden (AFOR) und die, die aus der Unternehmung ausscheiden (AAR).

```
ARB.K=ARB.J+(DT)(ABA.JK-AFOR.JK-AAR.JK)                    38, L
ARB=ARBN                                                   38.1, N
ARBN=1200                                                  38.2, C
    ARB     - PRODUKTIONSARBEITER (MANN)
    DT      - LOESUNGSINTERVALL (MONATE)
    ABA     - ARBEITER BEENDEN AUSBILDUNG (MANN/MONAT)
    AFOR    - ARBEITER FORTBILDUNGSRATE (MANN/MONAT)
    AAR     - AUSSCHEIDENDE ARBEITER (MANN/MONAT)
    ARBN    - PRODUKTIONSARBEITER ANFANGSWERT (MANN)
```

Als Anfangsbestand an Produktionsarbeitern werden 1200 Mann angesetzt.

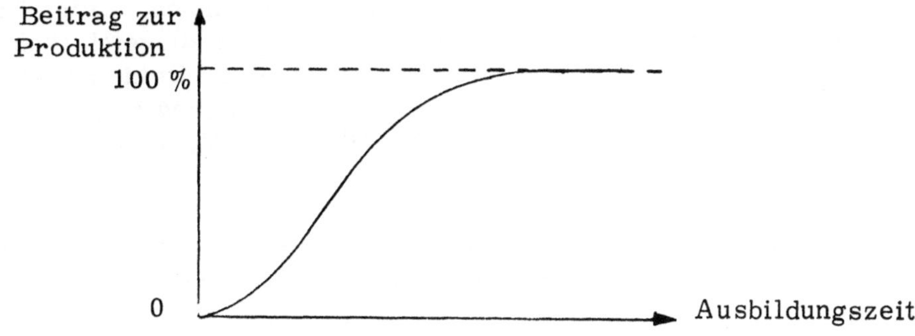

Abb. 48: Der Beitrag eines in der Ausbildung befindlichen Arbeiters zur Produktion als Funktion der Ausbildungszeit.

Wenn neue Arbeitskräfte eingestellt oder bereits beschäftigte für neue Aufgaben fortgebildet werden, steigen deren Fähigkeiten im Verlauf der Ausbildung kontinuierlich an. Während der ersten Zeit der Ausbildung leisten sie keinen oder nur einen geringen Beitrag zur Produktion, da ihnen erforderliches Können fehlt. Mit fortschreitender Ausbildung erwerben die Arbeiter mehr und mehr Fähigkeiten, bis sie schließlich voll-produktiv eingesetzt werden können. Diesen Übergang vom Auszubildenden zum vollwertigen Produktionsarbeiter veranschaulicht Abbild 48.

Dieses in Abbild 48 dargestellte Verhalten wird durch ein Verzögerungsglied dritter Ordnung erzeugt, das die Beziehungen zwischen den Arbeitskräften, die ihre Ausbildung beginnen und denjenigen, die produktiv eingesetzt werden, definiert[1].

```
ABA.KL=DELAY3P(AER.JK+AFOR.JK,AUSBZ,AAUS.K)                39, R
AUSBZ=3                                                    39.1, C
    ABA     - ARBEITER BEENDEN AUSBILDUNG (MANN/MONAT)
    DELAY3P- DYNAMO-MAKRO (VERZOEGERUNGS-FUNKTION)
    AER     - ARBEITER-EINSTELLRATE (MANN/MONAT)
    AFOR    - ARBEITER FORTBILDUNGSRATE (MANN/MONAT)
    AUSBZ   - AUSBILDUNGSZEIT (MONATE)
    AAUS    - ARBEITER IN AUSBILDUNG (MANN)
```

Die Ausbilder sind Teil der "unproduktiven" Arbeitskräfte der Unternehmung; ihr Gehalt wird in den Gemeinkosten erfaßt. Die Ausbildung der Arbeiter erfordert somit keinen Zeitaufwand der Produktionsarbeiter.

Die Ausbildungszeit variiert in der Realität über einen weiten Zeitraum. Sie bewegt sich zwischen 3 bis 4 Jahren für neu eingestellte, noch völlig unausgebildete Arbeiter und einer kurzen, einige Tage erfordernden Einweisung in einen neuen Tätigkeitsbereich ("on the job training") für erfahrene Produktionsarbeiter. Beide Arten von Aus- bzw. Weiterbildung sind in dem Modell aggregiert, und eine durchschnittliche Ausbildungszeit AUSBZ von 3 Monaten ist unterstellt.

Der technische Fortschritt beim Produktionsprozeß hat grundsätzlich zwei mikro-ökonomisch relevante Auswirkungen auf den Pro-

1) Die in Gleichung 39 verwendete DYNAMO-Makrofunktion DELAY3P ist nicht in dem DYNAMO II User's Manual aufgeführt. Sie erlaubt den Zugriff auf den "Inhalt" der Verzögerungsfunktion, der durch das zusätzliche dritte Argument in der Klammer definiert ist.

duktionsfaktor Arbeit; beide treten in der Regel simultan auf. Der technische Fortschritt kann

(1) die Arbeitsproduktivität erhöhen;

(2) die Anforderungen an die Arbeitskräfte verändern.

Eine Erhöhung der Arbeitsproduktivität verringert den benötigten Arbeitseinsatz pro Ausbrindungseinheit und setzt so ex definitione Arbeitskräfte frei. Die freigesetzten Arbeiter werden häufig durch eine erhöhte Ausbringung kompensiert, wobei als Nettoeffekt die Anzahl der benötigten Arbeitskräfte sogar steigen kann[1]. Ist eine Absatzsteigerung nicht möglich, verbleiben die freigesetzten Arbeitskräfte unbeschäftigt in der Unternehmung oder scheiden durch Entlassung oder im Rahmen der normalen Arbeitskräftefluktuation aus. Diese Arbeiter haben alle benötigten Fähigkeiten, es besteht aber nicht genügend Nachfrage nach dem Produktionssortiment der Unternehmung, um sie zu beschäftigen.

Die Auswirkungen des technischen Fortschritts auf die Anforderungen der Arbeitskräfte sind - wie auch die potentielle Gefahr, daß der Fortschritt nicht-kompensierbare Arbeitslosigkeit verursacht - in der relevanten Literatur breit behandelt[2]. Es besteht Übereinstim-

---

1) In einem extremen Fall stieg nach der Anwendung einer neuen Produktionstechnik die Ausbringung innerhalb kurzer Zeit um 267 %, und die Anzahl der Beschäftigten erhöhte sich von 35 auf 95. Vgl. Bureau of Labor Statistics: Impact of Technological Change and Automation in the Pulp and Paper Industry, No. 1347, Washington, D.C. 1962, S. 74.

2) Siehe z.B. Bright, J.R.: Automation and Management, Boston, Mass. 1958; ders.: Does Automation Raise Skill Requirements?, in: HBR, Vol. 36 (July-August 1958), S. 85 - 98; Buckingham, W.: Automation. Its Impact on Business and People, fifth printing, New York, N.Y. u.a., o.J.; Clague, E. and Greenberg, L.: Technical Change and Employment, in: MLR, Vol. 85 (1962), S. 742 - 746; Friedrichs, G. (Hrsg.): Automation und technischer Fortschritt in Deutschland und den USA, Frankfurt a.M. 1963; Jaffee, A.J. and Froomkin, J.: Technology and Jobs, New York-Washington-London 1968, bes. S. 73 - 84; Mansfield, E.: The Economics of Technological Change, a.a.O., S. 134 - 161; Mesthene, E.G.: Technological Change. Its Impact on Man and Society, New York, N.Y. u.a. 1970, S. 26 ff.; National Commission on Technology, Automation and Economic Progress: Technology and the American Economy, a.a.O.; Hearings before the Subcommittee on Economic Stabilization to the Joint Committee on the Economic Report: Auto-

mung darüber, daß der technische Fortschritt die Anforderungen an die manuellen und intellektuellen Fähigkeiten der Arbeitskräfte verändert. In der überwiegenden Zahl der Fälle sind diese Veränderungen nicht so abrupt und tiefgreifend, daß die Arbeitskräfte nicht durch Ausbildungsprogramme auf ihre neuen Tätigkeiten vorbereitet werden können. Der technische Fortschritt zwingt also zu einer ständigen Weiterbildung der betroffenen Belegschaftsmitglieder[1], aber

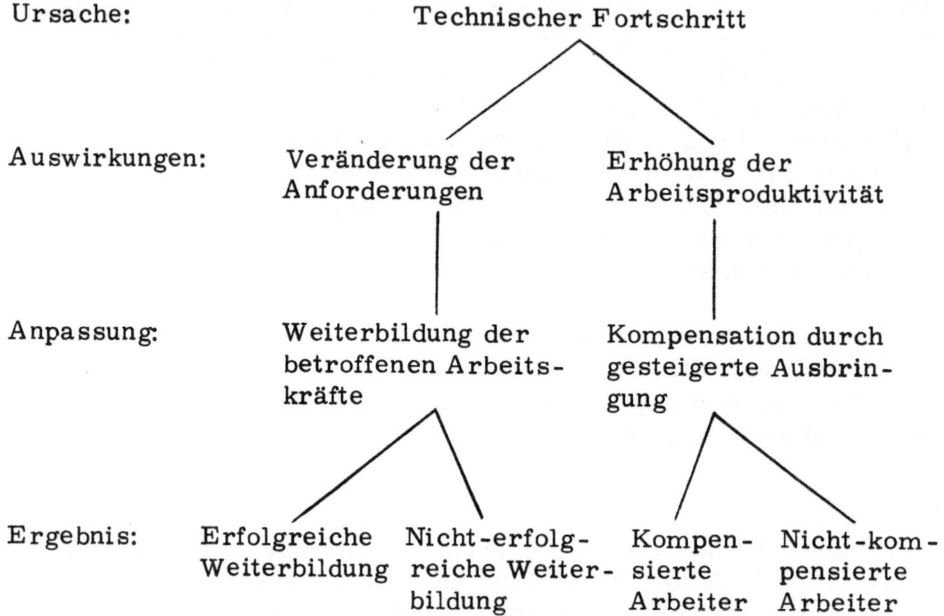

Abb. 49: Mikro-ökonomische Konsequenzen des technischen Fortschritts beim Produktionsprozeß für den Produktionsfaktor Arbeit.

---

mation and Technological Change, Washington, D. C. 1955; Pichler, J. A.: Means of Adjustment to Technological Displacement, in: MLR, Vol. 90 (1967), S. 32 - 33; Rezler, J.: Automation & Industrial Labor, New York, N. Y. 1969, bes. S. 21 - 93; Silberman, Ch. E. et al.: The Myths of Automation, New York-Evanston-London 1966; Striner, H. E.: Technological Displacement as a Micro Phenomenon, in: MLR, Vol. 90 (1967), S. 30 - 31; Walker, C.: Toward the Automatic Factory, New Haven, Conn. 1957.
Einen Überblick über die Literatur, die sich mit dem Einfluß des technischen Fortschritts auf den Produktionsfaktor Arbeit befaßt, gibt Harvard University Program on Technology and Society: Technology and Work, Research Review No. 2, Cambridge, Mass. 1969.

1) Vgl. Weinberg, E.: Some Manpower Implications, in: Scott, E. L.

diese Fortbildung ist auch ausreichend, die benötigten Fähigkeiten zu erarbeiten. Neueinstellungen speziell ausgebildeter Arbeitskräfte sind nicht generell nötig.

Diese beiden Auswirkungen des technischen Fortschritts beim Produktionsprozeß auf den Produktionsfaktor verdeutlicht Abbild 49. Empirische Evidenz für eine substantielle und anhaltende Freisetzung von Arbeitskräften durch den technischen Fortschritt konnte nicht gefunden werden[1)2)]. Daher ist die Möglichkeit der nicht erfolgreichen Anpassung der Arbeitskräfte an die gestiegenen Anforderungen nicht explizit in dem Modell berücksichtigt.

Die Zahl der Produktionsarbeiter, die zur Fortbildung freigestellt wird, hängt ab von der Gesamtzahl der in der Unternehmung beschäftigten Arbeiter und von einem Prozentsatz, der den Anteil der Fortzubildenden in Abhängigkeit von der Geschwindigkeit des technischen Fortschritts angibt.

AFOR verringert die Gruppe der Produktionsarbeiter und erhöht die Zahl der Arbeiter in der Ausbildung AAUS.

---

and Bolz, R. W. (eds.): Automation Management: The Social Perspective, Athens, Georgia 1970, S. 87 ff.: "The content of jobs and the qualities required of workers will also be modified by technological changes ... Technological and manpower trends reinforce the need for more formal education of all levels ... Modern technology requires an increasing amount of training. With the computer and similar complex equipment, management will find training becoming more formal, continuous, and costly, but essential to keep the work force up to date and flexible".

1) Siehe beispielsweise Auken, K. G. v.: Personnel Adjustments to Technological Change, S. 341 - 358 und Faunce, W.: The Automobile Industry: A Case Study in Automation. S. 44 - 53, beide in: Jacobson, H. B. and Roucek, J. S. (eds.): Automation and Society, New York, N. Y. 1959; National Commission on Technology, Automation and Economic Progress: Technology and the American Economy, a. a. O., besonders Walker, C.: Changing Character of Human Work under the Impact of Technological Change, in Appendix II, S. 289 - 315.

2) Es gibt zweifellos immer durch mangelnde Fähigkeiten verursachte Arbeitslosigkeit ("strukturelle Arbeitslosigkeit"), aber diese erscheint nicht durch den technischen Fortschritt beeinflußt zu werden. Dadurch wird eine explizite Behandlung unnötig, insbesondere in einem Modell, das Arbeit als einen homogenen Produktionsfaktor betrachtet.

```
AFOR.KL=(ARB.K)(PFORA.K)                                  40, R
    AFOR   - ARBEITER FORTBILDUNGSRATE (MANN/MONAT)
    ARB    - PRODUKTIONSARBEITER (MANN)
    PFORA  - PROZENTSATZ FORTZUBILDENDER ARBEITER (DL)
```

Über das Ausmaß der erforderlichen Weiterbildung der Arbeitskräfte werden in der Literatur kontroverse Ansichten vertreten und jeweils durch empirische Beispiele belegt. In einer Analyse der Auswirkungen des technischen Fortschritts auf die Anforderungen an die Arbeitskräfte zeigt Bright, daß diese verschiedenen Ergebnisse nicht widersprüchlich sind und in einer Hypothese zusammengefaßt werden können[1].

Bright unterscheidet 17 verschiedene Mechanisierungsgrade, die von reiner Handarbeit bis zu automatischen Steuerungs- und Regelungsprozessen reichen. Je nachdem, auf welcher Mechanisierungsstufe sich die Unternehmung befindet, ergeben sich verschiedene Anforderungen an die Arbeitskräfte. Das Konzept der Mechanisierungsgrade ist dem hier verwendeten technischen Stand der Unternehmung ähnlich. Nur mechanisierte Produktionsverfahren, bei Bright charakterisiert durch hochentwickelte Meß- und Regelungsmethoden, garantieren eine hohe und im Zeitablauf konstante Qualität industriell erzeugter Produkte. Diesen Zusammenhang zwischen dem technischen Stand der Unternehmung und den Anforderungen an die handwerkliche Geschicklichkeit, die allgemeinen Fähigkeiten und die intellektuelle Ausbildung der Arbeiter zeigt Abbild 50.

---

1) Vgl. Bright, J. R.: How to Evaluate Automation, in: HBR, Vol. 33 (July-August 1955), S. 101 - 111; ders.: Automation and Management, a. a. O., S. 39 - 56; ders.: Does Automation Raise Skill Requirements?, a. a. O.

Bright geht u. a. von den folgenden Fragen aus:

"- Does the complexity of automatic machinery require extensive retraining of the labor force?
- Will the average unskilled worker become unemployable?
- Will maintenance needs and technical difficulties cause a radical change in the composition of the labor force?

....

One purpose ... is to offer a hypothesis as to how automaticity affects human contribution to production tasks. This hypothesis helps to explain many labor, skill, and training results of automation that are quite at odds with common claims and casual assumptions". Bright, J. R.: Does Automation Raise Skill Requirements?, a. a. O., S. 85.

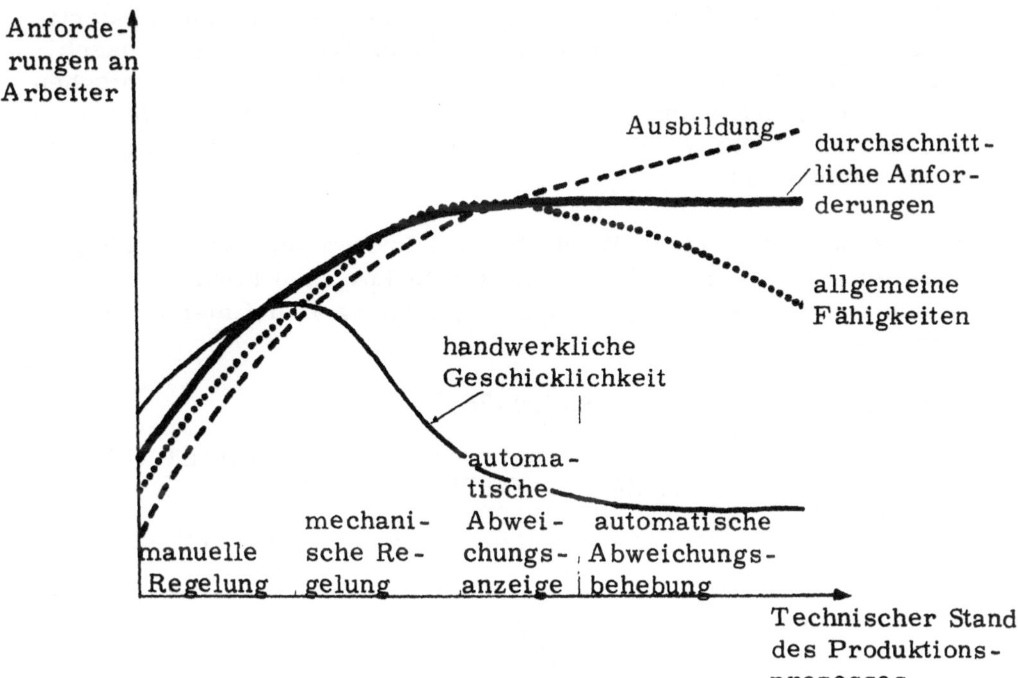

Abb. 50: Anforderungen an Arbeitskräfte in Abhängigkeit vom technischen Stand des Produktionsprozesses[1].

Aus Abbild 50 folgt, daß eine Erhöhung im technischen Stand des Produktionsprozesses - etwa der Übergang von Kopierfräsmaschinen auf numerisch gesteuerte Werkzeugmaschinen - nicht notwendigerweise die Anforderungen an die Arbeitskräfte stark erhöht. Die Veränderung in den Anforderungen hängt maßgeblich von dem schon erreichten technischen Stand ab. Je höher dieser ist, desto geringer sind die zusätzlichen Anforderungen.

In einer Unternehmung gibt es in der Regel nur relativ wenige Operationen, für die maschinelle Anlagen einsetzbar sind, die alle notwendigen Aktionen antizipieren und Abweichungen selbständig be-

1) Aufbauend auf Bright, J. R.: Does Automation Raise Skill Requirements?, a.a.O., S. 92. Bright fand diese Zusammenhänge bei der Untersuchung von 13 Fabriken, die nahezu 50 000 Leute beschäftigten. Vgl. ebenda, S. 97. Vgl. auch Kruse, K.; Kunz, D.; Uhlmann, L.: Wirtschaftliche Auswirkungen der Automation, Berlin-München 1968, S. 86 ff.; Weinberg, E.: a.a.O., S. 87.

heben[1]. Dies trifft besonders für Unternehmen mit Auftragsfertigung zu, die flexible, vielseitig verwendbare Maschinen und maschinelle Anlagen benötigen. Dadurch wird eine Erhöhung des technischen Standes der Unternehmung auch zu einer Erhöhung der Anforderungen an die Arbeiter führen, jedoch nimmt diese Erhöhung mit steigendem technischen Stand ab.

Da absolute empirische Werte für den Prozentsatz fortzubildender Arbeiter PFORA in Abhängigkeit vom technischen Fortschritt nicht gefunden werden konnten, ist der in Gleichung 41 definierte Zusammenhang unterstellt.

```
PFORA.K=TABLE(PFORAT,RTF.K,0,9E-3,3E-3)                41, A
PFORAT=0/.01/.0175/.02                                  41.1, T
      PFORA  - PROZENTSATZ FORTZUBILDENDER ARBEITER (DL)
      TABLE  - DYNAMO-MAKRO (TABELLENFUNKTION)
      PFORAT - TABELLE FUER PFORA
      RTF    - RATE D.TECHNISCHEN FORTSCHRITTS (1/MONAT)
```

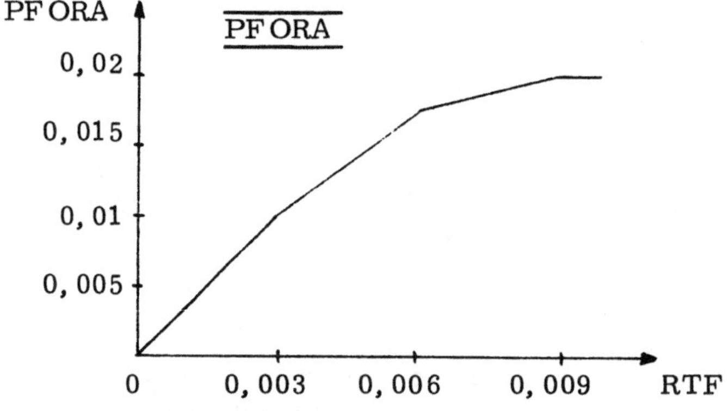

Abb. 51: Graph von PFORA.

Die zweite Variable, die die Zahl der Arbeiter in Ausbildung bestimmt, ist die Rate neu eingestellter Arbeitskräfte. Diese hängt ab von der Zahl der benötigten Arbeitskräfte BENA, der daraus resultierenden gewünschten Einstellrate GER und von der Verfassung des Arbeitsmarktes - ausgedrückt im Arbeitsmarktangebot AMA -, die die tatsächlich erreichbare Einstellrate limitieren kann.

1) Vgl. Bright, J.R.: How to Evaluate Automation, a.a.O., S. 105 ff.; ders.: Automation and Management, a.a.O., S. 17 ff. Ein Beispiel zur Unterstützung dieser Aussage findet sich auch in Ifo-Institut für Wirtschaftsforschung: Die Verbreitung neuer Technologien, Berlin-München 1970, S. 49.

Die Zahl der benötigten Arbeiter ist eine Funktion der gewünschten Produktionskapazität, der pro Ausbringungseinheit benötigten Arbeiter (Arbeitskoeffizient) und einem Term, der die Bereitstellung von Kapital und Arbeitern in den technisch bedingten Proportionen sichert.

```
BENA.K=(AKO.K)(GPROKA.K)(KAPIN.K/(KAKO.K/AKO.K))      42, A
    BENA   - BENOETIGTE ARBEITER (MANN)
    AKO    - ARBEITSKOEFFIZIENT (MANN-MONAT/STUECK)
    GPROKA - GEWUENSCHTE KAPAZITAET (STUECK/MONAT)
    KAPIN  - KAPITALINTENSITAET (DM/MANN)
    KAKO   - KAPITALKOEFFIZIENT (DM-MONAT/STUECK)
```

Das Produkt (AKO) (GPROKA) gibt die Zahl der Arbeiter, die zur Erstellung der gewünschten Ausbringung benötigt wird. Die Einstellung neuer Arbeitskräfte ist nur dann sinnvoll, wenn auch die Arbeitsplätze für diese Arbeiter zur Verfügung stehen. Befindet sich die Unternehmung in einem finanziellen Engpaß, und kann sie nicht in dem Umfange investieren, wie es die Absatzplanung vorsieht, dann ist die Einstellung von Arbeitern, für die keine Maschinen vorhanden sind, nicht sinnvoll. Dies berücksichtigt der Ausdruck KAPIN/(KAKO/AKO), in dem der Quotient aus effektiv vorhandenem Kapitalstock zu Produktionsarbeitern, d. i. die Kapitalintensität[1], zu dem Quotienten aus den technisch bedingten Kapital- und Arbeitskoeffizienten in Beziehung gesetzt ist. Wenn kein Mangel oder Überfluß an Arbeitskräften und/oder Kapitalgütern besteht, ist diese Größe gleich eins. Ist sie kleiner als eins, dann limitiert der vorhandene Bestand an Kapital die Ausbringung der Unternehmung, und die Zahl der dafür benötigten Arbeiter ist geringer als aus der gewünschten Produktionskapazität abgeleitet wird[2]. Dadurch wird auch BENA verringert. Ist die Variable größer als eins, dann besteht gegenwärtig ein Mangel an Arbeitskräften, und die Unternehmung muß versuchen, vermehrt Arbeiter einzustellen.

```
GER.K=(ARB.K/DZU)+(BENA.K-ARB.K-AUA.K*ARB.K)/ARBAZ  43, A
ARBAZ=6                                             43.1, C
    GER    - GEWUENSCHTE EINSTELLRATE (MANN/MONAT)
    ARB    - PRODUKTIONSARBEITER (MANN)
    DZU    - DURCHSCHN.ZEIT IN UNTERNEHMUNG (MONATE)
    BENA   - BENOETIGTE ARBEITER (MANN)
    AUA    - ANTEIL UNBESCHAEFTIGTER ARBEITER (DL)
    ARBAZ  - ARBEITER-ANPASSUNGSZEIT (MONATE)
```

1) Die Kapitalintensität KAPIN ist in Gleichung 52 definiert.

2) Zu den in dieser Aussage implizierten Annahmen über die in der Unternehmung verwandte Produktionsfunktion siehe S. 154 ff. dieser Arbeit.

Die Zahl der benötigten Arbeiter beeinflußt, im Vergleich mit dem vorhandenen Bestand an Arbeitern, die gewünschte Einstellrate GER. Wenn keine signifikante Veränderung in der Zahl der benötigten Arbeitskräfte eintritt, werden grundsätzlich die Arbeiter ersetzt, die im Rahmen der normalen Fluktuation die Unternehmung verlassen. Dies drückt der erste Summand in Gleichung 43 aus. Der zweite Summand erfaßt die Differenz zwischen den benötigten und den vorhandenen Arbeitskräften, wobei zusätzlich die gegenwärtig nicht voll ausgelasteten Arbeiter berücksichtigt werden. Diese Differenz wird über einen Zeitraum von 6 Monaten geglättet, um Reaktionen auf kurzfristige Schwankungen zu vermeiden. Wenn gesetzliche Regelungen die Entlassung nicht benötigter Arbeiter erschweren, kann die Einstellung von Arbeitern eine Investition mit einer Laufzeit von 40 und mehr Jahren darstellen. Deswegen werden Neueinstellungen nur vorgenommen, wenn der Bedarf deutlich genug ist, um nicht durch ARBAZ eliminiert zu werden.

Die Arbeiter in der Ausbildung sind bei der Ermittlung der gewünschten Einstellrate nicht berücksichtigt, da ein relativ konstanter Anteil der Produktionsarbeiter sich jeweils in Aus- bzw. Weiterbildung befindet.

Die tatsächliche Einstellrate hängt ab von der gewünschten Einstellrate GER und der Situation auf dem Arbeitsmarkt. Ist das Arbeitsmarktangebot knapp, dann ist es für die Unternehmung schwierig, die benötigte Zahl von Arbeitern einzustellen, und die effektive Einstellrate kann kleiner sein als die gewünschte. Dies ist in dem Multiplikator AMA erfaßt, der zwischen 0 und 1 variiert werden kann. Für AMA = 0 können keinerlei Arbeiter für die Unternehmung gewonnen werden, für AMA = 1 wird die gesamte Nachfrage befriedigt[1)].

```
AER.KL=MAX(GER.K,0)(AMA)                              44, R
AMA=1                                                 44.1, C
    AER    - ARBEITER-EINSTELLRATE (MANN/MONAT)
    MAX    - DYNAMO-MAKRO (MAXIMUMFUNKTION)
    GER    - GEWUENSCHTE EINSTELLRATE (MANN/MONAT)
    AMA    - ARBEITSMARKTANGEBOT (DL)
```

Die Maximumfunktion garantiert, daß keine negative Zahl von Arbeitern eingestellt wird, daß also nicht de facto Entlassungen vorgenommen werden. Einstellung und Ausscheiden von Arbeitern wer-

---

1) Die Möglichkeit, auch bei einer Übernachfrage nach Arbeitskräften alle gewünschten Arbeiter einstellen zu können, indem höhere Löhne als von den Konkurrenten angeboten werden, ist nicht direkt erfaßt. Sie kann exogen durch eine gleichzeitige Erhöhung von AMA und dem Lohnsatz eingeführt werden.

den häufig in einer Flußgröße, die dann positive und negative Werte annehmen kann, aggregiert. Diese Vereinfachung ist hier nicht gewählt, denn sie würde fälschlicherweise implizieren, daß

(1) die aus der Unternehmung ausscheidenden Arbeiter nur aus der Gruppe der Auszubildenden kommen. Der Bestand an Produktionsarbeitern bliebe unbeeinflußt;

(2) die Entscheidungsregeln und die Verzögerungen für die Entlassung von Arbeitern die gleichen sind wie für deren Einstellung.

Aus diesen Gründen werden die Arbeitereinstellrate und die Arbeiterausscheidungsrate als zwei separate Flußgrößen behandelt.

Arbeiter verlassen die Unternehmung aus zwei Gründen. Einmal auf eigenen Wunsch im Rahmen der normalen Arbeitskräftefluktuation, zum anderen durch Entlassung. Letzteres ist die Aktionsvariable des Management, um den Arbeitskräftebestand an rückläufige Absatzentwicklungen oder an den verringerten Arbeitsbedarf infolge technischer Fortschritte anzupassen. Jedoch kann diese Aktionsmöglichkeit durch rechtliche Vorschriften beschränkt sein[1].

Demzufolge besteht die Arbeiterausscheidungsrate AAR aus zwei Teilen. Der erste Term definiert die Fluktuation, der zweite die Arbeiterzahl, die aus der Unternehmung entlassen wird.

```
AAR.KL=(ARB.K/DZU)+(ARB.K*AUA.K)(BENT.K)/KUEND        45, R
DZU=60                                                45.1, C
KUEND=3                                               45.2, C
     AAR     - AUSSCHEIDENDE ARBEITER (MANN/MONAT)
     ARB     - PRODUKTIONSARBEITER (MANN)
     DZU     - DURCHSCHN.ZEIT IN UNTERNEHMUNG (MONATE)
     AUA     - ANTEIL UNBESCHAEFTIGTER ARBEITER (DL)
     BENT    - BEREITSCHAFT ZU ENTLASSUNGEN (DL)
     KUEND   - KUENDIGUNGSFRIST (MONATE)
```

1) Eine solche rechtliche Vorschrift ist das Abkommen zum Schutz der Arbeitnehmer (Arbeiter und Angestellte) vor Folgen der Rationalisierung zwischen dem bevollmächtigten Vorstand des Gesamtverbandes der metallindustriellen Arbeitgeberverbände e.V. einerseits und der Industriegewerkschaft Metall für die Bundesrepublik Deutschland andererseits auf der Grundlage des Einigungsvorschlages der gemeinsamen Schlichtungsstelle vom 19. Mai 1968 (Rationalisierungsschutzabkommen). Der in § 3 dieses Abkommens festgelegte Anwendungsbereich deckt sich weitgehend mit der hier verwendeten Definition des technischen Fortschritts.

"Most firms face a voluntary quit rate of 20 per 100 employees per year"[1]. Die durchschnittliche Zeit, die ein Arbeiter in der Unternehmung verbleibt, ist somit 60 Monate. Das bedeutet, daß ein Arbeiter während seines produktiven Lebens von etwa 50 Jahren im Durchschnitt in 10 verschiedenen Unternehmen tätig ist.

Die Entscheidung, Arbeitnehmer zu entlassen, hängt ab von dem Anteil unbeschäftigter Arbeiter an der Gesamtbelegschaft und von der Bereitschaft der Unternehmensleitung, Entlassungen vorzunehmen. Zwischen dem Zeitpunkt der Kündigung und dem effektiven Ausscheiden der betroffenen Arbeiter liegt die Kündigungsfrist KUEND, die hier mit drei Monaten angenommen ist.

Der Anteil der unbeschäftigten Arbeiter AUA wird errechnet aus der Differenz zwischen dem verfügbaren Bestand an Produktionsarbeitern ARB und der Zahl der Arbeiter, die benötigt wird, um die gewünschte Ausbringung zu erstellen. Diese ergibt sich aus dem Arbeitskoeffizienten und der Anzahl der in Bearbeitung befindlichen Produkte, dividiert durch die Durchlaufzeit der Produkte.

```
AUA.K=(ARB.K-AKO.K*PROP.K/DZEIT.K)/ARB.K                      46, A
    AUA    - ANTEIL UNBESCHAEFTIGTER ARBEITER (DL)
    ARB    - PRODUKTIONSARBEITER (MANN)
    AKO    - ARBEITSKOEFFIZIENT (MANN-MONAT/STUECK)
    PROP   - PRODUKTE IM PRODUKTIONSPROZESS (STUECK)
    DZEIT  - DURCHLAUFZEIT (MONATE)
```

Der Begriff "unbeschäftigte Arbeiter" wird neutral gebraucht. AUA kann größer, kleiner oder gleich Null sein. Für AUA < 0 ist der verfügbare Bestand an Produktionsarbeitern kleiner als der benötigte und limitiert die gewünschte Ausbringung. Dies wird verursacht durch eine verstärkte Nachfrage nach Arbeitskräften, die die Unternehmung nicht befriedigen kann oder nicht befriedigen will. Gründe hierfür können sein:

(1) die Erwartungen der Unternehmensleitung, daß es sich nur um eine kurzfristige Nachfragesteigerung handelt, die nicht lange genug andauert, um vermehrte Neueinstellungen zu rechtfertigen;

---

1) Brozen, Y.: Automation's Impact on Capital and Labor Markets, in: Jacobson, H.B. and Roucek, J.S. (eds.): Automation and Society, New York, N.Y. 1959, S. 286. Eine andere Quelle gibt für die Zeitreihe von 1930 - 1963 ähnliche Werte. Die Gesamtausscheidungsrate (Kündigungen und Entlassungen) liegt mit 4 % der Beschäftigten pro Monat wesentlich höher. Siehe U.S. President: Economic Report of the President, Washington, D.C. 1964, S. 244.

(2) das Angebot an Arbeitskräften ist so knapp, daß die Nachfrage nicht voll erfüllt werden kann (AMA $<$ 1).

Dies führt zu einem Mangel an Arbeitskräften in der Unternehmung. Um die gewünschte Ausbringung zu erstellen, müssen die vorhandenen Arbeiter Überstunden leisten. Diese Möglichkeit ist jedoch durch physische und gesetzliche Umstände begrenzt. Es ist unterstellt, daß die vorhandene Arbeiterkapazität durch Überstunden um 10 % ausgedehnt werden kann und eine kurzfristig mobilisierbare Reservekapazität darstellt[1].

Für AUA $>$ 0 hat die Unternehmung einen Überschuß an Arbeitskräften. Dies kann entweder aus der Freisetzung von Arbeitern, die nicht durch erhöhte Ausbringung kompensiert werden kann, herrühren oder auch durch einen Nachfragerückgang nach den Produkten der Unternehmung verursacht sein. Ob der Arbeitskräfteüberschuß entlassen wird, hängt von der Bereitschaft der Unternehmung ab, Kündigungen auszusprechen. Das Konzept der Bereitschaft zu Entlassungen BENT ist ein komplexer Ausdrück, der von mehreren Faktoren beeinflußt wird.

(1) Rechtliche Bestimmungen können die Entlassung von freigesetzten Arbeitskräften verhindern, um die Beschäftigten vor dem Verlust ihrer Arbeitsplätze zu schützen. Dieses Verbot kann nicht absolut sein, da ein hoher Anteil von unbeschäftigten Arbeitern die Unternehmung konkurrenzunfähig machen und in Konkurs zwingen kann. Für große Werte von AUA müssen deshalb Entlassungen möglich sein.

(2) Selbst wenn Entlassungen nicht durch rechtliche Bestimmungen verhindert oder erschwert werden, können sie zu Widerständen innerhalb und außerhalb der Unternehmung führen. Die Unternehmung zieht es deshalb vor, die Belegschaft durch "silent firing" zu reduzieren, d.h. auf eigenen Wunsch ausscheidende Arbeitskräfte nicht zu ersetzen.

(3) Die Entlassung von Arbeitern bedeutet den Verlust der in deren Ausbildung investierten Mittel. Erwartet die Unternehmung, die gegenwärtig unbeschäftigten Arbeiter in der Zukunft produktiv einsetzen zu können, wird sie sie in der Unternehmung halten, um spätere Aufwendungen für die Ausbildung von Neueinstellungen zu vermeiden.

---

1) Der Einfluß von Überstundenarbeit auf die Stückkosten ist vernachlässigt, da ein ungenügendes Arbeitsangebot Unternehmung und Konkurrenz gleichermaßen trifft. Die daraus resultierende Kostensteigerung ist daher wettbewerbsneutral.

(4) Geringe Anteile unbeschäftigter Arbeiter sind schwierig zu entdecken, da die unvollständige Auslastung nicht offen in Erscheinung tritt, sondern dadurch verdeckt ist, daß mehr Arbeiter als technisch nötig bestimmte Operationen ausführen.

Aus diesen Argumenten folgt, daß die Bereitschaft zu Entlassungen für kleine Werte von AUA ebenfalls klein sein wird und mit zunehmendem Anteil der unbeschäftigten Arbeiter ansteigt. Der folgende Zusammenhang ist dabei unterstellt.

```
BENT.K=TABHL(BENTT,AUA.K,0,.1,.02)                    47, A
BENTT=0/0/.1/.25/.85/1                                47.1, T
    BENT   - BEREITSCHAFT ZU ENTLASSUNGEN (DL)
    TABHL  - DYNAMO-MAKRO (TABELLENFUNKTION)
    BENTT  - TABELLE FUER BENT
    AUA    - ANTEIL UNBESCHAEFTIGTER ARBEITER (DL)
```

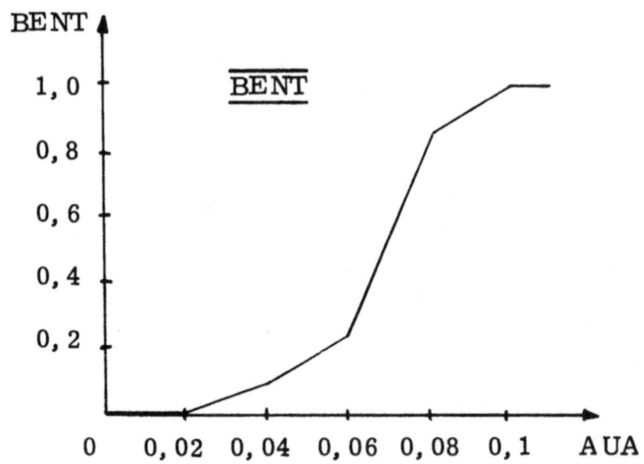

Abb. 52: Graph von BENT.

Sind mehr als 10 % der Arbeiter unbeschäftigt, dann werden alle nicht produktiv einsetzbaren Produktionsarbeiter entlassen (BENT = 1). Für kleinere Werte von AUA sinkt BENT bis auf Null ab.

Die allgemeine Form der Kurve wird für Groß- und Kleinunternehmen die gleiche sein, allerdings mit verschiedenen numerischen Werten. Je größer die Unternehmung ist, desto bedeutender sind die oben angeführten Punkte. Sehr großen Unternehmen wird es nahezu unmöglich sein, durch technischen Fortschritt freigesetzte Arbeitskräfte zu entlassen, und die Kurve von BENT verschiebt sich nach rechts. Jedoch haben diese Unternehmen die Möglichkeit, die betroffenen Arbeiter innerhalb der Unternehmung in verschiedenen Betrieben einzusetzen und produktiv zu beschäftigen.

Mangel an Arbeitskräften, der sich direkt als ungenügendes Angebot auf dem Arbeitsmarkt oder indirekt in schnell steigenden Lohnkosten ausdrückt, ist ein starker Anreiz, arbeitssparenden technischen Fortschritt zu implementieren. Dieser ist langfristig die einzige Möglichkeit, die Arbeitsproduktivität zu erhöhen und so, mit einem gegebenen Arbeitskräfteangebot, die Ausbringung zu steigern[1]. Der Anreiz für arbeitssparenden technischen Fortschritt wird größer, wenn der Arbeitskräftemangel drängender wird. Dieser Mangel muß einen Schwellenwert überschreiten, um als verläß-

```
INDTF.K=TABHL(INDTFT,AUA.K,-.07,0,.01)                    48, A
INDTFT=1.5/1.5/1.47/1.43/1.3/1.12/1/1                     48.1, T
    INDTF  - INDUZIERTER TECHNISCHER FORTSCHRITT (DL)
    TABHL  - DYNAMO-MAKRO (TABELLENFUNKTION)
    INDTFT - TABELLE FUER INDTF
    AUA    - ANTEIL UNBESCHAEFTIGTER ARBEITER (DL)
```

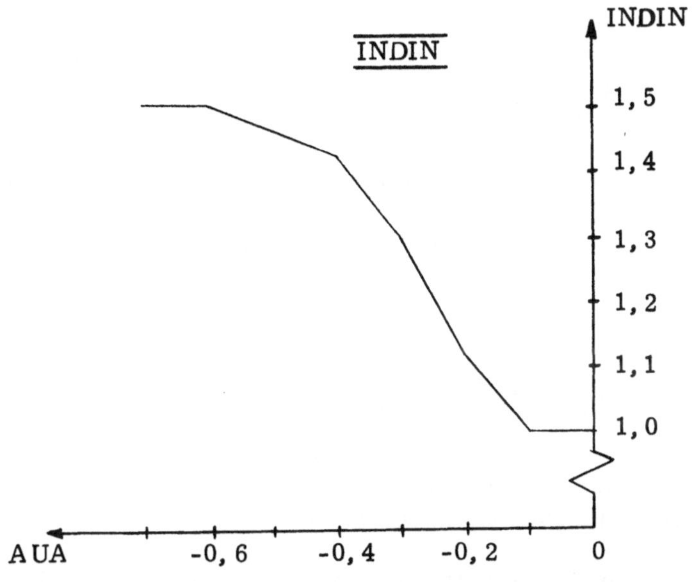

Abb. 53: Graph von INDIN.

1) Vgl. z.B. Bombach, G.: Quantitative und monetäre Aspekte des Wirtschaftswachstums, in: Schneider, E. (Hrsg.): Finanz- und währungspolitische Bedingungen stetigen Wirtschaftswachstums, SchVSocpol, N.F., Bd. 15, Berlin 1959, S. 181; Friedrichs, G.: Technischer Fortschritt und Beschäftigung in Deutschland, in: Friedrichs, G. (Hrsg.): Automation und technischer Fortschritt in Deutschland und den USA, Frankfurt a.M. 1963, S. 82.

licher Indikator für längerfristige Übernachfrage nach Arbeitern zu dienen und die Entwicklung arbeitssparender technischer Fortschritte zu initiieren. Jedoch sind bei der Forschung und Entwicklung und bei der Implementierung derer Ergebnisse finanzielle und personelle Schranken gegeben, die ein überdimensioniertes Bemühen um arbeitssparende technische Fortschritte begrenzen. Daraus folgt, daß die Kurve der Zusammenhänge zwischen Mangel an Arbeitskräften und der Induzierung technischer Fortschritte S-förmig sein muß.

Fehlen der Unternehmung 6 % oder mehr ihrer gewünschten Arbeitskräfte, dann versucht sie, verstärkt arbeitssparende technische Fortschritte zu entwickeln und zu implementieren.

b) Lohnkosten und Gemeinkosten

In dem Subsektor "Lohnkosten und Gemeinkosten" werden die Kosten ermittelt, die durch die Bereitstellung und durch den Einsatz des Produktionsfaktors Arbeit anfallen. Die Komponenten dieses Subsektors und deren Beziehungen zu den anderen Elementen des Modells zeigt Abbild 54.

Zur Ermittlung der Lohnkosten wird der gesamte Bestand an explizit behandelten Arbeitskräften errechnet, der sich aus der Summe der Produktionsarbeiter ARB und der sich in Ausbildung befindenden Arbeiter AAUS ergibt.

```
GESARB.K=ARB.K+AAUS.K                                   49, A
    GESARB - GESAMTE ARBEITER (MANN)
    ARB    - PRODUKTIONSARBEITER (MANN)
    AAUS   - ARBEITER IN AUSBILDUNG (MANN)
```

Da Homogenität der Arbeiter unterstellt wurde, gilt für beide Gruppen der gleiche durchschnittliche Lohnsatz.

Ansteigende Lohnkosten stellen einen starken Anreiz zur Implementierung technischen Fortschritts dar, jedoch besteht auf der Ebene der Einzelunternehmung keine enge Rückkopplungsbeziehung zwischen technischem Fortschritt mit der daraus resultierenden Steigerung der Arbeitsproduktivität und gesamtwirtschaftlichen Lohnsteigerungen[1)]. Dadurch müssen Lohnsteigerungen nicht endogen in das Modell eingeführt werden, sondern können exogen behandelt werden.

---

1) Diese Aussage bezieht sich ausschließlich auf eine einzelne Unternehmung, für die die gestrichelte Feedbacklinie nicht von Bedeutung ist.

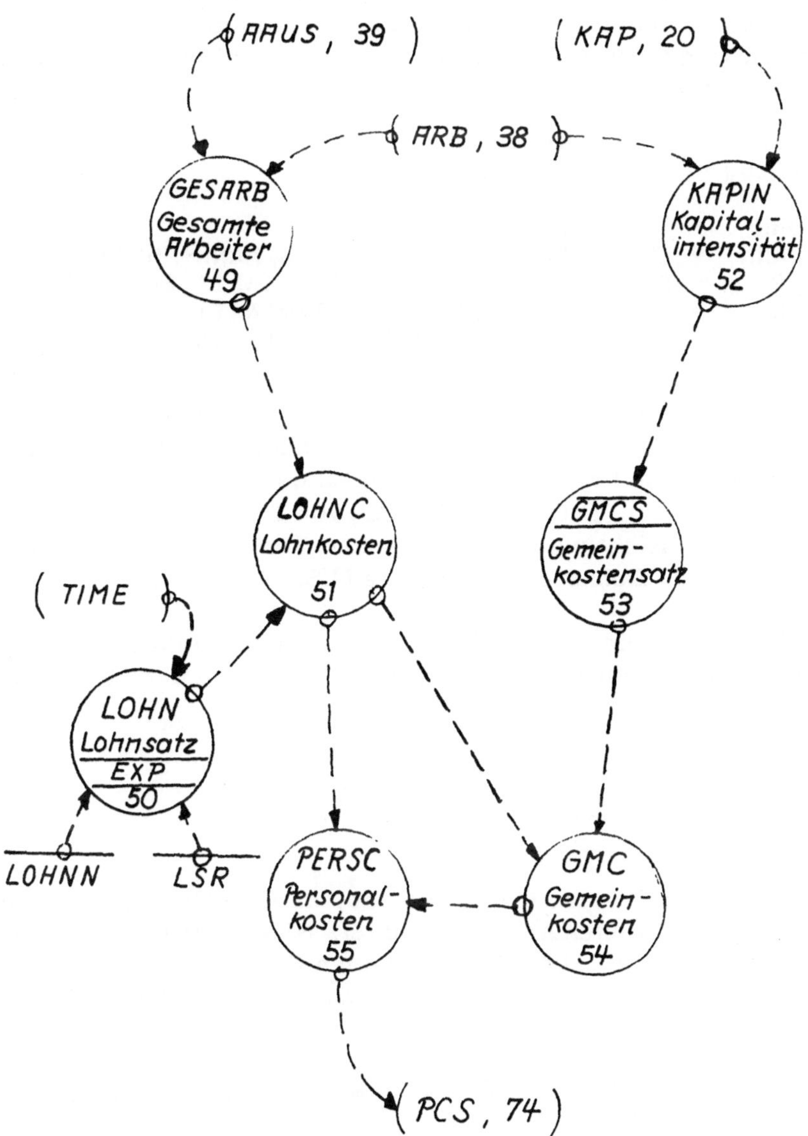

Abb. 54: Lohnkosten und Gemeinkosten.

Lohnerhöhungen werden in der Regel auf prozentueller und nicht auf absoluter Basis ausgehandelt. Dies führt zu exponentiellem und nicht zu linearem Wachstum der Löhne im Zeitablauf. Dem folgend wird die Entwicklung des Lohnsatzes im Zeitablauf durch eine Exponentialfunktion gegeben.

```
LOHN.K=LOHNN*EXP(LSR*TIME.K)                                   50, A
LOHNN=1200                                                     50.1, C
LSR=0                                                          50.2, C
    LOHN   - LOHNSATZ (DM/MANN-MONAT)
    LOHNN  - LOHNSATZ ANFANGSWERT (DM/MANN-MONAT)
    EXP    - EXPONENTIALFUNKTION ZUR BASIS E=2,718...
    LSR    - LOHNSTEIGERUNGSRATE (1/MONAT)
    TIME   - ZEIT IM SIMULATIONSLAUF (MONATE)
```

Der Anfangswert des Lohnsatzes, den die Unternehmung für die Beschäftigung des Faktors Arbeit entrichten muß, wird mit DM 1200,-- pro Mann und Monat angenommen. Im Basislauf bleibt der Lohnsatz konstant (LSR = 0). Die Auswirkungen von Lohnsteigerungen insbesondere auf die Richtung des technischen Fortschritts werden durch Modifikation der Lohnsteigerungsrate (LSR > 0) getestet.

Die Lohnkosten, die für die Arbeiter pro Monat anfallen, ermitteln sich als mathematische Produkt von GESARB und dem Lohnsatz.

```
LOHNC.K=(GESARB.K)(LOHN.K)                                     51, A
    LOHNC  - LOHNKOSTEN (DM/MONAT)
    GESARB - GESAMTE ARBEITER (MANN)
    LOHN   - LOHNSATZ (DM/MANN-MONAT)
```

LOHNC enthält teilweise Gemeinkosten, da GESARB auch die in der Ausbildung befindlichen Arbeiter umfaßt. Nicht enthalten sind jedoch solche Beschäftigte, die in Allgemeinen Kostenstellen (Kraftwerk, Wasserversorgung), Fertigungshilfsstellen (Arbeitsvorbereitung,

---

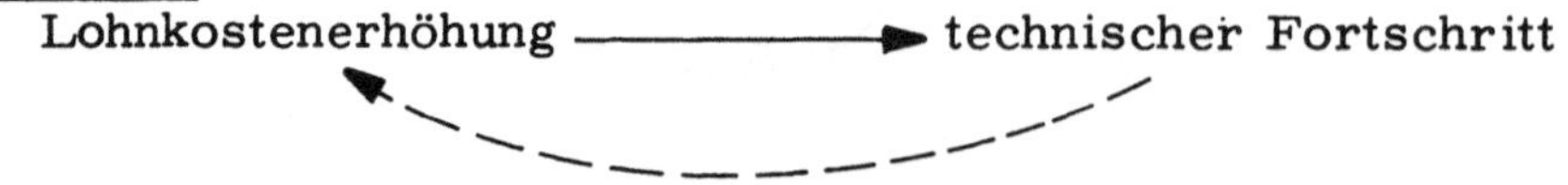

Für einen Industriezweig oder die gesamte Volkswirtschaft schafft der technische Fortschritt die Produktivitätssteigerungen, die die Voraussetzung für kostenneutrale Lohnsteigerungen sind, und beide stehen in einem sehr engen Feedbackverhältnis. Siehe auch die Diskussion bei Walter, H.: Der technische Fortschritt in der neueren ökonomischen Theorie, a.a.O., S. 188 ff., bes. S. 191 f. über faktorpreis-induzierten Fortschritt oder fortschritts-induzierte Faktorpreise.

Konstruktionsbüro) und in den Verwaltungsstellen (Unternehmensleitung, Rechnungswesen) tätig sind. Diese und ähnliche Kostenarten werden in einem Gemeinkostenzuschlag auf die Lohnkosten verrechnet.

Es ist ein wesentliches Charakteristikum des technischen Fortschritts beim Produktionsprozeß, daß er eine Verlagerung weg von den direkten operativen hin zu den planenden und überwachenden Tätigkeiten bewirkt. Diese Entwicklung veranschaulicht Abbild 55, das das Verhältnis zwischen den sog. "blue-collar workers" und den "white-collar workers" wiedergibt.

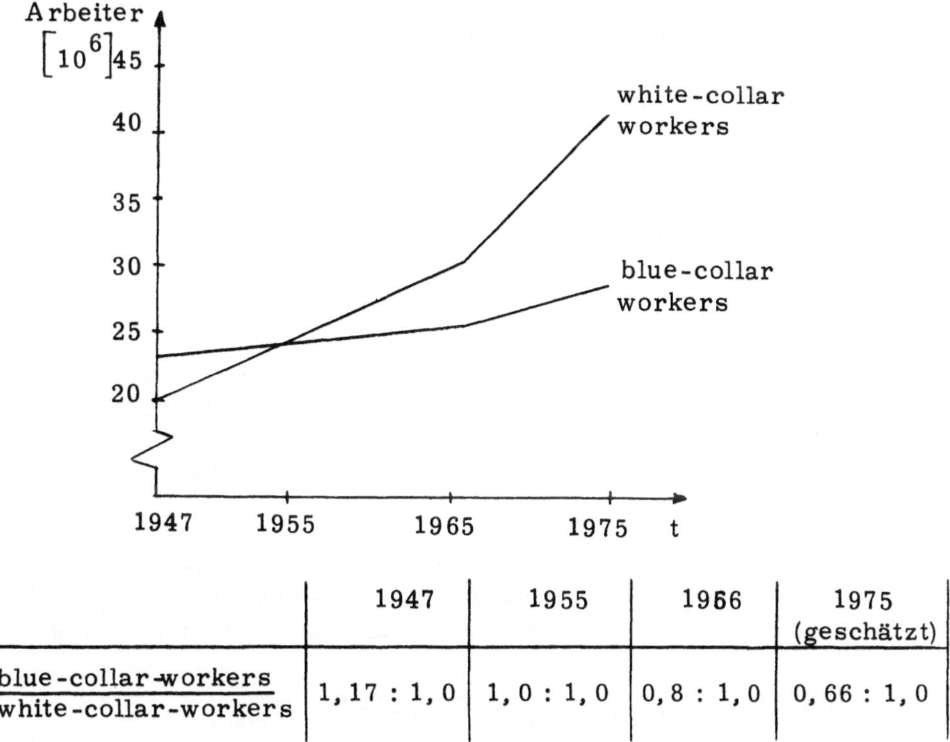

	1947	1955	1966	1975 (geschätzt)
$\frac{\text{blue-collar-workers}}{\text{white-collar-workers}}$	1,17 : 1,0	1,0 : 1,0	0,8 : 1,0	0,66 : 1,0

Abb. 55: Verteilung von "blue- and white-collar workers" in the USA[1].

1) Nach U.S. Department of Labor: Manpower Report of the President, Washington, D.C. 1967, S. 212. Abbild 55 zeigt den langfristigen Trend in der Verteilung der Arbeitskräfte; oszillative Abweichungen sind nicht berücksichtigt. Der Knick in den Kurven nach dem Jahr 1966 rührt von dem Nachwachsen der geburtsstarken Jahrgänge Anfang der fünfziger Jahre in die erwerbstätige Bevölkerung.

Während der Dekade von 1950 - 1960 "the numbers of

a) professional and technical workers increased 66 %;
b) other white collar workers increased 18 %;
c) blue collar and service workers increased 9 %"[1].

Diese Veränderung in dem Verhältnis von "blue- and white-collar workers" führte zu einem Anwachsen der nicht direkt in der Produktion tätigen Beschäftigten von mehr als 50 %[2]. Im folgenden wird unterstellt, daß der daraus resultierende Anstieg der Gemeinkosten mit der Erhöhung der Kapitalintensität eng korreliert ist. Je höher die Kapitalintensität ist, desto höher ist auch der Personalaufwand für Wartung, Umrüstung, Reparatur etc. der Maschinen und maschinellen Anlagen und desto sorgfältiger muß die kurz- und langfristige Produktionsplanung durchgeführt werden.

Die Kapitalintensität ist definiert als das verfügbare Anlagevermögen KAP pro Produktionsarbeiter ARB.

```
KAPIN.K=KAP.K/ARB.K                                    52, A
     KAPIN   - KAPITALINTENSITAET (DM/MANN)
     KAP     - KAPITAL (DM)
     ARB     - PRODUKTIONSARBEITER (MANN)
```

Der Gemeinkostenzuschlag auf die Lohnkosten LOHNC wird in Abhängigkeit von der Kapitalintensität der Unternehmung ermittelt. Er gibt den Wert an, der für jede Einheit der Lohnkosten zusätzlich zu verrechnen ist und umfaßt all solche Gemeinkosten, die nicht - wie z.B. die Abschreibungen - explizit erfaßt sind.

Die Steigung von GMCS nimmt mit wachsenden Werten von KAPIN ab. Je höher der Mechanisierungsgrad eines Produktionsprozesses ist, desto größer ist der Zwang, aber auch die Möglichkeit, hoch-

```
GMCS.K=TABLE(GMCST,KAPIN.K,0,10E4,2E4)                 53, A
GMCST=.15/.33/.4/.45/.48/.5                            53.1, T
     GMCS    - GEMEINKOSTENSATZ (DL)
     TABLE   - DYNAMO-MAKRO (TABELLENFUNKTION)
     GMCST   - TABELLE FUER GMCS
     KAPIN   - KAPITALINTENSITAET (DM/MANN)
```

1) Jaffee, A.J. and Froomkin, J.: a.a.O., S. 77. (Im Original z.T. in Kursivdruck). Für die bis 1975 zu erwartende Entwicklung siehe Weinberg, E.: a.a.O., S. 87.

2) Vgl. Jaffee, A.J. and Froomkin, J.: a.a.O., S. 52. Siehe auch Brozen, Y.: Automation's Impact on Capital and Labor Markets, a.a.O., S. 284.

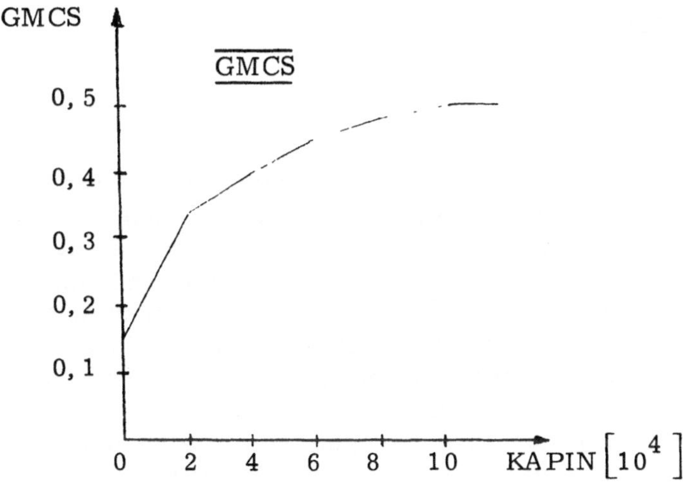

Abb. 56: Graph von GMCS.

entwickelte Planungs- und Kontrollverfahren, insbesondere computerorientierte Methoden einzusetzen. Diese Verfahren haben in der Regel hohe Fixkosten und relativ geringe variable Kosten, so daß der Einsatz solcher Methoden für zusätzliche Aufgaben mit geringen Grenzkosten verbunden ist. Dadurch sinkt die Steigung von GMCS.

Die Tabellenfunktion 53 ist die numerische Formulierung der hypothetischen Zusammenhänge zwischen Gemeinkostensatz und Kapitalintensität innerhalb einer Unternehmung. Es ist keine Inter-Industrie-Hypothese, die einen spezifischen Gemeinkostenzuschlag für einen Industriezweig mit einer gegebenen Kapitalintensität formuliert.

Die Gemeinkosten GMC ergeben sich als Produkt aus Lohnkosten und Gemeinkostensatz.

```
GMC.K=(LOHNC.K)(GMCS.K)                          54, A
     GMC     - GEMEINKOSTEN (DM/MONAT)
     LOHNC   - LOHNKOSTEN (DM/MONAT)
     GMCS    - GEMEINKOSTENSATZ (DL)
```

Die gesamten Personalkosten der Unternehmung sind die Summe der Gemeinkosten und der Lohnkosten LOHNC.

```
PERSC.K=LOHNC.K+GMC.K                            55, A
     PERSC   - PERSONALKOSTEN (DM/MONAT)
     LOHNC   - LOHNKOSTEN (DM/MONAT)
     GMC     - GEMEINKOSTEN (DM/MONAT)
```

4. Produktionssektor

Der Produktionssektor beschreibt die Kombination der Produktionsfaktoren zur Erstellung der gewünschten Ausbringung und die Veränderung der Produktionsfunktion im Zeitablauf. Er besteht aus drei Subsektoren. Der erste diskutiert den Typ der verwendeten Produktionsfunktion und deren Veränderung durch den technischen Fortschritt. Der zweite Subsektor behandelt den Produktionsprozeß mit der Kombination der Faktoren Kapital und Arbeit in den durch die Produktionsfunktion bestimmten Proportionen; er zeigt den Informationsfluß und die Entscheidungsregeln vom Auftragseingang über den Auftragsbestand und die in Bearbeitung befindlichen Produkte bis hin zum Output. Im dritten Subsektor werden die Kosten der Leistungserstellung ermittelt. Diese Kosten sind die Haupteinflußgröße des Produktionssektors auf den Absatzsektor.

Auf der Grundlage eines zwischenstaatlichen Vergleichs von 24 verarbeitenden Industriezweigen in 19 verschiedenen Ländern ermittelten Arrow, Chenery, Minhas und Solow, daß die Substitutionselastizität zwischen den Produktionsfaktoren Kapital und Arbeit grundsätzlich kleiner als eins ist[1)2)]. Dieses Ergebnis zeigt, daß die häufig verwendete Cobb-Douglas Produktionsfunktion mit einer Substitutionselastizität von eins nicht generell verwendbar ist[3)].

---

1) Siehe Arrow, K. J.; Chenery, H. B.; Minhas, B. S. and Solow, R. M.: Capital-Labor Substitution and Economic Efficiency, in: REcSt, Vol. 43 (1961), S. 225 - 250.

2) Die Substitutionselastizität ε, die zuerst von Hicks, J. R.: a. a. O., S. 117 ff. eingeführt wurde, ist im Zwei-Faktoren Fall die relative Änderung der Kapitalintensität dividiert durch die relative Änderung der Grenzrate der Substitution. In der üblichen Notation:

$$\varepsilon = \frac{d\left(\frac{K}{A}\right)}{\frac{K}{A}} : \frac{d\left(\frac{dK}{dA}\right)}{\frac{dK}{dA}} = \frac{d(\tan\alpha)}{\tan\alpha} : \frac{d(\tan\beta)}{\tan\beta}$$

Eine Diskussion verschiedener Definitionen der Substitutionselastizität findet sich bei Hesse, H. und Gahlen, B.: Die Beziehungen zwischen eigentlicher und historischer Substitutionselastizität bei technischem Fortschritt, in: WW, Bd. 99 (1967, II), S. 175 - 224.

3) Aufgrund dieser Erkenntnis entwickelten Arrow, Chenery, Minhas und Solow eine Produktionsfunktion mit konstanter Substitutionselastizität (CES), die die üblicherweise verwendeten Produktions-

Bei der Diskussion, welche Funktion den Produktionsprozeß der Unternehmung realitätskonform beschreibt, ist streng zu unterscheiden, zwischen der zu einem bestimmten Zeitpunkt realisierten Produktionsfunktion und dem Bereich alternativer Produktionsfunktionen, die in der Zukunft realisierbar sind. Während ex post, d.h. auf der Basis einer gegebenen Produktionsfunktion, keinerlei Substitutionsmöglichkeit zwischen den Produktionsfaktoren vorhanden sein mag, kann diese Möglichkeit ex ante bei der Auswahl verschiedener zukünftiger Produktionsalternativen sehr wohl bestehen.

Kurzfristig, das ist hier ein Monat, ist es für die Unternehmung nicht möglich, Kapital und Arbeit gegeneinander zu substituieren. Operationen, die durch hochentwickelte Maschinen ausgeführt werden, können kurzfristig nicht so abgeändert werden, daß sie von einer Anzahl von Arbeitern mit einfachen Handwerkszeugen durchführbar sind. Je höher der allgemeine technische Entwicklungsstand eines Produktionsprozesses ist, desto gültiger ist diese Aussage. Beim Ausfall einer automatischen Transferstraße kann das Bedienungs- und Überwachungspersonal nicht deren Funktionen übernehmen, son-

---

funktionen als Sonderfälle umfaßt. Die CES-Funktion kann Substitutionselastizitäten zwischen unendlich, d.h. die Grenzrate der Substitution ist konstant für alle Werte der Kapitalintensität (geradlinige Isoquanten, Abb. 57.1) und null, die Veränderung der Kapitalintensität ist für alle Veränderungen der Grenzrate der Substitution null (rechtwinklige Isoquanten, Abb. 57.3), aufweisen.

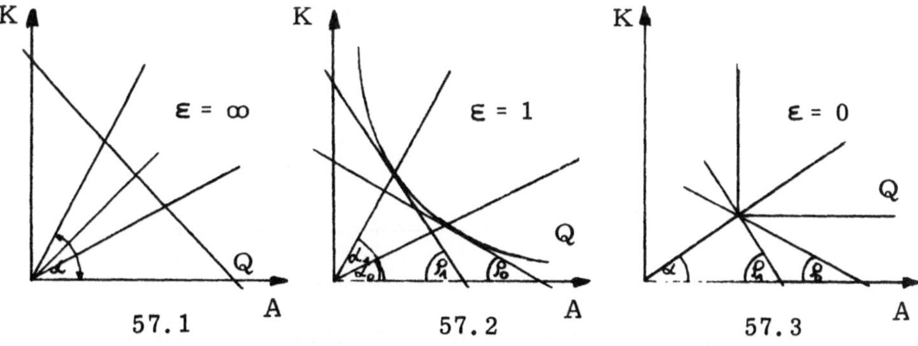

Abb. 57: Verschiedene Werte der Substitutionselastizität.

Für $\varepsilon = 1$ (die Isoquanten sind rechtwinklige Hyperbeln, Abb. 57.2) ist die CES-Funktion mit der Cobb-Douglas Funktion, für $\varepsilon = 0$ mit der Walras-Leontief-Harrod-Domar Funktion identisch. Für eine Diskussion der ökonomischen Relevanz der einzelnen Werte von ε, insbesondere von $\varepsilon > 1$ siehe Walter, H.: Der technische Fortschritt in der neueren ökonomischen Theorie, a.a.O., S. 33 ff.

dern verbleibt unbeschäftigt. Kapital und Arbeit müssen in fixierten, technisch determinierten Proportionen eingesetzt werden; wenn ein Produktionsfaktor nicht verfügbar ist, so kann der andere Faktor nicht dessen Funktionen mitübernehmen[1]. Kurzfristig gesehen ist die der Unternehmung adäquate Produktionsfunktion eine Leontief-Funktion mit einer Substitutionselastizität von null. Der Minimumfaktor limitiert das erzielbare Produktionsergebnis, und die Produktionsfunktion hat die Form

$$Q(t) = \text{Min} \left[\frac{K(t)}{k(t)}, \frac{A(t)}{a(t)} \right]. \qquad (30)$$

Die kleinen Buchstaben k und a stehen für den zur Zeit t gültigen Kapital- bzw. den Arbeitskoeffizienten, die beide durch den technischen Stand τ der Unternehmung bestimmt werden.

Die Isoquanten der Produktionsfunktion (30) sind rechtwinklig, und deren Eckpunkte stellen die einzigen effizienten Faktorkombinationen dar (Abbild 58).

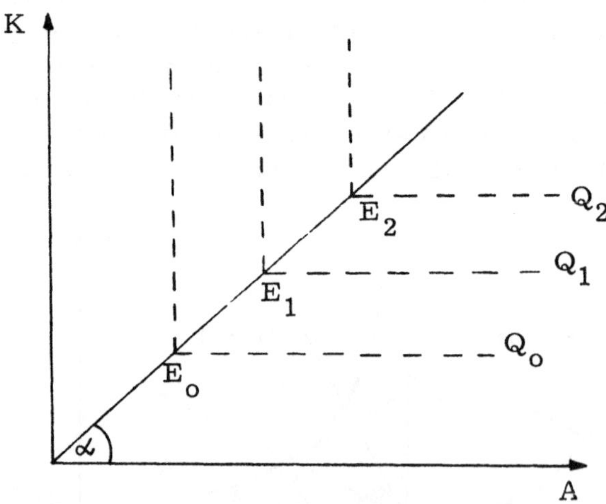

Abb. 58: Isoquanten einer linear-limitationalen Produktionsfunktion.

1) Zur Berechtigung der Unterstellung mikroökonomischer Produktionsfunktionen mit fixierten Inputkoeffizienten siehe z.B. Ehrlicher, W.: Finanzwissenschaft, a.a.O., S. 403; Gutenberg, E.: Grundlagen der Betriebswirtschaftslehre, Bd. I: Die Produktion, a.a.O., S. 306 ff.; Solow, R. M.: Substitution and Fixed Proportions in the Theory of Capital, a.a.O.

Da die Leontief-Produktionsfunktion linear-homogen[1] ist (constant returns to scale), ist der Expansionspfad E_0, E_1, E_2 ... eine Gerade, die vom Ursprung in die Isoquantenebene ausgeht. Die Steigung dieser Geraden wird von den technischen Gegebenheiten des Produktionsprozesses, ausgedrückt in k und a, bestimmt (tan = k(t)/a(t)) und gibt an, wieviel Kapital zur Zeit t pro Arbeiter bereitgestellt werden muß, um dessen Arbeitskraft effizient zu nutzen.

Da die Größen k(t) und/oder a(t) durch den technischen Fortschritt verändert werden, kann sich auch die Kapitalintensität im Zeitablauf verändern. Die Substitution zwischen Kapital und Arbeit, die kurzfristig bei gegebener Produktionsfunktion nicht möglich ist, wird längerfristig durch den Übergang auf eine neue Produktionsfunktion möglich[2]. Die Substitutionsmöglichkeit hängt dabei ab von der Anzahl der realisierbaren Produktionsalternativen und von der Geschwindigkeit, mit der die Unternehmung von der gegenwärtig reali-

---

1) Eine Funktion ist homogen vom Grade b, wenn gilt

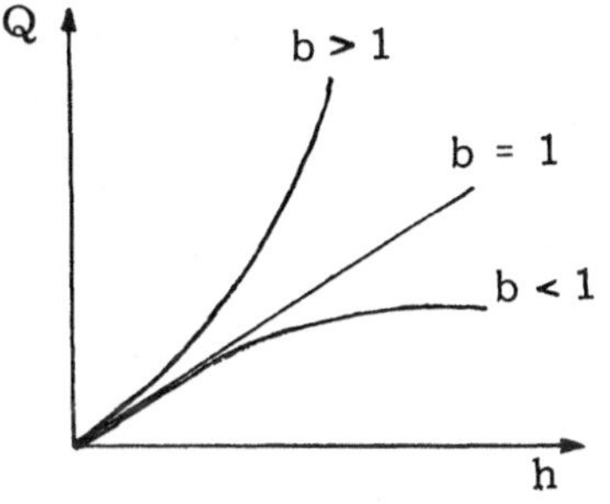

$F(hz_1, hz_2, \ldots hz_n) = h^b F(z_1, z_2, \ldots z_n)$ für $b > 0$. Bei b = 1 ist die Funktion homogen vom Grade 1 (linear-homogen) und hat constant returns to scale, bei $b > 1$ hat sie steigende und bei $b < 1$ abnehmende Skalenerträge. Daraus folgt, daß für b = 1 die Grenzkosten konstant sind, für $b > 1$ abnehmen und für $b < 1$ zunehmen.

2) "Substitution between labor and capital is possible only *ex ante*, at the time when it is being decided what kind of machine should be built (the Marshallian long period) and is not possible *ex post*, once the machine has been built (the Mashallian short period)". (Matthews, R. C. O.: "The New View of Investment": Comment, a. a. O., S. 167, statt der Sperrung im Original kursiv). Vgl. auch Johansen, L.: Substitution versus Fixed Production Coefficients in the Theory of Economic Growth: A Synthesis, a. a. O.; Salter, W. E. G.: a. a. O., S. 17 ff.
In der anglo-amerikanischen Literatur wird anstatt der Begriffe ex ante - ex post auch das anschauliche, auf Phelps zurückgehende Begriffspaar "putty" und "clay" gebraucht. Substitutionalität ex ante und ex post wird dann als putty-putty Fall, der hier relevante Fall der ex ante-Substitutionalität und ex post-Limitationalität wird als putty-clay bezeichnet. Siehe Phelps, E. S.: Substitution, Fixed Proportions, Growth and Distribution, in: IER, Vol. 4 (1963), S. 265 - 288.

sierten Produktionsfunktion auf effizientere Funktionen überwechseln kann. Für eine gegebene Produktionsfunktion sind die Produktionskoeffizienten jedoch fixiert. Ihre Variation ist nur durch eine Abfolge von Produktionsfunktionen im Zeitablauf möglich.

Selbst wenn die Anzahl der gegenwärtig verfügbaren alternativen Produktionsprozesse begrenzt ist und die Unternehmung schon die effizienteste Alternative realisiert hat, bietet der technologische Fortschritt ständig neue, produktivere Fertigungsmöglichkeiten. Mehr und mehr Kombinationsmöglichkeiten zwischen neuen oder verbesserten Maschinen und Fertigungsverfahren werden durch Forschung und Entwicklung geschaffen und erlauben die Auswahl verschiedener Produktionsfunktionen auf einem höheren technischen Niveau τ. Diese Alternativen können schon so ausgereift sein, daß ihr sofortiger Einsatz möglich ist, oder sie benötigen noch zusätzliche Entwicklung und Überarbeitung, um technologisch durchführbar und ökonomisch profitabel zu sein. In beiden Fällen ist bei der Entscheidung über die Art der zukünftigen Produktionsverfahren nicht nur die gegenwärtig angewandte Produktionsfunktion mit ihren fixierten Koeffizienten zu berücksichtigen, sondern auch die Menge der Produktionsfunktionen mit verschiedenen Kapital- und/oder Arbeitskoeffizienten. Bei dem Übergang auf eine solche Produktionsfunktion ist eine Substitution zwischen Kapital und Arbeit möglich (vgl. Abbild 59).

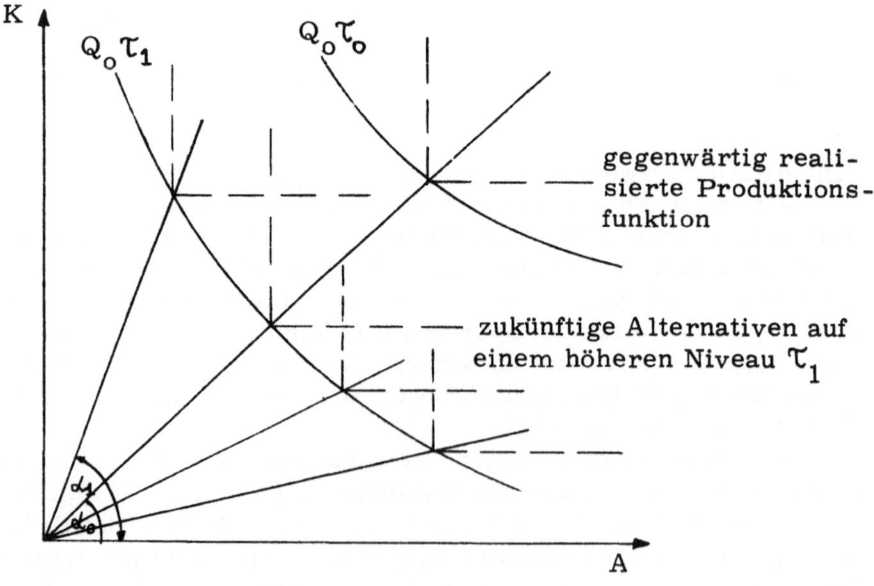

Abb. 59: Zukünftige alternative Produktionsfunktionen.

Die Linie Q_o, τ_o verbindet die effizienten Faktorkombinationen alternativer Produktionsfunktionen auf demselben technischen Niveau. Für eine genügend große Anzahl verschiedener Produktionsalternativen kann diese Linie als kontinuierlich und stetig angesehen werden. Der Übergang von der gegenwärtigen Produktionsfunktion auf eine andere Funktion entlang der Q_o, τ_o Linie würde reine Faktorsubstitution ohne technischen Fortschritt darstellen. Bei konstanten Preisen ist das nur dann rational, wenn die gegenwärtig angewandte Produktionsfunktion nicht optimal für den Stand der Technik τ_o ist. Der Übergang von einer Funktion auf der Q_o, τ_o Linie zu einer Produktionsfunktion auf der Q_o, τ_1 Linie implementiert technischen Fortschritt ($\tau_1 > \tau_o$). Das Verhältnis der dadurch ermöglichten Faktorersparnisse hängt davon ab, welche Produktionsfunktion auf der Q_o, τ_1 Linie ausgewählt wird.

Die Position der (rechtwinkligen) Isoquanten in der K, A Ebene wird durch den Kapitalkoeffizienten k und den Arbeitskoeffizienten a bestimmt. Eine Veränderung der Produktionsfunktion impliziert eine Veränderung von k und/oder a. Da sowohl der Kapitalkoeffizient als auch der Arbeitskoeffizient von dem technischen Stand der Unternehmung abhängen,

$$\begin{aligned} k(t) &= g_1 \quad \tau(t) \\ a(t) &= g_2 \quad \tau(t) \quad , \end{aligned} \qquad (31)$$

verändern sich k und a, wenn sich im Zeitablauf ändert:

$$\begin{aligned} \frac{dk}{dt} &= \frac{\partial g_1}{\partial \tau} \frac{\partial \tau}{\partial t} = g_1' (\tau) \\ \frac{da}{dt} &= \frac{\partial g_2}{\partial \tau} \frac{\partial \tau}{\partial t} = g_2' (\tau) . \end{aligned} \qquad (32)$$

In diskreten Größen: für eine spezifische Veränderung von τ, $\frac{d\tau}{dt}$ Δ t, werden sich Kapital- und Arbeitskoeffizient um dk bzw. um da verändern.

Der Kapital- und der Arbeitskoeffizient bzw. deren Veränderungen sind nicht voneinander unabhängig, sondern beeinflussen sich gegenseitig. Arbeits- und kapitalkoeffizientsenkende (d. i. -produktivitätssteigernde) technische Fortschritte stehen in einem kompetitiven Verhältnis zueinander; je größer die Reduktion des Arbeitskoeffizienten ist, desto kleiner wird die mögliche Reduzierung des Kapitalkoeffizienten werden und vice versa. Ab einem gewissen Punkt wird eine weitere Verringerung des benötigten Arbeitseinsatzes pro

Ausbringungseinheit nur noch durch vermehrten Kapitaleinsatz pro Einheit möglich sein. Die Implementierung zusätzlicher arbeitskoeffizient-senkender technischer Fortschritte muß daher mit einem ständig wachsenden Verzicht auf die Implementierung kapitalkoeffizient-senkender Fortschritte erkauft werden[1]. Den funktionalen Zusammenhang zwischen der relativen Veränderung des Kapitalkoeffizienten dk/k und der relativen Veränderung der Arbeitskoeffizienten da/a zeigt Abbild 60[2]. Diese "innovation possibility function" erlaubt der Unternehmung langfristig die Wahl der Produktionskoeffizienten.

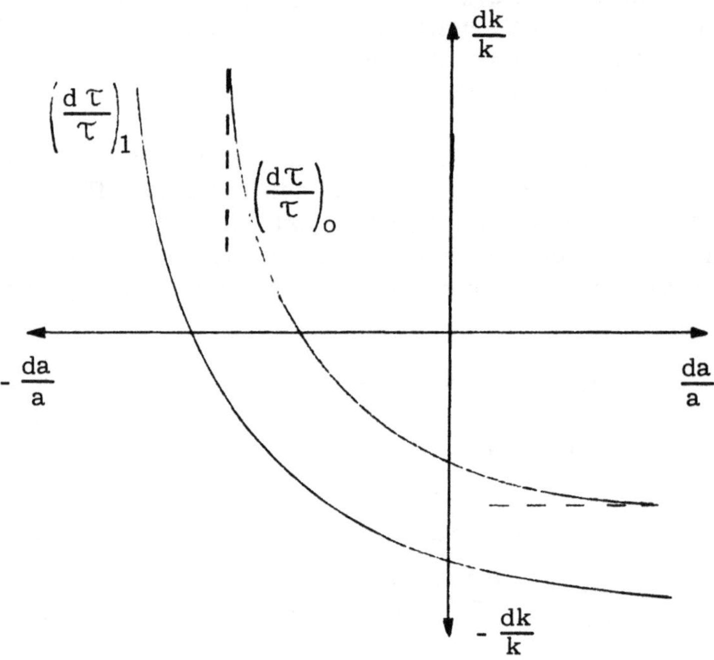

Abb. 60: Alternative Veränderungen der Produktionskoeffizienten.

Ein Anwachsen des technischen Standes der Unternehmung $\frac{d\tau}{\tau}$ erlaubt gewisse alternative Veränderungen von k und/oder a gemäß der Transformationskurve

1) Vgl. Kennedy, Ch.: Induced Bias in Innovation and the Theory of Distribution, a.a.O., S. 544; Walter, H.: Der technische Fortschritt in der neueren ökonomischen Theorie, a.a.O., S. 195 f.

2) Vgl. den ähnlichen Ansatz von Kennedy, Samuelson, v. Weizsäcker u.a., die diesen funktionalen Zusammenhang als "innovation possibility function" oder als "Kennedy-Weizsäcker-Linie" bezeichnen. Für Literaturangaben siehe S. 46 dieser Arbeit.

$$\frac{dk}{k} = \emptyset \left(\frac{da}{a} ; \frac{d\tau}{\tau} \right) . \tag{33}$$

Der Parameter $\frac{d\tau}{\tau}$ definiert den Abstand der Kurve vom Ursprung; je größer dieser Wert ist, d.h. je bedeutender der jeweilige technische Fortschritt ist, desto größer ist auch die Entfernung vom Ursprung und damit der absolute numerische Wert der Veränderungen von k und a. Eine ganze Familie solcher Transformationskurven, die sich jeweils auf verschiedene Werte von $d\tau / \tau$ beziehen, bedeckt die drei negativen Quadranten von dk/k und/oder da/a.

Werden keine economies oder diseconomies of scale verschiedener Werte von $d\tau / \tau$ unterstellt, so kann die Familie der $(d\tau / \tau)$-Linien in einer spezifischen Linie $\left(\frac{d\tau}{\tau}\right)_o$ normalisiert werden. Die relativen Veränderungen von k und a bezogen auf diese normalisierte Rate des technischen Fortschritts sind dann $\left(\frac{dk}{k}\right)_o$ bzw. $\left(\frac{da}{a}\right)_o$. Ist der tatsächliche Wert von $d\tau / \tau$ beispielsweise doppelt (halb) so groß wie $\left(\frac{d\tau}{\tau}\right)_o$, so sind auch die korrespondierenden Veränderungen von dk/k und da/a doppelt (halb) so groß wie im Falle der normalisierten Rate des technischen Fortschritts. Allgemein ist die tatsächliche Veränderung der Produktionskoeffizienten in Abhängigkeit vom technischen Fortschritt

$$dk = \frac{d\tau}{\tau} \left(\frac{dk}{k}\right)_o k$$

$$da = \frac{d\tau}{\tau} \left(\frac{da}{a}\right)_o a, \tag{34}$$

wobei unter Berücksichtigung der Definition des technischen Fortschritts gelten muß, daß die bewertete Veränderung der Koeffizienten negativ ist[1])

$$dc = dk \cdot r + da \cdot w < 0. \tag{35}$$

Die Steigung der in Abbild 60 wiedergegebenen Kurve gibt in jedem Punkt die dort herrschenden marginalen Opportunitätskosten einer Senkung des Arbeitskoeffizienten, ausgedrückt in aufgegebener Reduzierung des Kapitalkoeffizienten und vice versa wieder[2]). Die Tangentialpunkte dieser Kurve mit den Parallelen zu den Koordina-

1) Fortschritts-induzierte Faktorpreisveränderungen sind im Interesse einer einfacheren Handhabung der Gleichung nicht berücksichtigt.

2) Vgl. Walter, H.: Der technische Fortschritt in der neueren ökonomischen Theorie, a.a.O., S. 195 f.

tenachsen begrenzen den Bereich der rationalen Entscheidungsalternativen. Es ist unterstellt, daß die Transformationskurve zwischen diesen Punkten kontinuierlich und differenzierbar ist. Kein entscheidungsrelevanter Abschnitt der Kurve kann im ersten Quadranten liegen, da eine Verringerung der Stückkosten nur erreicht werden kann, wenn wenigstens der Einsatz eines der Produktionsfaktoren reduziert wird.

Für positive Werte von dk/k und negative Werte von da/a (arbeitsparender technischer Fortschritt mit Kapitalmehraufwand) wächst der Kapitalkoeffizient bei einer konstanten Rate des technischen Fortschritts exponentiell an, und der Arbeitskoeffizient sinkt exponentiell ab. Dadurch wird die absolute Faktorersparnis immer geringer, und dc konvergiert langfristig im Zeitablauf gegen null. Diese Entwicklungstendenz kann in Industriezweigen mit hochentwickelten, kapitalintensiven Produktionsprozessen, wie etwa der Stahlindustrie, beobachtet werden (siehe Abbild 61).

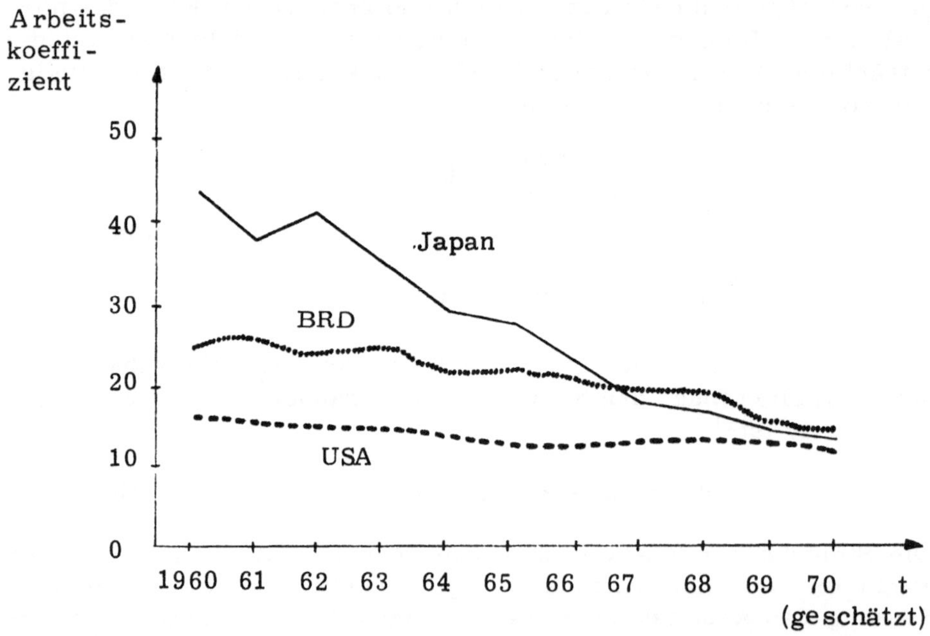

Abb. 61: Arbeitseinsatz in Stunden pro Tonne Stahlerzeugung[1].

1) Entnommen aus Walker, R.: Steel Industry Cites Profit Plunge in a Report to the U.S., in: The New York Times, Vol. 120, Wednesday, May 26, 1971, S. 55.

Im Jahre 1960 produzierte die U.S.-amerikanische Stahlindustrie mit relativ geringem Arbeitseinsatz und konnte in der folgenden Dekade praktisch keine weitere Senkung des Arbeitseinsatzes erreichen, obwohl "the rate of capital investment per production worker in steel doubled during the last decade"[1]. Die Kapitalrendite der Stahlindustrie lag in dem Zeitraum 1960 - 1970 um etwa ein Drittel niedriger als der Durchschnitt der amerikanischen Wirtschaft[2]. Anders war die Situation in Japan, wo die Arbeitsproduktivität in der Stahlindustrie 1960 wesentlich geringer war und Anfang der sechziger Jahre große Produktivitätsfortschritte erzielt werden konnten. Je mehr sich die Arbeitsproduktivität dem amerikanischen Standard annäherte, desto geringer waren die zusätzlichen absoluten Produktivitätsfortschritte. Je höher also das erreichte technische Niveau des Produktionsprozesses ist, desto geringeren a b s o l u t e n Einfluß hat der technische Fortschritt auf weitere mengenmäßige Faktoreinsparungen[3]; je ausgereifter die Technik eines Industriezweiges ist, desto schwieriger werden neue Produktivitätsgewinne. Gesamtwirtschaftlich gleichen sie geringe Produktivitätsfortschritte in technisch ausgereiften Industriezweigen und hohe Produktivitätsgewinne in neuen Industrien aus und führen zu einer gleichförmigen Produktivitätsentwicklung.

Der wesentlichste Anreiz zur Implementierung der arbeitsparenden technischen Fortschritte, die z.T. einen erheblichen Kapitalmehraufwand erforderten, ist das Verhältnis von Lohnkosten zu Kapitalkosten. Ihr Verhältnis zueinander bestimmt die optimale, d.h. die maximal stückkostenreduzierende Art des Fortschritts. Die verschiedenen Ausprägungen des technischen Fortschritts, die sich aus den Kombinationsmöglichkeiten der Veränderung von k und a ergeben, faßt Abbild 62 zusammen.

Der technische Fortschritt ist arbeitsparend, wenn die relative Verringerung des Arbeitskoeffizienten größer ist als die des Kapitalkoeffizienten (Fälle I, II, III). Bei gleicher relativer Veränderung der beiden Koeffizienten ist der Fortschritt neutral (Fall IV), und bei

---

1) Kussow, O.: Our Automated Age: The Puzzle and the Promise, in: Jehring, F.F. (ed.): Productivity and Automation, Washington, D.C. 1966, S. 78.

2) Vgl. Walker, R.: a.a.O., S. 55.

3) Vgl. auch Machlup, F.: The Supply of Inventors and Inventions, S. 143 - 167, bes. S. 159 ff. und Nelson, R.R.: Introduction, S. 5, beide in: National Bureau of Economic Research (NBER) (ed.): The Rate and Direction of Inventive Activity, Princeton, N.J. 1962; Nordhaus, W.D.: An Economic Theory of Technological Change, a.a.O., S. 21.

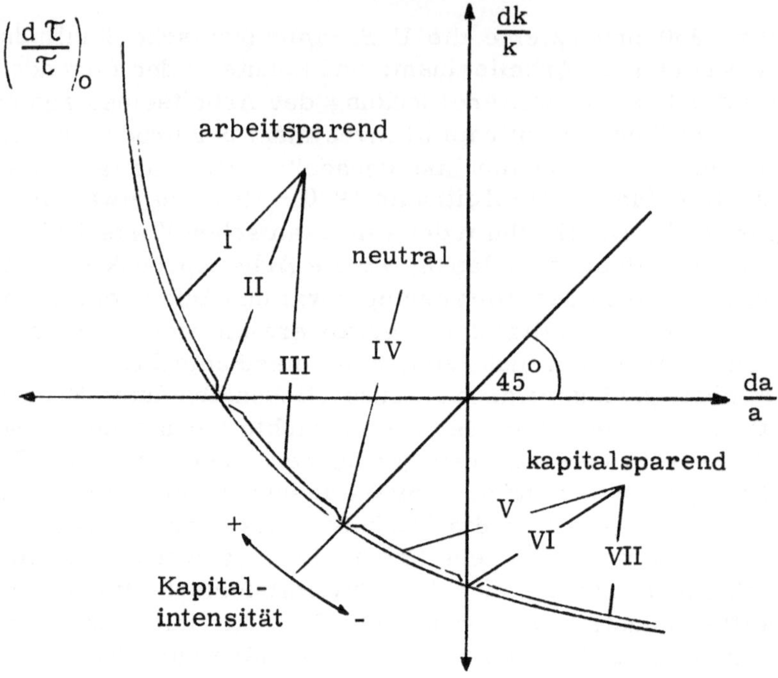

Abb. 62: Klassen des technischen Fortschritts.

einer größeren relativen Reduzierung des Kapitalkoeffizienten als des Arbeitskoeffizienten ist der Fortschritt kapitalsparend (Fälle V, VI, VII). Bei arbeitsparendem technischen Fortschritt steigt die Kapitalintensität, im neutralen Fall bleibt sie konstant und sinkt bei kapitalsparendem technischen Fortschritt[1].

Die beiden nicht-neutralen Fälle des technischen Fortschritts können - wie in Abbild 62 angedeutet - jeweils noch dreifach unterteilt werden, so daß sich insgesamt sieben mögliche Fälle des technischen Fortschritts ergeben (Abbild 63).

Die Kriterien, nach denen diese Klassifikation geordnet ist, sind:

(1) die Richtung der Veränderung der Kapitalintensität (Spalte 2),
(2) die Richtung der relativen Veränderung $\frac{dk}{k}$ (Spalte 3),
(3) die Richtung der relativen Veränderung $\frac{da}{a}$ (Spalte 4).

1) Diese Klassifikation der Fortschrittswirkungen geht zurück auf Ott, A. E.: Technischer Fortschritt, a. a. O.; ders.: Produktionsfunktion, technischer Fortschritt und Wirtschaftswachstum, a. a. O.; ders.: Technischer Fortschritt in einem stationären Zwei-Sektoren-Modell, a. a. O. Siehe auch Mansfield, E.: Microeconomics, New York, N. Y. 1970, S. 445 - 447.

Fall (1)	$\frac{d\left(\frac{k}{a}\right)}{\frac{k}{a}}$ (2)	$\frac{dk}{k}$ (3)	$\frac{da}{a}$ (4)	Nebenbedingung $dc < 0$ (5)	Bezeichnung (6)	
I	+	+	-	$dkr < daw$	Arbeitsparender technischer Fortschritt	mit vermehrtem Kapitalaufwand
II	+	0	-			mit konstantem Kapitalaufwand
III	+	-	-			mit verringertem Kapitalaufwand
IV	0	-	-		Neutraler technischer Fortschritt	
V	-	-	-		Kapitalsparender technischer Fortschritt	mit verringertem Arbeitseinsatz
VI	-	-	0			mit konstantem Arbeitseinsatz
VII	-	-	+	$daw > dkr$		mit vermehrtem Arbeitseinsatz

Abb. 63: Klassifikation des technischen Fortschritts[1].

In den Fällen I und VII muß die wertmäßige Faktoreinsparung größer sein als der wertmäßige Faktormehraufwand, damit der Definition des technischen Fortschritts $dc < 0$ Genüge geleistet ist (Spalte 5).

Welche dieser Arten des technischen Fortschritts die Unternehmung anstrebt, reduziert sich unter Berücksichtigung der in Abbild 60 wiedergegebenen Zusammenhänge zu einem Optimierungsproblem. Es gilt die Ausprägung des technischen Fortschritts zu implementieren, die die größtmögliche Reduzierung der Stückkosten erlaubt. Da die Verringerung der Stückkosten ($dc < 0$) negative Werte annimmt, ist die Zielfunktion

$$dc = dk \cdot r + da \cdot w \rightarrow \text{Min!} \qquad (36)$$

Die Restriktion dieser Minimierung verlangt, daß dk/k und da/a auf der durch $d\tau/\tau$ definierten Linie der Entscheidungsalternativen liegen müssen

$$\left(\frac{d\tau}{\tau}\right)_o = \emptyset\left(\frac{dk}{k}, \frac{da}{a}\right). \qquad (37)$$

1) Nach Ott, A. E.: Technischer Fortschritt in einem stationären Zwei-Sektoren-Modell, a.a.O., S. 410.

Bei Verwendung des Lagrange Multiplikators λ ($\lambda > o$) folgt aus (36) unter Berücksichtigung der Nebenbedingung (37)

$$dc = dk \cdot r + da \cdot w + \lambda \left[\left(\frac{d\tau}{\tau} \right)_o - \phi \left(\frac{dk}{k}, \frac{da}{a} \right) \right]. \quad (38)$$

Durch Nullsetzen der partiellen Ableitungen von dc nach dk, da und λ ergeben sich die notwendigen Bedingungen

$$\frac{\partial (dc)}{\partial (dk)} = r - \lambda \phi_1 = 0$$

$$\frac{\partial (dc)}{\partial (da)} = w - \lambda \phi_2 = 0 \quad (39)$$

$$\frac{\partial (dc)}{\partial \lambda} = \left(\frac{d\tau}{\tau} \right)_o - \phi \left(\frac{dk}{k}, \frac{da}{a} \right) = 0,$$

wobei ϕ_1, ϕ_2 für die partiellen Ableitungen von dc nach dk bzw. da stehen. Werden in den beiden ersten Gleichungen r bzw. w auf die rechte Seite gebracht und die zweite Gleichung durch die erste dividiert, folgt

$$\frac{\phi_2}{\phi_1} = \frac{w}{r}, \quad (40a)$$

oder

$$\phi_2 r = \phi_1 w. \quad (40b)$$

Unter Verwendung der Hyperbel von Abbild 60 anstelle der allgemeinen Formulierung ergibt sich aus (40b) das zu erwartende Ergebnis

$$|dk| \, r = |da| \, w, \quad (41)$$

wonach die optimale Art des technischen Fortschritts dann erreicht ist, wenn jede weitere Bewegung entlang der $\left(\frac{d\tau}{\tau} \right)_o$ - Linie keine zusätzliche Kostenreduzierung erlaubt[1].

1) Die hinreichende Bedingung dafür, daß der erreichte Wert tatsächlich ein Minimum ist, verlangt, daß die relevante Hesse'sche Determinante der zweiten partiellen Ableitungen von dc negativ ist.

$$\begin{vmatrix} -\phi_{11} & -\phi_{12} & -\phi_1 \\ -\phi_{21} & -\phi_{22} & -\phi_2 \\ -\phi_1 & -\phi_2 & o \end{vmatrix} < 0$$

Gleichung (41) bestimmt die Richtung des technischen Fortschritts. Die Zusammenhänge zwischen der Veränderung der Inputkoeffizienten, die durch technischen Fortschritt ermöglicht wird, und der Veränderung der Stückkosten zeigt Abbild 64.

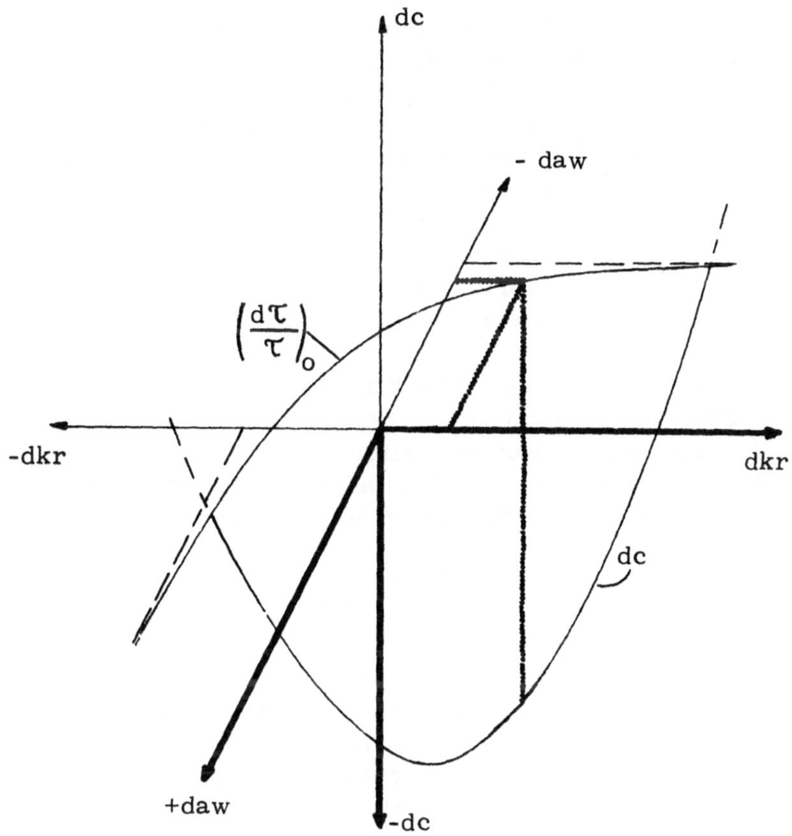

Abb. 64: Die Stückkostenreduzierung in Abhängigkeit von der Veränderung des Kapital- und Arbeitskoeffizienten.

Abbild 64 ist im wesentlichen eine Erweiterung von Abbild 60, wobei als dritte Dimension die Veränderung der Stückkosten dargestellt wird. Die gepunktete Linie zeigt eine - nicht die optimale - Wertekonstellation von dkr, daw und dem daraus resultierenden dc.

Die Geschwindigkeit, mit der die optimale Richtung des technischen Fortschritts erreicht wird, wird im wesentlichen von zwei Faktoren bestimmt.

(1) Sie hängt ab von der Rate des technischen Fortschritts $d\tau/\tau$; je größer diese Rate ist, desto weiter liegt die Transformationskurve vom Ursprung entfernt und desto größer werden die Änderungen von c und a. Die Implementierung von beispielsweise zwei Innovationen pro Periode erlaubt höhere Produktivitätsfortschritte als die Implementierung von nur einer Innovation.

(2) Sie hängt auch ab von den Ressourcen, die der Unternehmung zur Verfügung stehen und von dem gegenwärtigen Wert der Produktionskoeffizienten. Die Implementierung technischen Fortschritts erfordert Investitionen. Diese Investitionen müssen um so größer sein, je stärker sich die gegenwärtige Produktionsfunktion von der angestrebten unterscheidet. Eine Unternehmung, die im Moment einen geringen Kapital- und einen hohen Arbeitskoeffizienten hat, benötigt mehr Kapital, um ihre Produktion auf kapitalintensive Produktionsverfahren umzustellen, als eine Unternehmung, die schon mit hohem Kapitaleinsatz arbeitet.

Die Aufstellung einer neuen Produktionsfunktion ist ein kontinuierlicher Prozeß, bei dem in jeder Periode Entscheidungen über die optimale Produktionsfunktion zu treffen sind. Dadurch kann sich das optimale Verhältnis der Produktionsfaktoren und die optimale Richtung des technischen Fortschritts ständig verändern.

a) Produktionsfunktion

Die vorausgehenden Bemerkungen bilden die Grundlage für die Formulierung der DYNAMO-Gleichungen, die den Typ der Produktionsfunktion und deren Veränderung durch den technischen Fortschritt definieren. Die Elemente dieses ersten Subsektors und deren Verbindung zu anderen Bereichen des Modells zeigt Abbild 65.

Zwei Interpretationen der Produktionsfunktion $Q = F(K, A)$ sind möglich[1].

(1) Q kann den tatsächlichen Output bedeuten und K und A die tatsächlich verwendeten Inputs für die Leistungserstellung. Diese Interpretation zeigt nicht, ob alle verfügbaren Faktoren produktiv eingesetzt wurden oder, ob Produktionsfaktoren unbeschäftigt blieben.

---

1) Vgl. z.B. Allen, R.G.D.: Macro-Economic Theory, a.a.O., S. 41; Massell, B.F.: a.a.O., S. 183; Solow, R.M.: Technical Progress, Capital Formation, and Economic Growth, a.a.O., S. 77 f.; Westfield, F.M.: Technical Progress and Returns to Scale, in: REcSt, Vol. 48 (1966), S. 433.

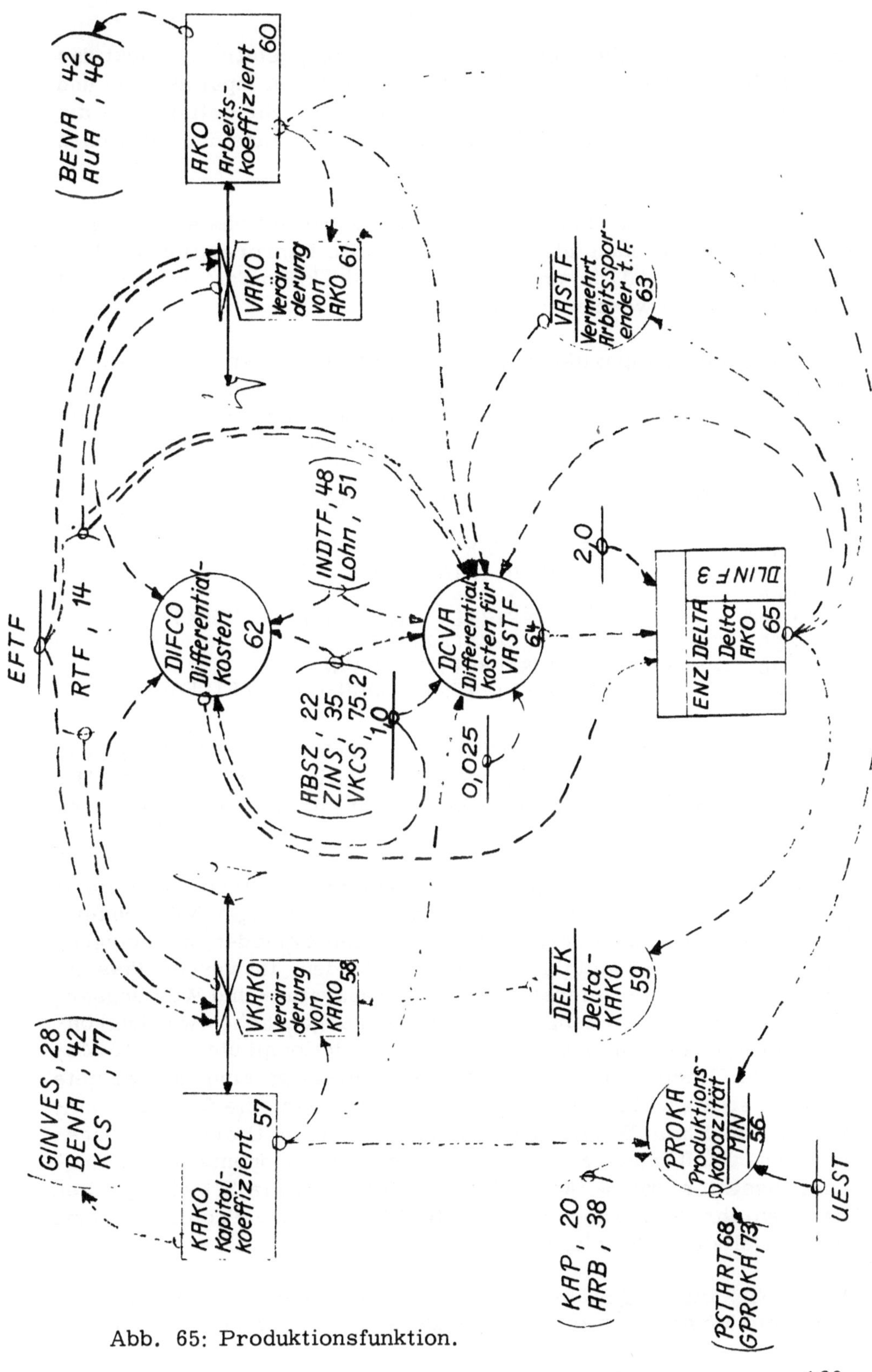

Abb. 65: Produktionsfunktion.

(2) Die andere, üblicherweise verwendete Interpretation, drückt das jeweilige Verhältnis zwischen den verfügbaren Inputfaktoren und dem damit maximal erstellbaren Output aus. Sie definiert so die Produktionskapazität und zeigt die obere Grenze der möglichen Ausbringung.

Bei vollständiger Nutzung aller verfügbaren Produktionsfaktoren sind beide Interpretationen identisch. Die zweite Interpretation wird im folgenden gewählt, damit unbeschäftigte Produktionsfaktoren erkannt und ausgewiesen werden können.

Die Produktionskapazität wird bestimmt durch den Kapitalstock, durch den verfügbaren Bestand an Produktionsarbeitern und durch die technischen Gegebenheiten des Produktionsprozesses, die in dem Kapital- und dem Arbeitskoeffizienten ausgedrückt sind.

```
PROKA.K=MIN(KAP.K/KAKO.K,UEST*ARB.K/AKO.K)            56, A
UEST=1.1                                              56.1, C
     PROKA  - PRODUKTIONS-KAPAZITAET (STUECK/MONAT)
     MIN    - DYNAMO-MAKRO (MINIMUMFUNKTION)
     KAP    - KAPITAL (DM)
     KAKO   - KAPITALKOEFFIZIENT (DM-MONAT/STUECK)
     UEST   - UEBERSTUNDEN-KAPAZITAET (DL)
     ARB    - PRODUKTIONSARBEITER (MANN)
     AKO    - ARBEITSKOEFFIZIENT (MANN-MONAT/STUECK)
```

Die Produktionskapazität PROKA wird durch eine linear-homogene Produktionsfunktion mit fixierten Inputkoeffizienten definiert. Die Funktion begrenzt die Produktionskapazität auf den Wert, der durch den Minimumfaktor bestimmt wird.

Während eines Zeitintervalls ist der Wert des Kapitalstocks fixiert; Maschinen sind verfügbar oder nicht. Die (geringe) Möglichkeit, Wartungs- und Reparaturarbeiten in solche Perioden zu verlegen, in denen weniger Kapitalgüter benötigt werden, ist vernachlässigt. Dies impliziert die Unterstellung, daß Reparatur- und Wartungsarbeiten nicht über so lange Perioden hinausgeschoben werden können, die im Verhältnis zur Länge der Simulationsläufe von 240 Monaten von Bedeutung sind. Auch vernachlässigt sind unerwartete Schäden an Maschinen und maschinellen Anlagen, die über den normalen, im Kapitalkoeffizienten berücksichtigten Umfang hinausgehen. Die Einführung einer stochastischen Komponente in den Produktionssektor würde keinerlei modelltechnische Schwierigkeiten bereiten, ihr Einfluß aber wäre im Hinblick auf die Problemstellung des Modells ohne Signifikanz.

Mehr Flexibilität gewährt der Produktionsfaktor Arbeit, da hier, durch die Möglichkeit zur Überstundenarbeit, kurzfristig realisierbare Kapazitätsreserven gegeben sind. Dies ist in dem Überstundenmultiplikator UEST berücksichtigt, der es erlaubt, die Kapazität der Arbeitskräfte um 10 % über den Normalstand zu erhöhen. Diese Flexibilität ist nicht inkonsistent mit den Forderungen der limitationalen Produktionsfunktion, die nur die Substitutionalität der Produktionsfaktoren ex post ausschließt. Sie postuliert somit fixierte Inputkoeffizienten, nicht aber auch notwendigerweise den fixierten Einsatz der Produktionsfaktoren.

Nicht explizit in dem Modell erfaßt ist die Möglichkeit, von Einschicht- (Zweischicht-) Arbeit auf Zweischicht- (Dreischicht-) Arbeit und umgekehrt überzugehen. Wird gleichbleibende Ausbringung pro Schicht unterstellt und somit die verringerte Produktivität der Arbeitskräfte während der Nachtstunden vernachlässigt, dann könnte beim Übergang vom Einschicht- zum Zweischichtbetrieb die Unternehmung bei konstantem Kapitalstock ihre Ausbringung verdoppeln. Der Kapitalstock würde doppelt so effizient genutzt wie vorher, und die fixen, ausbringungsunabhängigen Kosten pro Stück könnten auf die Hälfte reduziert werden. Da die Implementierung technischen Fortschritts häufig mit erhöhtem Kapitalaufwand und erhöhten Kapitalkosten verbunden ist, kann der technische Fortschritt einen starken Anreiz darstellen, in mehreren Schichten zu arbeiten, um den kostspieligen Stillstand der Kapitalgüter während der Nachtstunden zu vermeiden.

Andererseits sind die Löhne während der zweiten und dritten Schicht höher, die Produktivität der Arbeiter ist niedriger und das Angebot an qualifizierten Arbeitskräften, die bereit sind, in mehreren Schichten zu arbeiten, ist gering. Die Entscheidung, auf Mehrschichtbetrieb überzugehen, hängt daher von einer Vielzahl von Variablen ab, unter denen der technische Fortschritt nur eine von vielen ist. Klare empirische Hinweise, daß der technische Fortschritt bei dieser Entscheidung eine dominierende Rolle spielt, konnten nicht gefunden werden, und daher ist diese Möglichkeit auch nicht explizit berücksichtigt.

Die Anzahl der gearbeiteten Schichten ist implizit im Kapitalkoeffizienten enthalten[1)]. Es ist unterstellt, daß sich diese Zahl während eines Simulationslaufes nicht verändert. Der Kapitalkoeffizient KAKO drückt aus, wieviel Kapital (gemessen in DM) nötig aber auch ausreichend ist, um eine Ausbringungseinheit pro Monat bei dem gegebenen Stand der Technik zu erstellen. Der Kapitalkoeffizient hat die Dimension DM-Monat/Stück.

---

1) Vgl. Stobbe, A.: Volkswirtschaftliches Rechnungswesen, Berlin-Heidelberg, New York 1966, S. 186 f.

```
KAKO.K=KAKO.J+(DT)(VKAKO.JK)                          57, L
KAKO=KAKON                                            57.1, N
KAKON=2.5E5                                           57.2, C
    KAKO    - KAPITALKOEFFIZIENT (DM-MONAT/STUECK)
    DT      - LOESUNGSINTERVALL (MONATE)
    VKAKO   - VERAENDERUNG KAPITALKOEFF.(DM/STUECK)
    KAKON   - KAPITALKOEFF.ANFANG (DM-MONAT/STUECK)
```

Als Anfangswert von KAKO sind DM 250 000, - angesetzt.

KAKO ist eine Größe, die aus den technischen Gegebenheiten des Produktionsprozesses abgeleitet ist und unterscheidet sich darin von den statistisch berechneten Kapitalkoeffizienten, die durch Division des Anlagevermögens durch den Produktionswert ex post ermittelt werden[1] und dadurch bei unterschiedlicher Kapazitätsauslastung unterschiedliche Werte aufweisen.

KAKO ist ein Durchschnittswert aller Kapitalgüter in der Unternehmung. Er berücksichtigt auch die notwendigen Wartungs- und Reparaturleistungen an den Maschinen und maschinellen Anlagen, die eine hundertprozentige Auslastung der theoretischen Kapazität verhindern.

Der Kapitalkoeffizient (wie auch der Arbeitskoeffizient) werden durch den technischen Fortschritt im Zeitablauf verändert[2]. Diese Ver-

1) Vgl. Stobbe, A.: Volkswirtschaftliches Rechnungswesen, a. a. O., S. 187.

2) Die hier zugrunde liegende Hypothese wurde oben in Abbild 19 dargestellt und besagt, daß ein enger kausaler Zusammenhang zwischen Forschungs- und Entwicklungsausgaben, technischem Fortschritt beim Produktionsprozeß und Produktivitätssteigerungen besteht. Diese Hypothese wird von Gustafson angezweifelt, da für ihn "research and development effort suggests new product development rather more than it does cost improvement" (S. 178). Die in der Realität beobachteten Produktivitätsfortschritte sind nach ihm das Resultat von "skimming prices" neuer Produkte mit nachfolgenden Preissenkungen und/oder das Ergebnis von Preissenkungen, die durch Lernkurven ermöglicht werden. Siehe Gustafson, W. E.: Research and Development, New Products, and Productivity Change, in: AER, PaP, Vol. 52 (1962), S. 177 - 182. Gustafson's These, die theoretisch abgeleitet ist, steht im Widerspruch zu der überwiegenden Anzahl der Arbeiten über Produktivitätsfortschritte wie etwa von Mansfield, E.: The Economics of Technological Change, a. a. O.; ders.: Industrial Research and Technological Innovation, a. a. O.; Minasian, J. R.: The Economics of Research and Development, in: National Bureau of Eco-

änderung vollzieht sich gemäß der obigen Diskussion[1]. Die Veränderung des Kapitalkoeffizienten VKAKO wird bestimmt durch die Rate des technischen Fortschritts RTF, der dadurch ermöglichten Änderung des Kapitalkoeffizienten nach der "innovation possibility function" DELTK und dem gegenwärtigen Wert der Kapitalkoeffizienten[2].

```
VKAKO.KL=(RTF.K)(DELTK.K)(EFTF)(KAKO.K)                    58, R
EFTF=1                                                     58.1, C
    VKAKO  - VERAENDERUNG KAPITALKOEFF.(DM/STUECK)
    RTF    - RATE D.TECHNISCHEN FORTSCHRITTS (1/MONAT)
    DELTK  - DELTA KAPITALKOEFFIZIENT (DL)
    EFTF   - EFFIZIENZ D.TECH.FORT. (DL)
    KAKO   - KAPITALKOEFFIZIENT (DM-MONAT/STUECK)
```

Empirische Werte für den Einfluß, den Innovationen auf den Kapitalkoeffizienten ausüben, sind selten. Brozen berichtet auf der Grundlage von empirischen Untersuchungen, daß zusätzliche Investitionen in der Höhe von \$ 90 000 - \$ 100 000 nötig waren, um ein Mann-Jahr Arbeitseinsatz einsparen zu können[3]. Buckingham bezieht sich auf

---

nomic Research (NBER) (ed.): The Rate and Direction of Inventive Activity: Economic and Social Factors, Princeton, N.J. 1962, S. 93 - 141 (S. 100: "The greater the research and development expenditures, ... the greater is the subsequent rate of growth in the productivity of a firm". Im Original kursiv); Terleckyj, N. E.: Sources of Productivity Advance: A Pilot Study of Manufacturing Industries, 1899 - 1953, unpublished Ph. D. thesis, Columbia University, New York, N. Y. 1960.

1) Zwei Unterschiede bestehen gegenüber der allgemeinen Ableitung auf S. 157 ff., die sich aus den strukturellen Besonderheiten von System Dynamics und DYNAMO ergeben. Die Veränderung des Kapitalkoeffizienten VKAKO ist die erste Ableitung von KAKO nach der Zeit und gibt so die Steigung von KAKO (VKAKO = dKAKO/dt) wieder. Die tatsächliche Veränderung während eines Zeitintervalls Δt ergibt sich durch Integration von VKAKO über das Intervall $t + \Delta t$; oder digital: durch Multiplikation von VKAKO mit Δt. Der zweite Unterschied liegt darin, daß DYNAMO in seiner gegenwärtigen Version den Aufruf eines Optimierungsunterprogrammes nicht zuläßt. Deswegen wird zur Bestimmung der optimalen Richtung des technischen Fortschritts ein Prozeß iterativer Optimierung (hill climbing) durch "trial and error" verwendet.
2) Vgl. Gleichung (34).
3) Brozen erhält einen Durchschnittswert für die erforderliche Investition, um ein Mann-Jahr an Arbeitseinsatz zu ersetzen, von etwa \$ 35 000. Dieser Wert enthält jedoch einen großen Anteil an Büroautomation, wo die notwendigen Investitionen wesentlich ge-

nicht näher bezeichnete Studien, wobei "these studies put the capital cost in manufacturing automation equipment at around five thousand dollars per year per worker replaced"[1]. Obwohl diese Daten keine genügende Information über den Umfang der Veränderung des Kapital- und Arbeitskoeffizienten geben, zeigen sie doch, daß im allgemeinen eine Senkung des Arbeitskoeffizienten von einer Steigerung des Kapitalkoeffizienten begleitet wird.

Der Bereich der technisch möglichen Alternativen der Veränderungen der Produktionskoeffizienten ist durch die relative Veränderung des Kapitalkoeffizienten in Abhängigkeit von der relativen Veränderung des Arbeitskoeffizienten definiert[2].

```
DELTK.K=TABLE(DELTKT,DELTA.K,-1.2,1.2,.2)                59, A
DELTKT=2/.2/-.05/-.2/-.3/-.375/-.425/-.475/-.5/          59.1, T
   -.525/-.54/-.55/-.55
      DELTK  - DELTA KAPITALKOEFFIZIENT (DL)
      TABLE  - DYNAMO-MAKRO (TABELLENFUNKTION)
      DELTKT - TABELLE FUER DELTK
      DELTA  - DELTA ARBEITSKOEFFIZIENT (DL)
```

Da sowohl der Kapitalkoeffizient als auch der Arbeitskoeffizient Durchschnittswerte für die gesamte Unternehmung sind, bezieht sich auch deren Veränderung auf durchschnittliche Werte. Jede neue Innovation verschiebt dabei das relative Gewicht zwischen alten und neuen Techniken[3]. Die Veränderung der individuellen Input-Output-Koeffizienten einer spezifischen Maschine werden daher wesentlich größer sein als die hier verwendeten Durchschnittswerte.

Die numerischen Werte der Funktion DELTK sind hypothetisch. Um verschiedene numerische Werte testen zu können, wurde in Gleichung 59 der Term "Effizienz des technischen Fortschritts" EFTF eingefügt, dessen Variation ein radiales Verschieben der Kurve von

---

ringer waren ($ 5 000 - $ 25 000). Die Zahlen, die sich auf die Produktion im engeren Sinne beziehen, sind alle deutlich höher und liegen bei $ 90 000 - $ 100 000. Siehe Brozen, Y.: Automation's Impact on Capital and Labor Markets, a. a. O., S. 285.

1) Buckingham, W.: Automation, a. a. O., S. 72; ders.: Gains and Costs of Technological Change, in: Somers, G. S.; Cusham, E. L.; Weinberg, N. (eds.): Adjusting to Technological Change, New York, N.Y. 1963, S. 1 - 26.
2) Vgl. Gleichung (33).
3) Vgl. Carter, A. P.: Investment, Capacity Utilization, and Changes in Input Structure in the Tin Can Industry, in: REcSt, Vol. 42 (1960), S. 284.

DELTK erlaubt. Der relevante Bereich der Kurve ist der für arbeitsparenden technischen Fortschritt (DELTA < 0). Weniger empirische Relevanz hat der Bereich von DELTA > 0. Im Fall des arbeitsparenden technischen Fortschritts steigt die Kapitalintensität in der Unternehmung an - ein Vorgang, der realitätskonform ist[1].

Der Arbeitskoeffizient AKO und dessen Veränderung im Zeitablauf VAKO werden analog zum Kapitalkoeffizienten und dessen Veränderung behandelt.

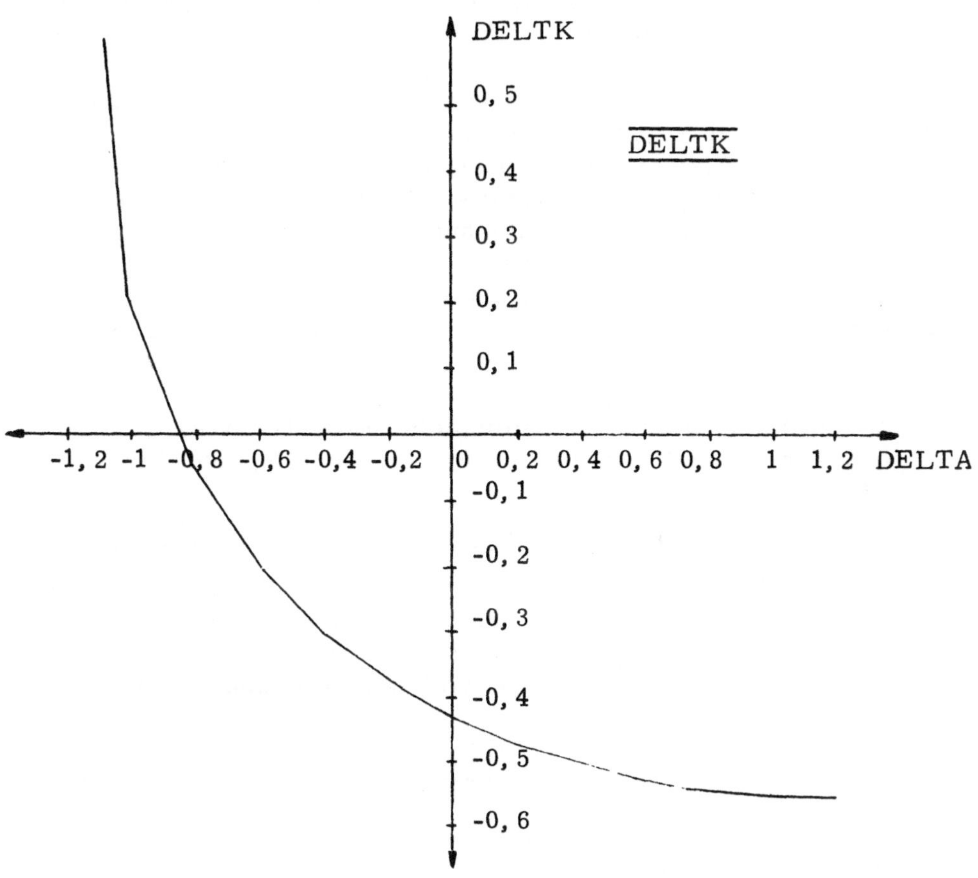

Abb. 66: Graph von DELTK[2].

1) Vgl. z.B. Kussow, O.: Our Automated Age: The Puzzle and the Promise, a.a.O., S. 78; Ferguson, C.E.: Time-Series Production Functions and Technological Progress in American Manufacturing Industry, in: JPE, Vol. 73 (1965), S. 135 - 147; Frankel, H.: Obsolence and Technological Change in a Maturing Industry, in: AER, Vol. 45 (1955), S. 308.

2) Die Bedeutung des in Abbild 66 wiedergegebenen Zusammenhanges

```
AKO.K=AKO.J+(DT)(VAKO.JK)                                 60, L
AKO=AKON                                                  60.1, N
AKON=12                                                   60.2, C
    AKO    - ARBEITSKOEFFIZIENT (MANN-MONAT/STUECK)
    DT     - LOESUNGSINTERVALL (MONATE)
    VAKO   - VERAENDERUNG ARBEITSKOEFF.(MANN/STUECK)
    AKON   - ARBEITSKOEFF.ANFANG (MANN-MONAT/STUECK)
```

Der Arbeitskoeffizient hat einen Anfangswert von 12 Mann-Monaten pro Stück: In Verbindung mit dem Kapitalkoeffizienten ergibt sich daraus ein Anfangswert der Kapitalintensität von knapp 21 000 DM pro Produktionsarbeiter[1)].

AKO definiert den technisch notwendigen Arbeitseinsatz - gemessen in Mann -, um eine Ausbringungseinheit pro Monat zu produzieren. Der Arbeitskoeffizient hat damit die Dimension Mann-Monat/Stück. Er ist wie der Kapitalkoeffizient ein Durchschnittswert für die gesamte Unternehmung und erfaßt auch die zwangsläufigen Arbeitsreserven wie Krankheits- und Urlaubsreserve, deren Bereitstellung notwendig ist, um einen reibungslosen Ablauf des Produktionsprozesses zu gewährleisten. Der Bestand an Arbeitskräften wird als

---

soll noch mit Hilfe eines Beispiels verdeutlicht werden: Es sei gegenwärtig eine Maschine mit den folgenden Inputkoeffizienten in Betrieb

KAKO(t): 5000 DM-Monat/Stück AKO(t): 6 Mann-Monat/Stück

Die Forschungs- und Entwicklungsabteilung wird beauftragt, zur Ersetzung der Maschine eine neue zu entwickeln und bauen zu lassen. Welches Verhältnis zwischen den Inputkoeffizienten soll diese Maschine aufweisen? Einige willkürliche gewählte Alternativen seien

	$\frac{dKAKO}{dt}\Delta t$	KAKO(t+n)	$\frac{dAKO}{dt}\Delta t$	AKO(t+n)
(1)	- 4000	1000	- 1	5
(2)	- 2500	2500	- 3	3
(3)	± 0	5000	- 4	2
(4)	+ 3000	8000	- 5	1,0
(5)	+ 14000	20000	- 5,5	0,5

Welcher dieser oder ähnlicher Alternativen sollte gewählt werden, damit die Stückkostenverringerung maximal ist?

1) Dieser Wert entspricht etwa der durchschnittlichen Kapitalintensität der gesamten deutschen Industrie für das Jahr 1962. Siehe Stobbe, A.: a.a.O., S. 188 f.

homogene Größe betrachtet und es wird angenommen, daß, wenn die benötigte Nominalzahl an Arbeitern verfügbar ist, auch die benötigte Verteilung der Fähigkeiten gewährleistet ist[1].

Die Gleichung zur Definition der Veränderung des Arbeitskoeffizienten ist in ihrer Struktur mit Gleichung 58 identisch.

```
VAKO.KL=(RTF.K)(DELTA.K)(EFTF)(AKO.K)                        61, R
    VAKO   - VERAENDERUNG ARBEITSKOEFF.(MANN/STUECK)
    RTF    - RATE D.TECHNISCHEN FORTSCHRITTS (1/MONAT)
    DELTA  - DELTA ARBEITSKOEFFIZIENT (DL)
    EFTF   - EFFIZIENZ D.TECH.FORT. (DL)
    AKO    - ARBEITSKOEFFIZIENT (MANN-MONAT/STUECK)
```

Die Summe der Veränderungen des Kapitalkoeffizienten VKAKO und des Arbeitskoeffizienten VAKO, jeweils multipliziert mit den dazugehörigen Faktorpreisen, ergibt die Veränderung der durchschnittlichen Stückkosten, die durch die Implementierung des technischen Fortschritts ermöglicht wurde. Diese Größe, die gemäß der Definition des technischen Fortschritts negativ sein muß, ist ein Maß für die ökonomische Relevanz des in einer Periode implementierten technischen Fortschritts[2].

---

1) Eine unterschiedliche Verteilung der Fähigkeiten der Arbeiter innerhalb des Arbeitskräftebestandes könnte in das Modell eingefügt werden, indem zwischen tatsächlichem Bestand an Produktionsarbeitern und dem effektiven Bestand unterschieden wird. Gibt es im Produktionsprozeß der Unternehmung einige Schlüsselfunktionen, dann ruht nahezu der gesamte Prozeß, wenn diese Positionen nicht besetzt sind. Dieser Tatbestand kann in einer Tabellenfunktion erfaßt werden, die die Effizienz der Arbeiter EFFA zu dem Quotienten aus benötigten Arbeitern und verfügbaren Arbeitern in Beziehung setzt (vgl. das nebenstehende Abbild). Der effektive Arbeiterbestand ist dann EFFA * PROD.

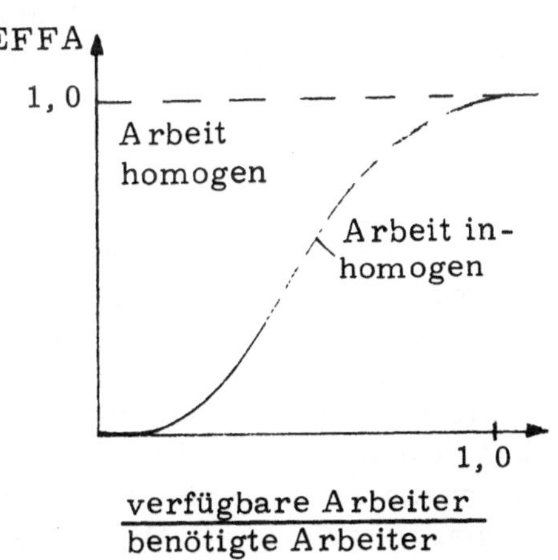

2) Diese Maßgröße hat die Dimension DM/Stück/Monat, denn sie ist nicht das (diskrete) totale Differential

$$dc = dk \cdot r + da \cdot w$$

```
DIFCO.K=(VKAKO.JK)(ZINS.K+(1/ABSZ.K)+VKCS)+                62, A
  (VAKO.JK)(LOHN.K)(INDTF.K)
    DIFCO   - DIFFERENTIAL KOSTEN (DM/STUECK/MONAT)
    VKAKO   - VERAENDERUNG KAPITALKOEFF.(DM/STUECK)
    ZINS    - ZINSSATZ (1/MONAT)
    ABSZ    - ABSCHREIBUNGSZEIT (MONATE)
    VKCS    - VARIABLER KAPITALKOSTENSATZ (DL)
    VAKO    - VERAENDERUNG ARBEITSKOEFF.(MANN/STUECK)
    LOHN    - LOHNSATZ (DM/MANN-MONAT)
    INDTF   - INDUZIERTER TECHNISCHER FORTSCHRITT (DL)
```

Der erste multiplikative Ausdruck auf der rechten Seite der Gleichung ist die Veränderung des Kapitalkoeffizienten multipliziert mit dem entsprechenden Faktorpreis, der sich aus den Zinsen für Fremd- und Eigenkapital, dem Abschreibungssatz und dem Satz der variablen Kapitalkosten zusammensetzt. Der Zinssatz, der für das aufgenommene Fremdkapital zu entrichten ist, wird auch für das Eigenkapital berechnet, um dessen marktgerechte Verzinsung zu berücksichtigen. Die variablen Kapitalkosten pro Ausbringungseinheit werden als Prozentsatz des eingesetzten Kapitals errechnet. Da DIFCO vom Kapital- und vom Arbeitskoeffizienten abhängt und nicht vom jeweiligen Bestand an Kapital und Arbeit, wird DIFCO nicht von wechselnden Beschäftigungsgraden beeinflußt.

Der zweite Ausdruck in Gleichung 62 erfaßt die Veränderung des Arbeitskoeffizienten VAKO, multipliziert mit dem Lohnsatz und einem Term, der die Richtung des technischen Fortschritts in Abhängigkeit von dem Angebot an Arbeitskräften beeinflußt. Herrscht Mangel an Arbeitskräften und kann die Unternehmung ihre Nachfrage nach Arbeitern nicht befriedigen, nimmt INDTF Werte von größer als eins an und induziert vermehrt arbeitsparende technische Fortschritte.

Um sicherzustellen, daß die Kosteneinsparung so groß wie möglich ist, wird ein quasi-optimierender Algorithmus verwendet. Dieses "hill-climbing"-Verfahren arbeitet mit trial and error. Die tatsächliche Kostenreduzierung DIFCO wird mit dem Wert verglichen, der erreicht worden wäre, wenn ein zusätzliches Inkrement an Arbeit eingespart und die korrespondierende Veränderung des Kapitalkoeffizienten durchgeführt worden wäre. Wenn der neue Wert kleiner ist, d.h. wenn die erreichbare Kostenersparnis größer als DIFCO ist, dann ist die Realisierung der neuen Parameterkonstallation wünschenswert. Ist die Kosteneinsparung bei der veränderten Parame-

---

mit der Dimension DM/Stück, sondern die Veränderungsrate dieses Differentials

$$\frac{dc}{dt} = \frac{dk}{dt} r + \frac{da}{dt} w.$$

terkonstellation jedoch geringer als bei DIFCO, dann ist dieser Wert ungünstiger und DELTK wird geringfügig reduziert werden, um die Implikationen dieser Situation zu überprüfen. Dieser Prozeß wird in jeder Periode iterativ durchlaufen, um sich an den optimalen Wert heranzutasten und, um die in der Zwischenzeit erfolgten Veränderungen von KAKO, AKO und ihrer Preise zu berücksichtigen. Abbild 67 veranschaulicht diesen Prozeß zur Ermittlung der größtmöglichen Kostenreduzierung.

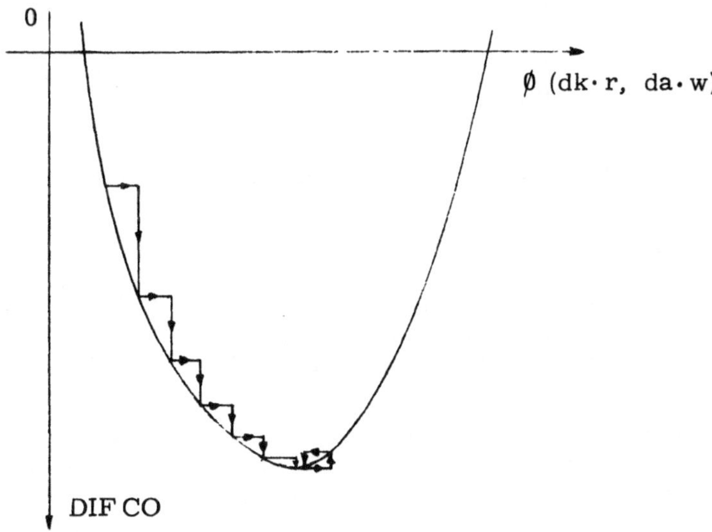

Abb. 67: Annäherung an den Optimalwert von DIFCO durch trial and error.

Der Suchprozeß für den optimalen Wert von DIFCO arbeitet in beide Richtungen - er steuert die Investitionen in die Richtung von vermehrt arbeitsparendem oder vermehrt kapitalsparendem technischen Fortschritt. Sind die optimalen Veränderungen des Kapital- und Arbeitskoeffizienten erreicht, dann ermittelt das Programm, daß die nächste marginale Änderung im Verhältnis von KAKO und AKO in einer kleineren Kostenreduzierung resultieren würde und ändert die Richtung der zukünftigen Bewegung. Bei einer im Zeitablauf konstanten optimalen Relation von DELTA und DELTK wird der realisierte Wert von DELTA seinen optimalen Betrag kurzfristig überschreiten und sich dann in gedämpften Oszillationen annähern (vgl. Abbild 68).

Um den Wert der Veränderung des Kapitalkoeffizienten zu erhalten, wenn DELTA um ein Inkrement von 0, 025 verändert wird, wird dieser vermehrt arbeitsparende Wert des Kapitalkoeffizienten VASTF als Funktion von DELTA - 0, 025 errechnet.

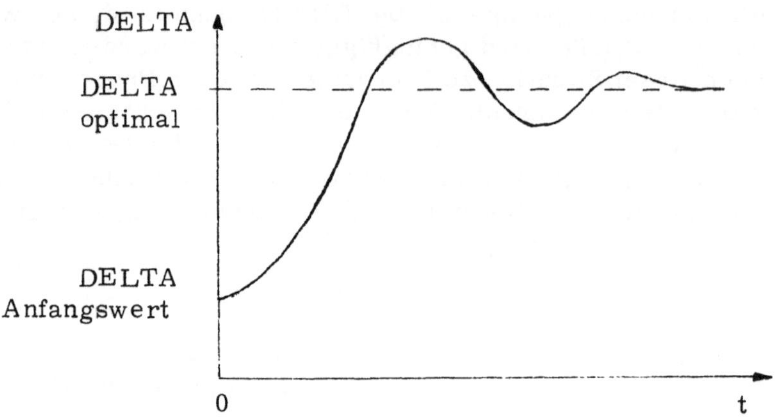

Abb. 68: DELTA nähert sich seinem Optimalwert in Oszillationen an.

```
VASTF.K=TABLE(DELTKT,DELTA.K-.025,-1.2,1.2,.2)        63, A
    VASTF  - VERMEHRT ARBEITSSPARENDER TECH.FORT.(DL)
    TABLE  - DYNAMO-MAKRO (TABELLENFUNKTION)
    DELTKT - TABELLE FUER DELTK
    DELTA  - DELTA ARBEITSKOEFFIZIENT (DL)
```

DELTA - 0,025 repräsentiert in Abbild 66 eine verstärkte Bewerung nach links entlang der Abszisse. Dieser Wert reduziert den Arbeitskoeffizienten stärker als der Normalwert und weist eine verschiedene Substitutionselastizität zwischen DELTA und DELTK auf. Die ökonomische Auswirkung dieser unterschiedlichen Elastizität wird in der Veränderung der Stückkosten gemessen, die durch den vermehrt arbeitsparenden technischen Fortschritt ermöglicht würde.

Die Gleichung für das Differential der Kosten bei vermehrt arbeitsparendem technischen Fortschritt DCVA ist algebraisch der Definition von DIFCO identisch[1]. DCVA ist die Summe der bewerteten Veränderungsraten der Produktionskoeffizienten, multipliziert mit der Rate des technischen Fortschritts, die den Umfang der Kostenreduzierung bestimmt.

Der Vergleich zwischen DIFCO und DCVA bestimmt die zukünftige Richtung des technischen Fortschritts, um die Kosteneinsparung so umfangreich wie möglich zu gestalten. Die Mittel, die für Forschung und Entwicklung und für die Implementierung der Ergebnisse aufgewendet werden, werden dadurch optimal oder zumindest annähernd optimal eingesetzt.

---

1) Diese Aussage kann durch Einsetzen der Gleichungen 58 und 61 in Gleichung 62 überprüft werden.

```
DCVA.K=(RTF.K*EFTF)((VASTF.K)(KAKO.K)(ZINS.K+(1/      64, A
  ABSZ.K)+VKCS)+(DELTA.K-.025)(AKO.K)(LOHN.K)
  (INDTF.K))
    DCVA   - DIFF.KOSTEN FUER VASTF (DM/STUECK/MONAT)
    RTF    - RATE D.TECHNISCHEN FORTSCHRITTS (1/MONAT)
    EFTF   - EFFIZIENZ D.TECH.FORT. (DL)
    VASTF  - VERMEHRT ARBEITSSPARENDER TECH.FORT.(DL)
    KAKO   - KAPITALKOEFFIZIENT (DM-MONAT/STUECK)
    ZINS   - ZINSSATZ (1/MONAT)
    ABSZ   - ABSCHREIBUNGSZEIT (MONATE)
    VKCS   - VARIABLER KAPITALKOSTENSATZ (DL)
    DELTA  - DELTA ARBEITSKOEFFIZIENT (DL)
    AKO    - ARBEITSKOEFFIZIENT (MANN-MONAT/STUECK)
    LOHN   - LOHNSATZ (DM/MANN-MONAT)
    INDTF  - INDUZIERTER TECHNISCHER FORTSCHRITT (DL)
```

Die gewünschte Richtung des technischen Fortschritts kann jedoch nicht sofort erreicht werden. Häufig muß die neue Technologie erst in zeitaufwendiger Forschungs- und Entwicklungstätigkeit erarbeitet werden. Die technologischen Möglichkeiten müssen untersucht und ihre ökonomischen Wirkungen abgeklärt werden. Bereits vorhandene Techniken müssen implementiert und die dazu benötigten Maschinen und maschinellen Anlagen beschafft bzw. hergestellt werden. Diese Verzögerungen zwischen Erkennen der optimalen Richtung des technischen Fortschritts und deren Realisierung werden in der Entwicklungszeit ENZ erfaßt, für die ein durchschnittlicher Wert von 18 Monaten angenommen ist.

Je größer der Unterschied zwischen den gegenwärtigen Produktionskoeffizienten und deren optimalen Werten ist, desto längere Zeit wird der notwendige Anpassungsprozeß in Anspruch nehmen. Wenn die angestrebten Werte des Kapital- und des Arbeitskoeffizienten in der Nähe der gegenwärtigen Werte liegen, sind nur geringe Änderungen von KAKO und AKO nötig, und die gewünschten Veränderungen können schnell implementiert werden. Bei substantiellen Veränderungen ist mehr Kapital zu investieren, um die optimalen Koeffizienten zu erreichen. In diesem Fall können finanzielle Restriktionen oder auch technologische Probleme den Anpassungsprozeß signifikant verzögern.

Der zukünftige Wert des Kapitalkoeffizienten hängt daher von seinem gegenwärtigen Wert und von der Veränderung, die aus dem Vergleich von DIFCO und DCVA resultiert, ab[1].

---

1) Der in Gleichung 65 verwendete Term 2 - 2 * DCVA/DIFCO ist

```
DELTA.K=DLINF3(DELTA.K+(2-2*DCVA.K/DIFCO.K),ENZ)      65, A
DELTA=DELTAN                                          65.1, N
DELTAN=-.9                                            65.2, C
ENZ=18                                                65.3, C
    DELTA  - DELTA ARBEITSKOEFFIZIENT (DL)
    DLINF3 - DYNAMO-MAKRO (VERZOEGERUNGS-FUNKTION)
    DCVA   - DIFF.KOSTEN FUER VASTF (DM/STUECK/MONAT)
    DIFCO  - DIFFERENTIAL KOSTEN (DM/STUECK/MONAT)
    ENZ    - ENTWICKLUNGSZEIT (MONATE)
    DELTAN - DELTA ARBEITSKOEFFIZIENT ANFANGSWERT (DL)
```

DCVA und DIFCO werden in einem Quotienten verglichen. Der logarithmische Charakter der Quotientenformulierung wirkt als "built-in stabilizer", wenn DELTA sich seinem Optimalwert nähert und ihn überschreitet. Wenn der Zähler von DCVA/DIFCO z. B. doppelt so groß ist wie der Nenner, wird die absolute Wertänderung größer sein, als wenn der Zähler halb so groß ist wie der Nenner. Dadurch wird ein Überschwingen des optimalen Wertes von DELTA durch relativ kleine Wertveränderungen korrigiert und explodierende Oszillationen vermieden[1].

Die hinreichende Bedingung, um sicherzustellen, daß DIFCO sich auf sein Minimum und nicht sein Maximum hinbewegt, ist nicht in dem Modell erfaßt. Die Wahrscheinlichkeit, daß DIFCO in die fal-

---

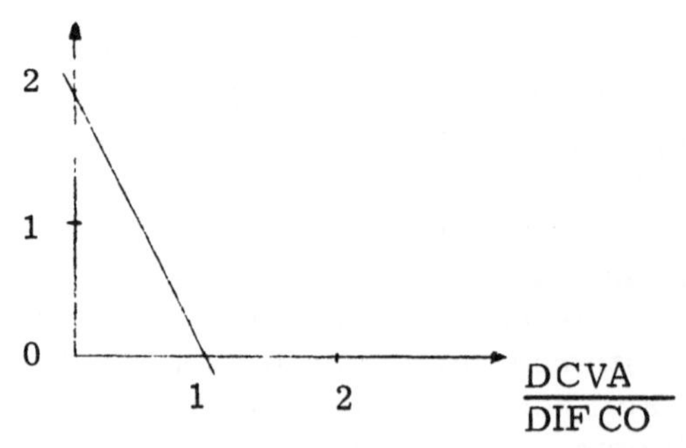

die analytische Form einer Tabellenfunktion mit einem Ordinatenabschnitt von 2 und einer Steigung von -2. (Vgl. das nebenstehende Abbild.)

1) Der "built-in stabilizer" wirkt nur, wenn DELTA sich seinem Optimum von links annähert und somit vermehrt arbeitsparender technischer Fortschritt implementiert wird (DCVA/DIFCO>1). Dies berücksichtigt die größere empirische Relevanz arbeitsparender technischer Fortschritte. Wenn DELTA sich seinem Optimum von rechts in Richtung vermehrt kapitalsparenden technischen Fortschritts annähert, reagiert der Quotient mit erhöhten Werten auf ein Überschwingen. Ist dieser Fall von großer Bedeutung, kann eine "symmetrische" logarithmische Formulierung wie etwa 2 - 2 * lb (DCVA/DIFCO) gewählt werden.

sche Richtung verändert wird, ist sehr gering. Dies kann nur geschehen, wenn sowohl DIFCO als auch DCVA positiv werden, was der Definition des technischen Fortschritts widerspricht[1].

b) Produktionsprozeß

Der Subsektor "Produktionsprozeß" behandelt den Prozeß der Leistungserstellung. Er zeigt den die Unternehmung durchlaufenden Fluß eingehender Bestellungen, die im Auftragsbestand zusammengefaßt werden, die Bearbeitung dieser Aufträge und die die Unternehmung verlassenden Fertigprodukte (siehe Abbild 69).

Der Auftragsbestand ist die Akkumulation der Differenz der Rate eingehender Bestellungen BEST und der an die Fertigung zum Produktionsstart vergebenen Aufträge PSTART.

```
AUFB.K=AUFB.J+(DT)(BEST.JK-PSTART.JK)                        66, L
AUFB=GAUFB*PROKA                                             66.1, N
GAUFB=2                                                      66.2, C
    AUFB   - AUFTRAGSBESTAND (STUECK)
    DT     - LOESUNGSINTERVALL (MONATE)
    BEST   - BESTELLRATE (STUECK/MONAT)
    PSTART - PRODUKTIONSSTART (STUECK/MONAT)
    GAUFB  - GEWUENSCHTER AUFTRAGSBESTAND (MONATE)
    PROKA  - PRODUKTIONS-KAPAZITAET (STUECK/MONAT)
```

Die nachträgliche Stornierung von eingegangenen Bestellungen durch die Kunden der Unternehmung ist nicht möglich. Aufträge verlassen den Auftragsbestand nur dann, wenn die Produktion der entsprechenden Einheiten begonnen wird. Alle eingehenden Bestellungen sind von gleicher Bedeutung und Dringlichkeit und werden in der Reihenfolge erfüllt, in der sie eingehen (first-in-first-out).

---

1) Obwohl der Fall DIFCO$>$0, DCVA$>$0 nicht explizit erfaßt ist, muß seine Möglichkeit bei der Modellanalyse berücksichtigt werden, um unsinnige Ergebnisse zu vermeiden. Die hinreichende Bedingung könnte durch zwei weitere Gleichungen eingefügt werden

```
A  DUMMY1.K=CLIP(-1,1,DCVA.K,0)
A  DUMMY2.K=CLIP(1,-1,DCVA.K/DIFCO.K,0)
```

Gleichung 65 ginge dann über in

```
A  DELTA.K=DLINF3(DELTA.K+(2-2*DCVA.K/DIFCO.K)
              (DUMMY1.K)(DUMMY2.K),ENZ)
```

und das Vorzeichen der Veränderung von DELTA würde sich umkehren, dann und nur dann, wenn DCVA$>$0 und DIFCO$>$0.

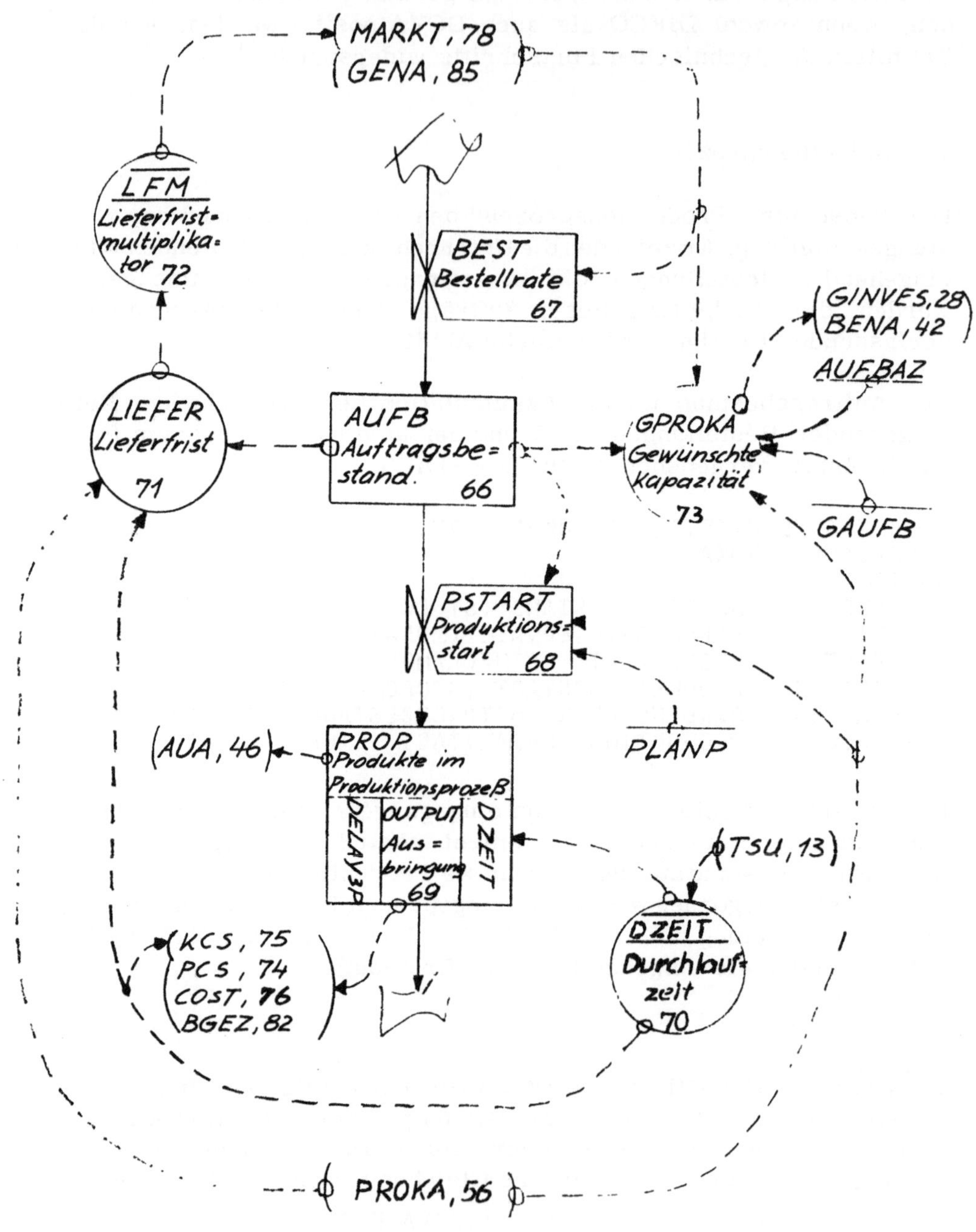

Abb. 69: Produktionsprozeß.

Der Auftragsbestand wird durch die Rate eingehender Bestellungen BEST erhöht. BEST hängt ab von dem Marktanteil der Unternehmung und von der Gesamtnachfrage nach den Produkten, die Unternehmung und Konkurrenten erzeugen[1].

```
BEST.KL=(MARKT.K)(GENA.K)                              67, R
    BEST   - BESTELLRATE (STUECK/MONAT)
    MARKT  - MARKTANTEIL (DL)
    GENA   - GESAMTNACHFRAGE (STUECK/MONAT)
```

Ein Auftrag verläßt den Auftragsbestand, wenn die Produktion der spezifischen Bestellung begonnen wird. Die Rate des Produktionsstartes PSTART hängt von zwei Faktoren ab. Dies sind

(1) der Auftragsbestand. In Unternehmen mit Auftragsfertigung, die auch fast ausschließlich Einzelfertigung ist, kann keine Produktion auf Lager erfolgen. Die Produktion kann daher nicht für mehr Erzeugnisse begonnen werden, als Aufträge vorhanden sind.

(2) die Produktionskapazität. Sie stellt eine nicht überschreitbare Obergrenze von PSTART dar, da sie als maximale Leistungserstellung pro Periode definiert ist. Wenn die Produktion eines Gutes eine geordnete Sequenz von Operationen erfordert, es also nicht möglich ist, die Reihenfolge der Operationen beliebig auszutauschen, entscheidet nur die freie Kapazität bei der ersten Operation über den Umfang des möglichen Produktionsstartes.

Bei einem konstanten Kapazitätsquerschnitt für den gesamten Produktionsprozeß ohne Überkapazitäten an einer Stelle und Engpässen an anderer Stelle ist PSTART definiert als

```
PSTART.KL=MIN(PROKA.K,AUFB.K/PLANP)                    68, R
    PSTART - PRODUKTIONSSTART (STUECK/MONAT)
    MIN    - DYNAMO-MAKRO (MINIMUMFUNKTION)
    PROKA  - PRODUKTIONS-KAPAZITAET (STUECK/MONAT)
    AUFB   - AUFTRAGSBESTAND (STUECK)
    PLANP  - PLANUNGSPERIODE (MONATE)
```

Die Fertigstellung der Produkte findet nach Beendigung der letzten Operation des Produktionsprozesses statt. Die tatsächliche Ausbringung OUTPUT ergibt sich damit aus der um die Durchlaufzeit verzögerten Rate des Produktionsstartes.

---

1) Der Marktanteil und die Gesamtnachfrage sind im Absatzsektor des Modells diskutiert.

```
OUTPUT.KL=DELAY3P(PSTART.JK,DZEIT.K,PROP.K)                69, R
   OUTPUT  - AUSBRINGUNG (STUECK/MONAT)
   DELAY3P- DYNAMO-MAKRO (VERZOEGERUNGS-FUNKTION)
   PSTART  - PRODUKTIONSSTART (STUECK/MONAT)
   DZEIT   - DURCHLAUFZEIT (MONATE)
   PROP    - PRODUKTE IM PRODUKTIONSPROZESS (STUECK)
```

Werden die Operationen und die Wartezeiten, die die Produkte im Produktionsprozeß durchlaufen, als Aktivitäten in einem Netzplan verstanden, dann ist die Durchlaufzeit DZEIT der kritische Weg durch diesen Netzplan. Die Durchlaufzeit verändert sich mit dem technischen Stand der Unternehmung, wobei der technische Fortschritt nicht nur die Faktorproduktivität erhöht, sondern auch die technische Struktur des Produktionsprozesses verändert. Damit bietet der technische Fortschritt zwei Möglichkeiten, die Durchlaufzeit zu verringern: durch verkürzte Dauer der einzelnen Operationen und durch verstärkte Parallelarbeit an verschiedenen Bauteilen des Gesamterzeugnisses. Dadurch verringert sich der kritische Weg durch kürzere Bearbeitungszeiten und durch Verlagerung auf andere Aktivitäten. Der folgende Zusammenhang zwischen technischem Stand der Unternehmung und Durchlaufzeit wird verwendet (Gleichung 70)[1].

Eine Verdopplung des technischen Standes der Unternehmung vom Anfangswert TSUN auf 2*TSUN führt zu einer Reduzierung der Durchlaufzeit um ein Drittel des Ausgangswertes, der hier mit 6 Monaten angesetzt ist.

---

1) Ein solcher Zusammenhang zwischen technischem Stand der Unternehmung und Durchlaufzeit wurde bei einer am Industrieseminar der Universität Mannheim durchgeführten empirischen Untersuchung in einem Unternehmen des Großwerkzeugbaus ermittelt.

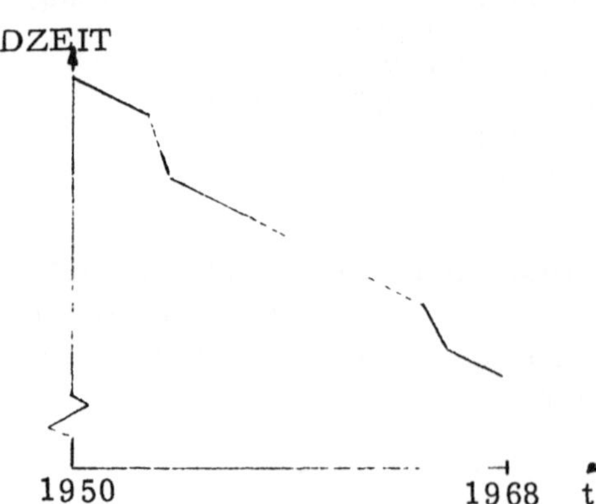

Die dabei erhaltene Veränderung der Durchlaufzeit im Zeitablauf zeigt das nebenstehende Abbild. Die beiden Unstetigkeiten in der Kurve wurden durch die Implementierung bedeutender technischer Fortschritte (Kopierfräsmaschinen und Vollformgießverfahren) verursacht. Wird die Durchlaufzeit nicht in Abhängigkeit von der Kalenderzeit sondern vom technischen Stand der Unternehmung angegeben, ergibt sich der in Gleichung 70 dargestellte Zusammenhang.

```
DZEIT.K=TABHL(DZEITT,TSU.K,TSUN,3*TSUN,.5*TSUN)        70, A
DZEITT=6/4.8/4/3.5/3.25                                70.1, T
    DZEIT  - DURCHLAUFZEIT (MONATE)
    TABHL  - DYNAMO-MAKRO (TABELLENFUNKTION)
    DZEITT - TABELLE FUER DZEIT
    TSU    - TECHNISCHER STAND UNTERNEHMUNG (EINHEITEN)
    TSUN   - TSU ANFANGSWERT (EINHEITEN)
```

Die Zeit, die zwischen dem Eingang einer Bestellung und der Auslieferung des fertigen Produktes vergeht, ist die Lieferzeit LIEFER. Sie setzt sich zusammen aus der Zeit, die die eingehenden Aufträge im unerledigten Auftragsbestand AUFB verbleiben und der Zeit, die die Fertigung der Produkte beansprucht. Erstere hängt ab vom Bestand an Aufträgen und der Produktionskapazität, die bestimmt, wie schnell der Auftragsbestand abgearbeitet werden kann.

```
LIEFER.K=DZEIT.K+AUFB.K/PROKA.K                        71, A
    LIEFER - LIEFERFRIST (MONATE)
    DZEIT  - DURCHLAUFZEIT (MONATE)
    AUFB   - AUFTRAGSBESTAND (STUECK)
    PROKA  - PRODUKTIONS-KAPAZITAET (STUECK/MONAT)
```

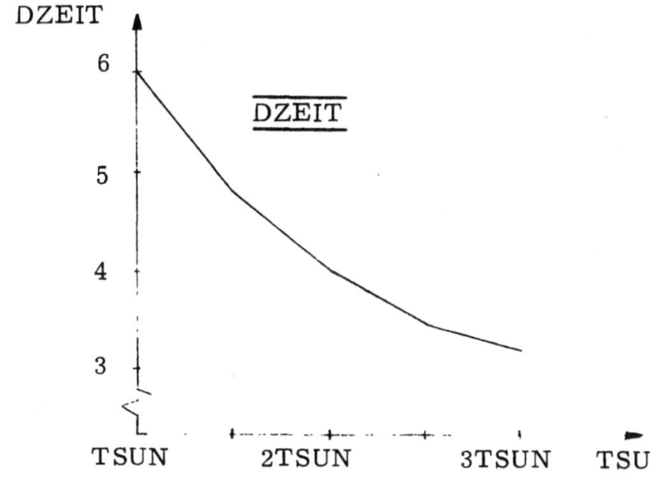

Abb. 70: Graph von DZEIT.

Die Produktionskapazität PROKA und nicht die tatsächliche Produktionsstart-Rate PSTART steht im Nenner des Quotienten, da zusätzliche Aufträge sofort in Produktion gehen können, wenn freie Kapazitäten vorhanden sind.

Die Kunden der Unternehmung sind nicht bereit, unverhältnismäßig lange auf die Lieferung ihrer Bestellungen zu warten. Die Lieferfrist, die als angemessen angesehen wird, hängt in starkem Maße von der notwendigen Durchlaufzeit der Erzeugnisse durch den Produktionsprozeß ab. Potentielle Auftraggeber der Unternehmung werden im allgemeinen nicht bereit sein, eine Lieferfrist von beispielsweise 12 Monaten zu akzeptieren, wenn die effektive Durchlaufzeit des Gutes nur wenige Tage in Anspruch nimmt. Unter diesen Umständen kann angenommen werden, daß wenigstens einer der Konkurrenten schneller liefern kann. Andererseits ist bei einem Produkt, dessen Produktion 10 Monate dauert, eine Lieferfrist von 12 Monaten als relativ kurz anzusehen.

Die Variable, die den Marktanteil der Unternehmung mit der Lieferfrist verbindet, ist der Lieferfrist-Multiplikator LFM, für den der folgende Zusammenhang unterstellt ist.

```
LFM.K=TABLE(LFMT,LIEFER.K,5.5,13.5,2)                72, A
LFMT=1/1/1/.8/.5                                     72.1, T
     LFM    - LIEFERFRIST-MULTIPLIKATOR (DL)
     TABLE  - DYNAMO-MAKRO (TABELLENFUNKTION)
     LFMT   - TABELLE FUER LFM
     LIEFER - LIEFERFRIST (MONATE)
```

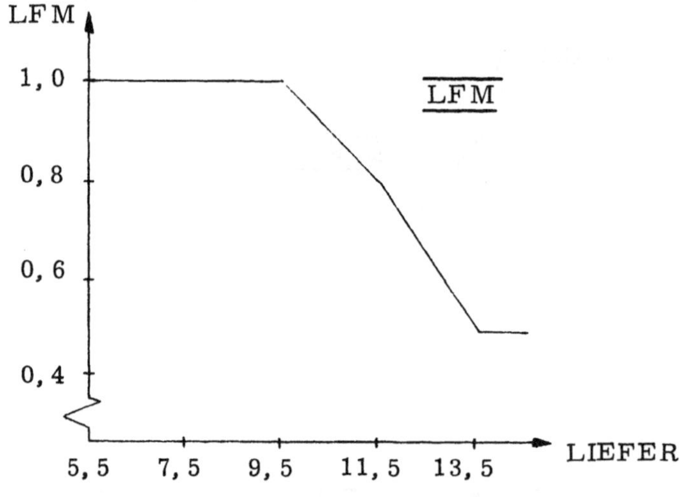

Abb. 71: Graph von LFM.

Eine Lieferfrist bis zu 9,5 Monaten wird als normal angesehen. Für längere Fristen verschlechtert sich die Marktposition der Unternehmung, d.h. der Multiplikator nimmt Werte von kleiner als eins an und erreicht bei einer Lieferfrist von 13,5 Monaten den Wert 0,5[1]:

1) Der Lieferfrist-Multiplikator LFM ist nur eine Determinante des Marktanteils, und der negative Einfluß langer Lieferfristen kann durch eine hohe Qualität der Produkte oder durch günstige Preise kompensiert oder gar überkompensiert werden.

Es gibt grundsätzlich zwei Möglichkeiten, die gewünschte zukünftige Produktionskapazität abzuleiten.

(1) Die Unternehmung entscheidet zuerst, zusätzliche Produktionskapazität aufzubauen und dann deren Auslastung durch eine aktive Absatzpolitik zu sichern. Es ist z. B. die Politik der Unternehmung, die Produktionskapazitäten jährlich um 10 % zu steigern.

(2) Die Entscheidung zur Akquisition neuer Kapazitäten hängt von der gegenwärtig benötigten Kapazität ab. In diesem Falle wird die Kapazitätsakquisition den eingehenden Bestellungen angepaßt und nicht - wie im ersten Fall - umgekehrt.

Die erste Alternative ist zweifellos die wesentlich aggressivere Absatzpolitik und führt - wenn sie erfolgreich ist - zu einem schnellen Unternehmenswachstum. Diese Geschäftspolitik ist aber nur dann sinnvoll, wenn die Unternehmung selbst die Gesamtnachfrage nach ihrem Produktionssortiment stimulieren und eventuell neue Märkte erschließen kann. Wenn die Gesamtnachfrage von der Absatzpolitik der Unternehmung nicht signifikant beeinflußt werden kann - und dies ist bei Auftragsfertigung der Fall[1] - erscheint eine solche aggressive Akquisitionspolitik kaum durchführbar. Bei konstanter Gesamtnachfrage kann die Unternehmung dann ihre Ausbringung nur durch Erhöhung ihres Marktanteils steigern, und dies gibt in der Regel nicht genug Raum für eine aggressive Investitionspolitik. Daher ist die mehr konservative Politik der Anpassung der Kapazität an die eingehenden Bestellungen hier gewählt. Durch eine einfache Modellrevision könnte jedoch auch die erste Alternative eingebaut und getestet werden.

Marktanteil, Gesamtnachfrage und die Diskrepanz zwischen dem tatsächlichen und dem gewünschten Auftragsbestand bestimmen die gewünschte Produktionskapazität.

```
GPROKA.K=(MARKT.K)(GENA.K)+(AUFB.K-GAUFB*PROKA.K)/   73, A
  AUFBAZ
AUFBAZ=18                                            73.1, C
     GPROKA  - GEWUENSCHTE KAPAZITAET (STUECK/MONAT)
     MARKT   - MARKTANTEIL (DL)
     GENA    - GESAMTNACHFRAGE (STUECK/MONAT)
     AUFB    - AUFTRAGSBESTAND (STUECK)
     GAUFB   - GEWUENSCHTER AUFTRAGSBESTAND (MONATE)
     PROKA   - PRODUKTIONS-KAPAZITAET (STUECK/MONAT)
     AUFBAZ  - AUFTRAGSBESTAND-ANPASSUNGSZEIT (MONATE)
```

1) Diese These ist im Absatzsektor des Modells diskutiert.

Der erste Summand in dieser strikt nachfrage-orientierten Kapazitätsentscheidung definiert die eingehenden Bestellungen. Es besteht keine Notwendigkeit, diese Bestellungen über einen längeren Zeitraum zu glätten, um kurzfristige, zufällige Schwankungen auszuschließen. Unternehmen mit Auftragsfertigung haben vor den Vertragsabschlüssen eine längere Verhandlungs- und Planungsperiode. Dies ermöglicht einen relativ zuverlässigen Überblick, ob der Bestelleingang eines Monats deutlich von den zu erwartenden zukünftigen Bestellungen, die sich noch in der Verhandlungsphase befinden, abweicht. Dadurch werden kurzfristige Störungen gefiltert, und die simulierte Bestellrate weist deshalb keine kurzfristigen, zufallsbedingten Schwankungen auf.

Der zweite Summand - der Einfluß, den die Diskrepanz zwischen tatsächlichem und gewünschtem Auftragsbestand auf die gewünschte Produktionskapazität ausübt - wird über einen Zeitraum von 18 Monaten geglättet. Der gewünschte Auftragsbestand ist das Doppelte der Produktionskapazität, so daß volle Kapazitätsauslastung gewährleistet ist, selbst wenn während der folgenden zwei Monate keinerlei neue Aufträge eingehen[1].

c) Kosten der Produktion

Die Gleichungen 66 - 73 beschrieben die Produktion der Güter und die mit der Produktion verbundenen Entscheidungen und Aktionen. Die folgenden Gleichungen 74 - 77 definieren die Kosten der Produktion (vgl. Abbild 72).

Drei Kostenartengruppen werden in dem Modell unterschieden

(1) Personalkosten

(2) Kapitalkosten

(3) Materialkosten.

Es ist unterstellt, daß es sich bei den Personalkosten um ausschließlich fixe Kosten in bezug auf die Ausbringung handelt. Die Kapitalkosten sind teilweise variabel und teilweise fix, während die Materialkosten voll variabel sind. Die Kosten werden nach dem Vollkostenprinzip verrechnet.

---

1) In der Realität würde bei einem längerfristigen totalen Ausbleiben von Bestellungen nicht mit voller Kapazitätsauslastung gefahren werden. Diese Möglichkeit des geplanten Absenkens des Beschäftigungsgrades ist jedoch in dem Modell nicht explizit erfaßt.

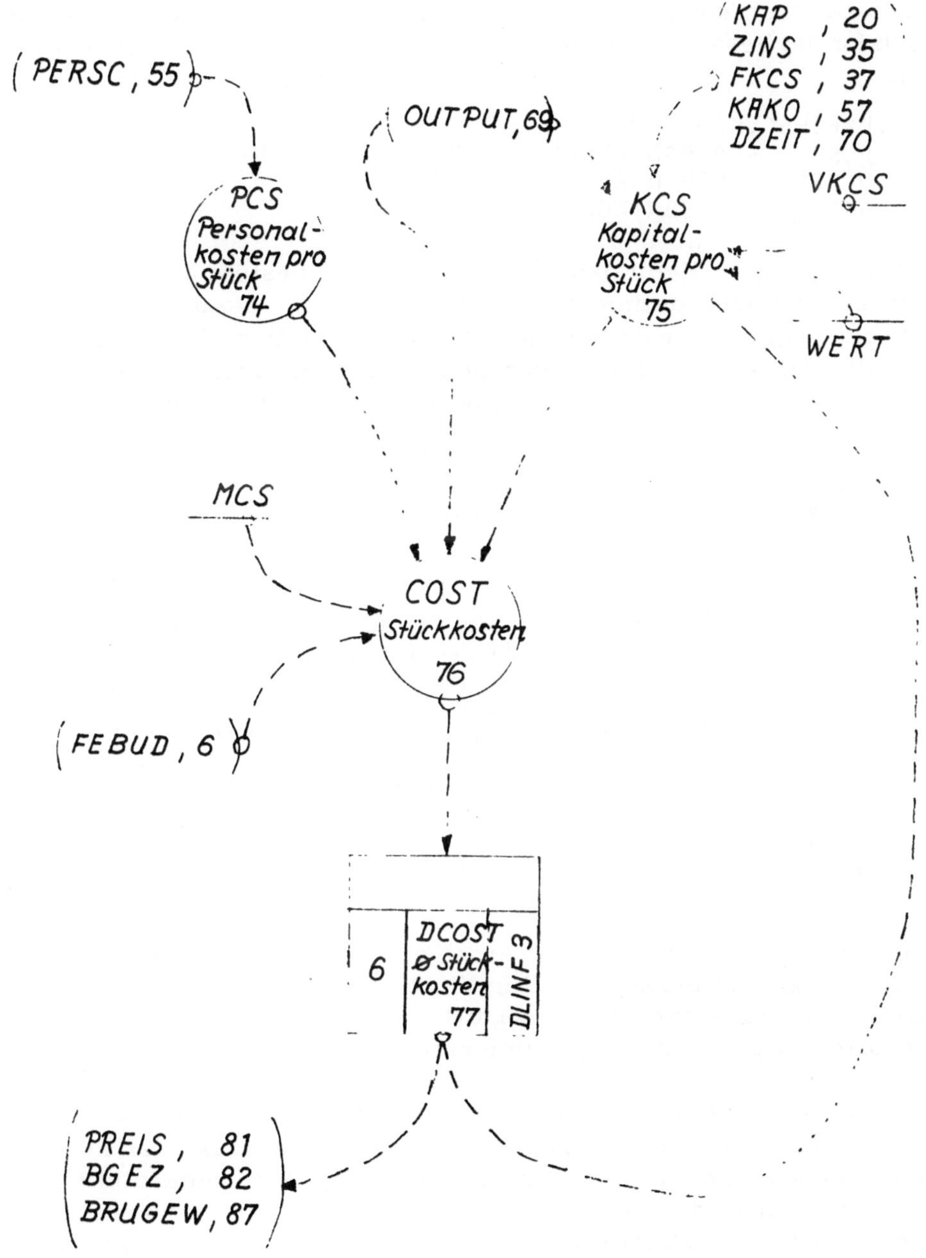

Abb. 72: Kosten der Produktion.

Da die Arbeitskosten während einer Periode ausbringungsunabhängig sind, werden die Personalkosten pro Stück PCS durch einfache Division der gesamten Personalkosten durch die Ausbringung errechnet.

```
PCS.K=PERSC.K/OUTPUT.JK                                      74, A
    PCS    - PERSONALKOSTEN PRO STUECK (DM/STUECK)
    PERSC  - PERSONALKOSTEN (DM/MONAT)
    OUTPUT - AUSBRINGUNG (STUECK/MONAT)
```

Die Gleichung der Kapitalkosten pro Stück KCS besteht aus drei Summanden. Der erste definiert die variablen Kosten, die durch den Einsatz der Kapitalgüter im Produktionsprozeß anfallen. Der zweite erfaßt die Zinsen für das in den unfertigen Erzeugnissen gebundene Kapital, und der dritte Summand berücksichtigt die fixen Kapitalkosten pro Stück.

```
KCS.K=KAKO.K*VKCS+WERT*DCOST.K*ZINS.K*DZEIT.K+               75, A
  KAP.K*FKCS.K/OUTPUT.JK
WERT=.5                                                      75.1, C
VKCS=.01                                                     75.2, C
    KCS    - KAPITALKOSTEN PRO STUECK (DM/STUECK)
    KAKO   - KAPITALKOEFFIZIENT (DM-MONAT/STUECK)
    VKCS   - VARIABLER KAPITALKOSTENSATZ (DL)
    WERT   - WERT HALBFERTIGER ERZEUGNISSE (DL)
    DCOST  - DURCHSCHNITTS-STUECKKOSTEN (DM/STUECK)
    ZINS   - ZINSSATZ (1/MONAT)
    DZEIT  - DURCHLAUFZEIT (MONATE)
    KAP    - KAPITAL (DM)
    FKCS   - FIXER KAPITALKOSTENSATZ (1/MONAT)
    OUTPUT - AUSBRINGUNG (STUECK/MONAT)
```

Die variablen Kapitalkosten werden als Prozentsatz VKCS des Kapitalkoeffizienten errechnet. Für VKCS ist ein Satz von 1 % des Koeffizienten angesetzt (VKCS = 0, 01). Er umfaßt Umrüstung, Energiekosten, Werkzeug- und Schmiermittelkosten etc.

Der Zinssatz, der für das in den unfertigen Produkten PROP gebundene Kapital berechnet wird, ist der gleiche wie der, der für aufgenommenes Fremdkapital zu bezahlen ist. Wird unterstellt, daß der Wertzuwachs der zu bearbeitenden Produkte symmetrisch in bezug auf die Zeit erfolgt (vgl. Abbild 73), dann ist der durchschnittliche Wert der Produkte im Produktionsprozeß 50 % der gesamt anfallenden Kosten (WERT = 0, 5). Zinsen für die Kapitalbindung sind für die Dauer der Durchlaufzeit zu verrechnen.

Die Zinsen, die für ein noch im Produktionsprozeß befindliches Produkt anfallen, sind (WERT) (DCOST) (ZINS) (DZEIT). Da der technische Fortschritt zu einer Reduzierung der Durchlaufzeit führt,

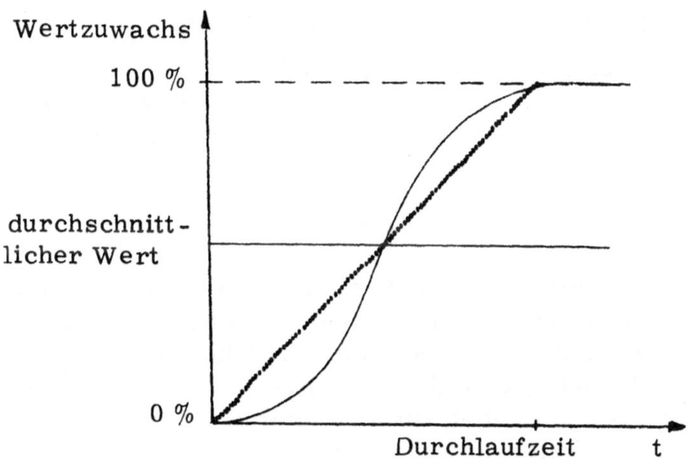

Abb. 73: Wertzuwachs eines Produktes und durchschnittlicher Wert.

verringert sich im Zeitablauf die Dauer, die ein Produkt im Produktionsprozeß verbleibt und damit auch die dafür anfallenden Zinskosten.

Die Materialkosten pro Stück werden als konstant angenommen. Die Einsparung von Materialkosten durch den technischen Fortschritt ist - wenn überhaupt - nur in geringem Umfang möglich. Auch beim Einsatz eines der bedeutendsten technischen Fortschritte beim Produktionsprozeß, der numerisch gesteuerten Werkzeugmaschinen, blieb die Einsparung an Materialkosten in der weitaus überwiegenden Zahl der Fälle in sehr engen Grenzen[1]. Daher wird während eines Simulationslaufes ein konstanter Betrag von DM 10 000 pro Stück verrechnet. Materialgemeinkosten werden nicht explizit ausgewiesen.

Die gesamten Stückkosten COST sind die Summe aus diesen drei Kostenartengruppen zusätzlich der Aufwendungen, die für die Forschungs- und Entwicklungsaktivität anfallen und die nicht in dem Gemeinkostenzuschlag GMCS enthalten sind.

Die Stückkosten COST sind die effektiv während einer Periode angefallenen Kosten. Als Grundlage für Preisangebote und Rechnungslegung können diese Kosten jedoch nicht verwendet werden. Die Un-

1) Siehe Ifo-Institut für Wirtschaftsforschung: Die Verbreitung neuer Technologien, a. a. O., S. 55. Von 110 antwortenden Firmen meldeten 60 Einsparungen an Materialkosten unter 10 % und nur 7 höhere Einsparungen.

```
COST.K=KCS.K+PCS.K+MCS+FEBUD.K/OUTPUT.JK                    76, A
MCS=1E4                                                     76.1, C
    COST   - STUECKKOSTEN (DM/STUECK)
    KCS    - KAPITALKOSTEN PRO STUECK (DM/STUECK)
    PCS    - PERSONALKOSTEN PRO STUECK (DM/STUECK)
    MCS    - MATERIALKOSTEN PRO STUECK (DM/STUECK)
    FEBUD  - F+E BUDGET (DM/MONAT)
    OUTPUT - AUSBRINGUNG (STUECK/MONAT)
```

ternehmung ermittelt nicht jede Periode neue Gemeinkostenzuschläge, sondern behält die einmal gewonnenen Zuschlagsätze für einige Zeit bei. Außerdem werden bei der Vorkalkulation, die als Grundlage für die Preisangebote dient, teilweise mit Durchschnitts- und Erfahrungswerten gerechnet, die auf Unterlagen vergangener Perioden basieren. Deshalb werden die Stückkosten über einen Zeitraum von 6 Monaten geglättet.

```
DCOST.K=DLINF3(COST.K,6)                                    77, A
DCOST=40000                                                 77.1, N
    DCOST  - DURCHSCHNITTS-STUECKKOSTEN (DM/STUECK)
    DLINF3 - DYNAMO-MAKRO (VERZOEGERUNGS-FUNKTION)
    COST   - STUECKKOSTEN (DM/STUECK)
```

Die durchschnittlichen Stückkosten DCOST bilden, zusammen mit der Lieferfrist, die Haupteinflußgröße des Produktionssektors auf den Absatzsektor.

5. Absatzsektor

Der Absatzsektor verbindet die Unternehmung mit ihrem Absatzmarkt; er definiert die Nachfrage nach ihren Produkten. Diese hängt von der Gesamtnachfrage nach den von Unternehmung und Konkurrenten hergestellten Erzeugnissen und von dem Marktanteil der Unternehmung ab. Der Sektor beschreibt die Transformation der Güter in einen Strom von Finanzmitteln, der in die Unternehmung zurückfließt und den Fonds zur Erweiterung des technischen Wissens und zur Akquisition der benötigten Produktionsfaktoren darstellt.

Der Absatzsektor ist stark aggregiert. Er umfaßt nur solche Faktoren, die durch den technischen Fortschritt nachhaltig beeinflußt werden und diesen ihrerseits wieder beeinflussen. Diese Vereinfachung erlaubt eine Konzentration auf die Implikationen des technischen Fortschritts[1].

1) Erweiterungen des Modells könnten Service, Werbung, Preispo-

Der Absatzsektor ist in zwei Subsektoren untergliedert. Der erste befaßt sich mit den Determinanten des Marktanteils der Unternehmung; im zweiten wird der während einer Periode erzielte Umsatz und Bruttogewinn diskutiert.

a) Marktanteil und Nachfrage

Die Komponenten dieses Subsektors und ihre Verknüpfung mit den anderen Elementen des Modells zeigt Abbild 74.

Der gegenwärtige Marktanteil der Unternehmung MARKT errechnet sich aus dem Marktanteil der vergangenen Periode und den in der Zwischenzeit eingetretenen Veränderungen. Änderungen im Marktanteil vollziehen sich nicht abrupt. Die Kunden müssen erkennen, daß sich die Position der Unternehmung relativ zu der ihrer Konkurrenten verändert hat und ihre Entscheidungen der veränderten Situation anpassen. Eingegangene vertragliche Verpflichtungen müssen erfüllt werden und verringern dadurch die Möglichkeit, kurzfristige Marktveränderungen sofort und in vollem Umfang auszunützen. Diese Anpassungsprozesse erfordern Zeit. Sie werden in der Marktanteil-Anpassungszeit MARKTZ erfaßt, für die ein Wert von sechs Monaten angenommen wird. Diese relativ kurze Zeitspanne erscheint realistisch, da Kunden der Unternehmen mit Auftragsfertigung einen hohen Grad an Marktübersicht auf ihren Zuliefermärkten haben.

```
MARKT.K=MARKT.J+(DT/MARKTZ)(GLEMAR.J-MARKT.J)          78, L
MARKT=MARKTN                                            78.1, N
MARKTN=.2                                               78.2, C
MARKTZ=6                                                78.3, C
    MARKT  - MARKTANTEIL (DL)
    DT     - LOESUNGSINTERVALL (MONATE)
    MARKTZ - MARKTANTEIL-ANPASSUNGSZEIT (MONATE)
    GLEMAR - GLEICHGEWICHTS-MARKTANTEIL (DL)
    MARKTN - MARKTANTEIL NORMAL (DL)
```

Der Gleichgewichts-Marktanteil GLEMAR ist der Anteil, der unter den gegenwärtigen Konkurrenzbedingungen erreicht sein wird, wenn alle Anpassungsprozesse beendet sind. GLEMAR wird von vier Faktoren bestimmt. Dies sind

---

litik, etc. als weitere Determinante des Marktanteils enthalten. Jedoch stehen diese Faktoren nicht in einem engen Feedbackzusammenhang mit dem technischen Fortschritt und wurden aus diesem Grunde weggelassen.

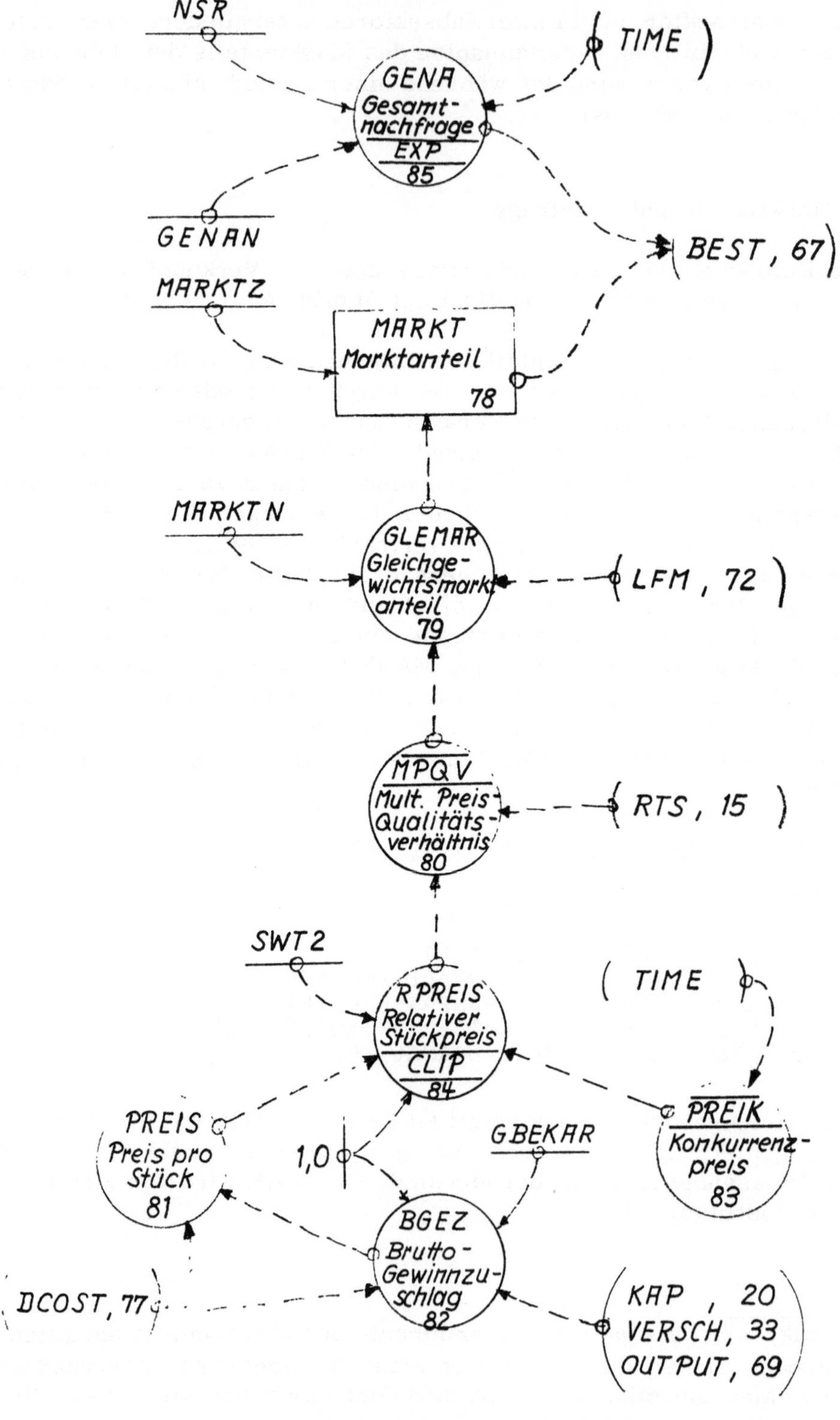

Abb. 74: Marktanteil und Nachfrage.

(1) der Marktanteil Normal MARKTN. Wenn Unternehmung und Konkurrenten[1)] Produkte mit gleicher Qualität, zu gleichem Preis und zu den gleichen Lieferkonditionen anbieten und wenn keine sonstigen Präferenzen bestehen, kann erwartet werden, daß alle Firmen den gleichen Marktanteil haben. Für diesen Marktanteil Normal ist ein Wert von 20 % des Gesamtmarktes angenommen.

(2) der technische Stand der Unternehmung. Dieser beeinflußt die Präzision, die Funktionalität, die Zuverlässigkeit, kurz: die Qualität der Produkte. Wenn der technische Stand der Unternehmung höher ist als der der Konkurrenten, wird ceteris paribus auch der Marktanteil steigen.

(3) Der Stückpreis. Der positive, marktanteil-erhöhende Einfluß des technischen Standes kann durch einen hohen Stückpreis kompensiert oder auch überkompensiert werden. Da der technische Stand der Unternehmung und der Preis pro Stück in einem gegenseitigen Abhängigkeitsverhältnis stehen, werden diese beiden Variablen in einem Quotienten, dem Multiplikator vom Preis-Qualitätsverhältnis, zusammengefaßt und mit dem der Konkurrenz verglichen.

(4) die Lieferfrist. Auch wenn Preis und Qualität des Produktes sehr attraktiv sind, werden Aufträge nur dann vergeben, wenn die bestellten Güter in angemessener Zeit geliefert werden können. Eine lange Lieferfrist hält potentielle Auftraggeber davon ab, ihre zu erstellenden Produkte von der Unternehmung zu beziehen. Die Lieferfrist der Konkurrenz wird nicht explizit berücksichtigt. Dies impliziert die Unterstellung, daß die Konkurrenz stets in der Lage ist, in angemessener Frist zu liefern.

Der Gleichgewichts-Marktanteil GLEMAR ist definiert als das Produkt aus dem Marktanteil Normal, dem Multiplikator vom Preis-Qualitätsverhältnis und dem Lieferfristmultiplikator LFM.

```
GLEMAR.K=(MARKTN)(MPQV.K)(LFM.K)                          79, A
   GLEMAR - GLEICHGEWICHTS-MARKTANTEIL (DL)
   MARKTN - MARKTANTEIL NORMAL (DL)
   MPQV   - MULT.VON PREIS-QUALITAET-VERHAELTNIS (DL)
   LFM    - LIEFERFRIST-MULTIPLIKATOR (DL)
```

1) Die einzelnen Konkurrenzunternehmen sind in einer homogenen Gruppe "Konkurrenten" zusammengefaßt. Ihr Einfluß ist ein gewogener Durchschnitt der individuellen Werte. Diese Vorgehensweise erlaubt, den Markt als Duopol, bestehend aus der Unternehmung und der homogenen Konkurrenz, zu betrachten.

Der Einfluß des relativen technischen Standes der Unternehmung und des relativen Preisverhältnisses auf den Marktanteil wird in einem Quotienten zusammengefaßt. Es ist unterstellt, daß beide Komponenten dieses Quotienten das gleiche Gewicht bei der Auftragsvergabe der Kunden haben. Eine zehnprozentige Preiserhöhung wird durch eine zehnprozentige Erhöhung des technischen Standes ausgeglichen und vice versa; Preisveränderungen üben also keinen größeren Einfluß als Qualitätsveränderungen bei der Entscheidung über die Auftragsvergabe aus.

Beide Variable, der relative technische Stand der Unternehmung und der relative Stückpreis können theoretisch Werte zwischen null und unendlich annehmen. In praxi bewegen sie sich jedoch in der engen Umgebung von eins. Der folgende Zusammenhang zwischen dem Marktanteil-Multiplikator und dem Preis-Qualitätsverhältnis ist angenommen.

```
MPQV.K=TABLE(MPQVT,RPREIS.K/RTS.K,.825,1.325,.05)     80, A
MPQVT=2/1.5/1.2/1/1/.95/.85/.7/.5/.25/0               80.1, T
     MPQV   - MULT.VON PREIS-QUALITAET-VERHAELTNIS (DL)
     TABLE  - DYNAMO-MAKRO (TABELLENFUNKTION)
     MPQVT  - TABELLE FUER MPQV
     RPREIS - RELATIVER STUECKPREIS (DL)
     RTS    - RELATIVER TECHNISCHER STAND (DL)
```

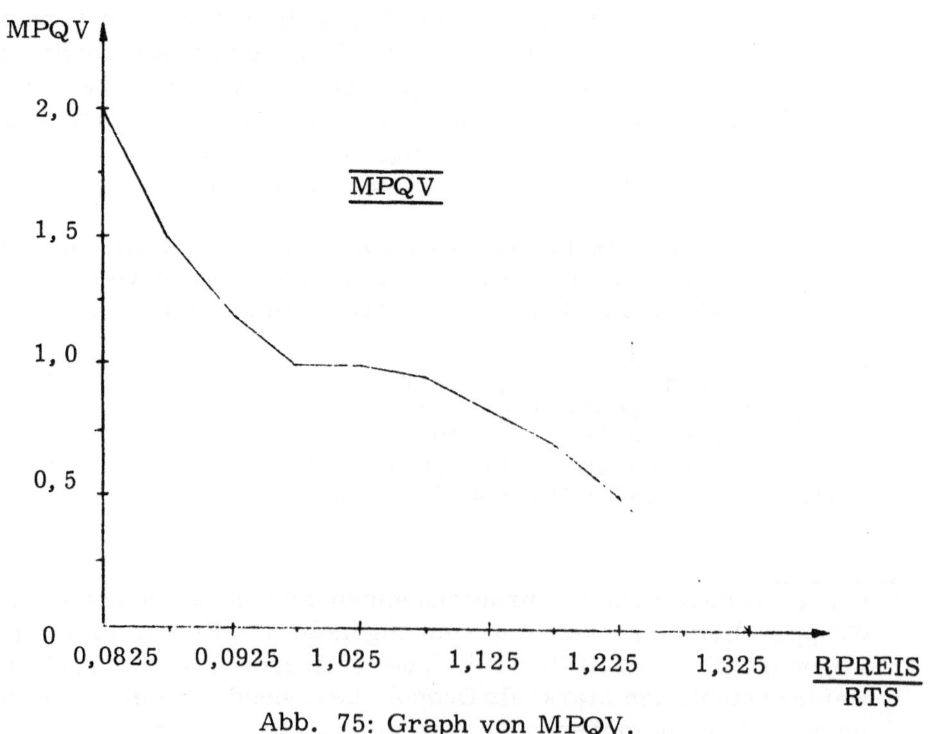

Abb. 75: Graph von MPQV.

Die Funktion von MPQV inkorporiert drei weitere Hypothesen.

(1) MPQV fällt nicht monoton, sondern hat für RPREIS/RTS = 1 einen Wendepunkt. In der unmittelbaren Umgebung dieses Wertes führen kleine Veränderungen im Preis-Qualitätsverhältnis nicht zu Veränderungen des Marktanteils, da MPQV hier den Wert eins annimmt. Wenn Unternehmung und Konkurrenz Produkte mit dem gleichen Preis-Qualitätsverhältnis anbieten, muß ein Schwellenwert überschritten werden, bis die Kunden Veränderungen als signifikant erkennen und ihre Bestellpolitik darauf einrichten. Wird der Normalwert von eins um 2, 5 % über- bzw. unterschritten, verändert sich der Marktanteil der Unternehmung.

(2) Die Nachfragekurve ist annähernd punktsymmetrisch in bezug auf den Wert des Zweierlogarithmus von RPREIS/RTS; der Symmetriepunkt liegt bei RPREIS/RTS = 1. Eine Erhöhung des Marktanteils erfolgt mit der gleichen Änderungsrate wie eine Verringerung; eine positive Veränderung im Preis-Qualitätsverhältnis induziert die gleiche relative Veränderung des Marktanteils wie eine negative Veränderung. Da keine empirische Evidenz dafür gefunden werden konnte, daß es "einfacher" ist, Kunden durch negative Veränderungen des Preis-Qualitätsverhältnisses zu verlieren als neue durch positive Veränderungen zu gewinnen, wird gemäß der "equal ignorance assumption"[1] eine annähernd symmetrische Funktion unterstellt.

(3) Es gibt einen maximal erreichbaren Marktanteil der Unternehmung. Selbst bei konkurrenzlosen Preis-Qualitätsverhältnis kann die Unternehmung nur das Doppelte des normalen Marktanteils erreichen, d.h. MPQV hat einen Maximalwert von 2. Dem Vorhandensein eines solchen maximal erreichbaren Marktanteils liegt die Hypothese zugrunde, daß die Kunden nicht in zu starkem Maße von einem einzelnen Unternehmen in Abhängigkeit geraten wollen. Außerdem würde eine noch stärkere Verdrängung der Konkurrenten wahrscheinlich zu einem Preiskampf führen - eine Möglichkeit, die in dem Modell nicht explizit erfaßt ist.

Der Preis pro Stück wird auf Vollkostenbasis aus den Durchschnitts-Stückkosten DCOST und einem Gewinnzuschlag ermittelt.

```
PREIS.K=DCOST.K*BGEZ.K                                    81, A
    PREIS   - PREIS PRO STUECK (DM/STUECK)
    DCOST   - DURCHSCHNITTS-STUECKKOSTEN (DM/STUECK)
    BGEZ    - BRUTTOGEWINNZUSCHLAG (DL)
```

1) Samuelson, P. A.: A Theory of Induced Innovation along Kennedy-Weizsäcker Lines, a.a.O., S. 345.

Dabei gibt es grundsätzlich zwei Möglichkeiten der Preisgestaltung[1].

(1) Eine konstante Gewinnspanne wird den Stückkosten zugeschlagen, z. B. Stückkosten + 10 %.

(2) Die Gewinnspanne ist eine Variable, die etwa von der gewünschten Kapitalrendite und dem eingesetzten Kapital abhängt und für veränderte Werte des Kapitalinputs variiert.

Da die Implementierung des technischen Fortschritts häufig zu einer Erhöhung der Kapitalintensität führt, d.h. der Fortschritt hat arbeitsparende Wirkungen, ist die zweite Alternative die rationalere Grundlage für Preisentscheidungen in innovativen Unternehmen. Die erste Alternative würde - da bei konstanten Lohnsätzen der Kapitalkostenanteil an den Gesamtkosten steigt - zu einer sich im Zeitablauf verschlechternden Kapitalrendite führen. Damit würde die Profitabilität des technischen Fortschritts, bedingt durch die Entscheidungsregel zur Ermittlung des Stückpreises, reduziert.

Der variable Bruttogewinnzuschlag pro Ausbringungseinheit hängt ab vom investierten Eigenkapital, von der Anzahl der produzierten Erzeugnisse und der geplanten Brutto-Eigenkapitalrendite[2].

```
BGEZ.K=1+(KAP.K)(1-VERSCH.K)(GBEKAR)/(DCOST.K*          82, A
  OUTPUT.JK)
GBEKAR=.02                                               82.1, C
    BGEZ   - BRUTTOGEWINNZUSCHLAG (DL)
    KAP    - KAPITAL (DM)
    VERSCH - VERSCHULDUNGSGRAD (DL)
    GBEKAR - GEPLANTE EIGENKAPITALRENDITE (1/MONAT)
    DCOST  - DURCHSCHNITTS-STUECKKOSTEN (DM/STUECK)
    OUTPUT - AUSBRINGUNG (STUECK/MONAT)
```

Da der Gewinnzuschlag BGEZ bei der Ermittlung des Stückpreises in Gleichung 80 multiplikativ und nicht additiv verrechnet wird, ist der Zuschlag um den Wert eins zu erhöhen. Eine geplante Brutto-

---

1) Siehe Anthony, R. N.: Management Accounting, a. a. O., S. 594 - 596.

2) Die Struktur von Gleichung 82 wird klarer, wenn sie nach GBEKAR aufgelöst wird:

$$\text{GBEKAR}=\frac{(\text{BGEZ})(\text{DCOST.K})(\text{OUTPUT.JK})-(\text{DCOST.K})(\text{OUTPUT.JK})}{(\text{KAP.K})(1-\text{VERSCH.K})}$$

Die Eigenkapitalrendite ist eine Funktion des Umsatzes abzüglich der zur Erstellung dieses Umsatzes anfallenden Kosten (das ist der Bruttogewinn), dividiert durch das eingesetzte Eigenkapital.

Eigenkapitalrendite von 2 % pro Monat, das sind ca. 25 % pro Jahr, wird unterstellt. Diese Verzinsung korrespondiert mit empirischen Werten[1].

Der Bruttogewinnzuschlag BGEZ ist ein angestrebter Wert. In harten Konkurrenzsituationen, die entweder durch eine überlegene Marktposition der Konkurrenz oder durch ungenügende Gesamtnachfrage verursacht sein können, ist es möglich, daß die Unternehmung ihre Preisforderungen nicht durchsetzen kann, ohne deutliche Markteinbußen hinnehmen zu müssen. Die rationale kurzfristige Anpassung an eine solche Situation wäre eine Preissenkung, um die Wettbewerbslage gegenüber den Konkurrenten zu verbessern. Eine solche Preisreduzierung wäre jedoch inkonsistent mit der Struktur des Modells. Deutliche Preisreduzierungen würden Reaktionen der Konkurrenten induzieren - ein Feedback, der außerhalb der Systemgrenzen liegt. Variationen in der Preisgestaltung als Reaktion auf veränderte Marktsituationen sind nicht typisch für innovative Unternehmen und sind daher aus dem Modell herausgehalten, um die Analyse der Implikationen des technischen Fortschritts nicht durch redundante Variable unnötig zu erschweren. Exogene Variationen des Bruttogewinnzuschlages erlauben, den Einfluß veränderter Gewinnsituationen zu testen.

Wie die Entwicklung des technischen Standes der Konkurrenten und der daraus zu erwartende relative technische Stand der Unternehmung, wird auch der Stückpreis der Konkurrenten vorausgeschätzt. Jedoch wird diese Vorausschätzung anders als bei FRTS (Gleichung 18) am Beginn eines Simulationslaufes durchgeführt und exogen in das Modell eingegeben. Der Stückpreis der Konkurrenten ist somit allein eine Funktion der Zeit und wird nicht durch das Verhalten der Unternehmung beeinflußt. Unternehmung und Konkurrenten sind in einer unidirektionalen Beziehung miteinander verbunden; das Verhalten der Konkurrenz beeinflußt das Verhalten der Unternehmung, aber nicht umgekehrt.

Das Nichtberücksichtigen der Interaktionen zwischen Unternehmung und Konkurrenz bei der Preisgestaltung stellt zweifellos eine starke Vereinfachung dar. Die dabei auftretenden Verhaltensweisen - obwohl hoch interessant - sind jedoch nicht charakteristisch für technisch hochentwickelte Unternehmen. Bedeutender noch, diese Verhaltensformen stehen nicht in einem engen Feedbackverhältnis mit der Implementierung technischen Fortschritts, da Preisvariationen auch durch eine Vielzahl anderer Faktoren entscheidend beeinflußt

---

1) Für empirische Werte von Kapitalrenditen siehe Anthony, R. N.: a. a. O., S. 296 in Verbindung mit S. 128 dieser Arbeit.

werden. Sie liegen damit außerhalb der Grenzen des zu betrachtenden Systems. Exogene Variationen der Preisforderungen der Konkurrenz erlauben die gleichen Einsichten in diese Interaktionen mit einem einfacheren und damit leichter verständlichen Modell.

Der Stückpreis der Konkurrenten ist eine Funktion der Zeit. Die numerischen Werte dieser Funktion werden exogen verändert und verschiedenen Raten des technischen Fortschritts, verschiedenen Lohnsteigerungsraten und verändertem Zinsniveau angepaßt. Für den Standardlauf des Modells mit konstanten Lohnsätzen (LSR = 0) ist der folgende trendmäßige Verlauf der Stückpreise der Konkurrenz PREIK angenommen, der der Preisentwicklung bei der Unternehmung entspricht.

```
PREIK.K=TABLE(PREIKT,TIME.K,0,240,60)                         83, A
PREIKT=43.1E3/41E3/38.3E3/36.1E3/34.2E3                       83.1, T
    PREIK  - STUECKPREIS DER KONKURRENZ (DM/STUECK)
    TABLE  - DYNAMO-MAKRO (TABELLENFUNKTION)
    PREIKT - TABELLE FUER PREIK
    TIME   - ZEIT IM SIMULATIONSLAUF (MONATE)
```

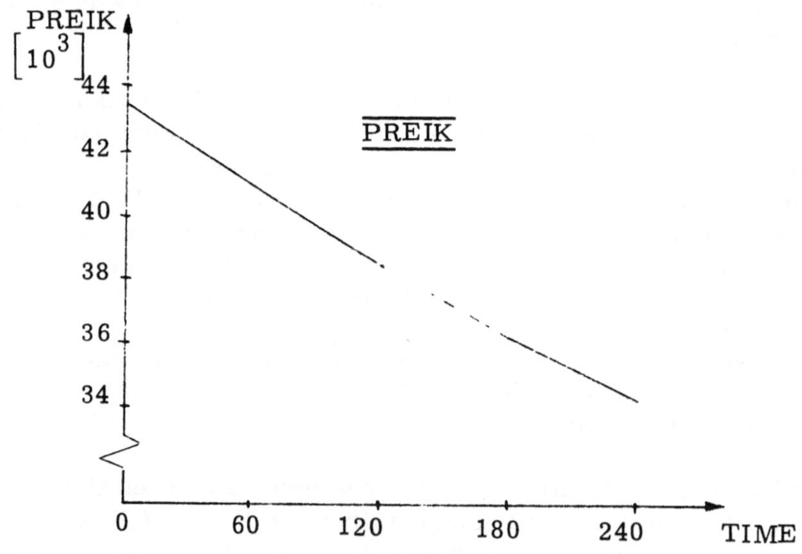

Abb. 76: Graph von PREIK.

Die Veränderungsrate der Preise nimmt mit zunehmender Zeit ab. Der Verlauf der Funktion von PREIK ist eine weitere Variante der oben diskutierten Hypothese[1)], daß je höher der technische Stand

1) Siehe oben, S. 162 ff.

eines Produktionsprozesses, desto schwieriger das Erzielen weiterer Produktivitätsfortschritte ist. Bei konstanten Lohnsätzen - und diese Unterstellung liegt dem Verlauf der Funktion in Gleichung 83 zu Grunde - bedeutet dies auch zwangsläufig eine Verringerung der absoluten Kosteneinsparungen.

Der relative Stückpreis der Unternehmung - relativ in bezug auf die Preise der Konkurrenz - ist als Quotient auf dem von der Unternehmung geforderten Preis pro Stück und dem der Konkurrenten definiert.

```
RPREIS.K=CLIP(PREIS.K/PREIK.K,1,SWT2,1)                     84, A
SWT2=1                                                      84.1, C
     RPREIS  - RELATIVER STUECKPREIS (DL)
     CLIP    - DYNAMO MAKROFUNKTION
     PREIS   - PREIS PRO STUECK (DM/STUECK)
     PREIK   - STUECKPREIS DER KONKURRENZ (DM/STUECK)
     SWT2    - SCHALTER2 (DL)
```

Die CLIP-Formulierung wurde gewählt, um den Einfluß unterschiedlicher Preise von Unternehmung und Konkurrenz ausschalten zu können. Wenn SWT2 Null gesetzt wird, ist die Unternehmung vom Einfluß der Konkurrenz isoliert, da der relative Stückpreis RPREIS für alle Werte der unabhängigen Veränderlichen den Wert eins beibehält.

Die diskutierten Variablen bestimmen den Marktanteil der Unternehmung. Die tatsächliche Nachfrage nach ihren Erzeugnissen wird durch das mathematische Produkt aus Marktanteil und Gesamtnachfrage errechnet.

Die Nachfrage in Industriezweigen mit Auftragsfertigung ist sehr unelastisch in bezug auf den Preis. Die Gesamtnachfrage nach Großwerkzeugen z. B. steigt nur sehr gering - wenn überhaupt - bei Preissenkungen. Dies erlaubt, sie als unabhängig von dem jeweiligen Stückpreis zu behandeln.

Es könnte jedoch eine Beziehung zwischen technischem Fortschritt und Gesamtnachfrage bestehen. Je schneller der technische Stand voranschreitet, desto schneller veralten die Erzeugnisse, und es kann ökonomisch sinnvoll werden, Anlagegegenstände vorzeitig zu ersetzen. Dies wäre etwa beim Großwerkzeugbau der Fall, wenn es gelänge, Werkzeuge zu fertigen, die mehrere Funktionen gleichzeitig ausführen können. Dadurch könnte die Nachfrage erhöht werden, da technisch noch intakte Werkzeuge wirtschaftlich veralten. Für diese Hypothese konnte jedoch keine empirische Unterstützung gefunden werden, und sie ist nicht in dem Modell inkorporiert; die Gesamtnachfrage wird exogen als Funktion der Zeit eingegeben[1]. Im Standardlauf wird eine gegenwärtige Nachfrage von 500 Stück pro Monat angenommen, die exponentiell mit 0,4 % pro Monat, das sind etwa 5 % pro Jahr, ansteigt und sich nach 240 Monaten auf 1300 Stück pro Monat erhöht.

```
GENA.K=GENAN*EXP(NSR*TIME.K)                              85, A
GENAN=500                                                 85.1, C
NSR=.004                                                  85.2, C
    GENA   - GESAMTNACHFRAGE (STUECK/MONAT)
    GENAN  - GESAMTNACHFRAGE ANFANG (STUECK/MONAT)
    EXP    - EXPONENTIALFUNKTION ZUR BASIS E=2,718...
    NSR    - NACHFRAGESTEIGERUNG (STUECK/MONAT)
    TIME   - ZEIT IM SIMULATIONSLAUF (MONATE)
```

Variationen der Werte der Exponentialfunktion erlauben den Test verschiedener Entwicklungsformen der Nachfrage auf das Modellverhalten. Jedoch ist die Nachfragesteigerungsrate NSR keine Aktionsvariable der Unternehmung.

b) Umsatz und Bruttogewinn

Die Elemente des Subsektors "Umsatz und Bruttogewinn" und ihre Verknüpfung mit anderen Bereichen des Gesamtmodells zeigt Abbild 77.

Der Umsatz pro Monat wird bestimmt durch den Output des betreffenden Monats multipliziert mit den dazugehörigen Preisen. Da keine Produktion auf Lager stattfindet, können sich auch keine Lagerbestandsveränderungen ergeben, und die Ausbringung pro Periode ist gleich dem Absatz der Periode, d.h. der leistungsbedingte Erlös ist gleich dem Ertrag.

```
UMSATZ.K=(OUTPUT.JK)(PREIS.K)                             86, A
    UMSATZ - UMSATZ (DM/MONAT)
    OUTPUT - AUSBRINGUNG (STUECK/MONAT)
    PREIS  - PREIS PRO STUECK (DM/STUECK)
```

Differenzierte Finanzströme sind in dem Modell nicht explizit erfaßt, da Zahlungskonditionen keinen Einfluß auf den technischen Fortschritt ausüben bzw. von ihm unmittelbar beeinflußt werden.

---

1) Die gleiche Vorgehensweise findet sich bei Bonini, C. P.: Simulation of Information and Decision Systems in the Firm, Englewood Cliffs, N. J. 1963.

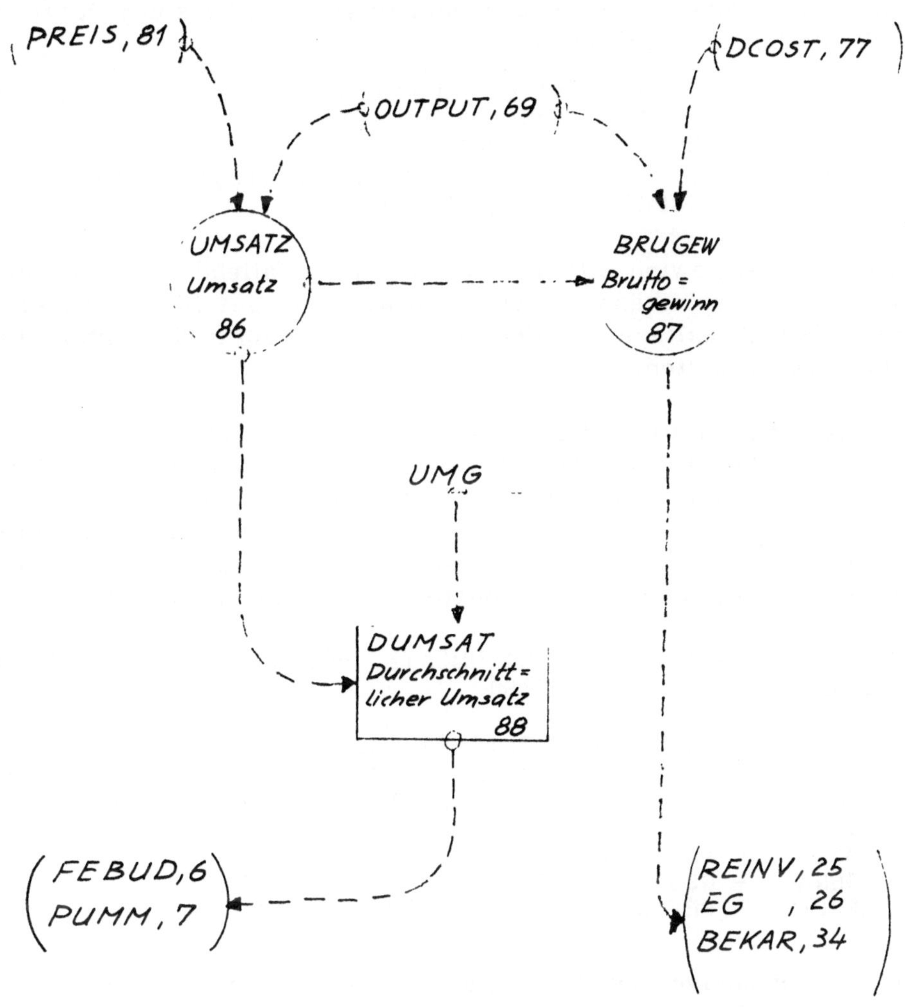

Abb. 77: Umsatz und Bruttogewinn.

Der Bruttogewinn (Gewinn vor Steuern) ist die Differenz zwischen dem Umsatz einer Periode und dem bewerteten Leistungsverzehr zur Erstellung der Ausbringung.

```
BRUGEW.K=UMSATZ.K-(DCOST.K)(OUTPUT.JK)                    87, A
    BRUGEW - BRUTTOGEWINN (DM/MONAT)
    UMSATZ - UMSATZ (DM/MONAT)
    DCOST  - DURCHSCHNITTS-STUECKKOSTEN (DM/STUECK)
    OUTPUT - AUSBRINGUNG (STUECK/MONAT)
```

Aus dem Bruttogewinn BRUGEW werden die anfallenden Steuern abgeführt. Der verbleibende Rest wird teilweise ausgeschüttet und teilweise als einbehaltener Gewinn EG (Gleichung 26) in der Unternehmung zurückgehalten.

Die finanziellen Mittel, die zur Akquisition potentiellen technischen Fortschritts bereitgestellt werden, werden als Prozentsatz des Umsatzes ermittelt. Um kurzfristige Fluktuationen dieser Mittel zu vermeiden, die in praxi nicht auf der Basis eines Monatsumsatzes, sondern des Jahresumsatzes zugewiesen werden, wird der Monatsumsatz über eine Periode von 6 Monaten exponentiell geglättet.

```
DUMSAT.K=DUMSAT.J+(DT/UMG)(UMSATZ.J-DUMSAT.J)              88, L
DUMSAT=(MARKT)(GENA)(PREIS)                                88.1, N
UMG=6                                                      88.2, C
    DUMSAT - DURCHSCHNITTLICHER UMSATZ (DM/MONAT)
    DT     - LOESUNGSINTERVALL (MONATE)
    UMG    - UMSATZGLAETTUNGSZEIT (MONATE)
    UMSATZ - UMSATZ (DM/MONAT)
    MARKT  - MARKTANTEIL (DL)
    GENA   - GESAMTNACHFRAGE (STUECK/MONAT)
    PREIS  - PREIS PRO STUECK (DM/STUECK)
```

Auf der Grundlage des durchschnittlichen Umsatzes DUMSAT entscheidet die Unternehmung, wieviel Geld für Forschung und Entwicklung bereitzustellen ist, um die gewünschte Rate des technischen Fortschritts realisieren zu können. DUMSAT schließt den Feedback Loop vom Absatzsektor zum Sektor des technischen Standes der Unternehmung.

C. Analyse des Modells

Ein Computersimulationsmodell ist das Ergebnis eines vierphasigen Prozesses, dessen einzelne Phasen nicht sequentiell sondern teilweise parallel angeordnet sind und iterativ durchlaufen werden. Es sind dies:

(1) Spezifizieren und Konzipieren des Problems

(2) Formulieren des Modells[1)]

(3) Validieren des Modells

(4) Experimentieren mit dem Modell.

Die sequentielle Beschreibung dieser einzelnen Phasen erfolgt nur aus Gründen der verbalen Darstellung, wobei die beiden ersten Phasen dieses Prozesses in den vorangehenden Kapiteln abgehandelt wurden.

Die dritte Phase in dem Prozeß der Computersimulation, die Validierung des Modells, ist eines der schwierigsten und zugleich auch eines der am wenigsten beachteten Probleme der Simulationsmethode. "The problem of validating computer models remains today perhaps the most elusive of all the unresolved methodological problems associated with computer simulation techniques". [2)]

---

1) Wird das Modell nicht sogleich in einer Computersprache formuliert, ist nach (2) noch eine zusätzliche Phase, das Aufstellen des Computerprogrammes, einzufügen.

2) Naylor, Th. H.: Computer Simulation Experiments with Models of Economic Systems, New York u. a. 1971, S. 153; vgl. auch Holt, Ch. C.: a. a. O., S. 637; Buzzell, R. D.: Mathematical Models and Marketing Management, Boston, Mass. 1964, S. 51. Es ist interessant, anzumerken, daß Naylor in früheren Fassungen des zitierten Artikels anstelle von "Validierung" das Wort "Verifizierung" verwendete, sich heute aber mit dem auf einem niedrigeren Anspruchsniveau liegenden "Validierung" begnügt. Vgl. Naylor, Th. H. and Finger, J. M.: Verification of Computer Simulation Models, in: MS, Vol. 14 (1967), S. B-92 - B-101; Naylor, Th. H.; Balintfy, J. L.; Burdick, D. S.; Chu, K.: Computer Simulation Techniques, New York u. a. 1966, S. 310 ff.

I. Zur Validierung von Computersimulationsmodellen

Unter Validierung sollen solche Tests verstanden werden, die zeigen, daß das Modell in der Lage ist, das Verhalten des realen Systems mit hinreichender Genauigkeit wiederzugeben (und gegebenenfalls vorherzusagen) und daß Veränderungen in dem Modell zu dem gleichen Ergebnis führen wie entsprechende Veränderungen in der Realität [1]. Bei der Beurteilung der Validität eines Computersimulationsmodelles ist zweierlei zu beachten:

(1) die Validität eines Modells muß im Hinblick auf seine spezifische Problemstellung beurteilt werden. Ein Modell ist sinnvoll und hat sich bewährt, wenn es den von ihm erwarteten Zweck erfüllt. Validität, als ein abstraktes und absolutes, vom jeweiligen Modellzweck losgelöstes Konzept, hat keine Bedeutung. Ein Modell, das für ein bestimmtes Problem exzellente Ergebnisse zu liefern vermag, kann für eine andere Fragestellung zu falschen Schlüssen führen und somit nutzlos - oder sogar gefährlich - sein [2].

(2) Validität ist kein dichotomes Konzept; nur in Ausnahmefällen bestehen Kriterien für die binäre Entscheidung richtig-falsch oder wahr-unwahr. Es existiert vielmehr ein Validitätsspektrum, bei dem richtig und falsch nur Extrema sind. Das Vertrauen in die Gültigkeit des Modells muß daher durch eine Reihe von Tests abgesichert werden. Dabei ist ein endgültiger Beweis für die Richtigkeit des Modells (Verifizierung) nicht möglich. Ein negativer Beweis gegen die Richtigkeit des Modells führt nicht unbedingt zu dessen Ablehnung, da es immer noch besser sein kann als andere Modelle, insbesondere als die unpräzisen mentalen Modelle, die weitgehend der Entscheidungsfindung zugrunde liegen.

Die Validierung von Computersimulationsmodellen ist ebenfalls ein mehrphasiger Prozeß, dessen einzelne Phasen zum Teil parallel nebeneinander herlaufen und in einem ständigen Kreislauf durchschritten werden:

---

1) Vgl. Ansoff, H.I. and Slevin, D.P.: a.a.O., S. 387.

2) Vgl. Forrester, J.W.: Industrial Dynamics, a.a.O., S. 115; ders.: Industrial Dynamics - A Response to Ansoff and Slevin, a.a.O., S. 613 f.; Schrank, W.E. and Holt, Ch.C.: Critique of: "Verification of Computer Simulation Models", in: MS, Vol. 14 (1967), S. B-105.

(1) Die Validierung der Modellstruktur

(2) die Validierung der Parameter

(3) die Validierung des Modellverhaltens[1].

Je nach Ausreifungsgrad des Modells dominieren verschienene Phasen der Validierung. Der erste Strukturentwurf wird mit Anfangswerten und Parametern aufgefüllt und simuliert, das Ergebnis analysiert und Struktur und/oder Parameter überprüft und modifiziert, bis das Zusammenwirken von realistischer Struktur und realistischen Daten zu einem Modellverhalten führt, das als hinreichend genaue Abbildung der Wirklichkeit angesehen werden kann. Die Simultaneität der Interaktionen zwischen den drei Phasen soll Abbild 78 verdeutlichen.

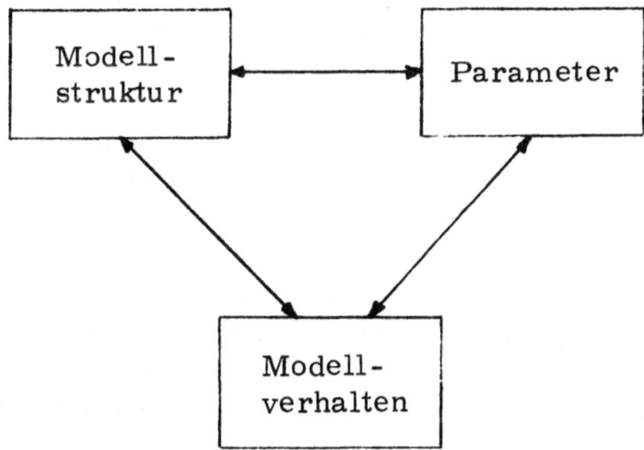

Abb. 78: Phasen der Validierung von Computersimulationsmodellen.

Die Bedeutung der einzelnen Phasen des Validierungsprozesses hängt von der jeweils verwendeten Simulationsmethode ab. Die hier gemachten Ausführungen beziehen sich auf die strukturdominierten Modelle des System-Dynamics-Ansatzes; sie gelten jedoch in ihren Grundzügen auch für andere Verfahren, etwa für die datenorientierten, ökonometrischen Simulationsmodelle. Alle drei Phasen sind nötig, um den Realitätsbezug der Simulationsmodelle beurteilen zu können. Eine Beschränkung auf eine Phase, etwa auf die isolierte Betrachtung des Modellverhaltens, ist unzureichend.

---

1) Für andere mehrstufige Validierungsansätze siehe Forrester, J.W.: Industrial Dynamics, a.a.O., S. 117 ff.; Naylor, Th.H.: a.a.O., S. 156 ff.

1. Die Validierung der Modellstruktur

Die Struktur - zusammengesetzt aus den Modellelementen und den zwischen ihnen bestehenden Relationen - ist die zentrale Verhaltensdeterminante eines Systems. Das Systemverhalten ist eine komplexe Deduktion aus dem dynamischen Zusammenwirken der in der Struktur inkorporierten Hypothesen und Unterstellungen.

Die Beurteilung der Modellstruktur setzt sich aus zwei Komponenten zusammen,

(1) die Struktur muß so präzise und eindeutig formuliert sein, daß eine zweifelsfreie, interpersonelle Kommunikation ihrer Aussagen möglich ist;

(2) die in der Struktur gemachten Aussagen müssen realitätskonform und im Hinblick auf das untersuchte Phänomen relevant sein.

Die Darstellung des Modells geschieht bei der Simulation auf Digitalrechnern in präzisest möglicher Schreibweise: in mathematischer Formulierung. Dabei kann nicht die relativ unverbindliche Formulierung $x = f (z_1, z_2, \ldots z_n)$ gewählt werden, die nichts anderes besagt als die verbale Behauptung, x werde in irgendeiner Weise von $z_1, z_2, \ldots z_n$ beeinflußt, sondern der funktionale Zusammenhang muß numerisch exakt spezifiziert werden, um das Modell rechenbar zu machen.

Die mathematische Schreibweise genügt zwar den Anforderungen an Präzision und Eindeutigkeit, sie gibt per se jedoch keine Gewähr für die Realitätskonformität und für die empirische Relevanz der damit verbundenen Aussagen. Ein mathematisches Modell kann eine präzise, in sich widerspruchsfreie Darstellung liefern und dennoch völlig unrealistische oder irrelevante Aussagen über reale Sachverhalte beinhalten[1]. Zwar mögen "logische Strukturen dieser Art ... einen gewissen Reiz" besitzen und "dem Nicht-Mathematiker eine

---

1) Vgl. dazu Forrester, J.W.: Industrial Dynamics, a.a.O., S. 57, der diesen bedeutenden Unterschied zwischen Präzision und Realitätskonformität mit dem Begriffspaar "precision-accuracy" umschreibt. Vgl. auch Amstutz, A.E.: Computer Simulation of Competitive Market Response, Cambridge, Mass. 1970, S. 378 f.; Shubik, M.: Simulation of the Industry and the Firm, in AER, Vol. 50 (1960), S. 913 f.

Spur dessen vermitteln, was intellektuelle Schönheit bedeutet"[1], sie erlauben aber, wenn sie keinen Realitätsbezug haben, keinen Erkenntnisfortschritt.

Das Modell, seine Ergebnisse und die daraus abgeleiteten Folgerungen sind nur so gut und soweit gültig wie die in dem Modell inkorporierten Unterstellungen und Hypothesen. Um ein Höchstmaß an Realitätsbezug zu erreichen, müssen alle Elemente, im Detail und in ihrem Zusammenwirken, ein reales und in bezug auf das zu betrachtende Phänomen relevantes Gegenstück haben. Das bedeutet, daß jede Relation des Modells eine hinreichend genaue Wiedergabe eines realen Phänomens sein muß. Die Elemente des Modells müssen in der Realität identifizierbar und in eindeutiger Form repräsentiert sein; sie mögen schwierig zu quantifizieren sein, müssen aber stets identifizierbar und klar definiert sein.

Bei der Analyse der Modellstruktur kann die Validität nur überprüft werden, indem die Realitätsnähe der gemachten Unterstellungen und der Hypothesen untersucht wird. Die Bedeutung der Rechtfertigung der Modelldetails folgt aus der grundlegenden Arbeitshypothese, daß bei adäquater Darstellung aller notwendiger Elemente und deren Relationen untereinander auch das Modellverhalten zwangsläufig realitätsadäquat sein muß[2]. Der Umkehrschluß, daß ein realitätskonformes Verhalten nur durch eine realistische Modellstruktur erzeugt werden kann, ist jedoch unzulässig, da eine Vielzahl verschiedenster Modellstrukturen das gleiche dynamische Verhalten generieren kann[3]. Ein Modell ist realistisch, wenn es die bedeutenden Attribute des zu studierenden Phänomens repräsentiert, wenn es also die *relevanten* Charakteristika der realen Situation wiedergibt[4]. Es ist nicht Ziel eines Simulationsmodells - wie auch eines formalen Modells allgemein -, die Realität isomorph abzubilden, so daß Realität und Modell eine identische Struktur aufweisen und eine umkehr-

1) Robinson, J.: Doktrinen der Wirtschaftswissenschaft, München 1965, S. 77.

2) Vgl. Forrester, J.W.: Industrial Dynamics, a.a.O., S. 117.

3) Diese Aussage ist idealisiert, da bei der Beurteilung, ob die Modellstruktur der Realität adäquat ist, auch implizit das dynamische Verhalten berücksichtigt wird. Die erkenntnistheoretisch wünschenswerte völlige Unabhängigkeit beider Aussagen ist also in praxi nicht gegeben. Vgl. dazu die Ausführungen zur Validierung des Modellverhaltens.

4) Vgl. Amstutz, A.E.: a.a.O., S. 379; Churchman, C.W.: Reliability of Models in the Social Sciences, in: Langhoff, P. (ed.): Models, Measurement and Marketing, third printing, Englewood Cliffs, N.J. 1965, S. 29 ff. und S. 37 f.

bar eindeutige Abbildung der Elemente in beiden Systemen darstellen. Im Fall der Isomorphie kann jedes der beiden Systeme als Modell des anderen angesehen werden, und beide weisen ex definitione die gleiche Komplexität auf. Beim Modellaufbau wird durch Abstraktion das reale System in ein System mit ärmerer Struktur übergeführt, also homomorph abgebildet[1]. Dabei ist scharf zu prüfen, ob die ärmere Struktur alle relevanten Verhaltensdeterminanten aufweist, ohne deren Berücksichtigung der zu untersuchende Problemkomplex nicht hinreichend genau wiedergegeben werden könnte. Die Fragen, ob Elemente und Feedback-Beziehungen innerhalb oder außerhalb der jeweiligen Systemgrenzen liegen, stellen mit die schwierigsten Probleme beim Aufbau von Modellen dar. Generelle Kriterien zur Beantwortung dieser Fragen können nicht gegeben werden; die problemgerechte Konzipierung des Modells wird größtenteils durch Erfahrung in der Analyse komplexer Feedback-Systeme und durch Intuition bestimmt.

2. Die Validierung der Parameter

Die Validierung der Parameter - oder exakter: das Auffüllen der Modellstruktur mit realistischen Anfangswerten, Konstanten und numerischen Werten der funktionalen Beziehungen - ist der zweite Schritt in dem iterativen Prozeß des Modellaufbaus. Die Quantifizierung der Parameter erfolgt kardinal oder, bei unzureichendem empirischen Datenmaterial, auch ordinal[2].

Schwierigkeiten bei der Datenbeschaffung treten vor allem auf, wenn

(1) keine spezifische reale Situation modelliert wird, sondern ein Phänomen in einer hypothetischen Umwelt untersucht wird, z. B. das Studium der Determinanten des Wachstums oder der Implikationen des technischen Fortschritts in einer hypothetischen Unternehmung.

(2) Phänomene in einem Rahmen analysiert werden, für den statistische Erhebungen nur in ungenügendem Umfang vorhanden sind,

---

1) Zu den Begriffen der Isomorphie und der Homomorphie vgl. Gellert, W.; Küstner, H.; Hellwich, M.; Kästner, H. (Hrsg.): Mathematik, dritte Auflage, Leipzig 1968, S. 76 ff. und S. 712 ff.; Holliger, H.: Dynamische Management-Modelle, in: IO, Bd. 40 (1971), S. 485.

2) Für ein Beispiel, in dem eine ungenügende Datenbasis durch ordinales Quantifizieren eines Modells umgangen wurde, siehe Forrester, J. W.: World Dynamics, a. a. O.

etwa der Wert des Kapitalstocks oder der Konsumquote für die gesamte Weltwirtschaft, wo die nationalen statistischen Daten durch verschiedene Definitionen und Erhebungsformen nur bedingt kompatibel sind[1].

(3) Modellelemente verwendet werden, die konzeptionell und modelltechnisch sinnvoll sind, deren exakte Quantifizierung aber nur schwer möglich ist. Dies gilt beispielsweise für intangible Größen wie die Kreativität von Forschungs- und Entwicklungspersonal, aber auch für Aggregate wie die Bodenschätze einer Volkswirtschaft oder der technische Stand einer Unternehmung. Hier bietet sich vor allem die ordinale Quantifizierung an. Jedoch ist allgemein die Glaubwürdigkeit eines Modells zumindest für Nichtfachleute um so größer, desto extensiver dessen Daten durch zuverlässige statistische Erhebungen abgesichert sind.

Die Beschaffung statistisch abgesicherter Daten ist jedoch das am wenigsten gravierende Validierungsproblem für strukturdominierte Modelle. Bei der Analyse komplexer Systeme zeigt sich, daß diese nur auf Variationen relativ weniger Parameter sensitiv reagieren. Der weitaus überwiegende Teil der Parameter kann über einen weiten Bereich verändert werden, ohne einen signifikanten Einfluß auf das Modellverhalten auszuüben[2]. Je umfangreicher das Modell ist, desto höher ist im allgemeinen der relative Anteil insensitiver Parameter. Dadurch können vielfach Schätzwerte oder Daten aus verschiedenen, zum Teil inkonsistenten, Statistiken unbeschadet für das Modellverhalten eingesetzt werden.

Die Parameter, die sich bei Sensitivitätsanalysen als kritisch für das Modellverhalten erweisen, sind durch verstärkte Bemühungen exakter zu belegen[3]. Wenn das verfügbare Datenmaterial dazu nicht ausreicht und wenn aus Zeit- und/oder Kostengründen keine empirischen Untersuchungen durchgeführt werden können, ist in Erwägung zu ziehen, die Modellstruktur an eventuell vorhandene andere Da-

---

1) Vgl. Orcutt, G. H.: Views on Simulation Models of Social Systems, in: Hoggatt, A. C. and Balderston, F. E. (eds.): Symposium on Simulation Models: Methodology and Applications to the Behavioral Sciences, Cincinnati, Ohio 1963, S. 223.

2) Vgl. auch Holt, Ch. C.: a. a. O., S. 642: "Through simulation calculations it is possible to perturb the values of certain parameters and explore their quantiative effects. Possibly some parameters can be set to zero with very little influence on the behavior of the system".

3) Vgl. auch Schlager, K. J.: How Managers Use Industrial Dynamics, in: IMR, Vol. 6 (1964), S. 22.

tensätze anzupassen. Ist eine solche Modelländerung aus konzeptionellen Gründen nicht möglich, d.h. wird die vorhandene Struktur als bessere Repräsentation der Realität angesehen, muß der bestmögliche Schätzwert für den sensitiven Parameter eingesetzt werden. Die aus dem Modell abgeleiteten Folgerungen sind dann über einen weiten Wertebereich des sensitiven Parameters zu testen. Bleiben die Empfehlungen für alle Werte die gleichen, kann das Modell trotz der ungenügenden empirischen Unterstützung als bewährt betrachtet werden. Variieren jedoch auch die Schlüsse aus dem Modell mit verschiedenen Parameterwerten, ist die Tauglichkeit des Modells zur Entscheidungsfindung stark eingeschränkt. Dennoch ist das Modell häufig noch besser als die mentalen Modelle, auf deren Grundlage Entscheidungen getroffen werden. Durch die explizite und präzise Darstellung der vermuteten Zusammenhänge und Daten wird die Möglichkeit zu deren Falsifizierung gegeben. Die Unzulänglichkeit des als wesentlich erkannten statistischen Materials weist somit die Richtung für gezielte empirische Forschung. Simulationsexperimente und Feldforschung sind keine Substitute, sondern bedingen sich gegenseitig und bauen aufeinander auf[1)].

Bei größeren Modellen ist allerdings ein völliges Austesten der Sensibilität der Parameter nicht möglich, da durch die Kombinatorik schnell eine solche Vielzahl möglicher Kombinationen erreicht wird, die ein systematisches Durchrechnen nicht mehr erlaubt. Durch Einsicht in die Struktur des Modells und durch Erkennen der "gains" der einzelnen Feedback Loops müssen die möglichen sensitiven Faktorkombinationen begrenzt werden.

3. Die Validierung des Modellverhaltens

Für die Simulation des Modells werden Struktur und Parameter miteinander kombiniert. Die in dem Modell inkorporierten Hypothesen werden durch die Analyse des Simulationsergebnisses einem Konsistenztest unterzogen und auf ihre Realitätskonformität überprüft. Die Validierung des Modellverhaltens ist ein wichtiges Kriterium zur Beurteilung des Simulationsmodells. Jedoch kann ein noch so genaues Duplizieren oder Vorhersagen realer Situationen nicht als einzige Bewährungsprobe des Modells gesehen werden, da insbesondere die Struktur, aber auch die eingesetzten Parameter, tatsächliche Gegebenheiten realistisch wiedergeben müssen. Dies ist vor allem darin begründet, daß

1) Vgl. dazu den Beitrag von Cyert in der seinem Referat folgenden Diskussion. Cyert, R. M.: a.a.O., S. 21 f.; Holt, Ch. C.: a.a.O., S. 642.

(1) das gleiche dynamische Verhalten durch verschiedene Modellstrukturen verursacht werden kann[1]. So ist es möglich, oszillatives Verhalten sowohl durch eine Exponentialfunktion als auch durch das Zusammenwirken verschiedener positiver und/oder negativer Feedback Loops zu erzeugen. Der Erklärungswert der verschiedenen Modelle kann jedoch fundamental differieren, und mit dem Modell getestete Entscheidungsstrategien können bei der Implementierung in dem realen System entgegengesetzte Effekte hervorrufen.

(2) Der "goodness of fit" zwischen Modelloutput und empirischen Zeitreihen ist kein genügender Hinweis auf eine validierte Modellstruktur, da mit einem komplexen Modell jede gewünschte Verhaltensform erzielt werden kann[2].

Aus diesen Gründen kann dem Instrumentalismus von Friedman's Positive Economics nicht gefolgt werden, der die Validität eines Modells nicht auch in Abhängigkeit von der Realitätsnähe der Hypothesen sieht, auf denen das Modell beruht, sondern allein von dessen Fähigkeit, präzise Vorhersagen zu machen[3]. Zur Validierung eines Simulationsmodells sind befriedigende Ergebnisse in allen drei Phasen des Validierungsprozesses nötig.

Zur Validierung des Modellverhaltens wurden mehrere, aufeinander aufbauende Tests vorgeschlagen, deren erfolgreiches Absolvieren zu einem graduell wachsenden Zutrauen in das Modell führen. Diese Tests, die von nahezu trivialen Anforderungen an das Modell bis hin zu aufwendigen quantitativen Verhaltensanalysen reichen, lassen sich in drei Gruppen einteilen:

(1) Plausibilitätstests
    (1. 1) Lebensfähigkeit
    (1. 2) Vorzeichentest

(2) Konsistenztests
    (2. 1) Stabilität

---

1) Vgl. Forrester, J. W.: Industrial Dynamics, a. a. O., S. 117; siehe auch zur sog. Theorie der "black box" z. B. Pask, G.: An Approach to Cybernetics, New York, N. Y. 1961, S. 54 ff.

2) "This is because a sufficiently elaborate formal curve fitting procedure can be devised to fit arbitrarily closely any ensemble of data". Forrester, J. W.: Industrial Dynamics, a. a. O., S. 122.

3) Siehe Friedman, M.: Essays in Positive Economics, Chicago and London 1953, S. 14 ff.; den ähnlichen Standpunkt vertritt auch Meissner, W.: a. a. O., S. 391.

(2.2) Konformität
(2.3) Duplizität

(3) Vorhersagetests
(3.1) Pseudovorhersagen
(3.2) Prognosen.

Diese Tests, insbesondere die der Gruppen (1) und (2), können auf verschiedenen Aggregationsebenen vorgenommen werden; es können einzelne Entscheidungsfunktionen, Subsektoren, Sektoren und schließlich das Modell als Ganzes geprüft werden.

Die Plausibilitätstests, als die Tests mit dem geringsten Anspruchsniveau, beschränken sich vorwiegend auf die Eliminierung grober, häufig logischer Fehler des Modells. Die Forderung nach "Lebensfähigkeit" (viability) des Modells ist hier an erster Stelle zu nennen[1]. Sie besagt, daß das Modell in der Lage sein muß, bei vernünftigen Anfangs- und Parameterwerten ein beständiges, regeneratives Verhalten über hinreichend viele Perioden zu erzeugen. Die Lebensfähigkeit - in dem hier verwendeten Sinne - ist ein schwacher Test, denn er verlangt nicht, daß das System einem Gleichgewichtszustand zustrebt, sondern nur, daß das Modellverhalten nicht schon nach wenigen Rechenperioden zusammenbricht und gegen Null degeneriert.

Ein weiterer Plausibilitätstest untersucht das Modell nach eindeutig unlogischen Verhaltensweisen. In frühen Phasen der Modellentwicklung können physische Bestände wie Kapitalstock, Auftragsbestand, Arbeitskräftepotential, Kapital- und Arbeitskoeffizient, etc. negativ werden. Stromgrößen, die nach ihrer Definition nur unidirektional verlaufen, wie z.B. die Produktionsrate, können rückläufig werden und zu unsinnigen Ergebnissen führen[2]. Solche Verhaltensweisen - häufig durch unbeachtete nicht-lineare Zusammenhänge oder durch widersprüchliche numerische Werte verursacht - sind durch entsprechende Modifikationen zu eliminieren.

Konsistenztests des Modellverhaltens analysieren die Realitätskonformität von simulierten und empirischen Zeitreihen. Dazu gehören Tests der Stabilität und der Widerspruchslosigkeit des Modellverhaltens und die Untersuchung der Fähigkeit des Modells, historische Entwicklungen zu duplizieren. Der erste dieser Tests verlangt

---

1) Vgl. Balderston, F.E. and Hoggatt, A.C.: Simulation of Marketing Processes, Berkeley, Calif. 1962, S. 32 f. und auch Amstutz, A.E.: a.a.O., S. 380 f.

2) Vgl. Forrester, J.W.: Industrial Dynamics, a.a.O., S. 119.

nach relativer Stabilität derjenigen simulativ generierten Variablen, die auch aus der Realität als stabil oder annähernd stabil bekannt sind. Kapitalproduktivität, Kapital- und Umsatzrentabilität u. a. dürfen in dem Modell nicht ad infinitum anwachsen, wenn sie in der Realität nur in verhältnismäßig geringem Umfang variieren[1]. Ergeben sich solche Unstimmigkeiten zwischen Modellverhalten und empirisch beobachteten Verhaltensweisen, ist dies ein Zeichen, daß sensitive Parameter fehlerhaft quantifiziert wurden oder, daß wesentliche, Expansion oder Schrumpfung kontrollierende Beziehungen, unzutreffend oder überhaupt nicht im Modell erfaßt sind.

Ein weiterer Konsistenztest untersucht, ob zwischen Modellverhalten und dem, was aus der Kenntnis der realen Situation zu erwarten wäre, Konformität besteht. Symptome des zu studierenden Problems sollen im Simulationslauf und in der Wirklichkeit die gleichen Charakteristika aufweisen. Es handelt sich um einen Test der internen Konsistenz und der dekutiven Glaubwürdigkeit des Modells, der das Verhalten dahingehend analysiert, ob es Sinn ergibt oder jeglicher empirischer Erfahrung widerspricht [2]. Dieser Test birgt jedoch eine gewisse Gefahr in sich. Modelle sollen ja nicht nur bekannte Zusammenhänge wiedergeben, sondern neue, bisher unbekannte Einsichten in die komplexen, dynamischen Interaktionen der Systemelemente erlauben. Wenn Modellergebnis und erwartetes Ergebnis übereinstimmen, hätten - von einem extremen Standpunkt aus gesehen - die Modellexperimente erspart bleiben können[3]. Unerwartete kontraintuitive Verhaltensmuster können als falsch angesehen werden, weil die Möglichkeit ihres Auftretens durch die Komplexität des realen Systems verdeckt wird. Um solche Fehlschlüsse zu vermeiden, ist zu überprüfen, ob die Struktur das Problem adäquat wiedergibt. Kann das Modell als problemgerechte Repräsentation der Realität angesehen werden, dann sind auch solche kontra-intuitiven Verhalten in der Realität möglich, wurden jedoch wegen der zu großen Komplexität und der Nichtlinearität der Interaktionen nicht erwartet. In diesem Fall ist die Intuition auf Grund der durch das Modell gewonnenen Erkenntnisse zu korrigieren.

Erlaubt das Modell sinnvolle Simulationsläufe, können strengere Tests des Modellsverhaltens durchgeführt werden. Dazu gehört die

---

1) Vgl. Balderston, F. E. and Hoggatt, A. C.: a.a.O., S. 61 ff.; Forrester, J.W.: Industrial Dynamics, a.a.O., S. 120.

2) Vgl. Buzzell, R.D.: a.a.O., S. 52 f.

3) Vgl. ebenda, S. 52 f. und Forrester's Begriff des "counter-intuitive behavior of social systems", in: Forrester, J.W.: Urban Dynamics, a.a.O., S. 107 ff.; ders.: Counter-intuitive Behavior of Social Systems, in: TR, Vol. 73 (1971), S. 53 - 68.

Fähigkeit des Modells, beobachtete reale Verhaltensweisen hinreichend genau zu duplizieren. Für die Duplizierung historischer Werte ist das Modell mit den entsprechenden Anfangswerten und, bei stochastischen Modellen, mit den entsprechenden Verteilungsparametern zu versehen, wie sie für den beobachteten und zu duplizierenden Zeitraum gültig waren. Die mit dem Modell erzeugten Zeitreihen der relevanten Variablen werden mit realen Daten verglichen und die Validität nach der Übereinstimmung zwischen simulierten und tatsächlichen Daten beurteilt[1]. Dabei kann auch die Reaktion des Modellverhaltens auf exogene Testinputs, wie z.B. auf die Eingabe von Sprung-, Impuls- oder Sinusfunktionen, beobachtet werden.

Die letzte und anspruchsvollste Stufe der Validierung des Modellverhaltens stellen die Tests dar, die das Modell auf seine Fähigkeit überprüfen, zukünftige Entwicklungen vorherzusagen. Nach Churchman ist dies der eigentliche Zweck eines jeglichen Simulationsmodells[2]. Diese Zweckbestimmung erscheint jedoch zu eng, da unter diesem Aspekt nicht die Beeinflußbarkeit und Kontrolle des Systemverhaltens analysiert wird. Das Verhalten wird als gegeben akzeptiert. Die Vorhersage zukünftiger Entwicklungen ist zweifellos ein wesentlicher Bestandteil der Computersimulation, sie ist aber per se in vielen Fällen nicht das Endziel der Untersuchung. Nur wenn verstanden wird, warum ein gegebenes System sich in einer bestimmten Weise und nicht anders verhält, kann durch Eingriffe in das System eine Veränderung des Verhaltens in eine gewünschte Richtung erreicht werden. Dazu aber ist es unumgänglich, daß die Hypothesen und Unterstellungen des Modells realitätskonform sind; die Lokalisierung kritischer Relationen und Parameter und die Erklärung von Verhaltensursachen muß in Modell und Realität übereinstimmen, da sonst die Implementierung der aus der Modellanalyse abgeleiteten Entscheidungen in der Realität diametral verschiedene Auswirkungen haben kann. Auch bei dieser aktionsorientierten, auf Steuerung und Kontrolle ausgerichteten Betrachtungsweise, ist die Vorhersagefähigkeit des Modells von Bedeutung, jedoch steht hierbei die Vorhersage von Entscheidungskonsequenzen im Mittelpunkt und nicht Informationen über zukünftige Parameterkonstellationen eines als unbeeinflußbar betrachteten Systems. Ist die bessere Kontrolle des Systems nicht Ziel der Untersuchung, d.h. wird das Modell nicht als Simulator strategischer Entscheidungen verstanden, dann kann Friedman's Instrumentalismus gefolgt werden; dann ist es von se-

---

1) Vgl. Amstutz, A.E.: a.a.O., S. 382.

2) Churchman, C.W.: An Analysis of the Concept of Simulation, in: Hoggatt, A.C. and Balderston, F.E. (eds.): Symposium on Simulation Models: Methodology and Applications to the Behavioral Sciences, Cincinnati, Ohio 1963, S. 3.

kundärer Bedeutung, ob die dem Modell zu Grunde liegenden Hypothesen realitätskonform sind. Validitätskriterium ist allein die Richtigkeit der Prognosen. Wenn jedoch die Kontrolle des Systems Finalziel der Simulationsstudie ist, ist die Vorhersagefähigkeit des Modells nur ein Aspekt in dem Validierungsprozeß. Sie ist danach zu beurteilen, ob Veränderungen in dem Modell und dem realen System die gleichen Konsequenzen haben.

Die Validierung von Vorhersagen ist erst nach Ablauf der Vorhersageperiode möglich, wenn vorausgeschätzte und tatsächliche Daten miteinander verglichen werden können. Die dadurch entstehende Verzögerung in der Beurteilung, ob sich das Modell bewährt hat, kann durch Pseudo-Vorhersagen umgangen werden. Dabei wird das Modell mit dem in der Vergangenheit gültigen Datensatz gestartet und soll die bekannten historischen Ereignisse "vorhersagen". Die Pseudo-Vorhersage unterscheidet sich insofern von der Duplizierung historischer Ereignisse - wenn auch beide Validierungsversuche nicht scharf abgrenzbar sind -, daß für die Analyse der Pseudo-Vorhersage Daten zur Verfügung stehen müssen, die nicht bei dem Modellaufbau verwendet wurden. Eine Aussage über die Vorhersagefähigkeit des Modells kann nicht gemacht werden, wenn das Modell wieder die Daten generieren würde, die bei seiner Entwicklung zugrunde gelegt worden sind[1].

Zwei verschiedene Formen von Vorhersagen sind zu unterscheiden:

(1) Punktvorhersagen, d.h. die Vorhersage des Systemzustandes zu einem bestimmten Zeitpunkt.

(2) Verhaltensvorhersagen, d.h. die Vorhersage der Charakteristika des Systemverhaltens.

Die Möglichkeit, zuverlässige Punktvorhersagen zu machen, wird durch Zufallsschwankungen der realen Datensätze stark erschwert. Die Ursachen zufälliger Einflüsse, die durch stochastische Komponenten in das Modell aufgenommen werden können, sind ex definitione nicht erklärt. Bekannt ist eventuell das Verteilungsgesetz, nicht aber der jeweilige momentane Wert der stochastischen Komponenten. So ist es z.B. sehr schwierig, die exakte Lage der Hoch- und Tiefpunkte der nächsten Konjunkturzyklen vorherzusagen. Die generellen Verhaltenscharakteristika, wie etwa Aufschwungs- und Abschwungsphase, durchschnittliche Rate des zu erwartenden Wirtschaftswachstums etc., können wesentlich leichter ermittelt werden - jedoch nicht als Punktvorhersage der realen Werte.

1) Vgl. Buzzell, R.D.: a.a.O., S. 51.

Diesen Zusammenhang zwischen Struktur, Zufallseinflüssen und der Vorhersagefähigkeit des Modells soll ein Beispiel verdeutlichen: Gegeben seien zwei identische Modelle M und M', bei denen ein oder mehrere Entscheidungsfunktionen mit zufälligen Einflußgrößen mit den gleichen Verteilungsgesetzen versehen sind. In diesem Fall kann M als Realität und M' als dessen isomorphe Abbildung angesehen werden; M' wäre also ein perfektes Modell der Realität. Der einzige Unterschied zwischen M und M' sind die momentanen Werte der Zufallszahlen, deren Ursachen ja sowohl in der Realität als auch in dem Modell nicht erklärt sind[1]. Mit zunehmender Simulationszeit können die numerischen Werte in beiden Modellen differieren, die generellen Verhaltenscharakteristika sind jedoch in M und in M' die gleichen, wenn auch mit gewissen Phasenverschiebungen. Obwohl M' ein perfektes Modell von M darstellt, ist seine Fähigkeit für Punktvorhersagen unbefriedigend, seine Sensitivität in bezug auf Parameter- oder Strukturänderungen ist jedoch mit der der Realität M identisch. Trotz seiner Schwäche bei Punktvorhersagen wäre M' ein perfekter Simulator zum Testen strategischer Entscheidungen[2].

Zur Beurteilung, ob die durch die Computersimulation generierten Zeitreihen befriedigend mit beobachteten historischen Abläufen übereinstimmen, sind verschiedene Kriterien anzulegen. Cyert schlägt zum Testen der Konformität der simulierten Zeitreihen mit empirischen Daten folgende Kriterien vor[3]:

(1) die Anzahl der Wendepunkte

(2) der Zeitpunkt der Wendepunkte

(3) die Richtung der Wendepunkte

(4) die Amplitude der Fluktuation für korrespondierende Zeitabschnitte

---

1) Modelltechnisch bedeutet dies, daß der mit den gleichen Parametern versehene Zufallszahlengenerator von verschiedenen numerischen Werten gestartet wird. Beide Zahlensequenzen differieren dann im Detail, gehorchen aber dem gleichen Verteilungsgesetz.

2) Vgl. Forrester, J.W.: Industrial Dynamics, a.a.O., S. 124 ff. und S. 430 ff. und in Übereinstimmung dazu auch Ansoff, H.I. and Slevin, D.P.: a.a.O., S. 389. Zu diesem Problem der sog. "system reliability" siehe auch Amstutz, A.E.: a.a.O., S. 377 und S. 406.

3) Vgl. Cyert, R.M.: a.a.O., S. 17 f.

(5) die durchschnittliche Amplitude über den ganzen Simulationszeitraum

(6) die Simultaneität der Wendepunkte für verschiedene Variable

(7) der durchschnittliche Wert der Variablen

(8) die exakte Übereinstimmung von Variablenwerten.

Die Übereinstimmung zwischen simuliertem und beobachtetem Verhalten kann auch durch rigorose statistische Testverfahren überprüft werden, wie z.B. den verteilungsgebundenen F- und Chi-Quadrat-Test, der Faktoranalyse, durch verteilungsfreie Tests wie dem Kolmogoroff-Smirnow-Test, durch Regression der tatsächlichen auf die simulierten Zeitreihen - wobei die erhaltenen Regressionsgraden nicht signifikant von der ersten Winkelhalbierenden verschieden sein sollten -, bei der häufigen Autokorrelation der Modellvariablen durch Spektralanalyse oder durch Theil's Ungleichheitskoeffizient, der insbesondere bei der Validierung ökonometrischer Simulationsmodelle Anwendung fand[1].

Beim Testen der Übereinstimmung zwischen Modellverhalten und Realität mit Hilfe von exakten (statistischen) Prüfverfahren treten bei komplexen, interdependenten und nicht-linearen Modellen erhebliche Schwierigkeiten auf, da die zur Anwendung der statistischen Verfahren häufig notwendigen Unterstellungen wie Normalverteilung, lineare Beziehungen, etc. oft nicht haltbar sind. Große Bedeutung kommt daher einem intuitiven Testverfahren, dem sog. Turing-Test, zu[2]. Beim Turing-Test wird eine Person, die auf dem relevanten Gebiet besondere Erfahrung besitzt - bei einem Unternehmensmodell z.B. der zuständige Manager - mit dem Modellverhalten bei verschiedenen Testinputs konfrontiert. Die Informationen, die zur Beurteilung des Verhaltens zur Verfügung gestellt werden, hängen von der jeweiligen Problemstellung ab. Da das Modell im Hinblick auf eine spezifische Fragestellung aufgebaut wurde, können auch nur diesbezügliche Tests durchgeführt werden. Es kann von einer problemorientierten homomorphen Abbildung nicht Realitätskonformität für alle denkbaren Verhaltensweisen der Wirklichkeit verlangt werden[3]. Können beim Turing-Test auf dem problemrelevanten Gebiet keine deutlichen Unterschiede in dem Verhalten zwischen Modell und Realität festgestellt werden, kann das Modellver-

---

1) Vgl. Cyert, R.M. and March, J.G.: A Behavioral Theory of the Firm, Englewood Cliffs, N.J. 1963, S. 319 ff.

2) Vgl. Turing, A.M.: Computing Machinery and Intelligence, in: MIND, Vol. 59 (1950), S. 433 - 460.

3) Vgl. Amstutz, A.E.: a.a.O., S. 379.

halten als realistische Abbildung der Realität angesehen werden[1]. Eine Gefahr bei der Anwendung des Turing-Test liegt darin, daß kontra-intuitive Verhaltensformen als Fehler des Modells angesehen werden und nicht auf falsche Intuition des Experten zurückgeführt werden. Um zu vermeiden, daß das Modellverhalten den subjektiven Vorstellungen des Experten, wie die Realität sein sollte, angepaßt wird, ist bei solchen Diskrepanzen zu prüfen, ob das Modell die Realität problemadäquat und objektiv wiedergibt.

Hat das Simulationsmodell alle drei Stadien des Validierungsprozesses, d.h. Struktur-, Parameter- und Verhaltensvalidierung iterativ durchlaufen, bis jeweils befriedigende Resultate erreicht wurden, kann es als Simulator zum Testen strategischer Entscheidungen eingesetzt werden. Dabei soll dem Modell nur die Funktion eines "Intelligenzverstärkers"[2] zukommen, mit dessen Hilfe komplexe Interaktionen der Realität besser durchdrungen werden können. Zu einem Modell, das als "black-box" fungiert und Inputvariable auf unerklärte Weise in Outputvariable transformiert, kann nicht das Vertrauen gewonnen werden, das nötig ist, um die aus dem Modell abgeleiteten Entscheidungen in dem realen System zu implementieren. Nur wenn die Mechanismen in der homomorphen Abbildung der Realität, also dem Modell, verstanden werden, können die entsprechenden relevanten realen Zusammenhänge verstanden werden. Dies aber ist die Voraussetzung, um in das reale System in der gewünschten Weise verändernd eingreifen zu können[3]. Daher kann Meissner's Ansicht "Simulation liefert Prognose ohne Erklärung"[4] nicht gefolgt werden.

Als Kriterium, ob der Experimentator die Interaktionen in dem Modell versteht, kann seine Fähigkeit angesehen werden, das Verhalten bei Modellmodifikationen vorherzusagen. Der Experimentator sollte in der Lage sein, die Ursache für jedes Verhaltenscharakteristikum bis hin zu der entsprechenden Entscheidungsfunktion zurückzuverfolgen und zu begründen.

---

1) Es ist vielleicht symptomatisch für den Stand der quantitativen Validitätstests, daß der Turing-Test in vielen Aspekten der Delphi-Methode des Technological Forecasting ähnelt. In beiden Fällen wird anstelle der quantitativen Verfahren weitgehend auf die Intuition und das Fachwissen von Experten zurückgegriffen.

2) Ashby, W. R.: Design for an Intelligence-Amplifier, in: Shannon, C. E. and McCarthy, J. (eds.): Automata Studies, Princeton, N.J. 1956, S. 215 - 234.

3) Vgl. Swanson, C. V.: Some Properties of Feedback Systems as a Guide to the Analysis of Complex Simulation Models, SSM 1965, S. 6.

4) Vgl. Meissner, W.: a.a.O., S. 392.

II. Tests zur Validierung des Modellverhaltens

Struktur und Parameter des Modells der mikroökonomischen Implikationen des technischen Fortschritts beim Produktionsprozeß wurden im vorangegangenen Kapitel im Detail diskutiert; die darin inkorporierten Unterstellungen und Hypothesen wurden dargestellt und begründet. Der Realitätsbezug der Elemente und die exakte (mathematische) Formulierung der Hypothesen erlauben deren empirische Überprüfung.

Im weiteren soll das dynamische Interagieren der Systemvariablen untersucht werden. Dabei ist zu prüfen, ob die Hypothesen des Modells untereinander konsistent sind und ob und inwieweit die Kriterien, die zur Validierung des Modellverhaltens abgeleitet wurden, erfüllt sind.

1. Der Standardlauf des Modells

Die Abbildungen 79.1 - 79.3 zeigen den Standardlauf des Modells, der durch Simulation des unveränderten, wie im vorausgegangenen Kapitel beschriebenen Modells erhalten wurde[1)2)]. Bei der Analyse

---

1) Das Modell wurde im Time-Sharing Betrieb auf Anlagen des Systems IBM 360/67 unter CP/CMS gerechnet. Mit allen vorbereitenden Operationen wie "logging-in", compilieren, etc. benötigt das Programm für einen Lauf 9,1 Sekunden virtueller und 11,35 Sekunden totaler CPU-Zeit. Zum Rechnen des Standardlaufes und 8 Reruns in einem Arbeitsgang betragen die entsprechenden Zeiten 51,2 und 63,7 Sekunden.

2) Die Abbildungen 79.1 - 79.3 sind Computer Plots. Die Abszisse ist die Zeitachse mit einer Skalierung in Monaten. Über der Ordinate des Plots sind die Plotsymbole definiert (die Ausbringung OUTPUT z.B. wird mit dem Buchstaben Q ausgeplottet: OUTPUT = Q). Die Skalen an der Ordinate des Plots zeigen an der Seite, auf welche Variablen sie sich beziehen (z.B. die erste Skala, definiert über einen Bereich von 0 - 400, gilt für die Ausbringung, symbolisiert durch Q). Die Skalenkonstante T steht für Tausend, M für Millionen. (Für weitere Skalierungskonstanten siehe Pugh, A.L. III.: a.a.O., S. 57.) Die Buchstaben an der rechten Seite des Plots zeigen an, welche Kurvenzüge sich an den jeweiligen Stellen überlagern.

des Standardlaufes ist insbesondere zu berücksichtigen, daß der Lohnsatz konstant bleibt, da in Gleichung 50 die Lohnsteigerungsrate LSR Null gesetzt wurde[1]. Die Simulation wurde über einen Zeitraum von 240 Monaten durchgeführt[2].

Schwerpunktmäßig sind in Abbild 79.1 produktionswirtschaftliche, in 79.2 finanzwirtschaftliche und in Abbild 79.3 absatzwirtschaftliche Variable zusammengefaßt. Alle drei Abbildungen sind jedoch im Zusammenhang zu sehen, da die Variablen sich gegenseitig beeinflussen. Die Aufteilung auf drei Plots erfolgte nur aus Gründen der Übersichtlichkeit und den Anforderungen der Programmiertechnik entsprechend.

Die mengenmäßige Ausbringung (OUTPUT = Q) steigt von 100 Stück pro Monat zur Zeit t = 0 auf 256 Stück am Ende des Simulationslaufes (t = 240). Diese Steigung entspricht einer jährlichen Wachstumsrate der mengenmäßigen Ausbringung um 5 %.

Während der 240 Monate des Simulationslaufes verändert sich die Struktur des Produktionsprozesses erheblich. Der Arbeitskoeffizient (AKO = A) sinkt monoton über die gesamte Dauer der Simulation von einem Anfangswert von 12 Mann-Monaten pro Einheit auf 6,25 Mann-Monate[3] pro Einheit nach 240 Monaten. Diese Entwicklung entspricht einem kumulierten Anstieg der Arbeitsproduktivität auf 192 % über einen Zeitraum von 20 Jahren. Die Kurve des Arbeitskoeffizienten zeigt den asymptotischen Verlauf einer Exponentialfunktion. Je geringer der Arbeitskoeffizient ist, desto schwieriger werden weitere Arbeitseinsparungen für die Unternehmung.

Die Entwicklung des Kapitalkoeffizienten (KAKO = K) verläuft nicht so einheitlich wie die des Arbeitskoeffizienten. Ausgehend von einem Anfangswert von 250 000,- DM-Monat pro Stück steigt der Koeffizient zuerst exponentiell an, erreicht nach 78 Monaten seinen Wendepunkt und steigt danach mit abnehmenden Zuwachsraten. Bei t = 204 erreicht KAKO seinen Maximalwert von 266 000,- DM-Monat pro Stück und sinkt mit voranschreitender Simulationsdauer wieder ab. Der Endwert des Kapitalkoeffizienten beträgt 265 000,- DM-Mo-

---

1) Diese Annahme wird im übernächsten Lauf aufgehoben.

2) Die Steuerkarten der Simulation sind am Ende des Programmes in Anhang I wiedergegeben.

3) Die exakten numerischen Werte, die mit dieser Genauigkeit nur schwer aus den Plots anzulesen sind, sind hier nicht wiedergegeben tabellarischen Ausdrucken des Modellverhaltens im Zeitablauf entnommen.

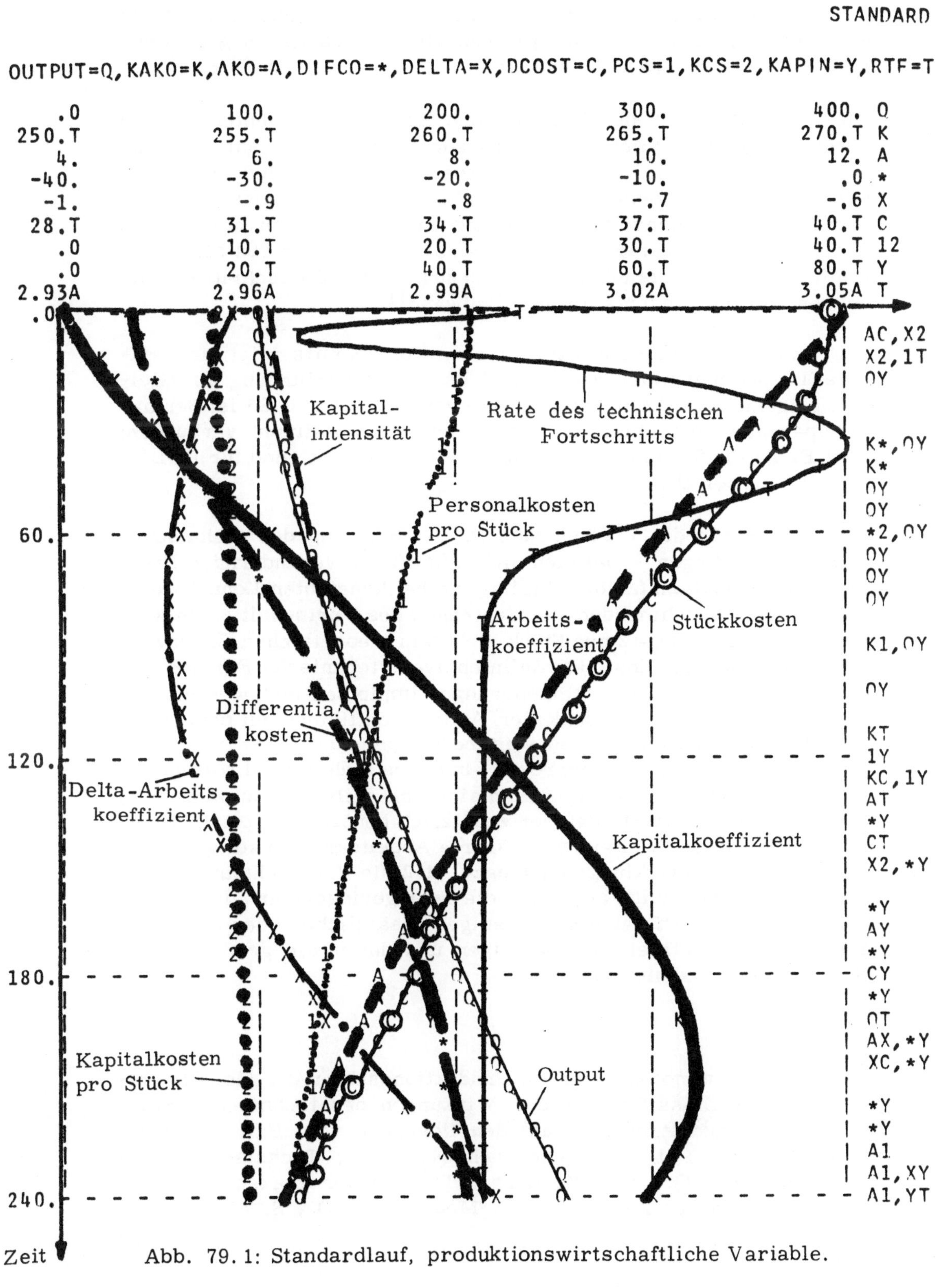

STANDARD

OUTPUT=Q,KAKO=K,AKO=A,DIFCO=*,DELTA=X,DCOST=C,PCS=1,KCS=2,KAPIN=Y,RTF=T

.0	100.	200.	300.	400.	Q
250.T	255.T	260.T	265.T	270.T	K
4.	6.	8.	10.	12.	A
-40.	-30.	-20.	-10.	.0	*
-1.	-.9	-.8	-.7	-.6	X
28.T	31.T	34.T	37.T	40.T	C
.0	10.T	20.T	30.T	40.T	12
.0	20.T	40.T	60.T	80.T	Y
2.93A	2.96A	2.99A	3.02A	3.05A	T

.0

AC,X2
X2,1T
OY
K*,OY
K*
OY
OY

60.

*2,OY
OY
OY
OY
K1,OY
OY
KT
1Y

120.

KC,1Y
AT
*Y
CT
X2,*Y
*Y
AY
*Y

180.

CY
*Y
OT
AX,*Y
XC,*Y
*Y
*Y
A1
A1,XY

240.

A1,YT

Zeit

Kapital-
intensität

Rate des technischen
Fortschritts

Personalkosten
pro Stück

Arbeits-
koeffizient

Stückkosten

Differential-
kosten

Delta-Arbeits-
koeffizient

Kapitalkoeffizient

Kapitalkosten
pro Stück

Output

Abb. 79.1: Standardlauf, produktionswirtschaftliche Variable.

nat. Diese relativ geringe Veränderung des Kapitalkoeffizienten führt zu einem Absinken der Kapitalproduktivität von ca. 5 - 6 % im Verlauf der 20 Jahre Simulationsdauer.

Die Veränderungen des Kapital- und Arbeitskoeffizienten wurden durch technischen Fortschritt verursacht. Über die gesamte Simulationsdauer war der Fortschritt arbeitsparend, veränderte jedoch seine Richtung in bezug auf den benötigten Kapitaleinsatz. Bis zur Periode $t < 204$ handelte es sich um arbeitsparenden technischen Fortschritt mit vermehrtem Kapitalaufwand, bei $t = 204$ bleibt der Kapitalaufwand konstant und für $t > 204$ ist der Fortschritt arbeitsparend mit verringertem Kapitalaufwand[1].

Die jeweilige Richtung des technischen Fortschritts zeigt die Variable "Delta Arbeitskoeffizient" (DELTA = X) in Verbindung mit Gleichung 59 und Abbild 66. Für Werte von DELTA < 0, 85 ist der arbeitsparende Fortschritt mit vermehrtem Kapitalinput verbunden; für DELTA = 0, 85 bleibt der Kapitalaufwand konstant, und für DELTA > 0, 85 sinkt er ab.

Die Gründe für die Veränderung in der Richtung des technischen Fortschritts liegen - bei sich nicht signifikant verändernden Preisen des Produktionsfaktors Kapital und bei konstanten Lohnsätzen - in den absolut abnehmenden Grenzerträgen des Fortschritts. Je weiter der Arbeitseinsatz pro Stück sich dem theoretischen Grenzwert von Null annähert, desto kapitalintensivere technische Fortschritte müssen für weitere Arbeitseinsparungen implementiert werden. Im Verlauf der Simulation sank der Arbeitskoeffizient auf nahezu die Hälfte seines Ausgangswertes; weitere Einsparungen wurden schwieriger, da der Produktionsprozeß ein hohes technisches Nievau erreicht hat und weitgehend mechanisiert und teilweise automatisiert ist. Daraus resultiert, daß der zusätzlich benötigte Kapitalaufwan pro Stück für jede weitere eingesparte Arbeitskraft ansteigt. Diese gegenläufige Entwicklung führt dazu, daß die Unternehmung solche technische Fortschritte auswählt, die zwar geringere arbeitsparende Wirkung haben, dafür aber auch weniger zusätzlichen oder gar absolut weniger Kapitaleinsatz benötigen und damit die größtmögliche Stückkostenersparnis erlauben.

---

1) In der Terminologie der im Produktionssektor des Modells entwickelten Klassifikation der Wirkungen des technischen Fortschritts handelt es sich um den Übergang vom Fall I über den Fall II zum Fall III. Siehe auch Ott, A. E.: Technischer Fortschritt, a. a. O., S. 309; ders.: Technischer Fortschritt in einem stationären Zwei-Sektoren-Modell, a. a. O., S. 410.

Die absolut abnehmenden Grenzerträge des technischen Fortschritts werden durch die Entwicklung der Kosteneinsparung pro Stück, der "Differentialkosten" (DIFCO = *) verdeutlicht[1]. DIFCO sinkt von 37, - DM pro Stück und Monat am Beginn der Simulation auf 19, 50 DM nach 240 Perioden. Der S-förmige Verlauf von DIFCO resultiert aus den Verzögerungen, die zwischen dem Erkennen der kostenoptimalen Richtung des technischen Fortschritts und deren Realisierung liegen. Die Umkehr in der Richtung des technischen Fortschritts von arbeitsparendem Fortschritt mit verringertem Kapitalaufwand verlangt eine Umorientierung in den Zielvorgaben der Forschung und Entwicklung. Bis die neuen Ergebnisse vorliegen, werden Techniken implementiert, die nicht optimal sind. Dies wird durch den Vergleich von DELTA und DIFCO verdeutlicht. Nachdem die Umkehr in der Richtung des technischen Fortschritts realisiert wurde (etwa zwischen den Perioden 72 bis 132), verläuft DELTA annähernd linear mit verringerten Arbeitseinsparungen. Parallel dazu stabilisiert sich DIFCO, die zwischen t = 36 und t = 108 linear anstiegen, danach mit abnehmenden Steigungsraten gegen Einsparungen von 19, 50 DM-Monat pro Stück streben.

Die durchschnittlichen Stückkosten (DCOST = C) sinken während des Simulationslaufes von einem Anfangswert von DM 39 800, - pro Stück auf DM 31 600, - nach 240 Perioden. Dies entspricht einer Verringerung der Stückkosten um 21 % während der 20 Jahre. Da der reziproke Wert der Stückkosten der Totalproduktivität des Produktionsprozesses entspricht, ist diese um 21 % angestiegen.

Die Hauptkomponenten der Stückkosten, die Personalkosten pro Stück (PCS = 1) und die Kapitalkosten pro Stück (KCS = 2), sind, um ihre gegenläufige Tendenz und ihre sich verändernden Anteile an den Gesamtstückkosten zu verdeutlichen, beide auf derselben Skala ausgeplottet. Da beide Kostenarten maßgeblich vom Arbeits- bzw. vom Kapitalkoeffizienten beeinflußt werden, weisen sie einen ähnlichen Verlauf wie die jeweiligen Koeffizienten auf. Bedingt durch den Anstieg des Kapitalkoeffizienten steigen die Kapitalkosten pro Stück von DM 8 050, - auf DM 9 100, - nach 240 Monaten. Die Kapitalkosten nehmen jedoch nicht wie KAKO gegen Ende der Simulation wieder ab, sondern wachsen monoton an. Das ist darauf zurückzuführen, daß der ansteigende Verschuldungsgrad der Unternehmung (vgl. Abbild 79. 2) zu höheren Zinssätzen für das aufgenommene Fremdkapital führt. Dadurch erhöht sich die Wertkomponente der Kapitalkosten bei verringertem mengenmäßigen Input und resultiert in steigenden Kosten. Jedoch nimmt KCS während des Zeitraumes t = 180 bis t = 240 nur um etwa DM 80, - zu - im Vergleich zu einem Anwachsen um

1) Siehe Gleichung 62.

DM 380,- pro Stück während der ersten 60 Monate der Simulation. Dies verdeutlicht die divergierende Entwicklung zwischen verringertem mengenmäßigem Kapitalinput pro Stück und erhöhten Preisen des Inputs aufgrund der sich verschlechternden Kapitalstruktur der Unternehmung.

Die Personalkosten pro Stück verringern sich während des Simulationslaufes von DM 20 730,- auf DM 11 600,-, was einer Einsparung von 44 % entspricht.

Der Vergleich der unterschiedlichen Entwicklung von Kapital- und Personalkosten zeigt eine Umstrukturierung des Produktionsprozesses durch den vermehrten Einsatz maschinell ausgeführter Operationen, die symptomatisch für arbeitsparenden technischen Fortschritt ist. Diese Umstrukturierung wird durch die Veränderung der Kapitalintensität (KAPIN = Y) verdeutlicht, die sich von DM 20 830,- pro Arbeiter zur Zeit t = 0 auf DM 42 350,- nach Ablauf der 240 Perioden mehr als verdoppelt. Durch die abnehmenden Wachstumsraten und die anschließend sogar absolut sinkenden Werte des Kapitalkoeffizienten verringert sich auch die Wachstumsrate der Kapitalintensität. Die Veränderungsrate der Kapitalintensität bleibt jedoch immer positiv, da der Arbeitskoeffizient stärker sinkt als der Kapitalkoeffizient und der Quotient aus beiden Variablen dadurch ständig wächst[1].

Die Summe aus Kapitalkosten und Personalkosten pro Stück, den als konstant angenommenen, dynamisch uninteressanten und deshalb nicht ausgeplotteten Materialkosten und den auf die Ausbringungseinheit verrechneten Aufwendungen für Forschung und Entwicklung ergibt die durchschnittlichen Stückkosten.

Als letzte, zehnte Variable ist in Abbild 79.1 die Rate des technischen Fortschritts (RTF = T), definiert als die Rate der relativen Veränderung des technischen Standes der Unternehmung, wiedergegeben. Sie bewegt sich in engen Grenzen um 0,3 % pro Monat. Ausgehend von einem Anfangswert von 0,3 % pro Monat sinkt RTF in den ersten Perioden der Simulation ab, steigt danach an und überschwingt den Wert von 0,3 %. Von einem Maximalwert von 0,305 % pro Monat nähert sie sich ihrem Gleichgewichtswert von 0,3 % asymptotisch an. Dieser Gleichgewichtswert ist bei der im Standardlauf gültigen Unternehmensstrategie mit der Rate des technischen Fortschritts der Konkurrenz identisch, da die Unternehmung den An-

---

1) Eine positive Veränderung des Kapitalkoeffizienten ist auch notwendige Voraussetzung für arbeitsparenden technischen Fortschritt.

fangswert des relativen technischen Standes von 1 erhalten will. Da RTF relativ konstant bei 0, 3 % pro Monat liegt, kann das Wachstum des technischen Standes der Unternehmung durch die Exponentialfunktion $e^{0,003t}$ approximiert werden, die nach knapp 240 Monaten zu einer Verdopplung des Anfangswertes führt (vgl. Abbild 79. 3).

Die Entwicklung der Rate des technischen Fortschritts im Zeitablauf ist eine zentrale Determinante fast aller Variablen in dem Modell.

Ausgewählte, überwiegend finanzwirtschaftliche Variable sind in Abbild 79. 2 wiedergegeben. Der Kapitalstock der Unternehmung (KAP = K) wächst während der Simulation von $25 * 10^6$ DM exponentiell auf $68,6 * 10^6$ DM an. Der gegen Ende der Simulation absinkende Kapitalkoeffizient führt also nicht auch zu einem insgesamt abnehmenden Kapitalbestand, da die Nachfrage nach den Erzeugnissen der Unternehmung stärker ansteigt als die Einsparungen an benötigtem Kapitalinput. Jedoch ist etwa ab der 120-ten Periode eine Verringerung der Wachstumsrate des Kapitalstocks, d. h. der Nettoinvestitionen, festzustellen, die durch die Veränderung in der Steigung von KAKO verursacht wird.

Während sich der Kapitalbestand mehr als verdoppelt, wächst der Bestand an Produktionsarbeitern deutlich langsamer von einem Anfangswert von 1200 Arbeitern auf 1620 Arbeiter am Ende des Simulationslaufes. Die Veränderung der Arbeitsproduktivität, die sich um 92 % erhöhte - im Vergleich zu einer Verringerung der Kapitalproduktivität um 5 % -, erlaubt signifikante Einsparungen an Arbeitskräften. Bei unverändertem Stand der Technik, d. h. RTF = 0, und daher bei konstantem Arbeitskoeffizienten wären zur Erstellung der Ausbringung bei t = 240 fast 3100 Arbeiter benötigt worden. Durch den technischen Fortschritt war es möglich, diese Zahl bei 1620 zu halten. Diese Entwicklung gestattete auch - bei konstanter Eigenkapitalrentabilität[1] - deutliche Preissenkungen. Der Stückpreis sinkt von DM 43 130, - auf DM 34 250, -, d. h. um 21 % während der betrachteten 20 Jahre. Diese 21 % sind auch der Wert, um den die Totalproduktivität des Produktionsprozesses sich erhöhte. Der Stückpreis weist jedoch - wie auch die durchschnittlichen Stückkosten, auf deren Grundlage er ermittelt wird - absolut abnehmende Veränderungsraten im Zeitablauf auf, resultierend aus den abnehmenden absoluten Grenzerträgen des technischen Fortschritts.

Durch die sinkenden Stückpreise nimmt der wertmäßige Umsatz nicht in dem Maße zu wie die mengenmäßige Ausbringung, die um das 2, 56-fache stieg. Der Umsatz (UMSATZ = $) erhöht sich von $4,3 * 10^6$ DM

1) Siehe Gleichung 82.

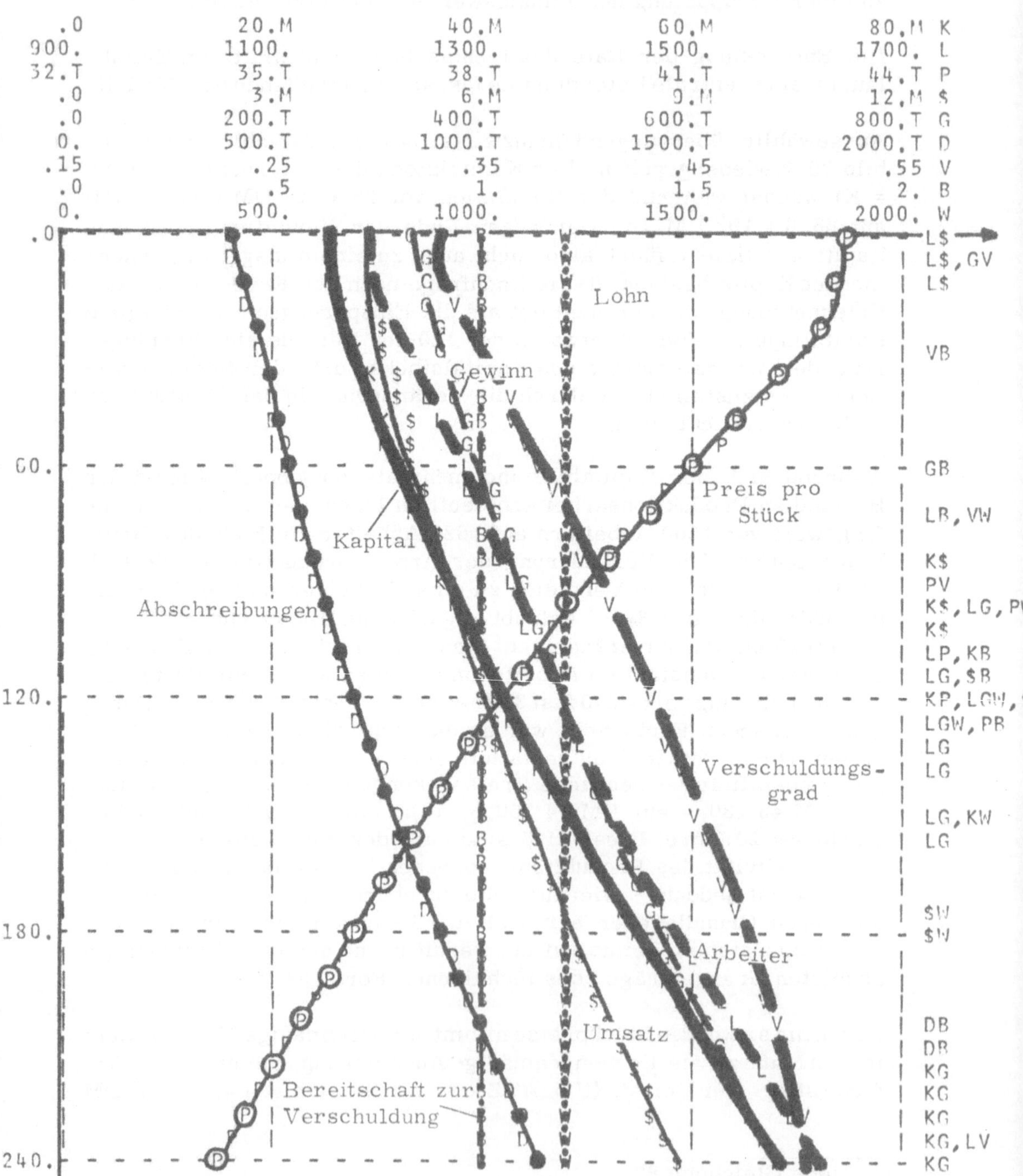

Abb. 79.2: Standardlauf, finanzwirtschaftliche Variable.

pro Monat am Beginn der Simulation auf 8, 77 * 10^6 DM nach 240 Monaten, verdoppelt sich also in etwa während der Simulationsdauer. Ähnlich entwickelt sich der Bruttogewinn der Unternehmung(BRUGEW = G), der sich von DM 335 000, - pro Monat auf DM 678 000, - verdoppelt. Daraus ergibt sich eine Umsatzrentabilität vor Steuern von etwa 7, 75 %, was ungefähr einer Rendite nach Steuern von 3, 5 % entspricht[1].

Der Verschuldungsgrad (VERSCH = V) steigt von 0, 33 am Anfang der Simulation auf 0, 5 nach 240 Monaten, d. h. das Verhältnis von Eigenkapital zu Fremdkapital verändert sich von 2 : 1 bei t = 0 auf 1 : 1 bei t = 240. Die Kurve von VERSCH verläuft S-förmig; der Wendepunkt liegt etwa bei t = 90. Dieser Verlauf erklärt sich aus der Entwicklung des Kapitalkoeffizienten, des Kapitalstocks und der Abschreibungen. Durch den anfänglich exponentiell wachsenden Kapitalkoeffizienten, verbunden mit der ebenfalls exponentiell ansteigenden Nachfrage nach den Erzeugnissen der Unternehmung, steigt der Kapitalbedarf stärker an als Mittel zur Innenfinanzierung bereitstehen, und es muß verstärkt Fremdkapital aufgenommen werden. Mit abnehmender Wachstumsrate des Kapitalkoeffizienten und den nach einer Verzögerung vermehrt zur Verfügung stehenden Abschreibungen verlangsamt sich das Ansteigen der Nettokreditaufnahme und führt so zu einem S-förmigen Verlauf des Verschuldungsgrades. Nach 240 Monaten hat die Unternehmung absolut 34, 3 * 10^6 DM an Fremdkapital aufgenommen[2].

Durch den Anstieg des Verschuldungsgrades erhöht sich auch der Zinssatz, der für aufgenommenes Fremdkapital zu entrichten ist. Dadurch steigen die Kapitalkosten pro Stück über die gesamte Simulationsdauer an, obwohl der benötigte Kapitaleinsatz pro Einheit gegen Ende des Laufes absinkt. Eigenkapitalrendite, Verschuldungsgrad und Fremdkapitalkosten nehmen jedoch nie solche Werte an, daß die Bereitschaft der Unternehmung zu weiteren Nettokreditaufnahmen beeinflußt wird. Durch den "leverage effect", verbunden mit einem noch als akzeptabel eingeschätzten, aus der Kapitalstruktur erwachsenden Risiko, erscheinen der Unternehmung weitere Kreditaufnahmen profitabel und - unter Risikogesichtspunkten - vertretbar. Es tritt also keine Zinskosten- und/oder Risiko-induzierte Selbstbeschränkung zur weiteren Verschuldung auf. Dies verdeutlicht der Verlauf der Bereitschaft zur Verschuldung (BEVER = B), die über

1) Empirische Zahlen, die in der Größenordnung mit den hier angegebenen übereinstimmen, finden sich für die US-amerikanische Wirtschaft bei Anthony, R. N. : a. a. O. , S. 296.

2) Dieser Betrag errechnet sich aus KAP * VERSCH = 68, 6 * 10^6 * 0, 5 = 34, 3 * 10^6 DM.

den Lauf konstant beim Wert 1 bleibt; Investitionsprojekte, deren Kalkül positive Beiträge zum Unternehmensergebnis erwarten lassen, werden ohne Abstriche durchgeführt.

Wichtig für die Interpretation der Ergebnisse des Standardlaufes ist - wie oben bereits erwähnt - die Entwicklung der Lohnkosten (LOHN = W), die als konstant angenommen werden. Für den Standardlauf wurde diese Annahme gemacht, um Lohnkostensteigerung-induzierte Verzerrungen in der Richtung des technischen Fortschritts auszuschließen.

Der letzte Plot des Standardlaufes, Abbild 79. 3, zeigt vorwiegend absatzwirtschaftliche Variable und kennzeichnet die Marktposition der Unternehmung. Der Marktanteil (MARKT = M) bleibt über den Simulationslauf unverändert bei 20 %. Diese Konstanz rührt daher, daß keine der drei Determinanten des Marktanteils, relativer technischer Stand der Unternehmung RTS, relativer Preis pro Stück RPREIS und die Lieferzeit LIEFER, so deutlich von ihrem Gleichgewichtswert differieren, daß sie den Marktanteil in positiver oder negativer Richtung beeinflussen.

Die Lieferfrist (LIEFER = N) sinkt von 8 Monaten bei t = 0 auf 6, 2 Monate bei t = 240. Verursacht wird diese erhöhte Lieferbereitschaft durch eine Verkürzung der Durchlaufzeit der Produkte durch den Produktionsprozeß von anfänglich 6 Monaten auf 4 Monate. Diese Verkürzung, ermöglicht durch den erhöhten technischen Stand der Unternehmung, resultiert aus kürzeren Bearbeitungszeiten, Wegfall einiger Operationen und verstärkter paralleler Bearbeitung einzelner Baugruppen des Gesamterzeugnisses. Der Auftragsbestand entspricht am Schluß der Simulation der Produktionskapazität von 2, 2 Monaten.

Der relative Stückpreis (RPREIS = 3) schwankt mit einer Bandbreite von etwa 1 % um den jeweiligen Preis der Konkurrenten und bleibt damit unterhalb des Schwellenwertes, der die Auftraggeber zu einer Änderung ihrer Bestellpolitik zu Gunsten oder zu Ungunsten der Unternehmung veranlassen könnte. Die geringen, kurzfristigen Schwankungen von RPREIS um den Wert von eins gleichen sich während des Simulationslaufes immer wieder aus. Eine trendmäßige Abweichung ist nicht festzustellen.

Ähnliches gilt für den relativen technischen Stand (RTS = R), der nur geringfügig vom Einheitswert abweicht, d. h. Unternehmung und Konkurrenz innovieren langfristig mit derselben Rate. Der vorausgeschätzte relative technische Stand (FRTS = F), also der Wert, den die Unternehmung nach Ablauf des Zeitraumes der Vorausschau von 60 Monaten erwartet, verhält sich analog. Bei einem Vergleich zwi-

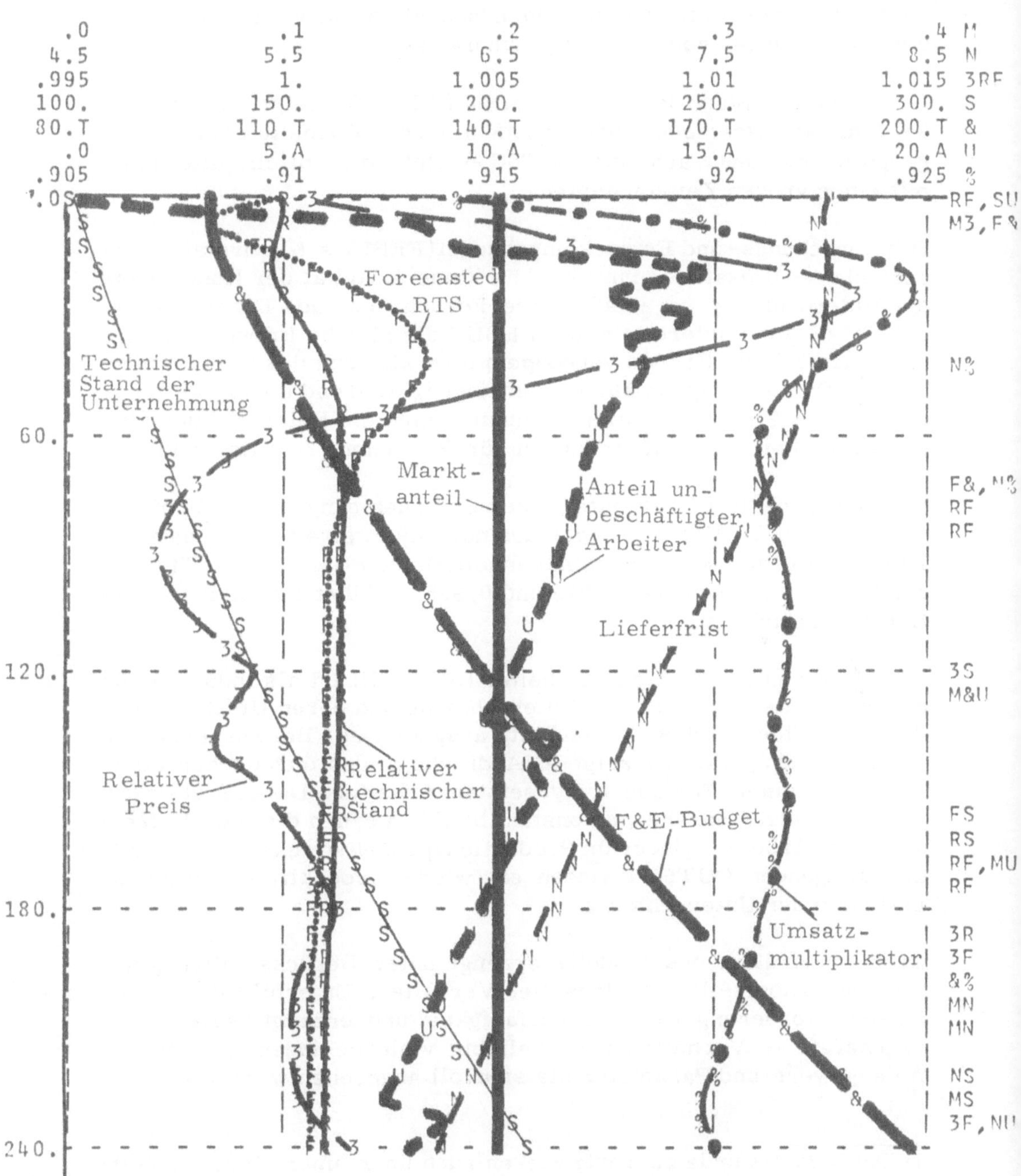

Abb. 79.3: Standardlauf, absatzwirtschaftliche Variable.

schen dem projizierten und dem effektiv realisierten Wert von RTS zeigt sich, daß das verwendete einfache Forecasting-Verfahren gute Ergebnisse liefert; FRTS(t) und RTS(t + 60) differieren nur geringfügig. Zeigten RTS und/oder FRTS eine negative Abweichung vom Wert ein an, würde die Unternehmung ihre Innovationsaktivität verstärken, um dem Absinken von RTS entgegenzuwirken.

Der technische Stand der Unternehmung (TSU = S) steigt während der 240 Simulationsperioden auf etwas mehr als das Doppelte seines Ausgangswertes. Das Wachstum von TSU erfolgt exponentiell, allerdings mit einer großen Zeitkonstanten.

Das Forschungs- und Entwicklungsbudget (FEBUD = &) wird als Prozentsatz des Umsatzes ermittelt. Da keine Aktivität der Konkurrenz die Unternehmung veranlaßt, ihre Forschungs- und Entwicklungspolitik zu intensivieren, zeigt FEBUD die gleiche Entwicklung wie der Umsatz; beide Größen verdoppeln sich während des Simulationslaufes. Da die mengenmäßige Ausbringung während dieses Zeitraumes auf das 2,56-fache stieg, reduziert sich die Belastung der einzelnen Einheit mit Aufwendungen für Forschung und Entwicklung.

Die unveränderte F&E-Strategie der Unternehmung verdeutlicht der Multiplikator PUMM (= %), der den normalerweise vom Umsatz für F&E bereitgestellten Prozentsatz modifiziert. PUMM verbleibt während des Laufes zwischen 0,915 und 0,925, erfährt also keine signifikante Veränderung.

Der Anteil unbeschäftigter Arbeiter (AUA = U) ist als Indikator für die personelle Kapazität der Unternehmung und deren Umschichtung durch den technischen Fortschritt ausgeplottet. Bei ausgelasteten Produktionskapazitäten zeigt AUA die durch den technischen Fortschritt in einer Periode freigesetzten Arbeiter. Da AUA über den Simulationslauf annähernd konstant bleibt, werden die jeweils freigesetzten Arbeiter wieder im Produktionsprozeß kompensiert. Durch den steigenden OUTPUT finden sie wieder produktive Verwendung innerhalb der Unternehmung.

Der Standardlauf des Modells erzeugt unter Berücksichtigung der Parameterkonstellation plausibles Verhalten. Er erfüllt die grundlegende Forderung nach Lebensfähigkeit und erzeugt beständiges, regeneratives Verhalten über beliebig viele Perioden[1)], wobei die Anfangswerte und Parameter als sinnvoll angesehen werden können.

---

1) Das Modell wurde zu Testzwecken auch über einen längeren Zeitraum als 240 Monate simuliert, ohne daß sich das Systemverhalten veränderte.

Unidirektional definierte Flußgrößen weisen keine Vorzeichenumkehr auf. Physische Bestände werden nicht negativ. Logische Fehler und daraus resultierende widersprüchliche Verhaltensweisen konnten nicht entdeckt werden.

Die in dem Modell inkorporierten Unterstellungen und Hypothesen sind gegenseitig verträglich und konsistent. Variable, die in der Realität innerhalb einer gewissen Bandbreite stabil sind, weisen ähnliches Verhalten in der Simulation auf. Das Modell erzeugt weder realitätsinadäquate Wachstums- noch degenerative Schrumpfungsprozesse. Variable, die auch in der Realität während des Untersuchungshorizontes wachsen, wie etwa der technische Stand der Unternehmung oder der Umsatz, wachsen auch in dem Modell in den entsprechenden Proportionen[1]. Das Kriterium der Konformität zwischen Erfahrungen aus der Realität und dem Modelloutput kann ebenfalls als erfüllt angesehen werden. Eindeutig der Erfahrung widersprechende Entwicklungen werden von dem Modell nicht generiert; kontra-intuitive Verhaltensweisen treten beim Standardlauf nicht auf.

Da mit dem Modell u. a. versucht werden soll, die Richtung des technischen Fortschritts in Abhängigkeit von den relativen Faktorkosten für Kapital und Arbeit zu erklären, soll dieser Modellaspekt in separaten Runs getestet werden. Dabei ist abzuklären, ob das Modell hypothetisierte und beobachtete Verhaltensweisen simulativ generieren kann.

2. Kapitalsparender technischer Fortschritt

Erhöht sich der Preis des Kapitalinputs relativ gegenüber dem Preis des Arbeitsinputs, kann mit einer verstärkten Hinwendung zu kapitalsparenden technischen Fortschritten gerechnet werden. Um diese Verhaltensweisen zu testen, wird das Modell mit Anfangswerten und Parametern gestartet, die die Kosten des Kapitaleinsatzes gegenüber denen des Arbeitseinsatzes erhöhen. Dazu werden - auch um die Reaktion des Modells auf extreme Relationen zwischen Kapital- und Personalkosten zu analysieren[2] - folgende Änderungen vorgenommen:

---

1) Durch die Verwendung expandierender exogener Inputs, z. B. der exponentiell wachsenden Gesamtnachfrage, ist der Stabilitätstest mit Vorbehalt zu sehen, da er konsequenterweise mit konstanten Inputwerten durchzuführen wäre. Diese Vorgehensweise würde jedoch der Realität eindeutig zuwiderlaufen. Vgl. auch Amstutz, A. E.: a. a. O., S. 406.
2) Zu dieser Vorgehensweise vgl. auch Forrester, J. W.: Industrial Dynamics, a. a. O., S. 119 f.

(1) Der Kapitalkoeffizient wird auf 450 000, - DM-Monat pro Stück erhöht. Bei gleichbleibender Produktionskapazität steigt dadurch auch der Anfangswert des Kapitalstocks auf DM 4, 5 * 10^7. Die Kurve der Fremdkapitalzinsen wird durch Modifikation des Zinsniveaus ZINSN um 25 % nach oben verschoben; eine Situation, wie sie etwa infolge einer Diskonterhöhung eintreten könnte.

(2) Der Arbeitskoeffizient wird auf 6 Mann-Monate pro Stück reduziert, wodurch auch der Bestand an Produktionsarbeitern auf 600 Mann sinkt. Gleichzeitig soll der Produktionsfaktor Arbeit billiger werden, um kapitalsparenden technischen Fortschritt zu induzieren (LOHNN = 600). Der Anfangswert in der Richtung des technischen Fortschritts wird auf DELTAN = -0, 6 heraufgesetzt.

(3) Da keine Verzerrung in der Rate und in der Richtung des Fortschritts durch die Preisgestaltung der Konkurrenz eintreten soll, wird der relative Stückpreis konstant bei 1 gehalten (SWT2 = 0). Dies impliziert die Unterstellung, daß Unternehmung und Konkurrenten zu den gleichen Preisen anbieten.

Zusammengefaßt lauten die Änderungen:

	KAKON	KAPN	ZINSN	AKON	ARBN	LOHNN
PRESENT	450.0T	45.00M	1.250	6.000	600.0	600.0
ORIGINAL	250.0T	25.00M	1.000	12.00	1200.	1200.

	DELTAN	SWT2
PRESENT	-.6000	0.
ORIGINAL	-.9000	1.000

Die Abbildungen 80. 1 - 80. 3 zeigen die Runs des so modifizierten Modells. Im Gegensatz zum Standardlauf sinkt der Kapitalkoeffizient (Abbild 80. 1) während des gesamten Simulationslaufes ab und erreicht einen Endwert von 357 000, - DM-Monat pro Stück, verringert sich also um 21 %. Ähnlich entwickelt sich der Arbeitskoeffizient, der von 6 Mann-Monaten bei t = 0 auf 4, 7 Mann-Monate bei t = 240 sinkt, was einer Verringerung um 22 % entspricht.

Die Richtung des technischen Fortschritts - verdeutlicht durch den Verlauf von DELTA - zeigt den Übergang von arbeitsparenden technischen Fortschritt bei verringertem Kapitalaufwand (Perioden t = 0 bis t = 114) über neutralen Fortschritt, bei dem die Kapitalintensität unverändert bleibt (Perioden t >114 bis t< 126), zu kapitalsparendem Fortschritt mit verringertem Arbeitseinsatz (Perioden t = 126 bis t = 240).

Die Richtung des technischen Fortschritts ist zu Beginn der Simulation nicht optimal, und DELTA bewegt sich in den ersten 60 Perio-

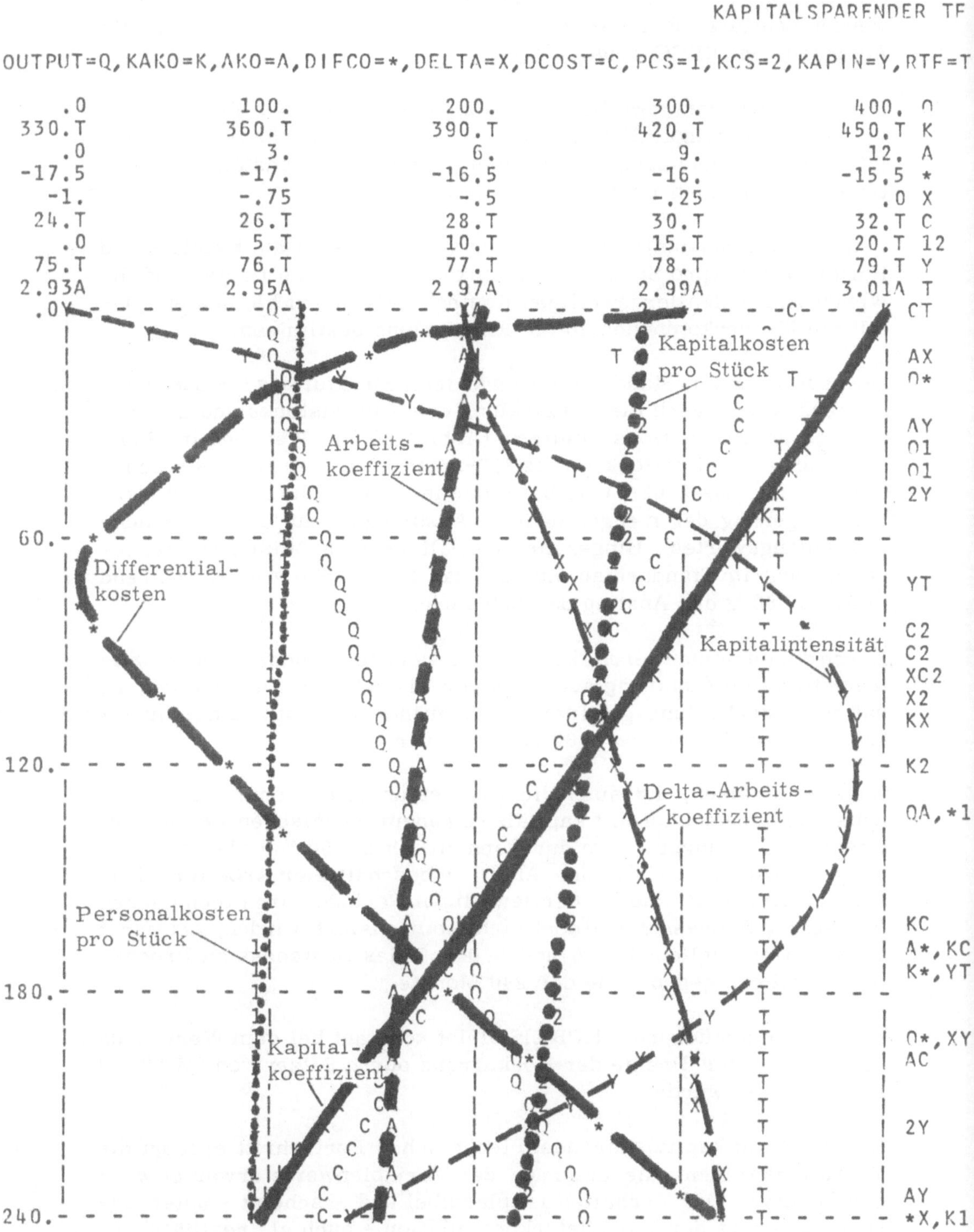

OUTPUT=Q,KAKO=K,AKO=A,DIFCO=*,DELTA=X,DCOST=C,PCS=1,KCS=2,KAPIN=Y,RTF=T

.0	100.	200.	300.	400.	Q
330.T	360.T	390.T	420.T	450.T	K
.0	3.	6.	9.	12.	A
-17.5	-17.	-16.5	-16.	-15.5	*
-1.	-.75	-.5	-.25	.0	X
24.T	26.T	28.T	30.T	32.T	C
.0	5.T	10.T	15.T	20.T	12
75.T	76.T	77.T	78.T	79.T	Y
2.93A	2.95A	2.97A	2.99A	3.01A	T

Abb. 80.1: Kapitalsparender technischer Fortschritt, produktionswirtschaftliche Variable.

den verstärkt in Richtung kapitalsparenden Fortschritts. Dadurch werden deutlich höhere Kosteneinsparungen möglich, wie das steile Absinken von DIFCO zeigt.

Entsprechend der jeweiligen Richtung des technischen Fortschritts verhält sich die Kapitalintensität, die in der ersten Hälfte der Simulation ansteigt und dann - nach einer Periode der Konstanz bei neutralem technischen Fortschritt - wieder absinkt.

Den Produktionskoeffizienten analog verhalten sich die Kapital- und Personalkosten pro Stück. Beide sinken während des Laufes, da die Wertkomponenten der jeweiligen Kosten unverändert bleiben und damit die Mengenkomponenten die Entwicklung bestimmen.

Die gegenüber dem Standardlauf veränderte Struktur des Produktionsprozesses zeigt auch die Entwicklung des Kapitalstocks und des Bestandes an Produktionsarbeitern (Abbild 80. 2). Während im Standardlauf der Kapitalstock um das 2, 7-fache stieg, beträgt das Wachstum hier nur das 2, 05-fache bei einer in beiden Läufen unveränderten Steigerung der mengenmäßigen Ausbringung auf das 2, 56-fache des Anfangswertes. Umgekehrt verhält es sich beim Arbeiterbestand, der im Standardlauf nur um das 1, 35-fache wuchs, während in Abbild 80. 2 der Anstieg das 2, 0-fache beträgt.

Durch die Implementierung kapitalsparender technischer Fortschritte muß die Unternehmung auch weniger Fremdkapital aufnehmen, so daß der Verschuldungsgrad nahezu unverändert bleibt und nur innerhalb der Bandbreite von 0, 32 und 0, 34 variiert.

Wie zu erwarten, ist auch die Freisetzungsrate von Produktionsarbeitern in dem Lauf mit kapitalsparendem technischen Fortschritt wesentlich geringer - um durchschnittlich ca. 50 % - als im Standardlauf (Abbild 80. 3). Der Anteil unbeschäftigter Arbeiter, d.h. solcher Arbeiter, die in der jeweiligen Periode durch technischen Fortschritt freigesetzt und noch nicht kompensiert wurden, schwankt zwischen anfänglich 0, 1 % und 0, 025 % des Bestandes an Produktionsarbeitern gegen Ende der 240 Monate.

Der relative Stückpreis RPREIS bleibt konstant bei dem Wert 1, da der Einfluß der Preise der Konkurrenz durch Setzen von SWT2 = 0 ausgeschaltet wurde.

Der Lauf mit kapitalsparendem technischen Fortschritt erzeugt die Verhaltensweisen, die aufgrund der Variablenwerte erwartet werden konnten. Das Verhalten ist plausibel und erscheint - unter Berücksichtigung der Parameterkonstellation - auch als realitätskonform.

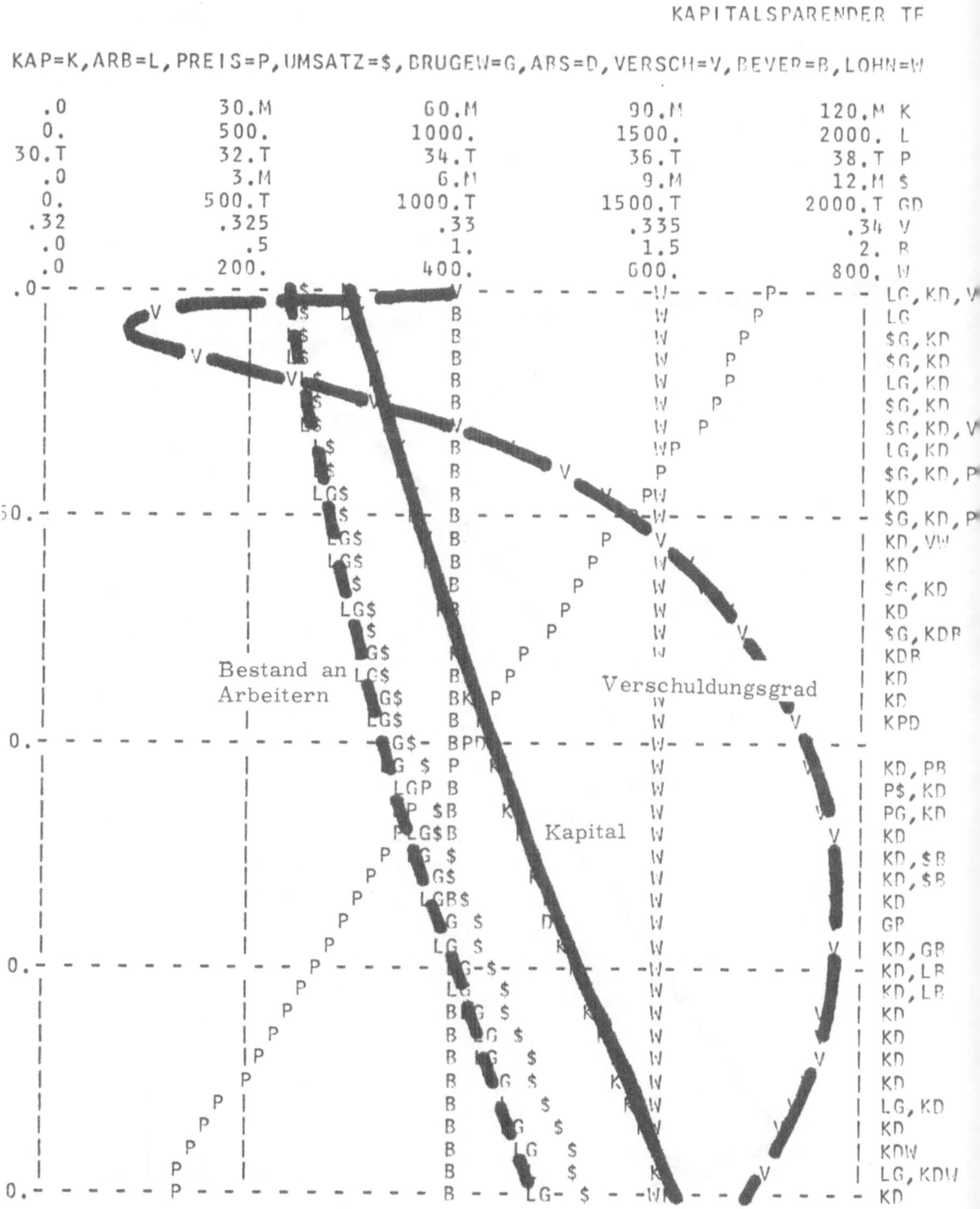

KAPITALSPARENDER TF
KAP=K,ARB=L,PREIS=P,UMSATZ=$,BRUGEW=G,ABS=D,VERSCH=V,BEVER=B,LOHN=W
.0 30.M 60.M 90.M 120.M K
0. 500. 1000. 1500. 2000. L
30.T 32.T 34.T 36.T 38.T P
.0 3.M 6.M 9.M 12.M $
0. 500.T 1000.T 1500.T 2000.T GD
.32 .325 .33 .335 .34 V
.0 .5 1. 1.5 2. B
.0 200. 400. 600. 800. W
Bestand an Arbeitern
Verschuldungsgrad
Kapital

Abb. 80. 2: Kapitalsparender technischer Fortschritt, finanzwirtschaftliche Variable.

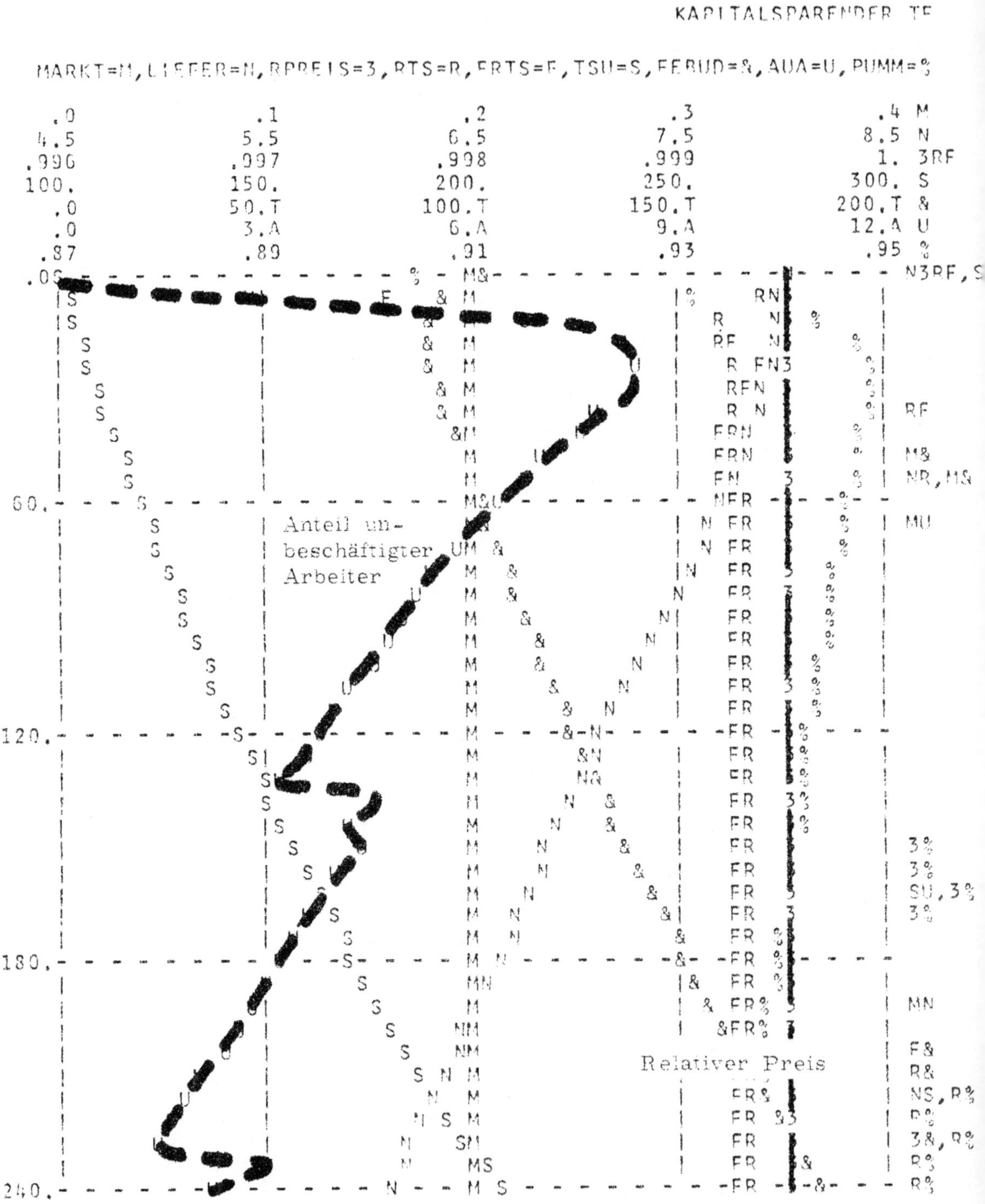

KAPITALSPARENDER TF

MARKT=M, LIEFER=N, RPREIS=3, RTS=R, FRTS=F, TSU=S, FEBUD=&, AUA=U, PUMM=%

```
 .0          .1          .2          .3          .4 M
4.5         5.5         6.5         7.5         8.5 N
.996        .997        .998        .999         1. 3RF
100.        150.        200.        250.        300. S
 .0         50.T       100.T       150.T       200.T &
 .0          3.A         6.A         9.A        12.A U
.87         .89         .91         .93         .95 %
```

Y-axis: .0, 60., 120., 180., 240.

Anteil unbeschäftigter Arbeiter

Relativer Preis

Abb. 80.3: Kapitalsparender technischer Fortschritt, absatzwirtschaftliche Variable.

3. Duplizierung realer Entwicklungstrends

In beiden vorangegangenen Simulationsläufen wurde der Lohnsatz als konstant angenommen, eine Unterstellung, die im folgenden Lauf aufgehoben wird. Es soll versucht werden, reale Entwicklungstrends zu duplizieren. Diese Duplizierung ist jedoch nicht mit dem anspruchsvollen Validierungstest "Duplizierung historischer Ereignisse" gleichzusetzen, da keine empirischen Anfangswerte und Parameter zur Verfügung stehen. Die numerisch-exakte Duplizierung historischer Ereignisse ist somit nicht möglich. Es soll vielmehr nur versucht werden, Tendenzen und allgemeine Entwicklungstrends mit dem Modell zu generieren, die in der Realität beobachtet wurden, wobei soweit wie möglich auf empirische Werte zurückgegriffen wird.

Die durchschnittliche reale Steigerungsrate der Lohnkosten in der verarbeitenden Industrie betrug in der BRD während des Zeitraumes 1950 - 1968 zwischen 6 - 7 % pro Jahr[1]; dies wird durch Setzen von LSR = 0, 006 in das Modell eingeführt. Gleichzeitig wird, einem knappen Arbeitsmarktangebot Ausdruck gebend, der Multiplikator AMA = 0, 5 gesetzt.

Es wird unterstellt, daß der Produktionsprozeß zu Beginn der Simulation, also etwa im Jahre 1950, auf einem niedrigeren technischen Niveau liegt und dem technischen Fortschritt vermehrt Ansatzpunkte für Kostenreduzierungen bietet. Außerdem ist zu beachten, daß, obwohl Produktivitätssteigerungen überwiegend auf technischen Fortschritt zurückzuführen sind, ein - wenn auch kleiner - Teil durch betriebswirtschaftliche Rationalisierungsmaßnahmen ermöglicht wird. Durch Maßnahmen also, die bei konstantem Stand der Technik, d. h. bei unveränderter Produktionsfunktion, die Effizienz des Produktionsprozesses erhöhen. Um diese beiden Faktoren zu erfassen, wird der Effizienzmultiplikator des technischen Fortschritts um ein Drittel auf EFTF = 1, 33 erhöht[2]. Der Einfluß von den relativen Stückpreisen wird durch SWT2 = 0 ausgeschaltet.

Ansonsten bleibt das Modell unverändert.

---

1) Siehe Kluge, M.: a. a. O., S. 243.

2) Das Modellverhalten erwies sich gegenüber den in ihren exakten numerischen Werten nur schwer zu belegenden Variationen von EFTF als insensitiv. Ein nur geringfügig von dem hier beschriebenen abweichenden Verhalten wurde bei einer Sensitivitätsanalyse mit EFTF = 1, 25 erzielt.

Die steigenden Lohnkosten veranlassen die Unternehmung, vermehrt arbeitsparenden technischen Fortschritt mit Kapitalmehraufwand zu implementieren, wie DELTA in Abbild 81. 1 anzeigt, wo es sich dicht an den Maximalwert 1 für arbeitsparenden technischen Fortschritt annähert. Dadurch sinkt der Arbeitskoeffizient stärker als im Standardlauf und erreicht einen Endwert von nur 4, 75 Mann-Monaten pro Stück gegenüber 6, 25 Mann-Monate im Standardlauf.

Deutlich verändert hat sich auch das Verhalten des Kapitalkoeffizienten, der über den ganzen Simulationslauf ansteigt und einen Endwert von 291 200, - DM-Monat pro Stück erreicht. Durch die steigenden Lohnkosten wurde es ökonomisch vorteilhaft, verstärkt solche technischen Fortschritte zu implementieren, die Arbeit auch bei Mehraufwand von Kapital einsparen. Dadurch steigen die Kapitalkosten pro Stück von DM 8 000, - bei t = 0 auf DM 10 800, - bei t = 240.

Im Gegensatz zum Standardlauf steigen auch die Personalkosten pro Stück auf DM 37 300, - am Ende der Simulation. Die Produktivitätsfortschritte reichten also nicht aus, die Lohnsteigerungen zu kompensieren. Dadurch steigen die durchschnittlichen Stückkosten von DM 39 300, - auf DM 58 700, -.

Die steigenden Lohnkosten führen auch zu wertmäßig wachsenden Kosteneinsparungen durch den technischen Fortschritt. Dies bedeutet eine Umkehr in der Veränderungsrichtung gegenüber dem Standardlauf, verursacht dadurch, daß die Wertkomponente der Kostenreduzierung schneller steigt als die Mengenkomponente zurückgeht. Die Mengenkomponente weist - wie im Standardlauf - abnehmende absolute Veränderungen der Arbeitseinsparungen pro Stück auf.

Bedingt durch die vermehrt arbeitsparende Richtung des Fortschritts steigt die Kapitalintensität auf etwa das dreifache ihres Ausgangswertes nach Ablauf der 20 Jahre.

Der Bestand an Produktionsarbeitern sinkt in den ersten Perioden der Simulation deutlich ab und erreicht einen Minimalwert, der um ca. 50 Mann unter dem Ausgangswert liegt (Abbild 81. 2). Dieses Verhalten erklärt sich aus dem knappen Angebot an Arbeitskräften (AMA = 0, 5). Die Unternehmung startet mit einem verfügbaren Bestand an Arbeitskräften, der dem gewünschten Bestand entspricht. In den folgenden Perioden kann sie jedoch ihre Nachfrage nach Arbeitern nicht voll befriedigen, d. h. die tatsächliche Einstellrate ist geringer als die gewünschte Rate. Das Resultat dieser Diskrepanz

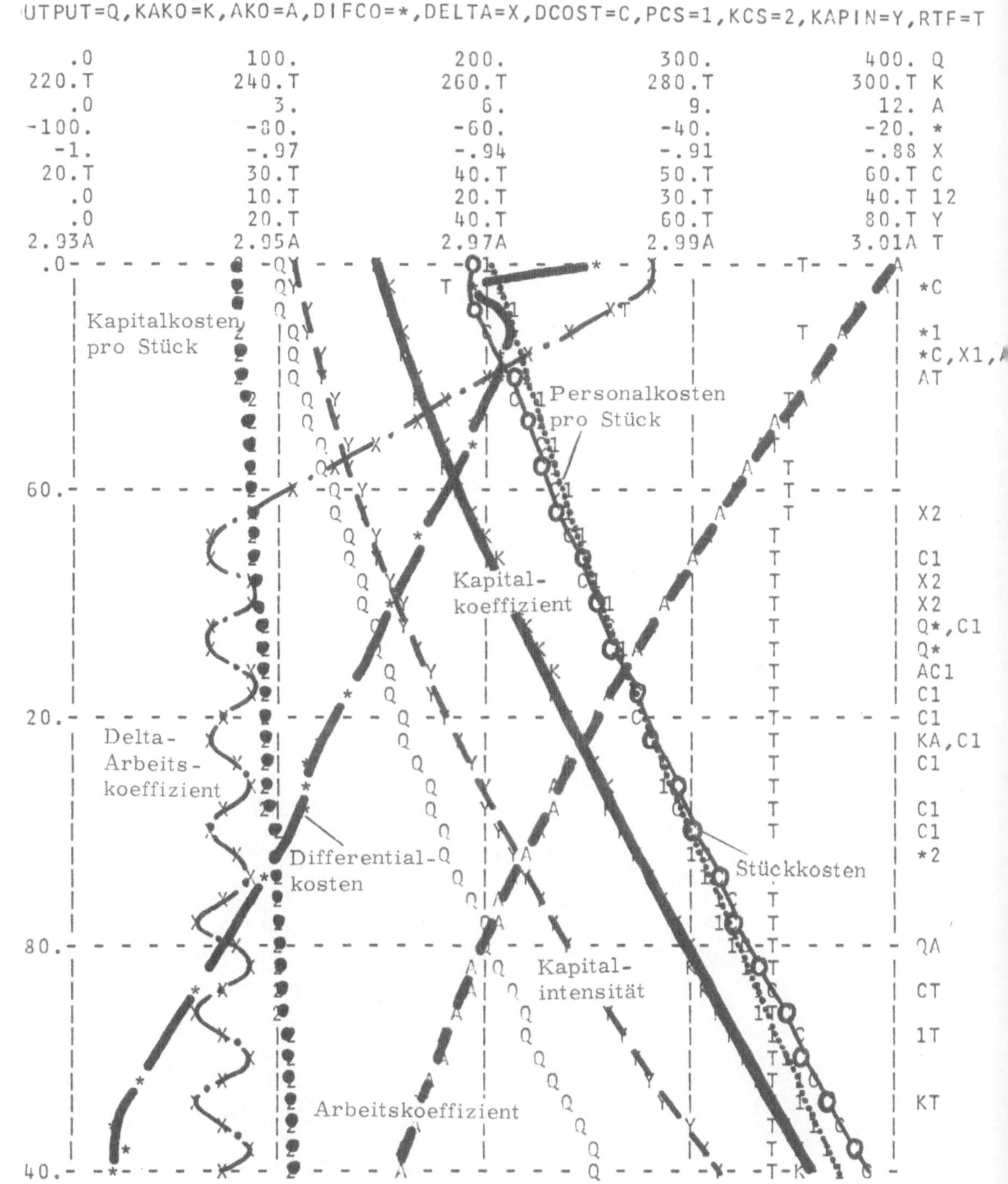

Abb. 81.1: Duplizierung realer Entwicklungstrends, produktionswirtschaftliche Variable.

KAP=K,ARB=L,PREIS=P,UMSATZ=$,BRUGEW=G,ABS=D,VERSCH=V,BEVER=B,LOHN=W

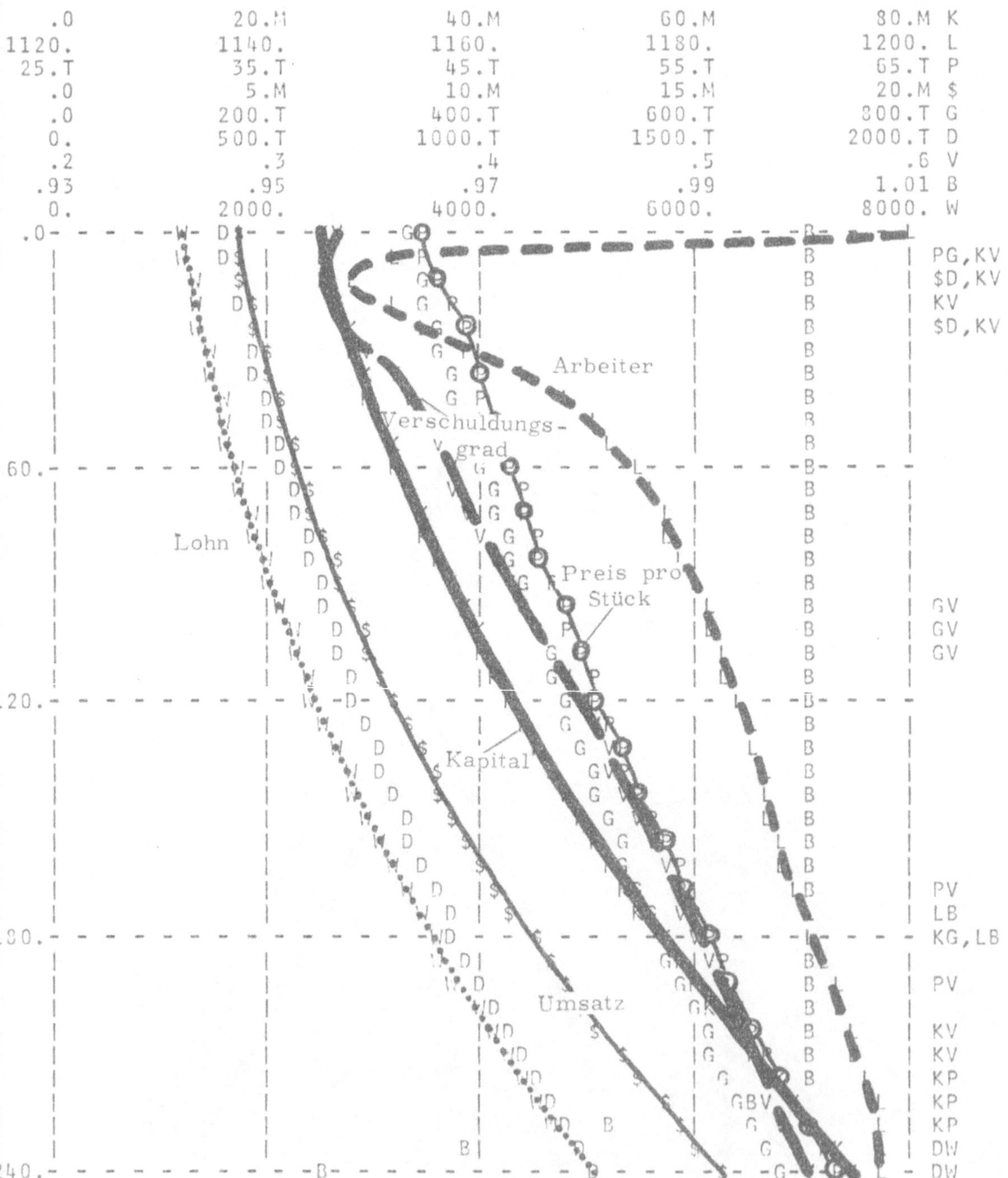

Abb. 81.2: Duplizierung realer Entwicklungstrends, finanzwirtschaftliche Variable.

ist ein Fehlbestand an Arbeitern, der nicht mehr voll kompensiert wird, da stets weniger Arbeiter eingestellt werden können als es erforderlich wäre.

Der Lohn der Arbeiter steigt exponentiell mit der vorgegebenen Rate von 0, 6 % pro Monat.

Durch den monoton steigenden Kapitalkoeffizienten, in Verbindung mit einer ebenfalls wachsenden Nachfrage nach den Erzeugnissen der Unternehmung, wächst der Kapitalstock von $2,5 * 10^7$ DM auf $7,52 * 10^7$ DM bei t = 240 an. Die dafür erforderlichen Nettoinvestitionen können nicht aus Unternehmensmitteln finanziert werden, so daß der Verschuldungsgrad auf 0, 55 ansteigt mit der daraus folgenden Konsequenz höherer Fremdkapitalzinsen.

Die steigenden Stückkosten schlagen auch deutlich auf die Preise durch, die von 42 650, - DM pro Stück am Beginn der Simulation auf 61 350, - DM anziehen. Im Standardlauf mit konstanten Lohnsätzen konnten die Stückpreise dagegen auf DM 34 250, - nach Ablauf der 240 Perioden gesenkt werden. Durch diesen Preisanstieg erhöht sich der Umsatz bei gleichem mengenmäßigem Produktionsvolumen stärker als im Standardlauf. Er steigt von $4,265 * 10^6$ DM pro Monat zur Zeit t = 0 auf den knapp vierfachen Wert von $15,667 * 10^6$ DM zum Schluß der Simulation. Diese Entwicklung entspricht einer durchschnittlichen jährlichen Steigerungsrate des Umsatzes von etwa 7 %.

Das knappe Arbeitsmarktangebot zeigt sich in dem Anteil unbeschäftigter Arbeiter, der relativ konstant bei -2 % liegt, d. h. die Unternehmung hat ständig einen Arbeiterfehlbestand von 2 % der verfügbaren Produktionsarbeiter (Abbild 81. 3).

Da die Mittel für Forschung und Entwicklung auf der Basis des Umsatzes errechnet werden, steigen sie durch das stärkere Umsatzwachstum schneller als im Standardlauf und erreichen einen Endwert von 320 800, - DM pro Monat.

Da zur Beurteilung der absolut-numerischen Realitätskonformität der Variablen kein empirisches Vergleichsmaterial vorliegt, werden vier Variable dieses Laufes auf prozentueller Basis ermittelt und deren Verhalten im Zeitablauf ausgeplottet. Es ist dann zu überprüfen, ob die so generierten Entwicklungstrends mit beobachteten empirischen Zeitreihen in ihrem Verlauf befriedigende Übereinstimmung aufweisen. Die vier zusätzlichen Variablen sind die prozentuelle Veränderung des Arbeitskoeffizienten (AKOR), des Preises pro Stück (PREISR), der Personalkosten pro Stück (PCSR) und des Lohnsatzes (LOHNR). Alle vier Variablen werden zu Beginn der Simulation gleich 100 % gesetzt und ihre Entwicklung über 216 Monate - das ist der

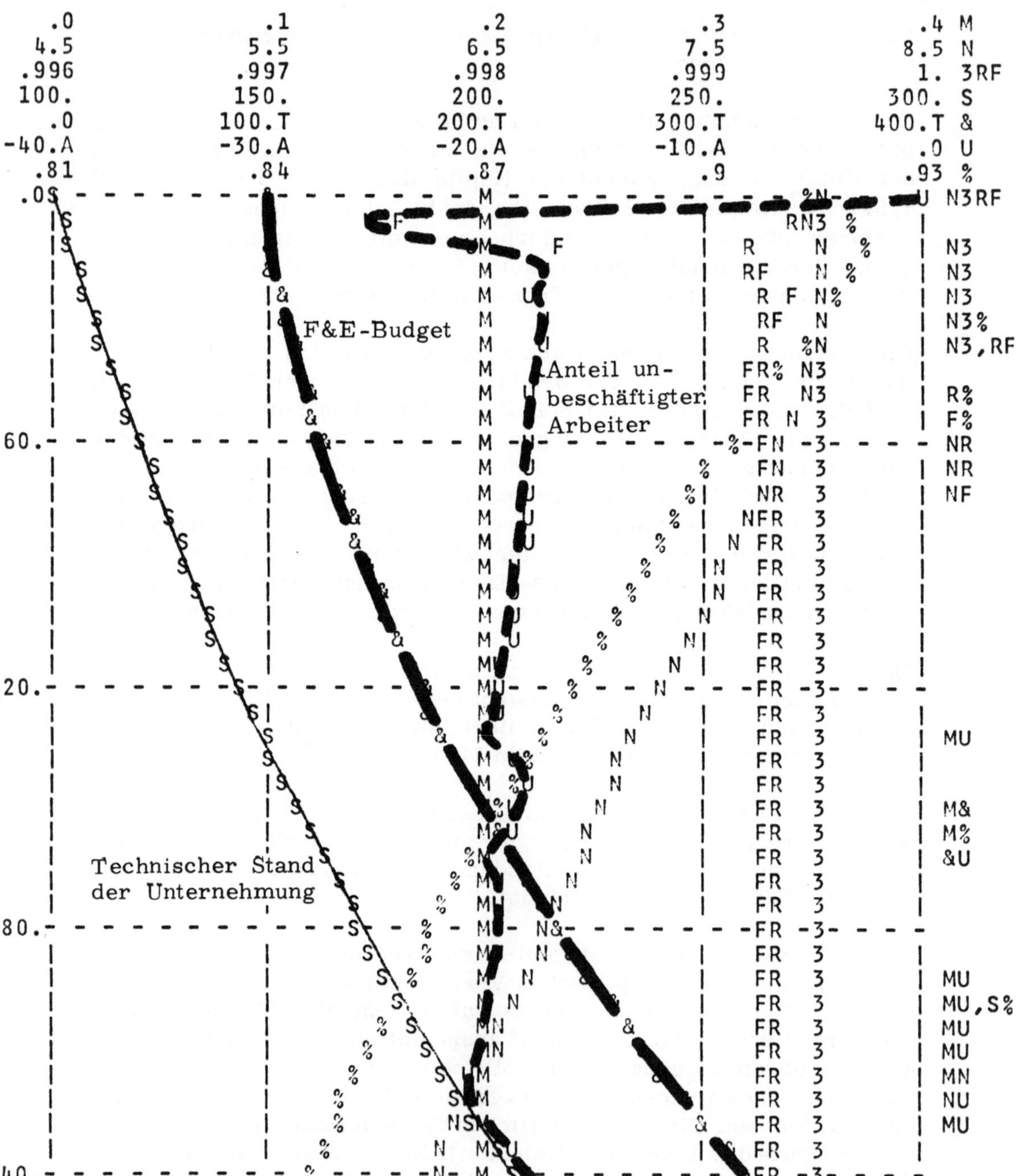

Abb. 81.3: Duplizierung realer Entwicklungstrends, absatzwirtschaftliche Variable.

Zeitraum, für den empirische Vergleichsdaten vorliegen - simuliert. Der Ausdruck erfolgt mit einer Plotperiode von 12 Monaten. Das Modell erweitert sich dadurch um folgende Gleichung:

```
89      S   AKOR.K=100*AKO.K/AKON
90      S   PREISR.K=100*PREIS.K/PREISN
90.1    N   PREISN=PREIS
91      S   PCSR.K=100*PCS.K/PCSN
91.1    N   PCSN=PCS
92      S   LOHNR.K=100*LOHN.K/LOHNN
```

Den Plot dieser Variablen zeigt Abbild 82. 1, dem in Abbild 82. 2[1] der Verlauf der entsprechenden Werte für die Zeit zwischen 1950 und 1968 in der BRD gegenübergestellt ist. Wie ein Vergleich beider Darstellungen zeigt, besteht eine hohe Übereinstimmung zwischen den simulativ generierten Variablen des Modells und den korrespondierenden Zeitreihen der Realität. Der simulierte Wert der Lohnkosten pro Mann-Monat differiert von dem empirischen Wert im Jahre 1958 um 2, 5 %. Die simulativ generierte Preisentwicklung pro Erzeugnis weicht von der effektiven um ca. +9, 5 % ab. Die Personalkosten pro Stück liegen um etwa 5, 5 % über dem entsprechenden Indexwert, und die beiden Arbeitskoeffizienten schließlich stimmen mit Abweichungen von weniger als einem Prozent miteinander überein. Das Absinken der empirischen Werte am Ende des Vergleichszeitraums resultiert aus der abgeschwächten Wirtschaftsentwicklung zu dieser Zeit - ein Aspekt, der in dem Modell nicht erfaßt ist.

Es sei jedoch nochmals betont, daß es sich in Abbild 82 nicht um die Duplizierung historischer Ereignisse im strengen Sinne handelt, denn

(1) das Modell wird nicht mit den im Jahre 1950 gültigen und empirisch belegten Anfangswerten gestartet. Solche Werte liegen für das Modell einer hypothetischen Unternehmung nicht vor. Die Rückextrapolation der Anfangswerte des Standardmodelles auf den Zeitpunkt 1950 aus den bekannten Verhaltensweisen des Modells würde einen Realitätsbezug vortäuschen, der nicht gegeben ist.

(2) die empirischen Zeitreihen beziehen sich nicht auf eine spezifische Unternehmung, sondern sind Durchschnittswerte für die gesamte verarbeitende Industrie in der BRD, sind also das Aggregat aus vielfach divergierenden Verhaltensweisen.

1) Nach Kluge, M.: a.a.O., S. 243.

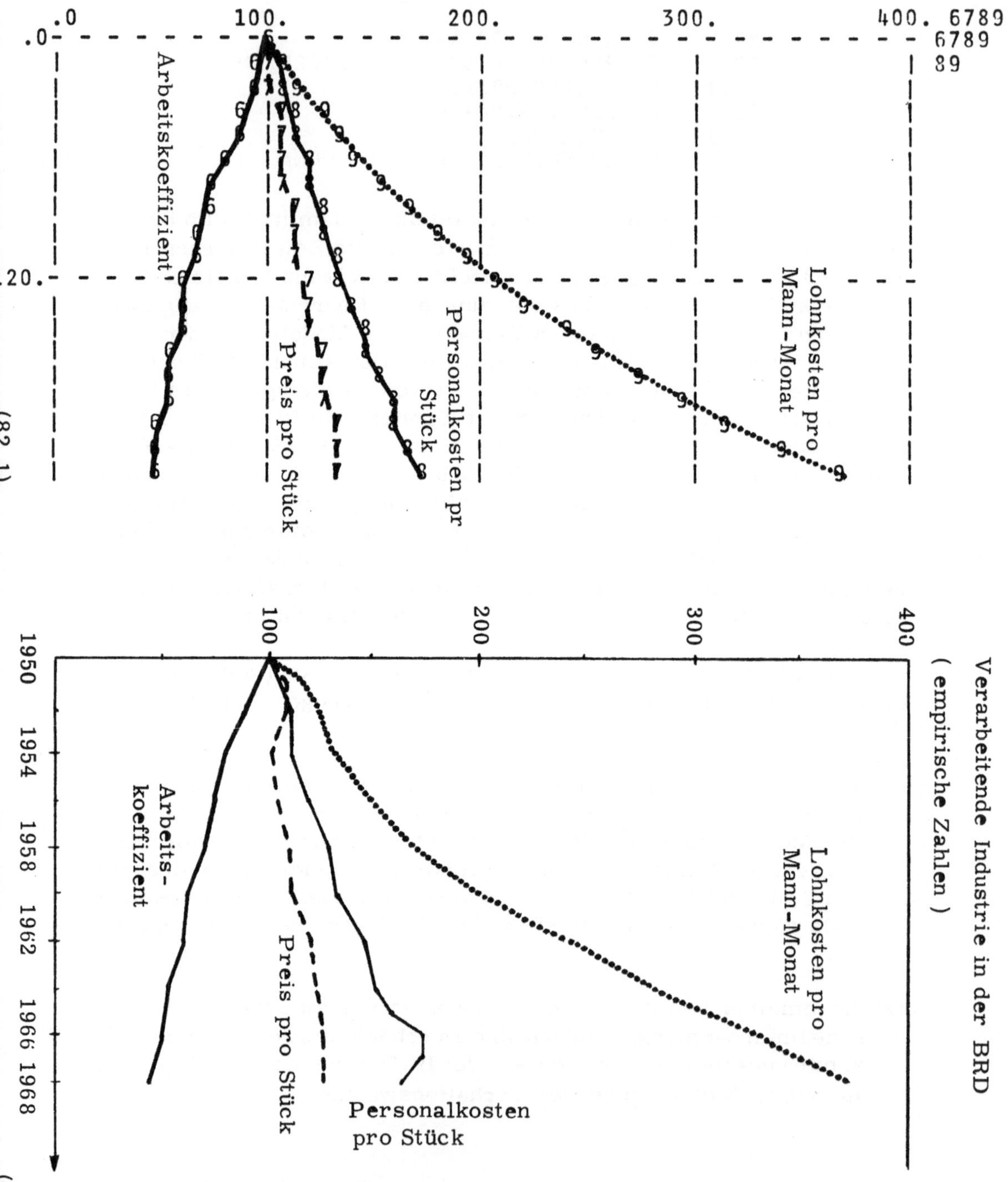

Abb. 82: Gegenüberstellung von simulierten und empirischen Zeitreihen.

Trotz dieser Einschränkungen kann das Modell als insoweit validiert angesehen werden, als es in der Lage ist, die allgemeine Richtung empirisch belegter Entwicklungen zu generieren. Dieser Grad an Validierung ist für den hypothetischen Charakter des Modells ausreichend und bietet eine befriedigende Grundlage für Modellexperimente.

III. Modellexperimente

Im folgenden werden drei Fragenkomplexe untersucht und durch Simulationsexperimente analysiert.

(1) Für welche Aktionen und Reaktionen entscheidet sich die Unternehmung, wenn der Konkurrenz ein unerwarteter, bedeutender technischer Durchbruch gelingt, der die Wettbewerbsfähigkeit der Unternehmung signifikant verschlechtert? Welche Implikationen ergeben sich daraus für die Unternehmung?

(2) Kann die Unternehmung durch Implementierung einer höheren Rate des technischen Fortschritts Marktvorteile erringen?

(3) Welche Konsequenzen hat die Strategie der Unternehmung, einen begrenzten technischen Vorsprung gegenüber der Konkurrenz zu erlangen?

1. Technischer Durchbruch der Konkurrenz

Eine grundlegende Hypothese des Modells ist, daß der technische Stand der Unternehmung eine zentrale Determinante ihrer Marktposition darstellt. In einem Modellexperiment soll daher untersucht werden, wie der Absatzmarkt auf technische Durchbrüche der Konkurrenz, die deren relativen technischen Stand bedeutend verbessern, reagiert und zu welchen Aktionen sich die Unternehmung dadurch veranlaßt sieht[1]. Ein solcher Durchbruch soll für die Unternehmung unerwartet, d.h. nicht durch die technologische Vorausschau erfaßt, kommen.

Zum Testen dieser Verhaltensformen wird der technische Stand der Konkurrenz nach 60 Perioden mit Hilfe der STEP-Funktion um 12,5 Einheiten, das sind ca. 10 %, sprungartig erhöht (STH = 12,5, STZ = 60).

1) Eine solche Situation hätte in der Vergangenheit eintreten können, wenn etwa überraschend Kopierfräsmaschinen, das Vollformgießverfahren oder numerisch gesteuerte Werkzeugmaschinen im Produktionsprozeß eingesetzt worden wären.

Außerdem wird unterstellt, daß der technische Durchbruch der Konkurrenz Preissenkungen gestattet. Diese finden jedoch nicht sprungartig statt, sondern werden mit Verzögerungen durchgeführt, die auf Anlaufschwierigkeiten, notwendig werdende Ausbildung von Arbeitskräften, Mitnahme von Pioniergewinnen, Anpassung der Produktionskapazitäten etc. zurückzuführen sind. Durch graduelle Preissenkungen sollen 60 Monate nach Implementierung des bedeutenden Fortschritts die Preise für die Konkurrenzprodukte um 5 % unter dem sonst zu erwartenden Wert liegen.

Die Änderungen des Modells sind[1])

	STH	STZ	PREIKT	. . .	. . .	. . .	. . .
PRESENT	12.50	60.00	43.10T	41.00T	36.50T	34.40T	32.60T
ORIGINAL	0.	0.	43.10T	41.00T	38.30T	36.10T	34.20T

Der so modifizierte Verlauf der Stückpreise der Konkurrenz ist in Abbild 83 dargestellt.

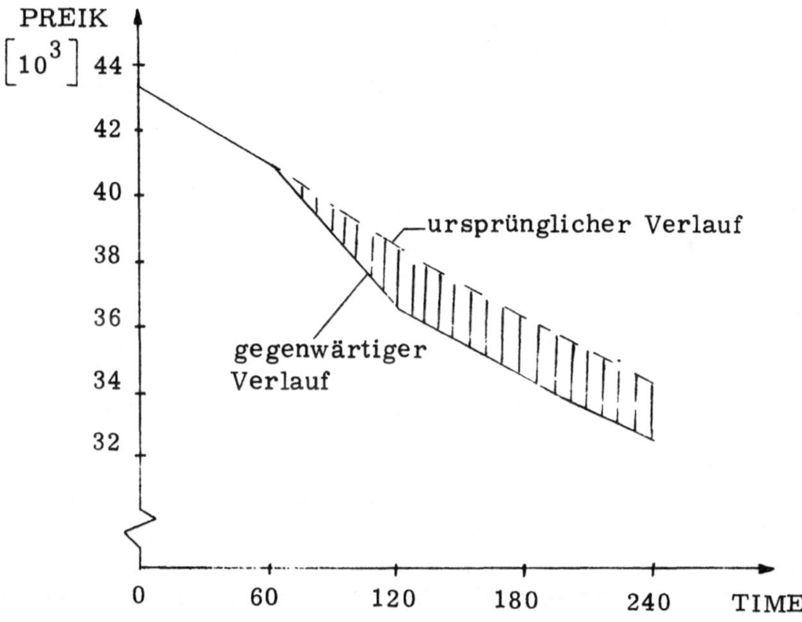

Abb. 83: Graph der modifizierten PREIK-Funktion.

1) Dieser Satz von Parametern ist das Ergebnis mehrerer Simulationsexperimente. Er wurde so gewählt, daß er zwar eine ernste Krise für die Unternehmung verursacht, aber wiederum nicht so schwerwiegende Folgen hat, daß die Unternehmung völlig vom Markt verdrängt wird.

Da tarifliche Lohnsteigerungen für Unternehmung und Konkurrenz gleichermaßen wirksam werden, also keine komparativen Vor- oder Nachteile verursachen, kann auf die realistische Annahme steigender Löhne verzichtet werden (LSR = 0)[1].

Den Simulationslauf des so modifizierten Modells zeigen die Abbilder 84.1 - 84.3. Die bedeutendste Konsequenz der verschlechterten Konkurrenzfähigkeit der Unternehmung spiegelt die Entwicklung des Marktanteils wider. Nach dem technischen Durchbruch in Verbindung mit den danach folgenden Preissenkungen der Konkurrenz verliert die Unternehmung bis zu 25 % ihres Marktanteils (d. h. ihr Anteil am Gesamtmarkt sinkt von 20 % auf 15 % ab). Es dauert 120 Perioden, bis sie ihre alte Position wieder zurückerlangt hat.

Die produktionswirtschaftlichen Variablen (Abbild 84.1) reflektieren diese Krise, wenn auch in teilweise abgeschwächter Form. Während Kapital- und Arbeitskoeffizient als rein technische Größen nur unwesentlich beeinflußt werden, verändert sich die Ausbringung signifikant. Nach t = 60 stagniert der Output und sinkt dann absolut ab. Zum Zeitpunkt t = 102 ist er auf das Niveau, das schon zur Periode t = 42 erreicht wurde, zurückgefallen. Die schraffierte Fläche oberhalb der Kurve des Output zeigt die insgesamt verringerte Ausbringung gegenüber dem Standardlauf.

Nach Absinken ihres Marktanteils bei t = 60 reduziert die Unternehmung den Arbeitskräftebestand drastisch und schöpft sämtliche personellen Kapazitätsreserven aus. Die verschlechterte Wettbewerbssituation zwingt sie, Entlassungen vorzunehmen und den Personalbestand auf das geringstmögliche Maß herabzudrücken. Dadurch wird eine Verringerung der Personalkosten pro Stück erreicht. Die Möglichkeiten dieser Rationalisierungsmaßnahmen sind jedoch begrenzt, und kostenerhöhende Einflüsse, insbesondere die verstärkte Aus- und Weiterbildung von Arbeitern kompensieren deren Einsparungen.

Die durch den technischen Durchbruch der Konkurrenz und die erhöhte Rate des technischen Fortschritts der Unternehmung obsolet gewordenen Anlagegüter müssen verstärkt abgeschrieben werden. Die ansteigenden Abschreibungsbeträge führen zu einer Erhöhung der Kapitalkosten pro Stück. Diese Tendenz wird dadurch noch verstärkt, daß die vermehrten Abschreibungen durch die absinkende Auslastung des Anlagevermögens auf einen verringerten Output verrechnet werden. Beide Einflüsse zusammen führen zu einem Ansteigen der Kapitalkosten pro Stück um ca. 15 % zwischen den Perioden 78 bis 90.

---

1) Andernfalls wäre dies in PREIK zu berücksichtigen.

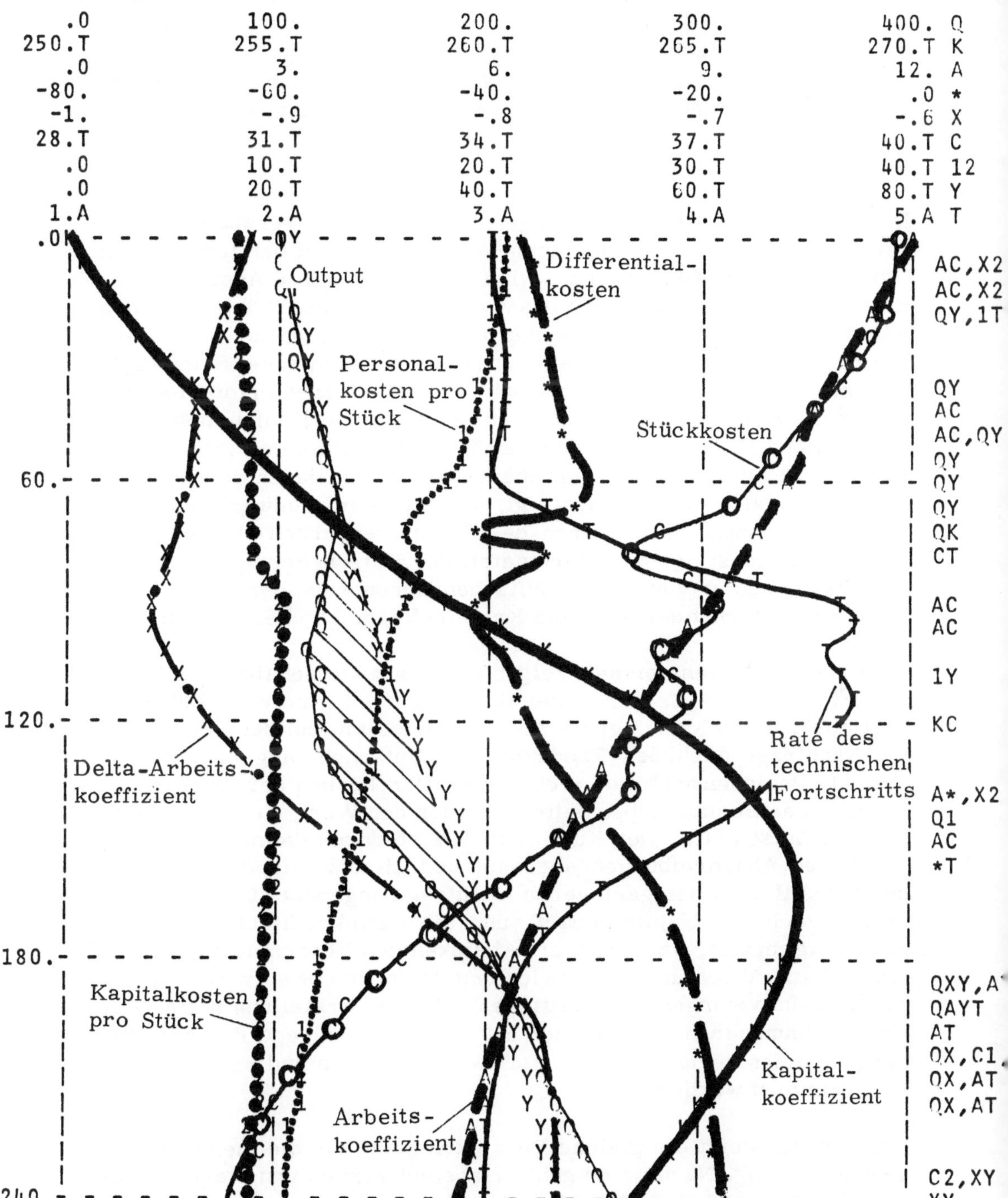

Abb. 84.1: Technischer Durchbruch der Konkurrenz, produktionswirtschaftliche Variable.

Auch die dritte Komponente der Stückkosten, die pro Einheit verrechneten Aufwendungen für Forschung und Entwicklung, steigen in dem Zeitraum nach t = 60 stark an (siehe Abbild 84. 3), um den technischen Vorsprung der Konkurrenz einholen zu können. Die Summe dieser Einflüsse führt zu temporärem Ansteigen der gesamten Stückkosten, bis die kostensparenden Wirkungen des technischen Fortschritts in Verbindung mit der Normalisierung der Marktposition der Unternehmung dominieren und die Stückkosten ab Periode 138 monoton absinken.

Die nach einer zeitlichen Verzögerung einsetzende verstärkte Innovationsaktivität der Unternehmung - als Reaktion auf den technischen Durchbruch der Konkurrenz - wird durch das steile Ansteigen der Rate des technischen Fortschritts verdeutlicht. Die erhöhte Rate des Fortschritts hat zweierlei interdependente Wirkungen für die Unternehmung: zum einen erhöht sie deren relativen technischen Stand (vgl. die Entwicklung von RTS in Abbild 84. 3), zum anderen ermöglicht sie vermehrte Kosteneinsparungen. Den Einfluß auf die Kosteneinsparung verdeutlicht DIFCO, das nach Erhöhung der Rate des technischen Fortschritts steil absinkt, dann aber - verursacht durch die erhöhten Abschreibungen - wieder ansteigt, um sich dem Endwert des Standardlaufes anzunähern. Durch das Zusammenwirken dieser beiden Entwicklungen steigt der Marktanteil der Unternehmung wieder auf den Stand, den er vor dem technischen Durchbruch der Konkurrenz hatte; die Unternehmung hat die Krise erfolgreich überstanden.

Ähnliche Verhaltensformen zeigen die finanzwirtschaftlichen Variablen in Abbild 84. 2. Der Arbeitskräftebestand wird von 1280 Mann bei t = 60 auf 965 Mann bei t = 120 reduziert, um ihn der verringerten Nachfrage nach den Produkten der Unternehmung anzupassen. Erst 114 Perioden nach dem technischen Durchbruch der Konkurrenz erreicht der Bestand an Arbeitern wieder den Wert, den er vor Beginn der Krise hatte. Der Kapitalstock wird durch die nötig werdenden hohen Abschreibungen abgebaut und gleichzeitig durch Senken der Investitionen der geringeren Nachfrage angepaßt. Dadurch verringert sich der Kapitalbedarf, und die Nettokreditaufnahme wird zeitweilig negativ, was zu einem Absinken des Verschuldungsgrades führt. Nach Abschluß der Entwicklung der neuen bzw. verbesserten Anlagen sind vermehrte Investitionen zu deren Erstellung nötig. Der Verschuldungsgrad steigt wieder an, da nicht genügend Finanzmittel zur Innenfinanzierung bereitgestellt werden können und Fremdkapital aufgenommen werden muß.

Der Umsatz weist die gleiche Entwicklung auf wie die mengenmäßige Ausbringung. Nach t = 60 geht er absolut zurück und stagniert für ca. 60 Perioden, bis die Marktposition der Unternehmung sich wieder verbessert und steigende Nachfrage nach ihren Erzeugnissen besteht.

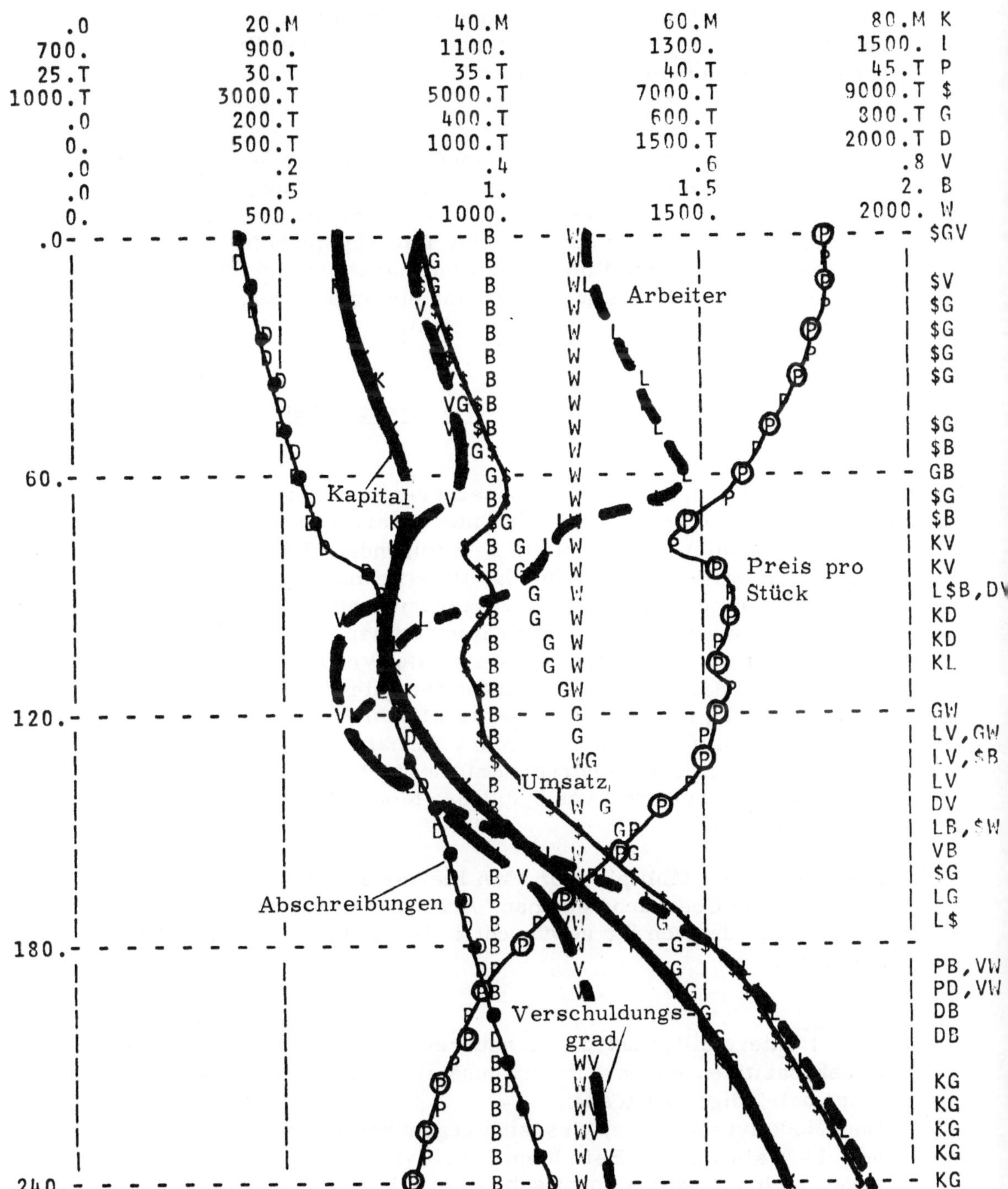

Abb. 84.2: Technischer Durchbruch der Konkurrenz, finanzwirtschaftliche Variable.

Die Ursachen für die Krise der Unternehmung faßt Abbild 84. 3 zusammen. Der relative technische Stand RTS sinkt zum Zeitpunkt t = 60 um etwa 10 % ab. Anschließend erhöht sich der relative Preis RPREIS bis zu 8 % über den Gleichgewichtswert von 1. Diese Diskrepanz verdeutlicht, daß die Unternehmung über einen Produktionsapparat verfügt, der nicht den letzten Stand des technisch Möglichen und wirtschaftlich Sinnvollen darstellt. Als Konsequenz sinkt ihr Marktanteil rapide ab und erreicht einen Minimalwert von 15 % der Gesamtnachfrage. Das entspricht einem Verlust an Marktanteilen von 25 %[1]. Um dieser Entwicklung entgegenzuwirken, verdoppelt die Unternehmung ihre Aufwendungen für Forschung und Entwicklung. Die dadurch ermöglichte erhöhte Rate des technischen Fortschritts reduziert graduell die Konkurrenznachteile und führt zu einem Wiederansteigen des Marktanteils, der in der Periode t = 186 den ursprünglichen Wert von 20 % erreicht.

2. Wirksamwerden expansionslimitierender Faktoren

In dem vorausgegangenen Simulationsexperiment wurde deutlich, daß der relative technische Stand der Unternehmung ihre Konkurrenzfähigkeit maßgeblich beeinflußt. In dem folgenden Modellexperiment soll getestet werden, ob es für das Unternehmen sinnvoll ist, von sich aus die Rate des technischen Fortschritts autonom zu erhöhen, um somit den relativen technischen Stand zu seinen Gunsten zu verändern. Anstelle der im Standardlauf erzielten Verdopplung des technischen Standes nach 20 Jahren, strebt die Unternehmung jetzt nach einer Verdopplung innerhalb von 13 bis 14 Jahren, mit der Absicht, ihren Marktanteil und ihren Umsatz im Verhältnis zu ihren Konkurrenten zu steigern. Die angestrebte Rate des technischen Fortschritts in der Unternehmung soll von 0, 3 % pro Monat auf 0, 45 % pro Monat erhöht werden[2].

Außerdem wird der Multiplikator AMA kleiner als eins gesetzt, d. h. es besteht eine Übernachfrage nach Arbeitskräften, und die Unternehmung kann den von ihr gewünschten Bedarf nicht in vollem Umfange decken.

---

1) Es ist unterstellt, daß die Konkurrenten ausreichende Produktionskapazitäten haben, um die zusätzlich auf sie fallende Nachfrage befriedigen zu können.

2) Das Modellverhalten erwies sich gegenüber alternativen Werten von TFN als stabil. Bei einem Sensitivitätstest mit TFN = .004 ergab sich ein nahezu identisches Verhalten wie in dem hier beschriebenen Lauf.

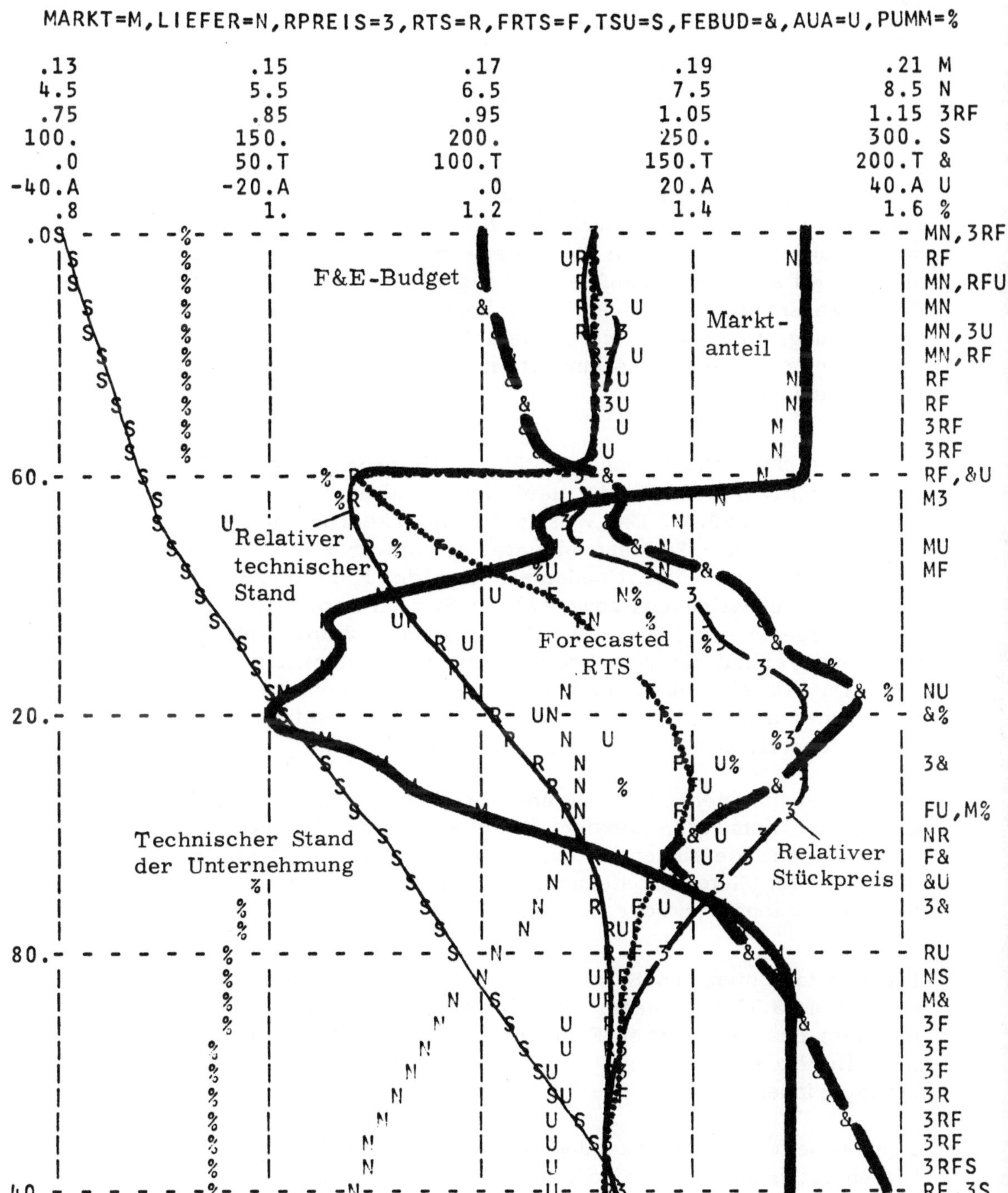

Abb. 84.3: Technischer Durchbruch der Konkurrenz, absatzwirtschaftliche Variable.

Die Parametermodifikationen gegenüber dem Standardlauf lauten somit

	TFN	AMA
PRESENT	4.500A	.5000
ORIGINAL	3.000A	1.000

Die Abbildungen 85. 1 - 85. 3 geben das Ergebnis dieses Simulationslaufes wieder. Wie die Entwicklung des Marktanteils in Abbild 85. 3 zeigt, kann die Unternehmung ihre Konkurrenzfähigkeit vorübergehend deutlich erhöhen, sie kann diese Position jedoch nicht halten, und MARKT sinkt nahezu auf seinen Ausgangswert zurück. Die Gründe für diese Entwicklung liegen in den begrenzten Ressourcen der Unternehmung, die es ihr nicht ermöglichen, eine von der Konkurrenz autonome Forschungs- und Innovationspolitik zu verfolgen und deren Resultate zu verwerten.

Die verstärkte Innovationsaktivität der Unternehmung resultiert in einem gegenüber dem Standardlauf deutlich kleineren Arbeitskoeffizienten (Abbild 85. 1). Der Wert des Arbeitskoeffizienten liegt nach 240 Perioden bei 5, 24 Mann-Monaten pro Stück, was eine Mehreinsparung von 1 Mann-Monat bedeutet. Auch der Kapitalkoeffizient erreicht einen günstigeren Endwert als im Standardlauf (259 000, - DM-Monate gegenüber 265 000, - DM-Monate), so daß die Kapitalproduktivität im Verlauf der 20 Jahre nur um ca. 3 % absinkt. Die technischen Daten des Produktionsprozesses verdeutlichen eine effizientere Faktorkombination als sie im Standardlauf mit seiner geringeren Innovationstätigkeit erreicht wurde.

Die Personalkosten pro Stück entwickeln sich - da die Wertkomponente, der Lohnsatz, konstant bleibt - entsprechend dem Arbeitskoeffizienten. Sie sinken um ca. DM 1 000, - weiter ab als im Standardlauf; der Gemeinkostenanteil in den Personalkosten ist in beiden Läufen annähernd der Gleiche.

Die Kapitalkosten pro Stück steigen im ersten Drittel der Simulation um DM 3 300, -. Dieser Anstieg ist eine Konsequenz der erhöhten Rate des technischen Fortschritts, die das Produktivvermögen schneller ökonomisch veralten läßt und daher zu kürzeren Abschreibungsperioden führt.

Der Nettoeffekt aus absinkenden Personal- und ansteigenden Kapitalkosten ist jedoch stets eine Verringerung der Stückkosten, wie der negative Wert von DIFCO verdeutlicht. DIFCO sinkt in den ersten Simulationsperioden ab, da die ansteigende Rate des technischen Fortschritts erhöhte Kosteneinsparungen erlaubt.

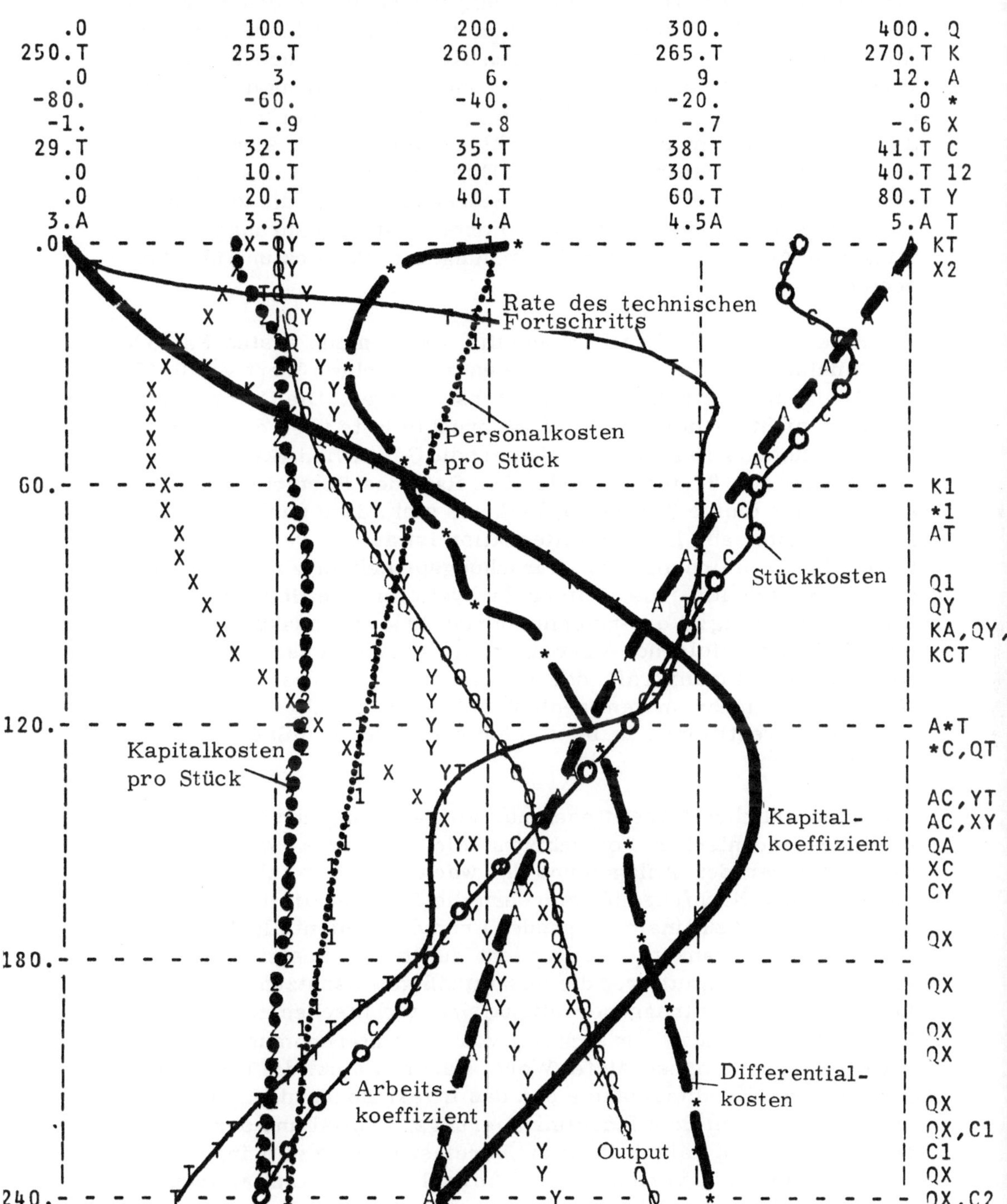

Abb. 85.1: Expansionslimitierende Faktoren, produktionswirtschaftliche Variable.

Das schnellere Voranschreiten der Technik hat für die Unternehmung drei tendenziell kostensteigernde Konsequenzen, die die pro Innovation möglichen Kosteneinsparungen verringern: das schnellere Veralten der Maschinen und maschinellen Anlagen führt zu höheren Abschreibungssätzen (erfaßt in den Kapitalkosten pro Stück), die verstärkte Notwendigkeit zur Aus- und Weiterbildung der Arbeitskräfte belastet die Personalkosten pro Stück, und erhöhte Aufwendungen für Forschung und Entwicklung sind auf die Ausbringungseinheit zu verrechnen. Der letzte Effekt verursacht das temporäre Ansteigen der durchschnittlichen Stückkosten, bis die kostenreduzierende Wirkung des technischen Fortschritts die sprunghaft angestiegenen Aufwendungen für Forschung und Entwicklung überkompensiert.

Die Rate des technischen Fortschritts steigt in den ersten Perioden der Simulation steil an und erreicht den gewünschten Wert von 0, 45 % pro Monat nach einem leichten Überschwingen. Die Unternehmung ist aber nicht in der Lage, diese erhöhte Rate über den gesamten Simulationslauf zu halten und reduziert die Geschwindigkeit des Fortschritts ab der 84-ten Periode. Die Rate des Fortschritts stabilisiert sich für einige Zeit bei 0, 38 % und sinkt dann nach der 174-ten Periode weiter ab. Die erste Reduktion ist auf die verminderte Erfolgswahrscheinlichkeit von Forschungsprojekten zurückzuführen, die die Kosten für jede weitere Innovation in die Höhe treiben und die Unternehmung zu einer verminderten Innovationsaktivität veranlaßt. Die danach folgende Verringerung ist eine Konsequenz der unzureichenden Finanzkraft der Unternehmung; Investitionsprojekte können nicht mehr in dem geplanten Ausmaß durchgeführt werden, und auch Investitionen in neue oder verbesserte Anlagen und Verfahren sinken.

Die erforderlichen Investitionen zur Vorbereitung und Implementierung des technischen Fortschritts, die verkürzte wirtschaftliche Nutzungsdauer der Anlagen und der wachsende Kapitalbedarf durch die steigende Nachfrage überfordern die Finanzkraft der Unternehmung. Das führt zu einem steigenden Fremdkapitalanteil (Abbild 85.2). Finanzielle Schranken, verdeutlicht durch den ansteigenden Verschuldungsgrad, limitieren die absatzmäßige Ausnutzung des hohen, für potentielle Auftraggeber attraktiven technischen Niveaus. Der Verschuldungsgrad nähert sich dem von der Unternehmung als maximal tolerierbar eingeschätzten Wert. Dadurch sinkt die Bereitschaft zur weiteren Kreditaufnahme und das Investitionsbudget wird reduziert, um es mit dem Innenfinanzierungspotential und der verminderten Fremdkapitalaufnahme in Übereinstimmung zu bringen. Daraus resultiert ein verlangsamtes Anwachsen des Kapitalstocks und der Produktionskapazität, wodurch wiederum die Kurve der Umsatzentwicklung deutlich abflacht.

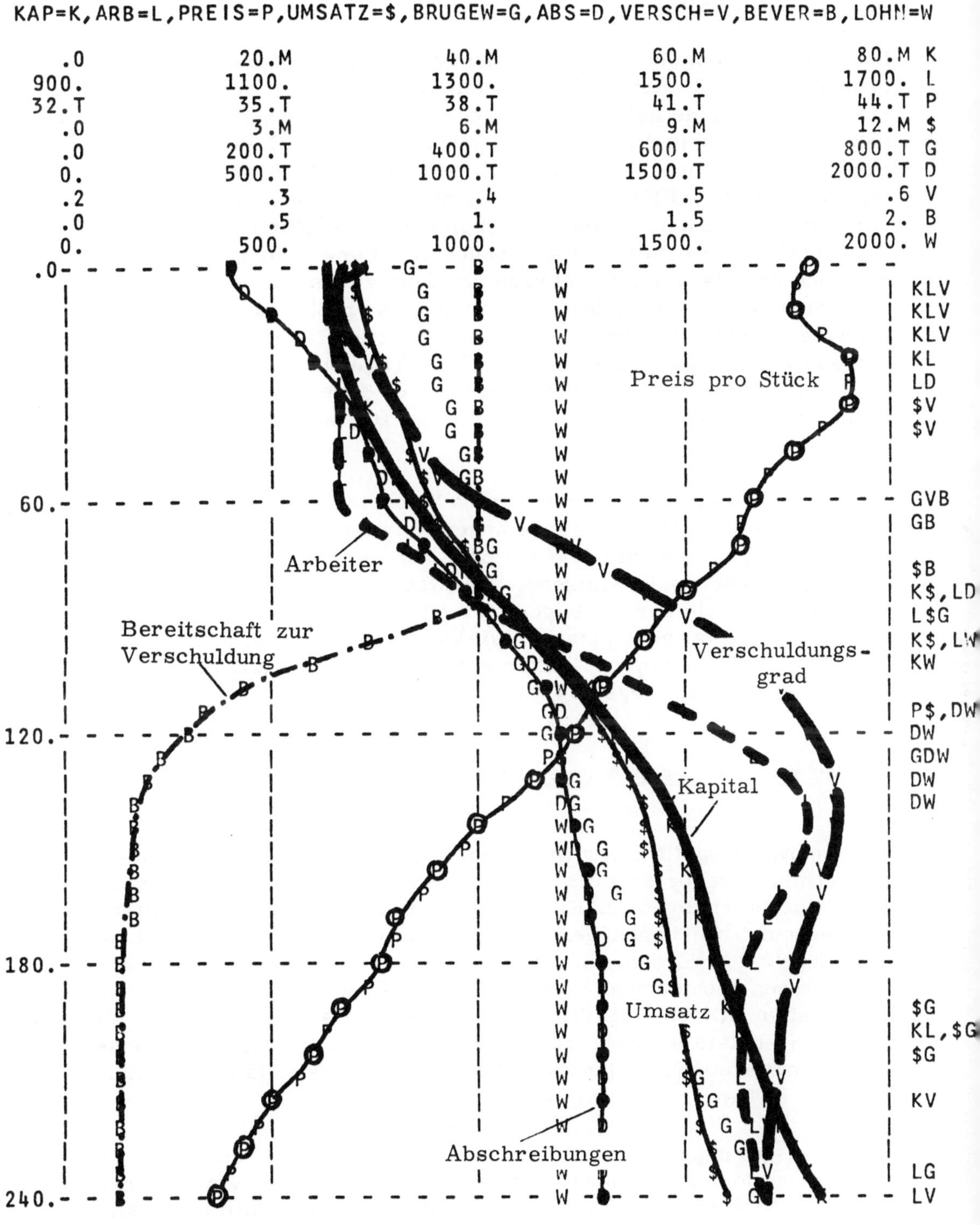

EXPANSIONSLIMIT

KAP=K,ARB=L,PREIS=P,UMSATZ=$,BRUGEW=G,ABS=D,VERSCH=V,BEVER=B,LOHN=W

.0	20.M	40.M	60.M	80.M	K
900.	1100.	1300.	1500.	1700.	L
32.T	35.T	38.T	41.T	44.T	P
.0	3.M	6.M	9.M	12.M	$
.0	200.T	400.T	600.T	800.T	G
0.	500.T	1000.T	1500.T	2000.T	D
.2	.3	.4	.5	.6	V
.0	.5	1.	1.5	2.	B
0.	500.	1000.	1500.	2000.	W

Preis pro Stück

Arbeiter

Bereitschaft zur Verschuldung

Verschuldungsgrad

Kapital

Umsatz

Abschreibungen

Abb. 85. 2: Expansionslimitierende Faktoren, finanzwirtschaftliche Variable.

Der Bestand an Arbeitskräften wird der verringerten Produktionskapazität angepaßt.

Die Auswirkungen der aggresiven Innovationspolitik auf die Konkurrenzfähigkeit faßt Abbild 85.3 zusammen. Der relative technische Stand RTS steigt bis auf das 1,27-fache seines Ausgangswertes. Der relative Stückpreis RPREIS liegt leicht über dem Gleichgewichtswert von eins, verursacht durch die erheblichen Mehraufwendungen für Forschung und Entwicklung, die die Stückkosten belasten. Dieser Konkurrenznachteil ist im Vergleich zu den Vorteilen, die aus dem gestiegenen relativen technischen Stand erwachsen, so gering, daß sich der Marktanteil während des Zeitraumes t = 54 bis t = 126 um nahezu 50 % auf 29 % des Gesamtmarktes erhöht. Dann steigt jedoch die Lieferfrist stark an, da die begrenzten Ressourcen der Unternehmung keine der ansteigenden Nachfrage adäquate Kapazitätserweiterung erlauben. Die sich um ca. 80 % verlängernde Lieferfrist hält die Auftraggeber von weiteren Bestellungen ab, und der Marktanteil sinkt.

Das Erreichen von kapazitätsbedingten Wachstumsschranken verhindert, daß die Unternehmung ihre hohen Aufwendungen für Forschung und Entwicklung und ihre Investitionen zur Implementierung technischen Fortschritts in steigende Marktanteile umsetzt. Die Unternehmung hat - wie der günstige Wert von RTS zeigt - eine sehr gute technisch-qualitative Reputation, sie kann diese Position jedoch nicht in vollem Umfange nutzen, da die ansteigende Lieferzeit potentielle Kunden von der Auftragsvergabe abhält.

3. Technischer Vorsprung der Unternehmung

Die Innovationspolitik der Unternehmung, ständig eine höhere Rate des technischen Fortschritts zu implementieren als die Konkurrenz, hat keine befriedigenden Ergebnisse gebracht, da sie die limitierten Ressourcen nicht genügend berücksichtigt. Im folgenden soll eine Politik getestet werden, die ebenfalls darauf abzielt, der Unternehmung einen technischen Vorsprung gegenüber der Konkurrenz zu verschaffen. Diese Politik soll aber im Gegensatz zu der autonom festgelegten Rate des technischen Fortschritts in direkter Rückkopplung zum technischen Stand und den Innovationsaktivitäten der Konkurrenz stehen.

Im vorausgegangenen Modellexperiment wurde deutlich, daß der Versuch einer möglichst großen Ausweitung des technischen Vorsprunges wirtschaftlich nicht sinnvoll ist. Es soll jetzt eine Politik getestet werden, bei der die Unternehmung versucht, das technische Niveau

EXPANSIONSLIMIT

MARKT=M,LIEFER=N,RPREIS=3,RTS=R,FRTS=F,TSU=S,FEBUD=&,AUA=U,PUMM=%

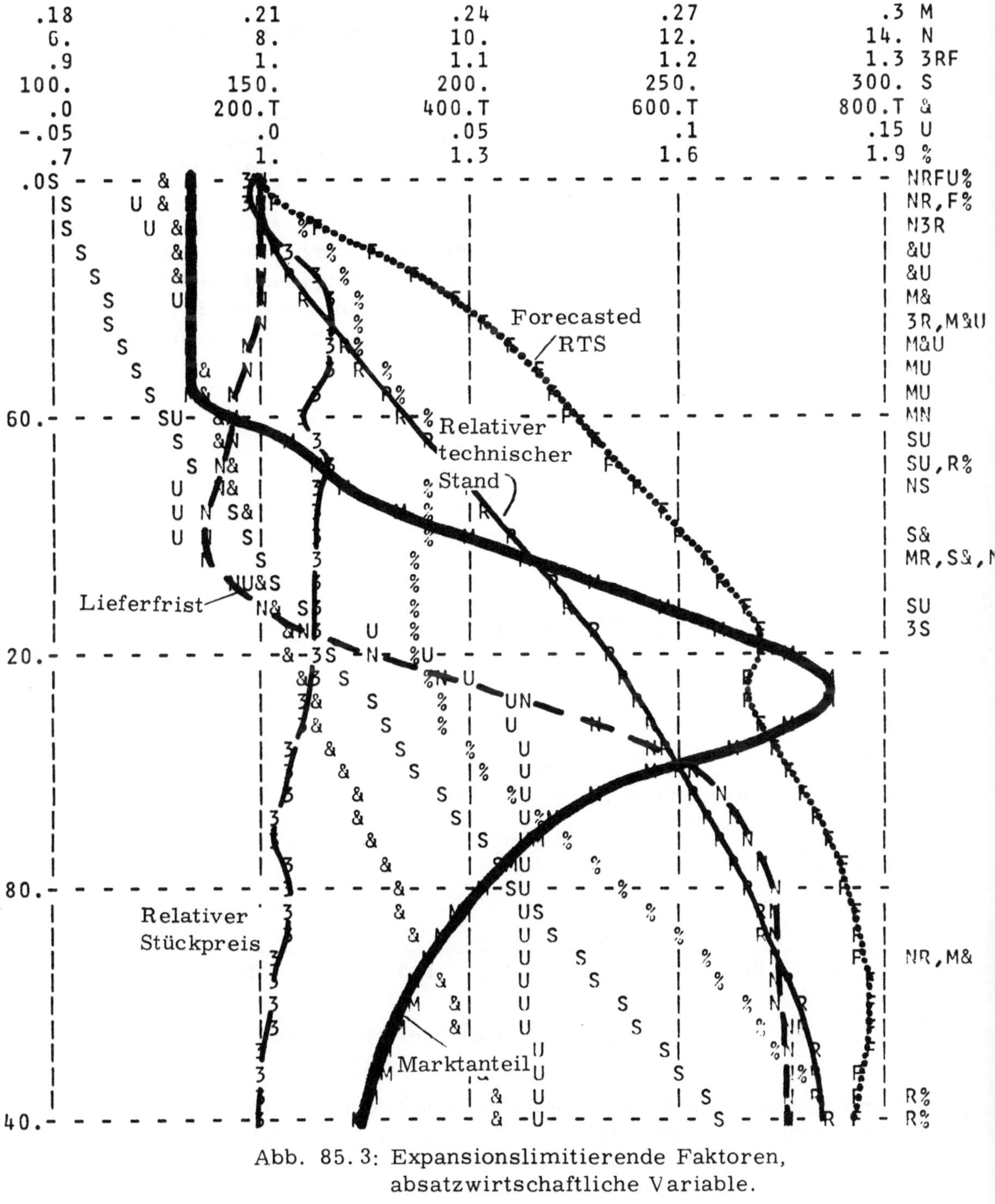

.18	.21	.24	.27	.3	M
6.	8.	10.	12.	14.	N
.9	1.	1.1	1.2	1.3	3RF
100.	150.	200.	250.	300.	S
.0	200.T	400.T	600.T	800.T	&
-.05	.0	.05	.1	.15	U
.7	1.	1.3	1.6	1.9	%

.0S

60.

20.

80.

40.

Forecasted RTS

Relativer technischer Stand

Lieferfrist

Relativer Stückpreis

Marktanteil

Abb. 85.3: Expansionslimitierende Faktoren, absatzwirtschaftliche Variable.

ihres Produktionsprozesses um einen bestimmten Prozentsatz, z.B. 10%, über das ihrer Konkurrenten zu heben. Von dieser Politik erwartet die Unternehmung

(1) eine Erweiterung ihres Marktanteils, die sie finanziell und personell bewältigen kann und

(2) einen relativen technischen Stand, der sich nicht so weit vom allgemeinen technischen Niveau entfernt, daß sie bedeutende Grundlagenforschungen selbst erbringen muß und damit Risiko und Kosten pro Innovation in die Höhe treibt.

Diese Unternehmenspolitik wird in dem Modell durch eine Veränderung des Multiplikators "Technological Forecasting Reaktion" TEFOR erfaßt, dessen Gleichgewichtswert um 10 % auf den Wert 1,1 nach rechts verschoben wird. Abbild 86 zeigt den so modifizierten Verlauf von TEFOR.

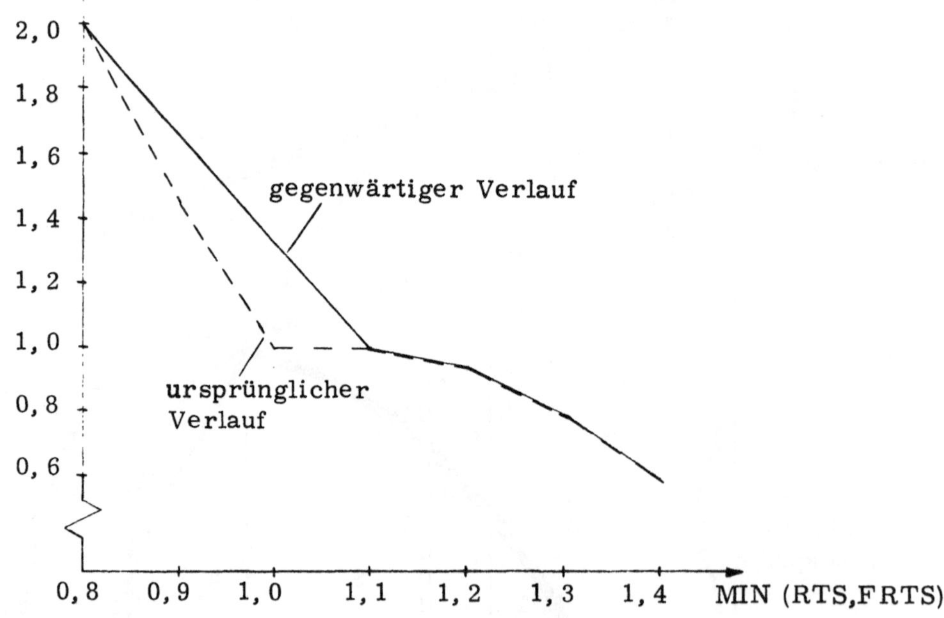

Abb. 86: Graph der modifizierten TEFOR-Funktion.

Wenn der kleinere Wert des effektiven und vorausgeschätzten relativen technischen Standes der Unternehmung den Wert von 1,1 unterschreitet, wird die Innovationsaktivität verstärkt, bis das gewünschte, 10 % höhere, technische Niveau erreicht ist.

Außerdem wird angenommen - auch im Interesse der Vergleichbarkeit mit dem vorausgegangenen Modellexperiment -, daß ebenfalls ein knappes Angebot an Arbeitskräften herrscht (AMA = 0,5). Gegenüber dem Standardmodell lauten dann die Parameteränderungen

	AMA	TEFORT	. . .	. . .	. . .	. . .
PRESENT	.5000	2.000	1.660	1.330	1.000	.9500
ORIGINAL	1.000	2.000	1.450	1.000	1.000	.9500

	. . .	. . .
PRESENT	.8000	.6000
ORIGINAL	.8000	.6000

Die Abbildungen 87. 1 - 87. 3 zeigen die Computerplots des so modifizierten Modells.

Die deutlichsten Unterschiede im Verhalten der produktionswirtschaftlichen Variablen (Abbild 87. 1) gegenüber Abbild 85. 1 sind die veränderte Entwicklung der Rate des technischen Fortschritts, die niedrigeren Kapitalkosten pro Stück und die stärker wachsende Ausbringung.

Die Rate des technischen Fortschritts sinkt - nach ihrem steilen Anstieg in den ersten Perioden - asymptotisch gegen den Ausgangswert von 0, 3 % pro Monat ab, da der Multiplikator TEFOR für ansteigende Werte von RTS gegen eins geht. Durch diese im gesamten verringerte Rate des Fortschritts werden auch die Kapitalkosten pro Stück mit weniger Abschreibungen belastet als bei dem vorausgegangenen Modellexperiment.

Zwar sinkt auch bei der gegenwärtigen Innovationspolitik die Bereitschaft der Unternehmung zur weiteren Verschuldung, jedoch erst zu einem späteren Zeitpunkt und langsamer als im vorangegangenen Lauf (Abbild 87. 2). Diese Verhaltensweise resultiert aus dem langsamer steigenden Verschuldungsgrad und aus dem niedrigeren relativen technischen Stand der Unternehmung. Die ökonomische Erfolgswahrscheinlichkeit der Innovationen ist dadurch größer und das Fremdkapital nimmt nicht den Charakter von "venture capital" an, das zur Finanzierung von technisch brillanten, aber wirtschaftlich risikoreichen Investitionen benötigt wird. Der Kapitalstock wächst schneller und gleichmäßiger und erreicht einen um nahezu 20 % höheren Endwert als im Falle der aggresiven Innovationspolitik. Auch der Bestand an Produktionsarbeitern ist bei t = 240 um 20 % größer als im vorangegangenen Modellexperiment. Die damit ebenfalls um den gleichen Prozentsatz erhöhte Kapazität erlaubt die Erstellung eines kontinuierlich anwachsenden und auf einem höheren Niveau liegenden Umsatzes.

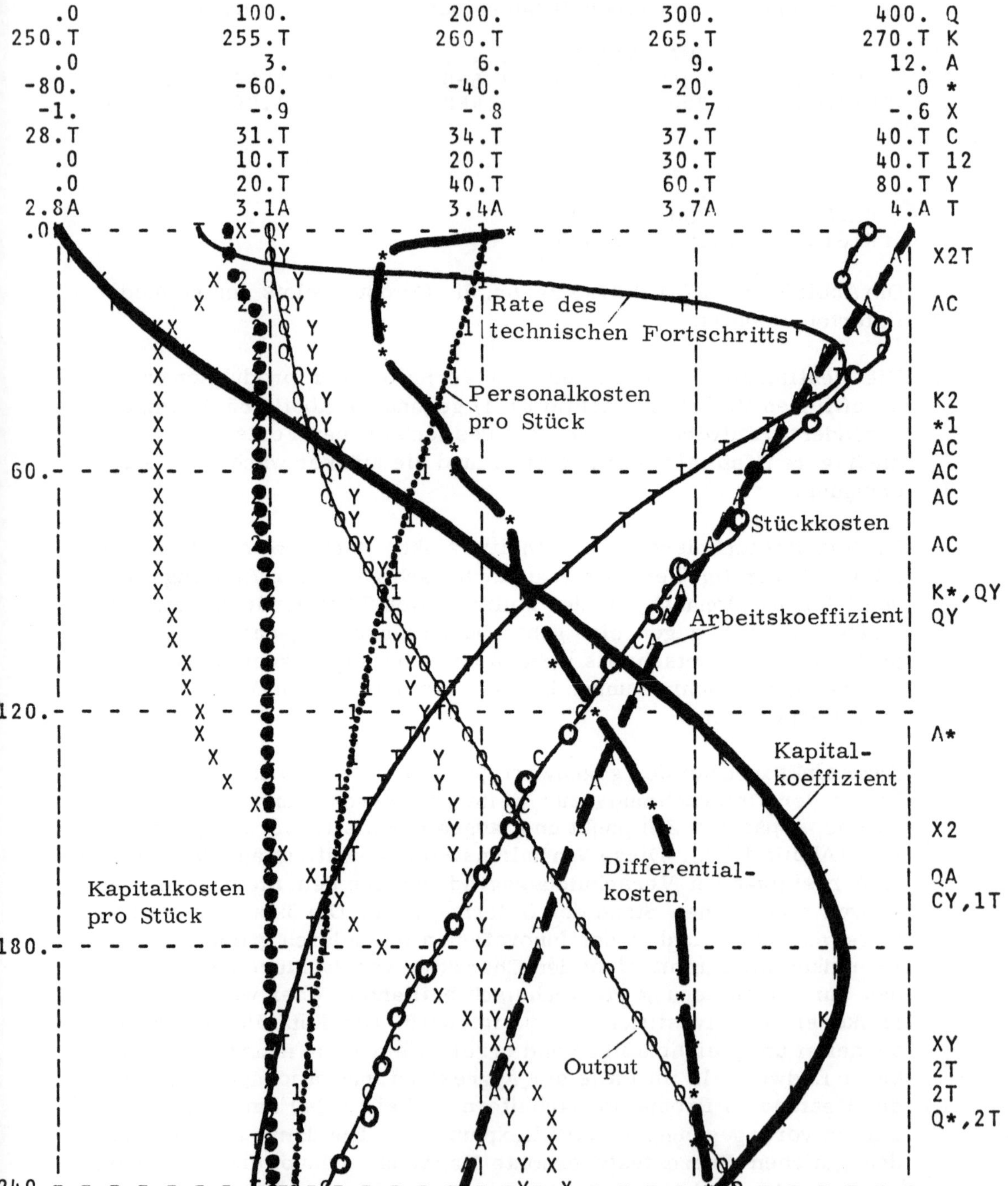

Abb. 87.1: Technischer Vorsprung der Unternehmung, produktionswirtschaftliche Variable.

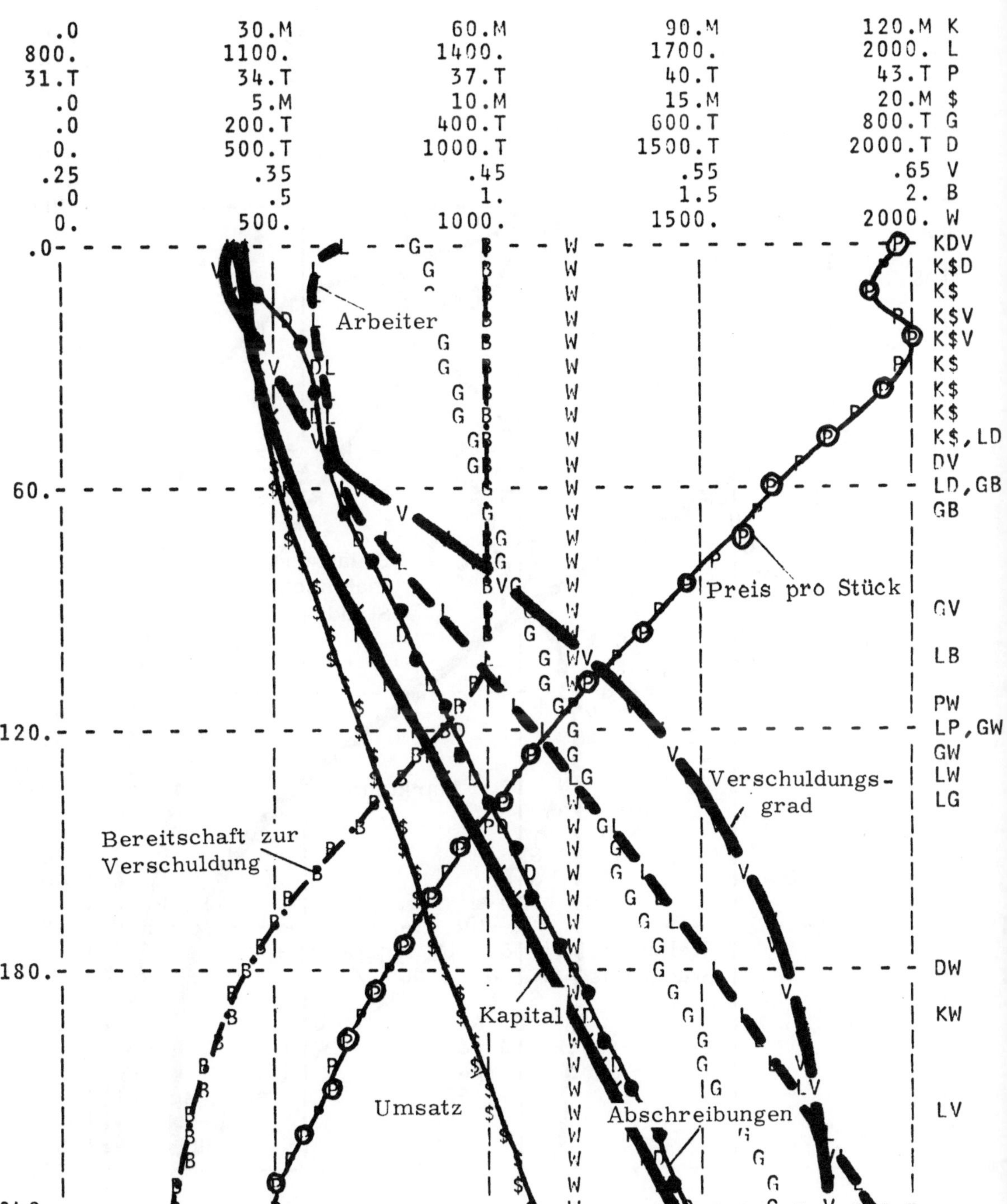

Abb. 87. 2: Technischer Vorsprung der Unternehmung, finanzwirtschaftliche Variable.

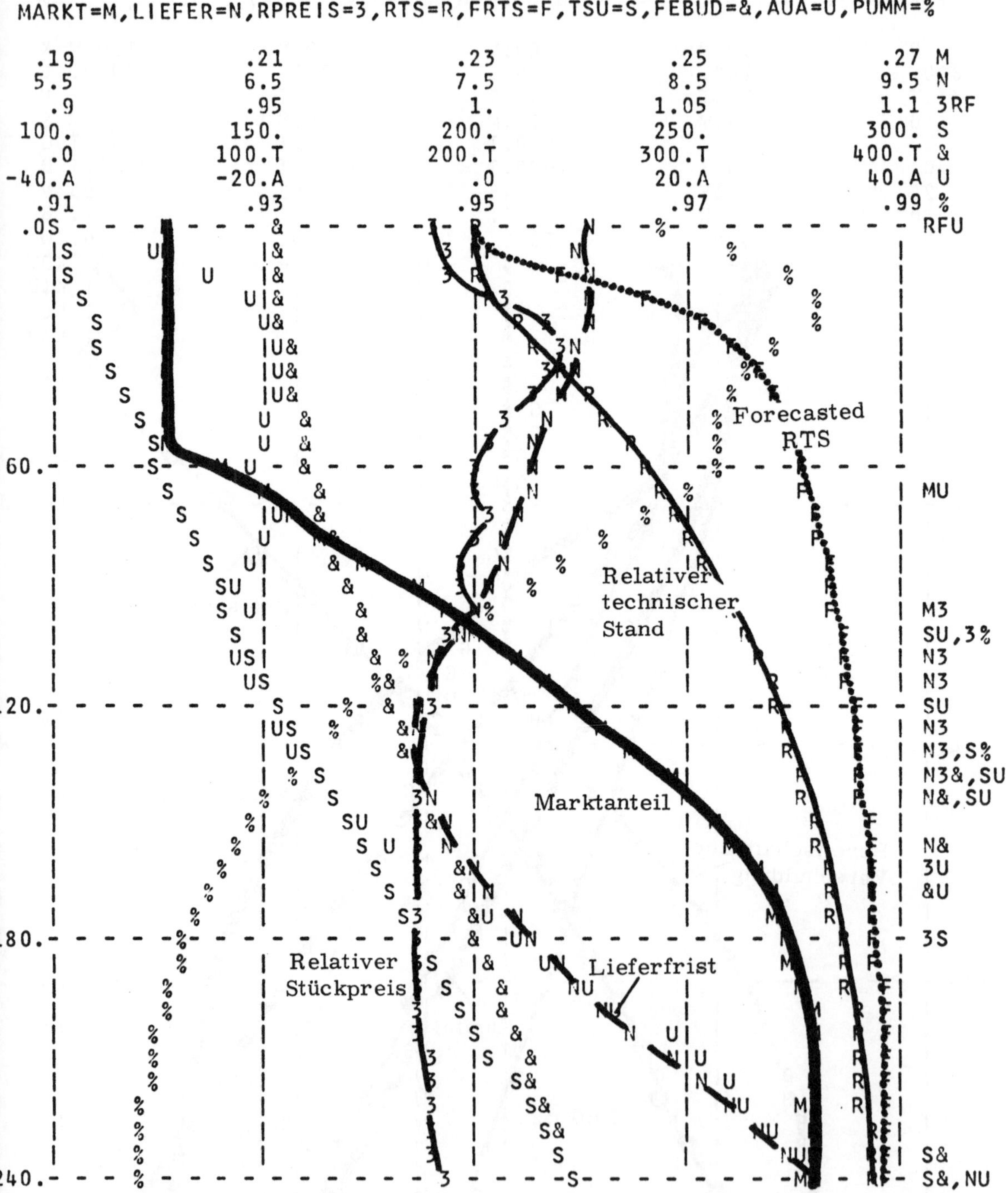

Abb. 87.3: Technischer Vorsprung der Unternehmung, absatzwirtschaftliche Variable.

Der relative technische Stand der Unternehmung strebt mit abnehmenden Zuwachsraten gegen den als Ziel vorgegebenen Wert von 1, 1 (Abbild 87. 3). Der relative Preis liegt - mit einer kurzfristigen Ausnahme zu Beginn der Simulation - deutlich unter dem Gleichgewichtswert von eins. Beide Einflüsse zusammen führen zu einem Ansteigen des Marktanteils auf 26 %, d.h. die Unternehmung kann gegenüber dem Ausgangswert den auf sie fallenden Teil der Gesamtnachfrage um 30 % steigern. Auf diesem erhöhten Niveau stabilisiert sich der Marktanteil.

Die ab der 132-ten Periode verlängerte Lieferfrist wird von den Auftraggebern - im Hinblick auf das günstige Verhältnis von Preis und technischem Niveau der Unternehmenserzeugnisse - als akzeptabel angesehen und übt keinen negativen Einfluß auf ihre Bestellpolitik aus.

Bei der Beurteilung der hier diskutierten Simulationsexperimente sind die Hypothesen und insbesondere die Systemgrenzen des zu Grunde liegenden Modells zu berücksichtigen. Innerhalb dieser Grenzen erscheinen die von dem Modell erzeugten Verhaltensweisen als sinnvoll und in der Lage zu sein, reale Phänomene mit hinreichender Genauigkeit abzubilden. Die Simulationsläufe verdeutlichen, daß der technische Fortschritt beim Produktionsprozeß eine wesentliche Determinante zur Beeinflussung der Wettbewerbsfähigkeit der Unternehmung darstellt.

Die Rate des technischen Fortschritts wird nicht nur von der Innovationspolitik der Unternehmung, sondern auch von den jeweiligen Aktionen der Konkurrenten bestimmt. Die Richtung des Fortschritts ergibt sich aus dem Streben nach Realisierung der größtmöglichen Kosteneinsparungen; sie hängt von möglichen bewerteten alternativen Einsparungen an Kapital- und Arbeitseinsatz ab. Variationen der Faktorpreise führen zu Veränderungen der Richtung des technischen Fortschritts.

Die Implikationen des Fortschritts werden in allen Bereichen der Unternehmung spürbar, wobei verschiedene Richtungen des technischen Fortschritts auch unterschiedliche Konsequenzen ergeben.

Die drei Aspekte des technischen Fortschritts beim Produktionsprozeß - Rate, Richtung und die daraus resultierenden Implikationen - müssen im Zusammenhang gesehen werden. Zwischen ihnen bestehen vielfältige Interdependenzen, deren Erfassung durch den geeigneten methodischen Ansatz sichergestellt sein muß.

Literaturverzeichnis

Abkürzungsverzeichnis

AER	The American Economic Review
AER, PaP	The American Economic Review, Papers and Proceedings
AP	The American Psychologist
ASQ	Administrative Science Quarterly
EJ	The Economic Journal
ESQ	Economic Studies Quarterly
GER	The German Economic Review
HBR	Harvard Business Review
HdSW	Handwörterbuch der Sozialwissenschaften
HWO	Handwörterbuch der Organisation
IBMN	IBM Nachrichten
IEEE	The Institute of Electrical and Electronics Engineers, Transactions on Engineering Management
IER	International Economic Review
IMR	Industrial Management Review
IO	Industrielle Organisation
JET	Journal of Economic Theory
JIE	The Journal of Industrial Economics
JPE	The Journal of Political Economy
MLR	Monthly Labor Review
MR	Management Review
MS	Management Science
PMR	Productivity Measurement Review
QJE	The Quarterly Journal of Economics
REcSt	The Review of Economics and Statistics
RES	The Review of Economic Studies
SchrVSocpol	Schriften des Vereins für Socialpolitik
ScienAm	Scientific American
SEcJ	The Southern Economic Journal
SMR	Sloan Management Review
SSM	A. P. Sloan School of Management, Massachusetts Institute of Technology
TR	Technology Review
WW	Weltwirtschaftliches Archiv
ZfB	Zeitschrift für Betriebswirtschaft
ZfbF	Zeitschrift für betriebswirtschaftliche Forschung
ZfN	Zeitschrift für Nationalökonomie
ZgesStw	Zeitschrift für die gesamte Staatswissenschaft

1. Monographien

Allen, R.G.D.: Macro-Economic Theory, New York, N.Y. 1968.

Amstutz, A.E.: Computer Simulation of Competitive Market Response, Cambridge, Mass. 1970.

Ansoff, H.I.: Managementstrategie, München 1966.

Anthony, R.N.: Management Accounting, fourth edition, Homewood, Ill. 1970.

Ashby, W.R.: An Introduction to Cybernetics, third impression, New York, N.Y. 1958.

Balderston, F.E. and Hoggatt, A.C.: Simulation of Marketing Processes, Berkeley, Calif. 1962.

Barnett, H.G.: Innovation: The Basis of Cultural Change, New York-Toronto-London 1953.

Becker, G.S.: Human Capital. A Theoretical and Empirical Analysis with Special Reference to Education, Princeton, N.J. 1964.

Beer, S.: Kybernetik und Management, dritte erweiterte Auflage, Frankfurt a.M. 1967.

Bertalanffy, L.v.: General System Theory, New York, N.Y. 1968.

Bonini, C.P.: Simulation of Information and Decision Systems in the Firm, Englewood Cliffs, N.J. 1963.

Booz, Allen and Hamilton, Inc.: Management of New Products, New York, N.Y. 1960.

Bowen, H.R. and Mangum, G.L.: Automation and Economic Progress, Englewood Cliffs, N.J. 1966.

Bright, J.R.: Automation and Management, Boston, Mass. 1958.

Brown, M.: On the Theory and Measurement of Technological Change, Cambridge, England 1968.

Buckingham, W.: Automation. Its Impact on Business and People, fifth printing, New York, N.Y. u.a., o.J.

Bureau of Labor Statistics: Impact of Technological Change and Automation in the Pulp and Paper Industry, No. 1347, Washington, D.C. 1962.

Buzzell, R.D.: Mathematical Models and Marketing Management, Boston, Mass. 1964.

Carlson, S.: A Study on the Pure Theory of Production, New York, N.Y. 1956.

Cyert, R.M. and March, J.G.: A Behavioral Theory of the Firm, Englewood Cliffs, N.J. 1963.

Derusso, P.M.; Roy, R.J.; Close, Ch.M.: State Variables for Engineers, New York-London-Sydney 1965.

Drucker, P.F.: The Age of Discontinuity, New York, N.Y. 1968.

Flechtner, H.J.: Grundbegriffe der Kybernetik, Stuttgart 1966.

Fleck, F.H.: Untersuchungen zur ökonomischen Theorie vom technischen Fortschritt, Freiburg, Schweiz 1957.

Forrester, J. W.: Industrial Dynamics, Cambridge, Mass. 1961.

- Principles of Systems, second preliminary edition, Cambridge, Mass. 1969.
- Urban Dynamics, Cambridge, Mass. 1969.
- World Dynamics, Cambridge, Mass. 1971.

Fourastié, J.: Die große Hoffnung des zwanzigsten Jahrhunderts, zweite Auflage, Köln 1969.

Friedman, M.: Essays in Positive Economics, Chicago and London 1953.

Frisch, H.: Gebundener technischer Fortschritt und wirtschaftliches Wachstum, Berlin 1968.

Geschka, H.: Forschung und Entwicklung als Gegenstand betrieblicher Entscheidungen, Meisenheim am Glan 1970.

Gutenberg, E.: Grundlagen der Betriebswirtschaftslehre, Bd. I: Die Produktion, 13. Auflage, Berlin-Heidelberg-New York 1967.

Hamilton, H.R.; Goldstone, S.E.; Milliman, J.W.; Pugh, A.L. III; Roberts, E.B.; Zellner, A.: Systems Simulation for Regional Analysis, An Application to River-Basin Planning, Cambridge, Mass. 1969.

Harrod, F.R.: Towards a Dynamic Economics, London-New York 1948.

Hicks, J.R.: The Theory of Wages, London 1932.

Hilhorst, J.G.M.: Monopolistic Competition, Technical Progress and Income Distribution, Rotterdam 1965.

Ifo-Institut für Wirtschaftsforschung: Die Verbreitung neuer Technologien, Berlin-München 1970.

Ifo-Institut für Wirtschaftsforschung: Technischer Fortschritt in den USA, Berlin-München 1971.

Ihlau, I. und Rall, L.: Die Messung des technischen Fortschritts, Tübingen 1970.

Jaffee, A.J. and Froomkin, J.: Technology and Jobs, New York-Washington-London 1968.

Jewkes, J.; Sawers, D.; Stillerman, R.: The Sources of Invention, second revised and enlarged edition, New York, N.Y. 1969.

Johnson, R. A.; Kast, F. E.; Rosenzweig, J. E.: The Theory and Management of Systems, New York, N.Y. 1963.

Kast, F.E. and Rosenzweig, J.E.: Organization and Management. A Systems Approach, New York u.a. 1970.

Katz, D. and Kahn, R.L.: The Social Psychology of Organization, New York, N.Y. 1966.

Keirstead, S.: The Theory of Economic Change, Toronto 1948.

Kendrick, J.: Productivity Trends in the U.S., Princeton, N.J. 1961.

Kieser, A.: Unternehmenswachstum und Produktinnovation, Berlin 1970.

Klaus, G.: Wörterbuch der Kybernetik, 2 Bände, Frankfurt a.M. 1969.

Kosiol, E.: Organisation der Unternehmung, Wiesbaden 1962.
Krelle, W.: Verteilungstheorie, Tübingen 1962.
Krieghoff, H.: Technischer Fortschritt und Produktivitätssteigerung, Berlin 1958.
Kruse, K.; Kunz, D.; Uhlmann, L.: Wirtschaftliche Auswirkungen der Automation, Berlin-München 1968.
Lave, L. B.: Technological Change: Its Conception and Measurement, Englewood Cliffs, N.J. 1966.
Lehnert, P.R.: Zur wirtschaftlichen Problematik des technischen Fortschritts, Nürnberg 1934.
Lundberg, E.: Produktivitet och räntabilitet, Stockholm 1961.
Mansfield, E.: The Economics of Technological Change, New York, N.Y. 1968.
- Industrial Research and Technological Innovation, An Econometric Analysis, New York, N.Y. 1968.
- Microeconomics, New York, N.Y. 1970.
- ; Rapoport, J.; Schnee, J.; Wagner, S.; Hamburger, M.: Research and Innovation in the Modern Corporation, New York, N.Y. 1971.
Meadows, D. L.: The Dynamics of Commodity Production Cycles, Cambridge, Mass. 1970.
Mertens, P.: Simulation, Stuttgart 1969.
Mesthene, E. G.: Technological Change, Its Impact on Man and Society, New York, N.Y. u.a. 1970.
Myers, S. and Marquis, D. G.: Successful Industrial Innovations, National Science Foundation, NSF 69-17, Washington, D. C. 1969.
National Science Foundation: Basic Research, Applied Research and Development in Industry, Washington, D. C. 1964.
Naylor, Th.H.; Balintfy, J. L.; Burdick, D. S.; Chu, K.: Computer Simulation Techniques, New York u.a. 1966.
Naylor, Th.H.: Computer Simulation Experiments with Models of Economic Systems, New York u.a. 1971.
Noll, W.: Volkswirtschaftliche Auswirkungen eines kostensparenden technischen Fortschritts, Berlin 1967.
Nord, O. C.: Growth of a New Product: Effects of Capacity Acquisition Policies, Cambridge, Mass. 1963.
Nordhaus, W. D.: Invention, Growth and Welfare. A Theoretical Treatment of Technological Change, Cambridge, Mass. 1969.
Ogburn, W. F.: Social Change, second edition, New York, N.Y. 1953.
Organization for Economic Cooperation and Development (OECD): Government and Technical Innovation, Paris 1966.
Packer, D.W.: Resource Acquisition in Corporate Growth, Cambridge, Mass. 1964.
Pask, G.: An Approach to Cybernetics, New York, N.Y. 1961.
Pöhl, K. O.: Wirtschaftliche und soziale Aspekte des technischen Fortschritts in den USA, Göttingen 1967.

Pugh, A. L. III: DYNAMO II User's Manual, Cambridge, Mass. 1970.
Reuss, G.: Produktivitätsanalyse, Tübingen 1960.
Rezler, J.: Automation & Industrial Labor, New York, N.Y. 1969.
Říha, L.: Wissenschaftlich-technischer Fortschritt und ökonomischer Nutzen, Berlin 1967.
Roberts, E.B.: The Dynamics of Research and Development, New York, N.Y. 1964.
Robinson, J.: Doktrinen der Wirtschaftswissenschaft, München 1965.
Rudin, H.: Kapitalentwertung und Kapitalverluste als Folge technischer Fortschritte und wirtschaftlicher Integration, Winterthur 1958.
Salter, W.E.G.: Productivity and Technical Change, second edition, Cambridge, England 1966.
Schmookler, J.: Invention and Economic Growth, Cambridge, Mass. 1966.
Schneider, E.: Einführung in die Wirtschaftstheorie, II. Teil, 10. verbesserte Auflage, Tübingen 1965.
Schumpeter, J.A.: Theorie der wirtschaftlichen Entwicklung, zweite, neubearbeitete Auflage, München und Leipzig 1926.
- Business Cycles, A Theoretical, Historical and Statistical Analysis of the Capitalist Process, first edition, sixth impression, New York and London 1939.
- Kapitalismus, Sozialismus und Demokratie, Bern 1946.
Silberman, Ch. E. et al.: The Myths of Automation, New York-Evanston-London 1966.
Solow, R.M.: Capital Theory and the Rate of Return, Amsterdam 1963.
Stigler, G.J.: The Theory of Price, second edition, New York, N.Y. 1953.
Stobbe, A.: Volkswirtschaftliches Rechnungswesen, Berlin-Heidelberg-New York 1966.
Strebel, H.: Die Bedeutung von Forschung und Entwicklung für das Wachstum industrieller Unternehmen, Berlin 1968.
Tustin, A.: The Mechanism of Economic Systems, Cambridge, Mass. 1953.
Ulrich, H.: Die Unternehmung als produktives soziales System, zweite überarbeitete Auflage, Berlin-Stuttgart 1970.
U.S. Department of Commerce: Technological Innovation: Its Environment and Management, Washington, D.C. 1967.
U. S. President: Economic Report of the President, Washington, D.C. 1964.
Usher, A.P.: A History of Mechanical Invention, second edition, New York-London 1954.
Walker, C.: Toward the Automatic Factory, New Haven, Conn. 1957.
Walter, H.: Der technische Fortschritt in der neueren ökonomischen Theorie. Versuch einer Systematik, Berlin 1969.

Weizsäcker, C. Ch. v.: Zur ökonomischen Theorie des technischen Fortschritts, Göttingen 1966.

Wittmann,W.: Produktionstheorie, Berlin-Heidelberg, New York 1968.

Wöhe, G.: Einführung in die Allgemeine Betriebswirtschaftslehre, 6. Auflage, Berlin und Frankfurt a. M. 1965.

Zahn, E.: Das Wachstum industrieller Unternehmen - Versuch seiner Erklärung mit Hilfe eines komplexen dynamischen Modells, Wiesbaden 1971.

2. Zeitschriftenaufsätze und Beiträge in Sammelwerken

Abramovitz, M.: Economics of Growth, in: Haley, B. F. (ed.): A Survey of Contemporary Economics, Vol. II, Homewood, Ill., 1952, S. 132 - 178.

\- Resource and Output Trends in the United States since 1870, in: AER, PaP, Vol. 46 (1956), S. 5 - 23.

Ackoff, R. L.: Management Misinformation Systems, in: MS, Vol. 14 (1967), S. B-147 - B-156.

Albach, H.: Der Einfluß von Forschung und Entwicklung auf das Unternehmenswachstum, in: Liiketaloudelinen Aikalauskirja (The Journal of the Finish School of Business Administration), (1965), S. 111 - 140.

Ansoff, H. I. and Stewart, J. M.: Strategies for a Technology-Based Business, in: HBR, Vol. 45 (November-December 1967), S. 71 - 83.

Ansoff, H. I. and Slevin, D. P.: An Appreciation of Industrial Dynamics, in: MS, Vol. 14 (1968), S. 383 - 397.

Arrow, K. J.: The Economic Implications of Learning by Doing, in: REcSt, Vol. 29 (1962), S. 155 - 173.

\- Classificatory Notes on the Production and Transmission of Technological Knowledge, in: AER, PaP, Vol. 49 (1969), S. 29 - 35.

\- ; Chenery, H. B.; Minhas, B. S. and Solow, R. M.: Capital-Labor-Substitution and Economic Efficiency, in: REcSt, Vol. 43 (1961), S. 225 - 250.

Ashby, W. R.: Design for an Intelligence-Amplifier, in: Shannon, C. E. and McCarthy, J. (eds.): Automata Studies, Princeton, N. J. 1956. S. 215 - 234.

Atkinson, A. and Stiglitz, J. E.: A 'New View' of Technical Change, in: EJ, Vol. 79 (1969), S. 573 - 578.

Auken, K. G. V.: Personnel Adjustments to Technological Change, in: Jacobson, H. B. and Roucek, J. S. (eds.): Automation and Society, New York, N. Y. 1959, S. 341 - 358.

Aukrust, O.: Investment and Economic Growth, in: PMR, Vol. 16 (1959), S. 35 - 53.

Baker, N. R.; Siegman, J.; Rubenstein, A. H.: The Effects of Perceived Needs and Means on the Generation of Ideas for Industrial Research and Development Projects, in: IEEE, Vol. EM-14 (1967), S. 156 - 163.

Baloff, N.: The Learning Curve - Some Controversial Issues, in: JIE, Vol. 14 (1966), S. 275 - 282.

Barr, J. L. and Knight, K. E.: Technological Change and Learning in the Computer Industry, in: MS, Vol. 14 (1968), S. 661 - 681.

Becker, G. S.: Investment in Human Capital: A Theoretical Analysis, in: JPE, Supplement, Vol. 70 (1962), S. 9 - 49.

Beckmann, M. J. and Sato, R.: Neutral Inventions and Production Functions, in: RES, Vol. 35 (1968), S. 57 - 67.

- Aggregate Production Functions and Types of Technical Progress; A Statistical Analysis, in: AER, Vol. 59 (1969), S. 88 - 101.

Below, F.: Zur statistischen Messung des technischen Fortschritts in der industriellen Produktion, in: Schmollers Jahrbuch für Gesetzgebung, Verwaltung und Volkswirtschaft, 70. Jg., (1950 I), S. 73 - 86.

Bertalanffy, L. v.: The Theory of Open Systems in Physics and Biology, in: Science, Vol. 111 (1950), S. 23 - 29.

Black, J.: The Technical Progress Function and the Production Function, in: Economica, Vol. 29 (1962), S. 166 - 170.

Blaug, M.: A Survey of the Theory of Process-Innovations, in: Economica, Vol. 30 (1963), S. 13 - 32.

Bloom, G. F.: Union Wage Pressure and Technological Discovery, in: AER, Vol. 41 (1951), S. 603 - 617.

Bombach, G.: Quantitative und monetäre Aspekte des Wirtschaftswachstums, in: Hoffmann, W. G. (Hrsg.): Finanz- und währungspolitische Bedingungen stetigen Wirtschaftswachstums, SchrVSocpol, N. F., Bd. 15, Berlin 1959, S. 154 - 230.

Boulding, K. E.: General Systems Theory - The Skeleton of Science, in: MS, Vol. 1/2 (1955/56), S. 197 - 208.

Bright, J. R.: How to Evaluate Automation, in: HBR, Vol. 33 (July-August 1955), S. 101 - 111.

- Does Automation Raise Skill Requirements?, in: HBR, Vol. 36 (July-August 1958), S. 85 - 98.

- Opportunity & Threat in Technological Change, in: HBR, Vol. 41 (November-December 1963), S. 76 - 83.

Brockhoff, K.: Forschungsaufwendungen industrieller Unternehmen, in: ZfB, 34. Jg. (1964), S. 327 - 348.

Brozen, Y.: Automation's Impact on Capital and Labor Markets, in: Jacobson, H. B. and Roucek, J. S. (eds.): Automation and Society, New York, N. Y. 1959, S. 280 - 296.

Buckingham, W.: Gains and Costs of Technological Change, in: Somers, G. S.; Cusham, E. L.; Weinberg, N. (eds.): Adjusting to Technological Change, New York, N. Y. 1963, S. 1 - 26.

Carter, A. P.: Investment, Capacity Utilization, and Change‿ n Input Structure in the Tin Can Industry, in: REcSt, Vol. 42 (1960), S. 283 - 291.

The Economics of Technological Change, in: ScienAm, Vol. 214 (1966), S. 25 - 31.

Cetron, M. J.; Martino, J.; Roepcke, L.: The Selection of R & D Program Content - Survey of Quantitative Methods, in: IEEE, Vol. EM-14 (1967), S. 4 - 14.

Churchman, C. W.: An Analysis of the Concept of Simulation, in: Hoggatt, A. C. and Balderston, F. E. (eds.): Symposium on Simulation Models: Methodology and Applications to the Behavioral Sciences, Cincinnati, Ohio 1963, S. 1 - 12.

\- Reliability of Models in the Social Sciences, in: Langhoff, P. (ed.): Models, Measurement and Marketing, third printing, Englewood Cliffs, N. J. 1965, S. 23 - 38.

Clague, E. and Greenberg, L.: Technical Change and Employment, in: MLR, Vol. 85 (1962), S. 742 - 746.

Cyert, R. M.: A Description and Evaluation of Some Firm Simulation, in: Proceedings of the IBM Scientific Computing Symposium on Simulation Models and Gaming, IBM, White Plains, N.Y. 1966, S. 3 - 19.

Dandrakis, E. K. and Phelps, E. S.: A Model of Induced Invention, Growth and Distribution, in: EJ, Vol. 76 (1966), S. 832 - 840.

Dean, B. V. (ed.): Operations Research in Research and Development, New York-London 1963.

Debreu, G.: Numerical Representation of Technological Change, in: Metroeconomica, Vol. 6 (1954), S. 45 - 54.

Denison, E. F.: The Unimportance of the Embodied Question, in: AER, Vol. 54 (1964), S. 90 - 94.

Deutsch, K. W.: The Evaluation of Models, abgedruckt in: Schoderbeck, P. P. (ed.): Management Systems, New York-London-Sydney 1967, S. 337 - 342.

Deutscher Normenausschuß: Regelungstechnik und Steuerungstechnik, DIN 19226, Berlin und Köln 1968.

Domar, E. D.: On the Measurement of Technological Change, in: EJ, Vol. 71 (1961), S. 709 - 729.

Drukarczyk, J.: Bemerkungen zu den Theoremen von Modigliani-Miller, in: ZfbF, 22. Jg. (1970), S. 528 - 544.

Eaton, W. W.: Is your Scientific Research Program Properly Balanced?, in: MR, Vol. 41 (1952), S. 670 - 674.

Eckaus, R. S.: Economic Criteria for Education and Training, in: REcSt, Vol. 46 (1964), S. 181 - 190.

Ehrlicher, W.: Finanzwissenschaft, in: Ehrlicher, W.; Esenwein-Rothe, I.; Jürgensen, H.; Rose, K. (Hrsg.): Kompendium der Volkswirtschaftslehre, Bd. II, Göttingen 1968, S. 353-427.

Enos, J. L.: Invention and Innovation in the Petroleum Refining Industry, in: National Bureau of Economic Research (NBER) (ed.): The Rate and Direction of Inventive Activity: Economic and Social Factors, Princeton, N.J. 1962, S. 299 - 321.

Ericson, R.F.: The Impact of Cybernetic Information Technology on Management Value Systems, in: MS, Vol. 16 (1969), S. B-40 - B-60.

Faunce, W.: The Automobile Industry: A Case Study in Automation, in: Jacobson, H.B. and Roucek, J.S. (eds.): Automation and Society, New York, N.Y. 1959, S. 44 - 53.

Fellner, W.: Appraisal of the Labor-Saving and Capital-Saving Character of Innovations, in: Lutz, F.A. and Hague, D.C. (eds.): The Theory of Capital, London-New York, reprinted 1968, S. 58 - 72.

- Two Propositions in the Tehory of Induced Innovations, in: EJ, Vol. 71 (1961), S. 305 - 308.

- Does the Market Direct the Relative Factor Saving Effects of Technological Progress?, in: National Bureau of Economic Research (NBER) (ed.): The Rate and Direction of Inventive Activity, Princeton, N.J. 1962, S. 171 - 188.

- Technological Progress and Recent Growth Theories, in: AER, Vol. 57 (1967), S. 1 - 73.

- Specific Implications of Learning by Doing, in: JET, Vol. 1 (1969), S. 119 - 140.

Ferguson, C.E.: Time-Series Production Functions and Technological Progress in American Manufacturing Industry, in: JPE, Vol. 73 (1965), S. 135 - 147.

Fisher, F.M.: Embodied Technical Change and the Existence of an Aggregate Capital Stock, in: RES, Vol. 32 (1965), S. 263-288.

Forrester, J.W.: Common Foundations Underlying Engineering and Management, in: IEEE Spectrum, September 1964, S. 66 - 77.

- Industrial Dynamics - After the First Decade, in: MS, Vol. 14 (1968), S. 398 - 415.

- Industrial Dynamics - A Response to Ansoff and Slevin, in: MS, Vol. 14 (1968), S. 601 - 618.

- Market Growth as Influended by Capital Investment, in: IMR, Vol. 9 (1968), S. 83 - 105.

- Counterintuitive Behavior of Social Systems, in: TR, Vol. 73 (1971), S. 53 - 68.

Frankel, H.: Obsolence and Technological Change in a Maturing Industry, in: AER, Vol. 45 (1955), S. 296 - 319.

Friedrichs, G.: Technischer Fortschritt und Beschäftigung in Deutschland, in: Friedrichs, G. (Hrsg.): Automation und technischer Fortschritt in Deutschland und den USA, Frankfurt a.M. 1963, S. 80 - 132.

Fuchs, H.: Systemtheorie, in: Grochla, E. (Hrsg.): HWO, Stuttgart 1969, Sp. 1618 - 1630.

Gellert, W.; Küstner, H.; Hellwich, M.; Kästner, H. (Hrsg.): Mathematik, dritte Auflage, Leipzig 1968.

Green, H.A.J.: Embodied Progress, Investment and Growth, in: AER, Vol. 56 (1966), S. 138 - 151.

Gustafson, W.E.: Research and Development, New Products, and Productivity Change, in:AER, PaP, Vol. 52 (1962), S. 177-182.

Hahn, F.H. and Matthews, R.C.O.: The Theory of Economic Growth: A Survey, in: EJ, Vol. 74 (1964), S. 779 - 902.

Hartley, K.: The Learning Curve and Its Application to the Aircraft Industry, in: JIE, Vol. 13 (1965), S. 122 - 128.

Havard University Program on Technology and Society: Technology and Work, Research Review No. 2, Cambridge, Mass. 1969.

Hearings before the Subcommittee on Economic Stabilization to the Joint Committee on the Economic Report: Automation and Technological Change, Washington, D.C. 1959.

Helmstädter, E.: Die Innovation als Element wirtschaftlicher Expansion, in: Ifo-Institut für Wirtschaftsforschung (Hrsg.): Innovation in der Wirtschaft, München 1970, S. 17 - 29.

Heinz, A.J. and Sprenkle, C.M.: A Comment on the Modigliani-Miller Cost of Capital Thesis, in: AER, Vol. 59 (1969), S. 590 - 592.

Hesse, H. and Gahlen, B.: Die Beziehungen zwischen eigentlicher und historischer Substitutionselastizität bei technischem Fortschritt, in: WW, Bd. 99 (1967, II), S. 175 - 224.

Heyel, C.: Industrial Research Today, in: Heyel, C. (ed.): Handbook of Industrial Research Management, New York-London 1959, S. 205 - 208.

Hirsch, W.Z.: Firm Progress Ratios, in: Econometrica, Vol. 24 (1956), S. 136 - 143.

Holliger, H.: Dynamische Management-Modelle, in: IO, Bd. 40 (1971), S. 485 - 488.

Holt, Ch.C.: Validation and Application of Macroeconomic Models Using Computer Simulation, in: Duesenberry, J.S.; Fromm, G.; Klein, L.R.; Kuh, E. (eds.): The Brookings Quarterly Econometric Model of the United States, Chicago-Amsterdam 1965, S. 636 - 650.

Inada, K.: Economic Growth under Neutral Technical Progress, in: Econometrica, Vol. 32 (1964), S. 318 - 327.

Isenson, R.S.: Technological Forecasting Lessons from Project Hindsight, in: Bright, J.R. (ed.): Technological Forecasting for Industry and Government, Englewood Cliffs, N.J. 1968, S. 35 - 54.

Jacob, H.: Zur optimalen Planung des Produktionsprogramms bei Einzelfertigung, in: ZfB, 41. Jg. (1971), S. 495 - 516.

Johansen, L.: Substitution versus Fixed Production Coefficients in the Theory of Economic Growth: A Synthesis, in: Econometrica. Vol. 27 (1959), S. 157 - 176.

Johnson, R.A.; Kast, F.E.; Rosenzweig, J.E.: Systems Theory and Management, in: MS, Vol. 10 (1964), S. 367 - 384.

Jorgensen, D.W.: The Embodiment Hypothesis, in: JPE, Vol. 74 (1964), S. 1 - 17.
Kaldor, N.: A Model of Economic Growth, in: EJ, Vol. 67 (1957), S. 591 - 624.
- Capital Accumulation and Economic Growth, in: Lutz, F.A. and Hague, D.C. (eds.): The Theory of Capital, London-New York 1961, S. 177 - 222.
- and Mirlees, J.A.: A New Model of Economic Growth, in: REcSt, Vol. 29 (1962), S. 174 - 192.
Keezer, D.M.: The Outlook for Expenditures on Research and Development During the Next Decade, in: AER, PaP, Vol. 50 (1960), S. 355 - 369.
Kemp, M.C. and Thanh, P.C.: On a Class of Growth Models, in: Econometrica, Vol. 32 (1966), S. 257 - 282.
Kendrick, J.: Productivity Trends: Capital and Labor, in: REcSt, Vol. 39 (1956), S. 248 - 257.
Kennedy, Ch.: Induced Bias in Innovation and the Theory of Distribution, in: EJ, Vol. 74 (1964), S. 541 - 547.
- Samuelson on Induced Innovation, in: REcSt, Vol. 48 (1966), S. 442 - 444.
Kieser, A.: Innovation, in: Grochla, E. (Hrsg.): HWO, Stuttgart 1969, Sp. 741 - 750.
Kluge, M.: Innovationsprobleme aus unternehmerischer Sicht, in: Ifo-Institut für Wirtschaftsforschung (Hrsg.): Innovation in der Wirtschaft, München 1970, S. 238 - 248.
Kortzfleisch, G.v.: Zur mikroökonomischen Problematik des technischen Fortschritts, in: Kortzfleisch, G.v. (Hrsg.): Die Betriebswirtschaftslehre in der zweiten industriellen Evolution, Berlin 1969, S. 323 - 349.
- Mikroökonomische Quantifizierung technischer Fortschritte, in: Ifo-Institut für Wirtschaftsforschung (Hrsg.): Innovation in der Wirtschaft, München 1970, S. 176 - 219.
Krelle, W.: Investition und Wachstum, in: Jahrbücher für Nationalökonomie und Statistik, Bd. 176 (1964), S. 1 - 22.
- Beeinflußbarkeit und Grenzen des Wirtschaftswachstums, in: König, H. (Hrsg.): Wachstum und Entwicklung der Wirtschaft, Köln-Berlin 1968, S. 321 - 346.
Kremyanskiy, V.J.: Certain Pecularities of Organisms as a "System" from the Point of View of Physics, Cybernetics and Biology, in: General Systems, Vol. 5 (1960), S. 221 - 230.
Kussow, O.: Our Automated Age: The Puzzle and the Promise, in: Jehring, F.F. (ed.): Productivity and Automation, Washington, D.C. 1966, S. 53 - 100.
Lange, O.: A Note on Innovations, in: REcSt, Vol. 25 (1943), S. 19-25.
Langhoff, P.: The Setting: Some Non-metric Observations, in: Langhoff, P. (ed.): Models, Measurement and Marketing, third printing, Englewood Cliffs, N.J. 1965, S. 3 - 21.

Lapping, L.: Learning and World War II Production Functions, in: REcSt, Vol. 47 (1965), S. 81 - 86.

Levhari, D.: Further Implications of Learning by Doing, in: RES, Vol. 33 (1966), S. 31 - 38.

- Extensions of Learning by Doing, in: RES, Vol. 33 (1966), S. 117 - 133.

Lowe, A.: Structural Analysis of Real Capital Formation, in: The Universities-National Bureau Committee for Economic Research(NBER)(ed.):Capital Formation and Economic Growth, Princeton, N.J. 1955, S. 622 ff.

Lüscher, E.: Fünf Thesen zum Thema "Naturwissenschaftliche Erkenntnis und Freiheit", in: IBMN, 19. Jg. (1969), S. 737-741.

Machlup, F.: The Supply of Inventors and Inventions, in: National Bureau of Economic Research (NBER) (ed.): The Rate and Direction of Inventive Activity: Economic and Social Factors, Princeton, N.J. 1962, S. 143 - 169.

Maclaurin, R.W.: The Sequence from Invention to Innovation and its Relation to Economic Growth, in: QJE, Vol. 67 (1953), S. 97 - 111.

Mansfield, E.: Industrial Research and Development, in: AER, PaP, Vol. 59 (1969), S. 67 - 71.

Marquis, D.G.: The Anatomy of Successful Innovations, in: Innovation, Nr. 7 (1969), S. 28 - 37.

Massell, B.F.: Capital Formation and Technological Change in United States Manufacturing, in: REcSt, Vol. 42 (1960), S. 182 - 188.

Matthews, R.C.O.: "The New View of Investment": Comment, in: QJE, Vol. 78 (1964), S. 164 - 172.

McKenney, J.L.: Critique of "Verification of Computer Simulation Models", in: MS, Vol. 14 (1967), S. B-102 - B-103.

Meadows, D.L.: Estimate Accuracy and Project Selection Models in Industrial Research, in: IMR, Vol. 9 (1968), S. 105 - 109.

Meffert, H.: Systemtheorie in betriebswirtschaftlicher Sicht, in: Schenk, K.-E. (Hrsg.): Systemanalyse in den Wirtschafts- und Sozialwissenschaften, Berlin 1971, S. 174 - 206.

Meissner, W.: Zur Methodologie der Simulation, in: ZgesStw, Bd. 126 (1970), S. 385 - 397.

Mensch, G.: Zur Dynamik des technischen Fortschritts, in: ZfB, 41. Jg. (1971), S. 295 - 314.

Miller, J.G.: Towards a General Theory for the Behavioral Sciences, in: AP, Vol. 10 (1955), S. 513 - 531.

Minasian, J.R.: The Economics of Research and Development, in: National Bureau of Economic Research (NBER) (ed.): The Rate and Direction of Inventive Activity: Economic and Social Factors, Princeton, N.J. 1962, S. 93 - 141.

Modigliani, F. and Miller, M.H.: The Cost of Capital, Corporation Finance and the Theory of Investment, in: AER, Vol. 48 (1958), S. 261 - 297.

Modigliani, F. and Miller, M.H.: Reply to Heinz and Sprenkle, in: AER, Vol. 59 (1969), S. 592 - 595.

Mueller, W.F.: A Case Study of Product Discovery and Innovation Costs, in: SEcJ, Vol. 24 (1957), S. 80 - 86.

Myers, S.: Industrial Innovations and the Utilization of Research Output, in: Proceedings of the 20th National Conference on the Administration of Research, Denver, Colo. 1967, S. 131 - 145.

National Commission on Technology, Automation and Economic Progress: Technology and the American Economy, Washington, D.C. 1966.

Naylor, Th.H. and Finger, J.M.: Verification of Computer Simulation Models, in: MS, Vol. 14 (1967), S. B-92 - B-101.

Nelson, R.R.: Introduction, in: National Bureau of Economic Research (NBER) (ed.): The Rate and Direction of Inventive Activity: Economic and Social Factors, Princeton, N.J. 1962, S. 3 - 16.

- Aggregate Production Functions and Medium Range Growth Projections, in: AER, Vol. 54 (1964), S. 575 - 606.

Niehans, J.: Das ökonomische Problem des technischen Fortschritts, in: Schweizerische Zeitschrift für Verwaltung und Statistik, Bd. 90 (1954), S. 145 - 156.

Niitamo, O.: Development of Productivity in Finish Industry, 1925 - 1952, in: PMR, Vol. 15 (1958), S. 30 - 41.

Nordhaus, W. D.: The Optimal Rate and Direction of Technical Change, in: Shell, K. (ed.): Essays on the Theory of Optimal Economic Growth, Cambridge, Mass. 1967, S. 53 - 66.

- An Economic Theory of Technological Change, in: AER, PaP, Vol. 49 (1969), S. 18 - 28.

Ogburn, W.F.: The Pattern of Social Change, in: Proceedings of the 14th International Congress of Sociology, Vol. III (1951), S. 319 - 335.

Orcutt, G.H.: Simulation of Economic Systems, in: AER, Vol. 50 (1960), S. 893 - 907.

- Views on Simulation Models of Social Systems, in: Hoggatt, A.C. and Balderston, F.E. (eds.): Symposium on Simulation Models: Methodology and Applications to the Behavioral Sciences, Cincinnati, Ohio 1963, S. 221 - 236.

Ott, A.E.: Technischer Fortschritt, in: HdSW, Bd. 10, Stuttgart-Tübingen-Göttingen 1959, S. 302 - 316.

- Produktionsfunktion, technischer Fortschritt und Wirtschaftswachstum, in: Schneider, E. (Hrsg.): Einkommensverteilung und technischer Fortschritt, SchrVSocpol, Berlin 1959, S. 155 - 202.

- Technischer Fortschritt in einem stationären Zwei-Sektoren-Modell, in: IBMN, 18. Jg. (1968), S. 402 - 410.

- Zur ökonomischen Theorie des technischen Fortschritts, in:

Verein Deutscher Ingenieure (Hrsg.): Wirtschaftliche und gesellschaftliche Auswirkungen des technischen Fortschritts, Düsseldorf 1971, S. 7 - 28.

Phelps, E. S.: The New View of Investment: A Neoclassical Analysis, in: QJE, Vol. 76 (1962), S. 548 - 567.

- Substitution, Fixed Proportions, Growth and Distribution, in: IER, Vol. 4 (1963), S. 265 - 288.

- Models of Technical Progress and the Golden Rule of Research, in: RES, Vol. 33 (1966), S. 133 - 145.

- and Yaari, M. E.: Reply, in: QJE, Vol. 78 (1964), S. 172 - 175.

Phillips, A.: Patents, Potential Competition and Technical Progress, in: AER, PaP, Vol. 56 (1966), S. 301 - 310.

Pichler, J. A.: Means of Adjustment to Technological Displacement, in: MLR, Vol. 90 (1967), S. 32 - 33.

Price, D. J. de S.: The Scientific Foundations of Science Policy, in: Nature, Vol. 206 (1965), S. 233 - 238.

Robinson, J.: The Classification of Inventions, in: RES, Vol. 5 (1938), S. 139 - 142.

Rosenberg, N. (ed.): The Economics of Technological Change, Harmondsworth, Engl. 1971.

Samuelson, P. A.: A Theory of Induced Innovation along Kennedy-Weizsäcker Lines, in: REcSt, Vol. 47 (1965), S. 343 - 356.

- Rejoinder: Agreements, Disagreements, Doubts and the Case of Harrod-Neutral Technical Change, in: REcSt, Vol. 48 (1966), S. 444 - 448.

Schätzle, G.: Technischer Fortschritt und Produktionsfunktion, in: Moxter, A.; Schneider, D.; Wittmann, W. (Hrsg.): Produktionstheorie und Produktionsplanung, Köln und Opladen 1966, S. 37 - 61.

Schanz, G.: Kriterien zur Bestimmung der Größe des Forschungsbudgets in Unternehmungen der Industriegruppe Elektrotechnik, - Eine empirische Untersuchung, in: ZfbF, 24. Jg. (1972), S. 81 - 90.

Schlager, K. J.: How Managers Use Industrial Dynamics, in: IMR, Vol. 6 (1964), S. 21 - 30.

Schmookler, J.: The Changing Efficiency of the American Economy 1869 - 1938, in: REcSt, Vol. 34 (1952), S. 214 - 231.

Schneider, E.: Arbeitszeit und Produktion, in: Archiv für mathematische Wirtschafts- und Sozialforschung, Bd. 1 (1935), S. 23 - 36 und S. 137 - 144.

- Produktionstheorie, in: HdSW, Bd. 8, Stuttgart-Tübingen-Göttingen 1964, S. 596 - 610.

Schrank, W. E. and Holt, Ch. C.: Critique of: "Verification of Computer Simulation Models", in: MS, Vol. 14 (1967), S. B-104 - B-106.

Schreiber, W.: Ansätze zu einer Theorie der Abschreibungen, in: ZfB, 39. Jg. (1969), Ergänzungsheft 1, S. 1 - 38.

Schweitzer, P.R.: Usher and Schumpeter on Invention, Innovation and Technological Change: Comment, in: QJE, Vol. 75 (1961), S. 152 - 156.

Sherwin, Ch. N. and Isenson, R. S.: Project Hindsight, in: Science, Vol. 156 (1967), S. 1571 - 1577.

Shubik, M.: Simulation of the Industry and the Firm, in: AER, Vol. 50 (1960), S. 908 - 919.

Slitor, R. E.: The Tax Treatment of Research and Innovative Investment, in: AER, Vol. 56 (1966), S. 217 - 231.

Solow, R. M.: Technical Change and the Aggregate Production Function, in: REcSt, Vol. 39 (1957), S. 312 - 320.

- Investment and Technical Progress, in: Arrow, K. J.; Karlin, S. and Suppes, P. (eds.): Mathematical Methods in the Social Sciences, Stanford, Calif. 1959, S. 89 - 105.

- Technical Progress, Capital Formation, and Economic Growth, in: AER, PaP, Vol. 52 (1962), S. 76 - 86.

- Substitutions and Fixed Proportions in the Theory of Capital, in: RES, Vol. 24 (1 962), S. 207 - 218.

- ; Tobin, J.; Yaari, M. E. and Weizsäcker, C. Ch. v.: Neoclassical Growth with Fixed Factor Proportions, in: RES, Vol. 33 (1966), S. 79 - 116.

Stiglitz, J. E. and Uzawa, H. (eds.): Readings in the Modern Theory of Economic Growth, Cambridge, Mass. 1969.

- Allocation of Heterogenous Capital Goods in a Two Sector Model of Economic Growth, in: IER, Vol. 10 (1969), S. 373 - 390.

- A Re-Examination of the Modigliani-Miller Theorem, in: AER, Vol. 59 (1969), S. 784 - 793.

Striner, H. E.: Technological Displacement as a Micro Phenomenon, in: MLR, Vol. 90 (1967), S. 30 - 31.

Terreberry, S.: The Evolution of Organizational Environment, in: ASQ, Vol. 12 (1968), S. 590 - 613.

Thurow, L. C.: Research, Technical Progress, and Economic Growth, in: TR, Vol. 73 (1971), S. 44 - 52.

Turing, A. M.: Computing Machinery and Intelligence, in: MIND, Vol. 59 (1950), S. 433 - 460.

Uzawa, H.: A Note on Professor Solow's Model of Technical Progress, in: ESQ, Vol. 14 (1964), S. 63 - 68.

- Optimal Technical Change in an Aggregative Model of Economic Growth, in: IER, Vol. 6 (1965), S. 12 - 31.

Valvanis-Vail, S.: An Econometric Model of Growth, in: AER, PaP, Vol. 45 (1955), S. 208 - 221.

Walker, C.: Changing Character of Human Work under the Impact of Technological Change, in: National Commission on Technology, Automation and Economic Progress: Technology and the American Economy, Appendix II, Washington, D. C. 1966, S. 289 - 315.

Walker, R.: Steel Industry Cites Profit Plunge in a Report to the U.S., in: The New York Times, Vol. 120, Wednesday, May 26, 1971, S. 55 und 63.

Weinberg, E.: Some Manpower Implications, in: Scott, E. L. and Bolz, R. W. (eds.): Automation Management: The Social Perspective, Athens, Georgia 1970, S. 78 - 91.

Weizsäcker, C. Ch. v.: Tentative Notes on a Two-Sector Model with Induced Technical Progress, in: RES, Vol. 33 (1966), S. 245 - 251.

Westfield, F. M.: Technical Progress and Returns to Scale, in: REcSt, Vol. 48 (1966), S. 432 - 441.

Wittmann, W.: Grundzüge einer axiomatischen Produktionstheorie, in: Moxter, A.; Schneider, D.; Wittmann, W. (Hrsg.): Produktionstheorie und Produktionsplanung, Köln und Opladen 1966, S. 9 - 36.

Young, R. B.: Keyes to Corporate Growth, in: HBR, Vol. 39 (November-December 1961), S. 51 - 62.

Yovits, M. C.; Gilford, D. M.; Wilcox, R. H.; Stovely, E. and Lerner, A. D. (eds.): Research Program Effectiveness, New York-London-Paris 1966.

3. Dissertationen, Diplomarbeiten und Arbeitspapiere

Clagett, R. P.: Receptivity to Innovation - Overcoming N. I. H., SSM M. S. Thesis, Cambridge, Mass. 1967.

Hall, M. M.: Investment in Research and Development, A Statistical Study, Diss. University of Wisconsin, Madison, Wis. 1961.

Knight, K. E.: A Study of Technological Innovation - The Evolution of Digital Computers, Ph. D. dissertation, Carnegie Institute of Technology, Pittsburg, Pa. 1963.

Meadows, D. L.: Data Appendix: Accuracy of Technical Estimates in Industrial Research Planning, SSM Working Paper Nr. 301-67.

Pathak, S. K.: Systems Analysis of the Progress of Implementing an Innovation, SSM M. S. Thesis 1968.

Roberts, E. B.: Exploratory and Normative Technological Forecasting: A Critical Appraisal, SSM Working Paper Nr. 378-68.

Swanson, C. V.: Some Properties of Feedback Systems as a Guide to the Analysis of Complex Simulation Models, SSM 1965.

\- Resource Control in Growth Dynamics, unpublished Ph. D. dissertation, SSM, Cambridge, Mass. 1969.

Terleckyj, N. E.: Sources of Productivity Advance: A Pilot Study of Manufacturing Industries, 1899 - 1953, unpublished Ph. D. thesis, Columbia University, New York, N. Y. 1960.

Utterback, J. M.: The Process of Innovation: A Study of the Origination and Development of Ideas for New Scientific Instruments, SSM Working Paper Nr. 462-70.

Walter, H.: Automation und technischer Fortschritt, Diss., Köln 1962.

Anhang I

DYNAMO-Gleichungen

```
        *   TECHNISCHER FORTSCHRITT
        *   EIN DYNAMISCHES MODELL DER RATE UND RICHTUNG DES TECHNISCHEN
        *   FORTSCHRITTS UND SEINER IMPLIKATIONEN FUER DIE UNTERNEHMUNG
        *   PETER MILLING
        NOTE
        NOTE  *** TECHNISCHER STAND DER UNTERNEHMUNG ***
        NOTE
        NOTE  AKQUISITION UND IMPLEMENTIERUNG TECHNISCHEN FORTSCHRITTS
        NOTE
 1      L   BPTF.K=BPTF.K-(DT)(INVENT.JK-INTRA.JK)
 1.1    N   BPTF=7.5
 2      R   INVENT.KL=DELAY3(FER.JK,FEZ)
 2.1    C   FEZ=48
 3      R   FER.KL=FEBUD.K/CINVEN.K
 4      A   CINVEN.K=(CINNON)(1-CAIMP)/(TEWN*WMRTS.K)
 4.1    C   CINNON=8E5
 4.2    C   CAIMP=.8
 4.3    C   TEWN=.7
 5      A   WMRTS.K=TABLE(WMRTST,RTS.K,.9,1.3,.05)
 5.1    T   WMRTST=1.2/1.05/1/.95/.9/.825/.75/.675/.6
 6      A   FEBUD.K=(DUMSAT.K)(PUMN)(PUMM.K)
 6.1    C   PUMN=.025
 7      A   PUMM.K=TABLE(PUMMT,GTF.K*CINVEN.K/(PUMN*DUMSAT.K),0,4,1)
 7.1    T   PUMMT=.75/1/2.5/3.5/4
 8      R   INTRA.KL=MIN(KAPTF.K/CINNO.K,BPTF.K/PLANP)
 8.1    N   INTRA=.3
 8.2    C   PLANP=1
 9      A   CINNO.K=(CAIMP)(CINNON)/(OEWN*WMRTS.K)
 9.1    C   OEWN=.8
10      A   BKTF.K=(CINNO.K)(GTF.K)
11      A   GTF.K=(TFN)(TSU.K+IMPLZ*TF.JK)(TFPQV.K)(TEFOR.K)
11.1    C   TFN=.003
12      R   TF.KL=DELAY3(INTRA.JK,IMPLZ)
12.1    C   IMPLZ=12
13      L   TSU.K=TSU.J+(DT)(TF.JK)
13.1    N   TSU=TSUN
13.2    C   TSUN=100
14      A   RTF.K=TF.JK/TSU.K
        NOTE
        NOTE  RELATIVER TECHNISCHER STAND UND TECHNOLOGICAL FORECASTING
        NOTE
15      A   RTS.K=CLIP(TSU.K/TSK.K,1,SWT1,1)
15.1    C   SWT1=1
16      A   TSK.K=(TSKN+STEP(STH,STZ))*EXP(RTFK*TIME.K)
16.1    N   TSKN=TSUN
16.2    C   RTFK=.003
16.3    C   STH=0
16.4    C   STZ=0
17      A   FRTS.K=(TSU.K+RTF.K*TSU.K*TFOREZ)/(TSK.K+RTFK*TSK.K*TFOREZ)
17.1    C   TFOREZ=60
18      A   TEFOR.K=TABLE(TEFORT,MIN(RTS.K,FRTS.K),.8,1.4,.1)
18.1    T   TEFORT=2/1.45/1/1/.95/.8/.6
19      A   TFPQV.K=TABHL(TFPQVT,RPREIS.K/RTS.K,.9,1.4,.1)
19.1    T   TFPQVT=1/1/1.15/1.4/1.475/1.5
        NOTE
        NOTE  *** KAPITALSEKTOR ***
        NOTE
        NOTE  KAPITAL,INVESTITION UND ABSCHREIBUNG
```

```
        NOTE
20      L  KAP.K=KAP.J+(DT)(INVEST.JK-ABS.JK)
20.1    N  KAP=KAPN
20.2    C  KAPN=2.5E7
21      R  ABS.KL=KAP.K/ABSZ.K
22      A  ABSZ.K=TABLE(ABSZT,RTF.K,0,6E-3,.5E-3)
22.1    T  ABSZT=240/220/160/115/90/70/60/52/47/42/39/36/36
23      R  INVEST.KL=SEKAP.K+BRUVER.K
24      A  SEKAP.K=REINV.K+EG.K
25      A  REINV.K=(ABS.JK)(1-VERSCH.K)*CLIP(1,PREIS.K/DCOST.K,BRUGEW.K,0)
26      A  EG.K=(PEG)(BRUGEW.K)
26.1    C  PEG=.15
27      A  BRUVER.K=(GINVES.K-SEKAP.K)(BEVER.K)
28      A  GINVES.K=(KAP.K/ABSZ.K)+((GPROKA.K)(KAKO.K)-KAP.K)/KAPAZ
28.1    C  KAPAZ=6
29      A  KAPTF.K=(BKTF.K)(NITF.K)
30      A  NITF.K=TABHL(NITFT,(SEKAP.K+BRUVER.K)/BKTF.K,0,2,1/3)
30.1    T  NITFT=0/.3/.55/.75/.9/1/1
        NOTE
        NOTE  KAPITALSTRUKTUR UND KAPITALKOSTEN
        NOTE
31      L  LFK.K=LFK.J+(DT)(NETVER.JK)
31.1    N  LFK=.33*KAP
32      R  NETVER.KL=BRUVER.K-(VERSCH.K)(ABS.JK)
33      A  VERSCH.K=LFK.K/KAP.K
34      A  BEKAR.K=BRUGEW.K/(KAP.K-LFK.K)
35      A  ZINS.K=TABLE(ZINST,12*BEKAR.K/VERSCH.K,.2,1.1,.1)(ZINSN)
35.1    T  ZINST=.022/.015/.0115/.0095/.008/.007/.0065/.00625/.006/.006
35.2    C  ZINSN=1
36      A  BEVER.K=TABHL(BEVERT,BEKAR.K/(ZINS.K*RTS.K),1.3,2,.1)
36.1    T  BEVERT=0/.05/.15/.35/.7/.9/1/1
37      A  FKCS.K=(ZINS.K)(VERSCH.K)+(1/ABSZ.K)
        NOTE
        NOTE  *** ARBEITSSEKTOR ***
        NOTE
        NOTE  EINSTELLUNG,AUSBILDUNG UND AUSSCHEIDEN VON ARBEITERN
        NOTE
38      L  ARB.K=ARB.J+(DT)(ABA.JK-AFOR.JK-AAR.JK)
38.1    N  ARB=ARBN
38.2    C  ARBN=1200
39      R  ABA.KL=DELAY3P(AER.JK+AFOR.JK,AUSBZ,AAUS.K)
39.1    C  AUSBZ=3
40      R  AFOR.KL=(ARB.K)(PFORA.K)
41      A  PFORA.K=TABLE(PFORAT,RTF.K,0,9E-3,3E-3)
41.1    T  PFORAT=0/.01/.0175/.02
42      A  BENA.K=(AKO.K)(GPROKA.K)(KAPIN.K/(KAKO.K/AKO.K))
43      A  GER.K=(ARB.K/DZU)+(BENA.K-ARB.K-AUA.K*ARB.K)/ARBAZ
43.1    C  ARBAZ=6
44      R  AER.KL=MAX(GER.K,0)(AMA)
44.1    C  AMA=1
45      R  AAR.KL=(ARB.K/DZU)+(ARB.K*AUA.K)(BENT.K)/KUEND
45.1    C  DZU=60
45.2    C  KUEND=3
46      A  AUA.K=(ARB.K-AKO.K*PROP.K/DZEIT.K)/ARB.K
47      A  BENT.K=TABHL(BENTT,AUA.K,0,.1,.02)
47.1    T  BENTT=0/0/.1/.25/.85/1
48      A  INDTF.K=TABHL(INDTFT,AUA.K,-.07,0,.01)
48.1    T  INDTFT=1.5/1.5/1.47/1.43/1.3/1.12/1/1
```

```
        NOTE
        NOTE  LOHNKOSTEN UND GEMEINKOSTEN
        NOTE
49      A   GESARB.K=ARB.K+AAUS.K
50      A   LOHN.K=LOHNN*EXP(LSR*TIME.K)
50.1    C   LOHNN=1200
50.2    C   LSR=0
51      A   LOHNC.K=(GESARB.K)(LOHN.K)
52      A   KAPIN.K=KAP.K/ARB.K
53      A   GMCS.K=TABLE(GMCST,KAPIN.K,0,10E4,2E4)
53.1    T   GMCST=.15/.33/.4/.45/.48/.5
54      A   GMC.K=(LOHNC.K)(GMCS.K)
55      A   PERSC.K=LOHNC.K+GMC.K
        NOTE
        NOTE  *** PRODUKTIONSSEKTOR ***
        NOTE
        NOTE  PRODUKTIONSFUNKTION
        NOTE
56      A   PROKA.K=MIN(KAP.K/KAKO.K,UEST*ARB.K/AKO.K)
56.1    C   UEST=1.1
57      L   KAKO.K=KAKO.J+(DT)(VKAKO.JK)
57.1    N   KAKO=KAKON
57.2    C   KAKON=2.5E5
58      R   VKAKO.KL=(RTF.K)(DELTK.K)(EFTF)(KAKO.K)
58.1    C   EFTF=1
59      A   DELTK.K=TABLE(DELTKT,DELTA.K,-1.2,1.2,.2)
59.1    T   DELTKT=2/.2/-.05/-.2/-.3/-.375/-.425/-.475/-.5/-.525/-.54/-.55/-.55
60      L   AKO.K=AKO.J+(DT)(VAKO.JK)
60.1    N   AKO=AKON
60.2    C   AKON=12
61      R   VAKO.KL=(RTF.K)(DELTA.K)(EFTF)(AKO.K)
62      A   DIFCO.K=(VKAKO.JK)(ZINS.K+(1/ABSZ.K)+VKCS)+(VAKO.JK)(LOHN.K)(INDTF.K)
63      A   VASTF.K=TABLE(DELTKT,DELTA.K-.025,-1.2,1.2,.2)
64      A   DCVA.K=(RTF.K*EFTF)((VASTF.K)(KAKO.K)(ZINS.K+(1/ABSZ.K)+VKCS)+(DELTA.
        X   K-.025)(AKO.K)(LOHN.K)(INDTF.K))
65      A   DELTA.K=DLINF3(DELTA.K+(2-2*DCVA.K/DIFCO.K),ENZ)
65.1    N   DELTA=DELTAN
65.2    C   DELTAN=-.9
65.3    C   ENZ=18
        NOTE
        NOTE  PRODUKTIONSPROZESS
        NOTE
66      L   AUFB.K=AUFB.J+(DT)(BEST.JK-PSTART.JK)
66.1    N   AUFB=GAUFB*PROKA
66.2    C   GAUFB=2
67      R   BEST.KL=(MARKT.K)(GENA.K)
68      R   PSTART.KL=MIN(PROKA.K,AUFB.K/PLANP)
69      R   OUTPUT.KL=DELAY3P(PSTART.JK,DZEIT.K,PROP.K)
70      A   DZEIT.K=TABHL(DZEITT,TSU.K,TSUN,3*TSUN,.5*TSUN)
70.1    T   DZEITT=6/4.8/4/3.5/3.25
71      A   LIEFER.K=DZEIT.K+AUFB.K/PROKA.K
72      A   LFM.K=TABLE(LFMT,LIEFER.K,5.5,13.5,2)
72.1    T   LFMT=1/1/1/.8/.5
73      A   GPROKA.K=(MARKT.K)(GENA.K)+(AUFB.K-GAUFB*PROKA.K)/AUFBAZ
73.1    C   AUFBAZ=18
        NOTE
        NOTE  KOSTEN DER PRODUKTION
        NOTE
```

```
74      A  PCS.K=PERSC.K/OUTPUT.JK
75      A  KCS.K=KAKO.K*VKCS+WERT*DCOST.K*ZINS.K*DZEIT.K+KAP.K*FKCS.K/OUTPUT.JK
75.1    C  WERT=.5
75.2    C  VKCS=.01
76      A  COST.K=KCS.K+PCS.K+MCS+FEBUD.K/OUTPUT.JK
76.1    C  MCS=1E4
77      A  DCOST.K=DLINF3(COST.K,6)
77.1    N  DCOST=40000
           NOTE
           NOTE   *** ABSATZSEKTOR ***
           NOTE
           NOTE   MARKTANTEIL UND NACHFRAGE
           NOTE
78      L  MARKT.K=MARKT.J+(DT/MARKTZ)(GLEMAR.J-MARKT.J)
78.1    N  MARKT=MARKTN
78.2    C  MARKTN=.2
78.3    C  MARKTZ=6
79      A  GLEMAR.K=(MARKTN)(MPQV.K)(LFM.K)
80      A  MPQV.K=TABLE(MPQVT,RPREIS.K/RTS.K,.825,1.325,.05)
80.1    T  MPQVT=2/1.5/1.2/1/1/.95/.85/.7/.5/.25/0
81      A  PREIS.K=DCOST.K*BGEZ.K
82      A  BGEZ.K=1+(KAP.K)(1-VERSCH.K)(GBEKAR)/(DCOST.K*OUTPUT.JK)
82.1    C  GBEKAR=.02
83      A  PREIK.K=TABLE(PREIKT,TIME.K,0,240,60)
83.1    T  PREIKT=43.1E3/41E3/38.3E3/36.1E3/34.2E3
84      A  RPREIS.K=CLIP(PREIS.K/PREIK.K,1,SWT2,1)
84.1    C  SWT2=1
85      A  GENA.K=GENAN*EXP(NSR*TIME.K)
85.1    C  GENAN=500
85.2    C  NSR=.004
           NOTE
           NOTE   UMSATZ UND BRUTTOGEWINN
           NOTE
86      A  UMSATZ.K=(OUTPUT.JK)(PREIS.K)
87      A  BRUGEW.K=UMSATZ.K-(DCOST.K)(OUTPUT.JK)
88      L  DUMSAT.K=DUMSAT.J+(DT/UMG)(UMSATZ.J-DUMSAT.J)
88.1    N  DUMSAT=(MARKT)(GENA)(PREIS)
88.2    C  UMG=6
           NOTE
           NOTE   *** STEUERKARTEN ***
           NOTE
           SPEC   DT=.5/LENGTH=240/PRTPER=0/PLTPER=6
           PLOT   OUTPUT=Q/KAKO=K/AKO=A(*,12)/DIFCO=*/DELTA=X(-1,*)/DCOST=C/PCS=1,KC
           X      S=2/KAPIN=Y/RTF=T
           PLOT   KAP=K/ARB=L/PREIS=P/UMSATZ=$/BRUGEW=G/ABS=D/VERSCH=V/BEVER=B/LOHN=
           X      W
           PLOT   MARKT=M/LIEFER=N/RPREIS=3,RTS=R,FRTS=F/TSU=S(100,*)/FEBUD=&/AUA=U/
           X      PUMM=%
           PRINT  BPTF,FER,INTRA,GTF,TSU,RTS,RPREIS,MARKT,CINNO,KAPTF,FEBUD,KAP,ABS
           PRINT  NETVER,INVEST,GINVES,SEKAP,ARB,AUA,VKAKO,KAKO,VAKO,AKO,DCOST,PREIS
           PRINT  OUTPUT,BEST,UMSATZ,BRUGEW,KAPIN,KCS,PCS,DIFCO,AAUS,GMC,PROKA,AEP
           PRINT  AAR,BENA,BRUVER,VERSCH,BKTF,PROP,RTF,LIEFER,AUFB,NITF
           RUN    STANDARD
```

Anhang II

Definitionen der Modellelemente

* DEFINITIONEN ZUM TECHNISCHEN FORTSCHRITTS MODELL

AAR	AUSSCHEIDENDE ARBEITER (MANN/MONAT)
AAUS	ARBEITER IN AUSBILDUNG (MANN)
ABA	ARBEITER BEENDEN AUSBILDUNG (MANN/MONAT)
ABS	ABSCHREIBUNGEN (DM/MONAT)
ABSZ	ABSCHREIBUNGSZEIT (MONATE)
ABSZT	TABELLE FUER ABSZ
AER	ARBEITER-EINSTELLRATE (MANN/MONAT)
AFOR	ARBEITER FORTBILDUNGSRATE (MANN/MONAT)
AKO	ARBEITSKOEFFIZIENT (MANN-MONAT/STUECK)
AKON	ARBEITSKOEFF.ANFANG (MANN-MONAT/STUECK)
AMA	ARBEITSMARKTANGEBOT (DL)
ARB	PRODUKTIONSARBEITER (MANN)
ARBAZ	ARBEITER-ANPASSUNGSZEIT (MONATE)
ARBN	PRODUKTIONSARBEITER ANFANGSWERT (MANN)
AUA	ANTEIL UNBESCHAEFTIGTER ARBEITER (DL)
AUFB	AUFTRAGSBESTAND (STUECK)
AUFBAZ	AUFTRAGSBESTAND-ANPASSUNGSZEIT (MONATE)
AUSBZ	AUSBILDUNGSZEIT (MONATE)
BEKAR	BRUTTO-EIGENKAPITALRENDITE (1/MONAT)
BENA	BENOETIGTE ARBEITER (MANN)
BENT	BEREITSCHAFT ZU ENTLASSUNGEN (DL)
BENTT	TABELLE FUER BENT
BEST	BESTELLRATE (STUECK/MONAT)
BEVER	BEREITSCHAFT ZUR VERSCHULDUNG (DL)
BEVERT	TABELLE FUER BEVER
BGEZ	BRUTTOGEWINNZUSCHLAG (DL)
BKTF	BENOETIGTES KAPITAL FUER TF (DM/MONAT)
BPTF	BESTAND POT.TECH.FORTSCHRITT (EINHEITEN)
BRUGEW	BRUTTOGEWINN (DM/MONAT)
BRUVER	BRUTTOVERSCHULDUNG (DM/MONAT)
CAIMP	KOSTENANTEIL FUER IMPLEMENTIERUNG (DL)
CINNO	KOSTEN PRO INNOVATION (DM/EINHEIT)
CINNON	INNOVATIONSKOSTEN NORMAL (DM/EINHEIT)
CINVEN	INVENTIONSKOSTEN (DM/EINHEIT)
CLIP	DYNAMO MAKROFUNKTION
COST	STUECKKOSTEN (DM/STUECK)
DCOST	DURCHSCHNITTS-STUECKKOSTEN (DM/STUECK)
DCVA	DIFF.KOSTEN FUER VASTF (DM/STUECK/MONAT)
DELAY3	DYNAMO-MAKRO (VERZOEGERUNGS-FUNKTION)
DELAY3P	DYNAMO-MAKRO (VERZOEGERUNGS-FUNKTION)
DELTA	DELTA ARBEITSKOEFFIZIENT (DL)
DELTAN	DELTA ARBEITSKOEFFIZIENT ANFANGSWERT (DL)
DELTK	DELTA KAPITALKOEFFIZIENT (DL)
DELTKT	TABELLE FUER DELTK
DIFCO	DIFFERENTIAL KOSTEN (DM/STUECK/MONAT)
DLINF3	DYNAMO-MAKRO (VERZOEGERUNGS-FUNKTION)
DT	LOESUNGSINTERVALL (MONATE)
DUMSAT	DURCHSCHNITTLICHER UMSATZ (DM/MONAT)
DZEIT	DURCHLAUFZEIT (MONATE)
DZEITT	TABELLE FUER DZEIT
DZU	DURCHSCHN.ZEIT IN UNTERNEHMUNG (MONATE)
EFTF	EFFIZIENZ D.TECH.FORT. (DL)
EG	EINBEHALTENER GEWINN (DM/MONAT)
ENZ	ENTWICKLUNGSZEIT (MONATE)
EXP	EXPONENTIALFUNKTION ZUR BASIS E=2,718...

FEBUD	F+E BUDGET (DM/MONAT)
FER	FORSCH.-U.ENTWICKL.RATE (EINHEITEN/MONAT)
FEZ	FORSCHUNGS-UND ENTWICKLUNGSZEIT (MONATE)
FKCS	FIXER KAPITALKOSTENSATZ (1/MONAT)
FRTS	FORECASTED RELAT.TECHNISCHER STAND (DL)
GAUFB	GEWUENSCHTER AUFTRAGSBESTAND (MONATE)
GBEKAR	GEPLANTE EIGENKAPITALRENDITE (1/MONAT)
GENA	GESAMTNACHFRAGE (STUECK/MONAT)
GENAN	GESAMTNACHFRAGE ANFANG (STUECK/MONAT)
GER	GEWUENSCHTE EINSTELLRATE (MANN/MONAT)
GESARB	GESAMTE ARBEITER (MANN)
GINVES	GEWUENSCHTE INVESTITION (DM/MONAT)
GLEMAR	GLEICHGEWICHTS-MARKTANTEIL (DL)
GMC	GEMEINKOSTEN (DM/MONAT)
GMCPS	GEMEINKOSTEN PRO STUECK (DM/STUECK)
GMCS	GEMEINKOSTENSATZ (DL)
GMCST	TABELLE FUER GMCS
GPROKA	GEWUENSCHTE KAPAZITAET (STUECK/MONAT)
GTF	GEWUENSCHTER TECH.FORT.(EINHEITEN/MONAT)
IMPLZ	IMPLEMENTIERUNGSZEIT (MONATE)
INDTF	INDUZIERTER TECHNISCHER FORTSCHRITT (DL)
INDTFT	TABELLE FUER INDTF
INTRA	INVENTION-TRANSFORMAT.(EINHEITEN/MONAT)
INVENT	INVENTIONSRATE (EINHEITEN/MONAT)
INVEST	INVESTITION (DM/MONAT)
KAKO	KAPITALKOEFFIZIENT (DM-MONAT/STUECK)
KAKON	KAPITALKOEFF.ANFANG (DM-MONAT/STUECK)
KAP	KAPITAL (DM)
KAPAZ	KAPITAL-ANPASSUNGSZEIT (MONATE)
KAPIN	KAPITALINTENSITAET (DM/MANN)
KAPN	KAPITAL ANFANGSWERT (DM)
KAPTF	KAPITAL FUER TECH.FORTSCHRITT (DM/MONAT)
KCS	KAPITALKOSTEN PRO STUECK (DM/STUECK)
KUEND	KUENDIGUNGSFRIST (MONATE)
LFK	LANGFRISTIGES FREMDKAPITAL (DM)
LFM	LIEFERFRIST-MULTIPLIKATOR (DL)
LFMT	TABELLE FUER LFM
LIEFER	LIEFERFRIST (MONATE)
LOHN	LOHNSATZ (DM/MANN-MONAT)
LOHNC	LOHNKOSTEN (DM/MONAT)
LOHNN	LOHNSATZ ANFANGSWERT (DM/MANN-MONAT)
LSR	LOHNSTEIGERUNGSRATE (1/MONAT)
MARKT	MARKTANTEIL (DL)
MARKTN	MARKTANTEIL NORMAL (DL)
MARKTZ	MARKTANTEIL-ANPASSUNGSZEIT (MONATE)
MAX	DYNAMO-MAKRO (MAXIMUMFUNKTION)
MCS	MATERIALKOSTEN PRO STUECK (DM/STUECK)
MIN	DYNAMO-MAKRO (MINIMUMFUNKTION)
MPQV	MULT.VON PREIS-QUALITAET-VERHAELTNIS (DL)
MPQVT	TABELLE FUER MPQV
NETVER	NETTOVERSCHULDUNG (DM/MONAT)
NITF	NEIGUNG ZUR INVESTITION IN TECH.FORT. (DL)
NITFT	TABELLE FUER NITF
NSR	NACHFRAGESTEIGERUNG (STUECK/MONAT)
OEWN	OEKONOMISCHE ERFOLGSWAHRSCHEIN.NORMAL (DL)
OUTPUT	AUSBRINGUNG (STUECK/MONAT)

PCS	PERSONALKOSTEN PRO STUECK (DM/STUECK)
PEG	PROZENT EINBEHALTENER GEWINN (DL)
PERSC	PERSONALKOSTEN (DM/MONAT)
PFORA	PROZENTSATZ FORTZUBILDENDER ARBEITER (DL)
PFORAT	TABELLE FUER PFORA
PLANP	PLANUNGSPERIODE (MONATE)
PREIK	STUECKPREIS DER KONKURRENZ (DM/STUECK)
PREIKT	TABELLE FUER PREIK
PREIS	PREIS PRO STUECK (DM/STUECK)
PROKA	PRODUKTIONS-KAPAZITAET (STUECK/MONAT)
PROP	PRODUKTE IM PRODUKTIONSPROZESS (STUECK)
PSTART	PRODUKTIONSSTART (STUECK/MONAT)
PUMM	PROZENT VOM UMSATZ MULTIPLIKATOR (DL)
PUMMT	TABELLE FUER PUMM
PUMN	PROZENT VOM UMSATZ NORMAL (DL)
REINV	REINVESTITION VON ABSCHREIBUNG (DM/MONAT)
RPREIS	RELATIVER STUECKPREIS (DL)
RTF	RATE D.TECHNISCHEN FORTSCHRITTS (1/MONAT)
RTFK	RATE D.TECH.FORT.KONKURRENZ (1/MONAT)
RTS	RELATIVER TECHNISCHER STAND (DL)
SEKAP	SELBSTERWIRTSCHAFTETES KAPITAL (DM/MONAT)
STEP	DYNAMO-MAKRO
STH	STEP-HOEHE (EINHEITEN)
STZ	STEP-ZEITPUNKT (MONAT)
SWT1	SCHALTER1 (DL)
SWT2	SCHALTER2 (DL)
TABHL	DYNAMO-MAKRO (TABELLENFUNKTION)
TABLE	DYNAMO-MAKRO (TABELLENFUNKTION)
TEFOR	TECHNOLOGICAL FORECASTING REAKTION (DL)
TEFORT	TABELLE FUER TEFOR
TEWN	TECHNOLOG. ERFOLGSWAHRSCHEIN.NORMAL (DL)
TF	TECHNISCHER FORTSCHRITT (EINHEITEN/MONAT)
TFN	TECHNISCHER FORTSCHRITT NORMAL (1/MONAT)
TFOREZ	TECHNOLOGICAL FORECASTING ZEIT (MONATE)
TFPQV	TF VON PREIS-QUALITAETS VERHAELTNIS (DL)
TFPQVT	TABELLE FUER TFPQV
TIME	ZEIT IM SIMULATIONSLAUF (MONATE)
TSK	TECHNISCHER STAND KONKURRENZ (EINHEITEN)
TSKN	TSK ANFANGSWERT (EINHEITEN)
TSKT	TABELLE FUER TSK
TSU	TECHNISCHER STAND UNTERNEHMUNG (EINHEITEN)
TSUN	TSU ANFANGSWERT (EINHEITEN)
UEST	UEBERSTUNDEN-KAPAZITAET (DL)
UMG	UMSATZGLAETTUNGSZEIT (MONATE)
UMSATZ	UMSATZ (DM/MONAT)
UOCT	TABELLE FUER UOC
VAKO	VERAENDERUNG ARBEITSKOEFF.(MANN/STUECK)
VASTF	VERMEHRT ARBEITSSPARENDER TECH.FORT.(DL)
VERSCH	VERSCHULDUNGSGRAD (DL)
VKAKO	VERAENDERUNG KAPITALKOEFF.(DM/STUECK)
VKCS	VARIABLER KAPITALKOSTENSATZ (DL)
WERT	WERT HALBFERTIGER ERZEUGNISSE (DL)
WMRTS	WAHRSCH.MULTIPLIK.VON REL.TECH.STAND (DL)
WMRTST	TABELLE FUER WMRTS
ZINS	ZINSSATZ (1/MONAT)
ZINSN	ZINSNIVEAU (DL)
ZINST	TABELLE FUER ZINS